普通高等学校材料科学与工程学科规划教材

Fundamentals of Inorganic and Non-metallic Materials Science

无机非金属材料科学基础

主　编　李　蔚　李永生

主　审　施剑林

武汉理工大学出版社

·武　汉·

内 容 提 要

本书主要介绍与无机非金属材料的聚集状态和变化过程相关的各种基础理论知识，前者包括晶体学、结晶化学、缺陷化学、熔体和非晶体科学、表面与界面科学等；后者包括相平衡和相变、固体扩散、固相反应、烧结过程等。

本书共九章，包括晶体结构基础、晶体结构缺陷、熔体与玻璃、表面与界面、相平衡和相图、固体中的扩散、固相反应、相变过程、烧结过程等。本书特点：(1)内容较全面，基本涵盖无机材料科学和工程的基础理论。(2)深度适中，增强普适性，在主要满足不同院校大学本科学习需求的同时，也兼顾其他相关人员学习和自修的需要。(3)注重概念的清晰和逻辑的严谨，文字叙述力求准确，数据引用力求可靠。(4)语言浅白易懂，适当配以图、表，方便读者理解和自学。

本书可作为高等院校无机非金属材料各专业本科生的基础课教材，也可作为材料类相关专业本科生和研究生的参考书，同时也适合于从事非金属材料研究和生产的科技工作者参考阅读。

图书在版编目(CIP)数据

无机非金属材料科学基础 / 李蔚，李永生主编. -- 武汉 ：武汉理工大学出版社，2024. 9. --（普通高等学校材料科学与工程学科规划教材）. -- ISBN 978-7-5629-7107-8

Ⅰ. TB321

中国国家版本馆 CIP 数据核字第 2024PU1203 号

无机非金属材料科学基础：Wuji Feijinshu Cailiao Kexue Jichu

项目负责人：田道全　王兆国

责 任 编 辑：李兰英

责 任 校 对：李正五

版 面 设 计：正风图文

出 版 发 行：武汉理工大学出版社

社　　　址：武汉市洪山区珞狮路 122 号

邮　　　编：430070

网　　　址：http://www.wutp.com.cn

经　　　销：各地新华书店

印　　　刷：武汉盛世吉祥印务有限公司

开　　　本：889mm×1194mm　1/16

印　　　张：15.75

字　　　数：477 千字

版　　　次：2024 年 9 月第 1 版

印　　　次：2024 年 9 月第 1 次印刷

印　　　数：1～2000 册

定　　　价：58.00 元

凡购本书，如有缺页、倒页、脱页等印装质量问题，请向出版社发行部调换。

本社购书热线电话：027-87523148　87391631　87165708(传真)

前　言

自古以来，材料就是人类社会生存和发展的重要物质基础。进入现代社会，材料又和能源、信息一起被人们看成国民经济的3大支柱，而能源、信息技术的发展，也有赖于材料技术的进步。因此，材料的生产和研究水平在很大程度上也代表着一个国家的现代化水平。

材料的品种非常多，一般可分为三大类：金属材料、有机高分子材料和无机非金属材料。在这三大类材料中，无机非金属材料作为人类最先认识和使用的材料，有着许多其他两类材料所不具备的独特优点和性能，在工业生产和社会生活的多个领域中发挥着非常重要的作用。

传统的无机非金属材料主要是指以普通陶瓷、玻璃、水泥和耐火材料为代表的硅酸盐材料。迄今为止，这些硅酸盐材料依然是工业建设和社会生产、生活的基础材料。而自20世纪中叶以来，为适应先进工业和科学技术发展的需要，各种新型的无机非金属材料不断涌现，从类型上看，可分为先进陶瓷、特种玻璃、人工晶体、半导体材料等，从组成上看，包括含氧酸盐、氧化物、氮化物、碳和碳化物、硼化物、氟化物、硫系化合物等。这些新型的无机非金属材料有着非常优异的机械、光电、化学、生物等性能，比如高强高韧性、耐高温耐腐蚀、低介电损耗、高透明度、强磁性等，其应用范围涵盖了电子信息、国防军工、航空航天、核技术、新能源、生物医疗、节能环保等诸多领域。与此同时，无机非金属材料的研制和开发，也从原先主要依靠长期经验积累，过渡到以现代科学理论为指导的阶段，并逐渐形成了一门新型的交叉学科：材料科学与工程。

“无机非金属材料科学基础”是无机非金属材料科学与工程学科的专业核心课程之一，也是硕士研究生入学考试课程。本书主要介绍与无机非金属材料的聚集状态和变化过程相关的各种基础理论知识，前者包括晶体学、结晶化学、缺陷化学、熔体和非晶体科学、表面与界面科学等；后者包括相平衡和相变、固体扩散、固相反应、烧结过程等。

本书是作者在多年教学实践经验的基础上，结合当前无机非金属材料的发展形势和无机非金属材料创新人才的培养需求，借鉴国内外多本同类教材的优点编撰而成。全书共九章，包括晶体结构基础、晶体结构缺陷、熔体与玻璃、表面与界面、相平衡与相图、固体中的扩散、固相反应、相变过程、烧结过程等。在编撰时，我们尽量做到以下几点：(1)内容较全面，基本涵盖无机非金属材料科学和工程的基础理论。(2)深度适中，增强普适性，主要满足不同院校大学本科学习的需求，兼顾研究生进一步学习和在岗科研人员和工程技术人员自修的需要。(3)注重概念的清晰和逻辑的严谨，文字叙述力求准确，数据引用力求可靠。(4)语言浅显易懂，适当配以图、表，方便读者理解和自学。

本教材由华东理工大学李蔚和李永生编写。

中国科学院上海硅酸盐研究所施剑林院士审阅了全稿，并提出了很多宝贵意见。

本书的出版得到华东理工大学和武汉理工大学出版社的大力支持和协作，在此一并表示感谢。

鉴于作者水平所限，书中不妥之处在所难免，恳请广大读者批评指正。

编　者

目　　录

1 晶体结构基础

1.1 结晶学基础

结晶学是以晶体为研究对象的一门科学。

固体物质一般可分为两类，晶体和非晶体。晶体是由质点（原子、离子、分子等）在三维空间做周期性的规则排列所构成的固体物质。当这种排列没有规律、呈混乱状态时就是非晶体。晶体和非晶体不存在本质的区别，二者可因不同条件发生相互转换。在一定的条件下，任何一种物质在适当的条件下都可以以晶体的形式存在。

在不同条件下，同一种物质可能存在不同的晶体结构，称为同质多象；而不同的物质也可能有相同的晶体结构，称为类质同象。

晶体物质有以下几种基本性质：

(1) 固定熔点：物体由晶体熔化成液态时的温度是固定的。同理，由液态凝聚成晶体的温度也是不变的。

(2) 均一性：同一晶体任何部位的组成和性质都相同。例如，在晶体的不同部位任意取下两小块，其密度、光学、电学、热学等性质应完全相同。

(3) 各向异性：晶体在不同的方向上其性质存在差异称为晶体的各向异性。这是因为晶体在不同方向上质点的排列方式和距离可以不同，反映在晶体的性能上就有差别。

(4) 自限性：在合适的条件下，晶体能自发地长成封闭的几何凸多面体外形，称为晶体的自限性或自范性。多面体上的平面称为晶面，晶面的交线称为晶棱，晶棱汇聚成的尖顶称为角顶。自限性是晶体内部格子构造的外在反映。在现实中，一些晶体往往不具有规则的几何外形，这是由于受环境的限制，只要有足够的空间，晶体就能生成一定的规则几何外形。

(5) 对称性：晶体中的相同部分（包括晶面、晶棱等）以及其性质在不同的方向或位置上有规律地重复出现，称为晶体的对称性。它也是晶体内部质点周期重复排列的结果。

(6) 最小内能和稳定性：在相同的热力学条件下，与同组成的气体、液体及非晶固体相比，晶体的内能最小、结构最稳定。

(7) 晶面角守恒：晶体的晶面大小和形状会随外界的条件不同而变化，但同一种晶体的相应晶面（或晶棱）间的夹角却不受外界条件的影响，它们保持恒定不变的值。

1.1.1 空间点阵

空间点阵(lattice)是为了反映晶体结构的周期性而引入的一种几何图形，表示在无限的三维空间中周期性排列的一系列几何点，如图 1-1 所示。在空间点阵中的阵点称为结点，结点沿直线的排列称为行列。点阵中的结点是一个数学概念，仅有几何意义，并不真正代表任何质点。行列中相邻结点的距离称为结点间距。结点在平面的分布称为面网。

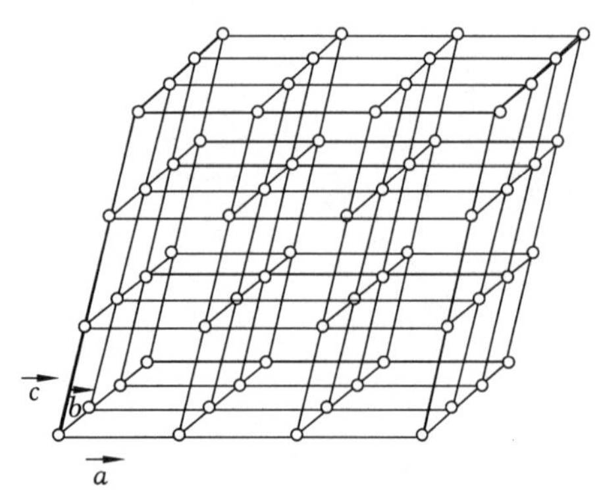

图 1-1　空间点阵示意

将空间点阵应用于晶体结构时，就是将晶体中的质点（离子、原子或分子）看成结点，用直线连接起来，构成一个空间网格，此即晶体点阵。把特定的离子、原子或分子放置于不同的点阵结点上，则可以形成各种各样的晶体结构。

由于晶体结构具有周期性，因此可以从晶体中取出一个平行六面体单元，表示其结构的特征。结晶学中选取单元时必须遵循以下原则：(1)单元应能充分表示晶体的对称性；(2)单元的三条相交边棱应尽可能相等，或相等的数目尽可能的多；(3)单元的三条边棱的夹角要尽可能地构成直角；(4)单元的体积应尽可能的小。根据上述原则，从晶体结构中取出来的可以反映晶体周期性和对称性的最小重复单元称为晶胞。晶胞沿三维方向平行堆积即构成晶格。

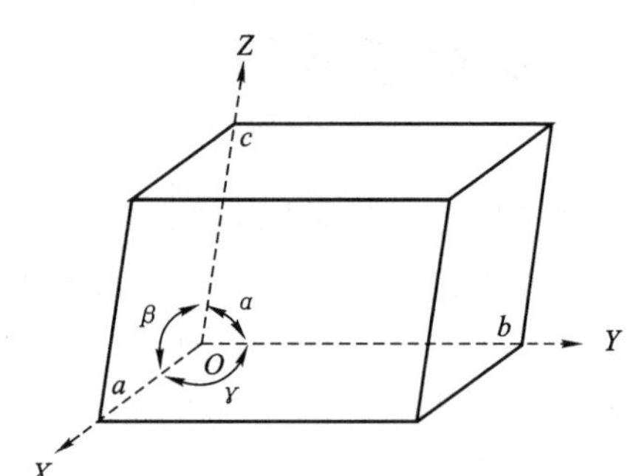

图 1-2　晶胞坐标及晶胞参数

描述晶胞的形状和大小的参数称为晶胞参数，也称晶格常数，包括 3 条边棱的长度 a、b、c 和 3 条边棱的夹角 α、β、γ 共 6 个，如图 1-2 所示。晶胞参数确定之后，晶胞和由它表示的晶格也随之确定。

晶胞和点阵之间的对应关系如表 1-1 所示。

表 1-1　晶胞和点阵之间的对应关系

空间点阵（空间格子）	平面点阵（面网）	直线点阵（行列）	阵点（结点）	单位平行六面体	点阵常数
晶体	晶面	晶棱	质点	晶胞	晶胞常数

1.1.2　对称性

所谓对称性，是指一个几何图形经过某种操作后能完全复原的性质。这种图形叫对称图形，能使图形与自身重合的操作称为对称操作或变换，在对称操作时所借助的几何要素（点、线、面）称为对称要素。

点阵的类型是按点阵的对称性来分类的。在宏观晶体中，可能出现的对称要素有以下 5 种。

(1) 对称中心（习惯符号 C，国际符号 i）：几何体中一个假设的点，过此点任意直线的等距离两端，可找到几何体的相同部分。其对称操作是以此点为中心的反伸（倒反）。晶体中可以没有对称中心，如果有对称中心，则晶体上的晶面必然是两两平行（或反向平行）且相等。

(2) 对称面（镜面）与反映（习惯符号 P，国际符号 m）：几何体中一个假想的平面，将几何体平分为互为镜像的两个相等部分。相应操作为对此平面的反映。书写时把对称面的数量写在符号 P 之前，如 xP。在晶体中，x 可以为 0、1……最大为 9。

(3) 对称轴和旋转（习惯符号 L^n，国际符号 n）：几何体中一条假想的直线，当几何体围绕此直线转到一定角度后，可使相等的两部分重复或复原。转动一周重复的次数 n 称为轴次，使相等部分重复所需的最小旋转角称为基转角 α，$n=360°/\alpha$。

在晶体中，$n=1$、2、3、4、6，不存在 5 次或高于 6 次的对称轴，这叫作晶体对称定律。轴次高于 2 的 L^3、L^4、L^6 称为高次轴。书写时把轴次数量写在符号 L 之前，如 xL。晶体中可以有一种或几种对称轴同时存在，也可以没有对称轴。

(4) 倒转轴和旋转倒反(习惯符号 L_i^n,国际 $\bar{n}$):也称旋转反伸轴,是几何体中一条假想直线,几何体绕此直线旋转一定角度后,再对此直线的一个定点做倒反,可使相等的两部分重复或复原。在操作过程中,旋转和倒反这两种变换缺一不可,但操作次序可随意改变。倒转轴也遵守晶体对称定律,仅存在 L_i^1、L_i^2、L_i^3、L_i^4、L_i^6 五种。其中只有 L_i^4 是独立的复合对称要素,其他 4 种都和一个或两个简单的对称要素的组合等效。

此外还有旋转反映轴。但由于所有旋转反映轴都可用其他对称元素或其组合等效表达,故实际应用时不使用。

宏观晶体中所有对称要素的集合称为对称型。由于晶体中的全部对称要素都会通过晶体的中心,该点在对称操作中始终保持不动,所以对称型又称点群。

经数学推导可知,在宏观晶体中一共存在 32 种不同的对称要素组合方式,即 32 种对称型或点群。根据对称型中有无高次轴和高次轴的多少,可以将晶体分为低、中、高 3 个晶族、7 个晶系。再考虑晶胞的面心或体心位置有无阵点存在,可进一步将晶体的空间点阵划分为 14 种点阵,称为布拉维点阵(Bravais lattice),如表 1-2 所示。

表 1-2 布拉维点阵的结构特征

晶系	晶胞参数关系	点阵名称	点阵坐标
三斜	$a \neq b \neq c$ $\alpha \neq \beta \neq \gamma \neq 90°$	简单三斜	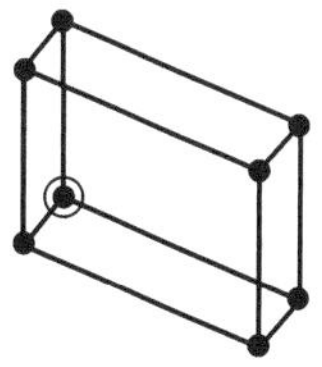
单斜	$a \neq b \neq c$ $\alpha = \gamma = 90° \neq \beta$	简单单斜	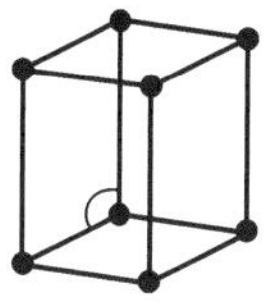
		底心单斜	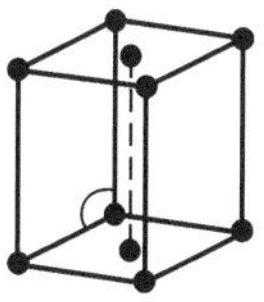
斜方 (正交)	$a \neq b \neq c$ $\alpha = \gamma = \beta = 90°$	简单斜方	
		体心斜方	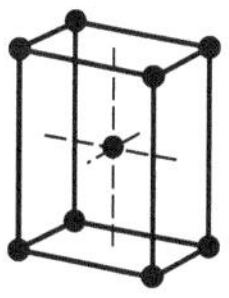

续表1-2

晶系	晶胞参数关系	点阵名称	点阵坐标
斜方（正交）	$a \neq b \neq c$ $\alpha = \gamma = \beta = 90^\circ$	底心斜方	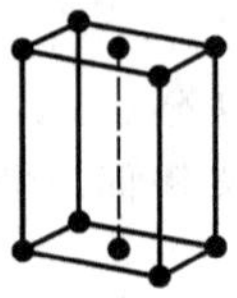
		面心斜方	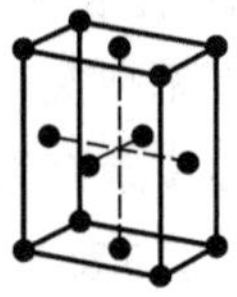
三方	$a = b = c$ $\alpha = \beta = \gamma \neq 90^\circ$	简单三方	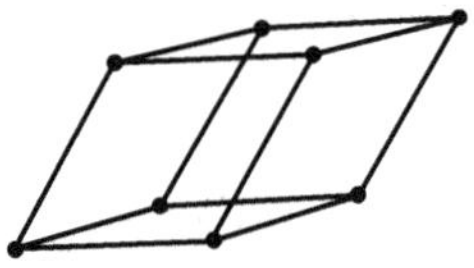
四方	$a = b \neq c$ $\alpha = \beta = \gamma = 90^\circ$	简单四方	
		体心四方	
六方	$a = b = d \neq c$ $(a = b \neq c)$ $\alpha = \beta = 90^\circ$ $\gamma = 120^\circ$	简单六方	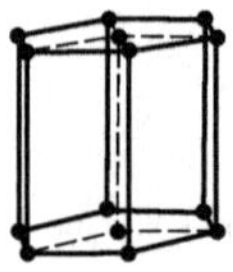

续表1-2

晶系	晶胞参数关系	点阵名称	点阵坐标
立方	$a=b=c$ $\alpha=\beta=\gamma=90°$	简单立方	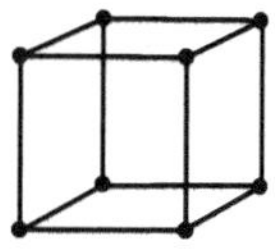
		体心立方	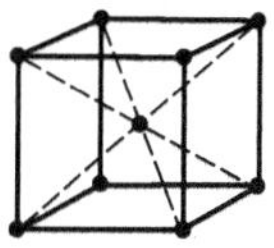
		面心立方	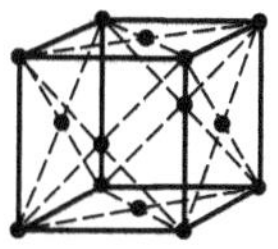

晶体结构中,除以有限图形为对象的宏观的对称要素之外,还存在以无限图形为对象的微观对称要素,包括平移轴、螺旋轴和象移面,相应的操作为平移、旋转平移和反映平移。这种无限图形所具有的各种对称要素的集合主要用于描述晶体的微观结构,称为微观对称型,也称为"空间群"。理论上,在晶体的内部结构中,存在 230 个空间群,实际上发现的约有 100 个。"空间群"在用国际符号表示时,第一个字母代表点阵类型,后三个字母分别表示某晶系中三个主要晶面上相对应的对称要素。

1.1.3 晶体定向和结晶符号

从宏观几何结构上看,晶体是由晶面、晶棱和角顶等要素构成的。为了准确描述晶体的各要素,需要在晶体中按一定规则建立坐标系,并用数学符号表示晶面、晶棱等的空间方位。这一过程称为晶体定向。用于描述晶体几何要素的符号称为结晶符号,包括晶面指数、晶棱指数和晶带指数等。

1.1.3.1 晶体定向

晶体定向就是为晶体选定一个坐标系。先选择单位平行六面体(在晶体结构中即为晶胞)的三条互不平行的棱为坐标轴(晶轴),记为 X、Y、Z 轴,其夹角分别为 α、β、γ,如图 1-2 所示。然后确定各坐标轴的轴单位,通常用晶胞常数 a、b、c 作为各坐标轴的单位。不过,在只讨论晶体几何特征时仅涉及晶面、晶向的方向问题,不考虑它们的具体大小和位置,因此轴单位的绝对数值并不重要,只需要知道它们的相对比值就可以了,通常将 a、b、c 的比值称为比轴。各晶系晶轴的选择及晶体常数见表 1-3。

表 1-3 各晶系晶轴的选择及晶体常数

晶系	晶轴选择	晶轴设置	几何常数
等轴晶系	以三个互相垂直的四次对称轴或二次对称轴为 a、b、c 轴	c:上下垂直 a:前后水平 b:左右水平	$a=b=c$ $\alpha=\beta=\gamma=90°$

续表1-3

晶系	晶轴选择	晶轴设置	几何常数
六方晶系	以唯一的六次对称轴或六次倒转轴为 c 轴，以垂直于 c 轴的三条互相成 60°交角的二次对称轴或对称面的法线或晶棱（或角顶连线）方向为 a、b、d 轴	c：上下垂直 b：左右水平 a：水平朝前偏左 30° d：水平朝后偏左 30°	$a=b=d\neq c$ $\alpha=\beta=90°$ $\gamma=120°$
三方晶系	布拉维定向：以唯一的三次对称轴或三次倒转轴为 c 轴，以垂直于 c 轴的三条二次对称轴或对称面法线或晶棱（或角顶连线）方向为 a、b、d 轴	c：上下垂直 b：左右水平 a：水平朝前偏左 30° d：水平朝后偏左 30°	$a=b=d\neq c$ $\alpha=\beta=90°$ $\gamma=120°$
	米勒定向：以与三次对称轴或三次倒转轴等角度相交、且互相间等角度相交的三条晶棱方向为 a、b、c 轴	三次轴上下直立，a、b、c 轴向上与三次轴成对称配置	$a=b=c$ $\alpha=\beta=\gamma\neq 90°$
四方晶系	以唯一的四次对称轴或四次倒转轴为 c 轴，以垂直于 c 轴的三条相互垂直的二次对称轴或对称面的法线或晶棱（或角顶连线）方向为 a、b 轴	c：上下垂直 a：前后水平 b：左右水平	$a=b\neq c$ $\alpha=\beta=\gamma=90°$
正交晶系	以三条相互垂直的二次对称轴为 a、b、c 轴。或以唯一的二次对称轴为 c 轴，垂直于 c 轴的两条相互垂直的对称轴面法线为 a、b 轴	c：上下垂直 a：前后水平 b：左右水平	$a\neq b\neq c$ $\alpha=\beta=\gamma=90°$
单斜晶系	以唯一的二次对称轴或对称法线为 b 轴，两条垂直于 b 轴的晶棱方向或角顶连线为 a、c 轴	c：上下垂直 a：左右水平 b：前后倾斜	$a\neq b\neq c$ $\alpha=\gamma=90°$ $\beta>90°$
三斜晶系	以任意三条晶棱方向或角顶连线为 a、b、c 轴	c：上下垂直 a、b 轴：任意	$a\neq b\neq c$ $\alpha\neq\beta\neq\gamma\neq 90°$

坐标系确定后，晶体中结点的位置也可用结点坐标来表示。

1.1.3.2　晶面指数

晶面是指空间点阵中任意 3 个不在同一直线上的结点所在的平面。晶面上的结点在空间构成一个二维点阵。同一取向上的晶面结点分布相同，各晶面相互平行，间距相等。晶面在结晶学中用晶面指数来表示，按以下步骤确定：以不在所求晶面上的任意结点为原点 O，以布拉维晶胞的基本矢量 $\boldsymbol{a}$、$\boldsymbol{b}$、$\boldsymbol{c}$ 为坐标轴建立坐标系，得到所求晶面在三个面截距值的倒数。然后将其化为互质整数比，获得数字 hkl。最后将数字 hkl 写入圆括号（　）内，则（hkl）即为这个晶面的晶面指数，也称米勒（Miller）指数。每一个晶面指数，代表一组平行晶面。如图 1-3 所示，对于 HKL 晶面，与 X、Y、Z 轴的截距系数分别为 1、2、3，其倒数比为 $1/1:1/2:1/3=6:3:2$，因此，HKL 晶面指数为（632）。由晶面指数的定义可知，晶面指数越大，则晶面在该轴方向离坐标原点越近，反之越远。当某晶面指数为 0 时，则晶面与该轴平行。

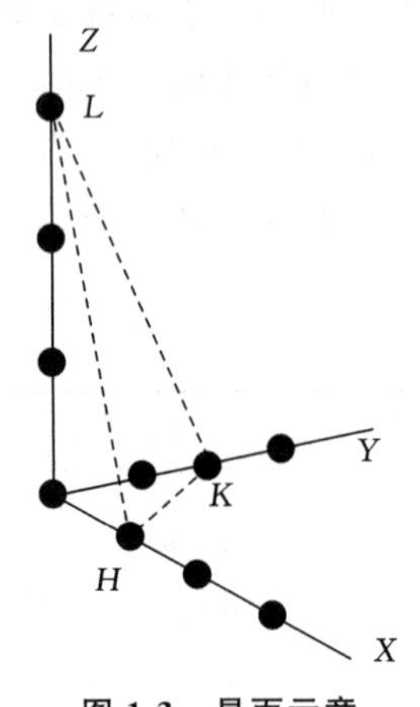

图 1-3　晶面示意

在对称性高的立方晶系晶体结构中，往往存在原子排列状况相同但互不平行的两组以上的晶面，这些晶面构成一个晶面族。通常用晶面族中某个最简便的晶面指数填在大括号{ }内，作为该晶面族的指数，称为晶面族指数。同一晶面族中，不同晶面的指数的数字相同，只是排列顺序和正负号不同。当数字为负值时，在数值上加横杠表示。例如，立方体中的 6 个表面的晶面指数为：(100)、(010)、(001)、$(\bar{1}00)$、$(0\bar{1}0)$、$(00\bar{1})$就构成了一个{100}晶面族。

1.1.3.3 晶向指数

空间点阵中任意两个结点可连成一条直线，由此点阵可分解为相互平行的结点直线组，这一组直线的方向称为晶向。同一直线组中的各直线，其质点分布完全相同，故其中任何一直线，可作为直线组的代表。不同方向的直线组，其质点分布不尽相同。

晶向可用晶向指数来表示：先在点阵中选择任一结点为原点 O，通过 O 作一条与晶向平行的直线 OP，写出该直线原点之外的任一结点的坐标，将其等比例化为没有公约数的互质整数 uvw，按 X、Y、Z 坐标轴的顺序写在方括号[ ]内，则$[uvw]$即为 OP 的晶向指数。当数字为负值时，在数值上加横杠表示。

在高对称性的立方晶系中，存在一些原子排列相同但空间方向不同的晶向，在晶体学中称为晶向族，用〈 〉表示。同一晶向族中的晶向指数相同，但排列顺序和符号(正负号)不同。比如，立方晶胞中体对角线有 4 条，代表 8 个晶向：$\langle 111\rangle=[111]$、$[\bar{1}\bar{1}\bar{1}]$、$[\bar{1}11]$、$[1\bar{1}1]$、$[11\bar{1}]$、$[\bar{1}\bar{1}1]$、$[1\bar{1}\bar{1}]$、$[\bar{1}1\bar{1}]$。

1.1.3.4 六方晶系的晶面指数和晶向指数

对于六方晶系，采用三轴坐标系定向时存在一些缺陷，因此采用的是四轴晶系，将三坐标指数转变为四坐标指数。

晶面指数的转换是在三坐标指数(hkl)中增加一个指数 i，构成四坐标指数$(hkil)$，其中 $i=-(h+k)$。

晶向指数由三坐标指数$[UVW]$转换为四坐标指数$[uvtw]$可依下列式子进行：

$$
\begin{aligned}
u&=\frac{1}{3}(2U-V)\\
v&=\frac{1}{3}(2V-U)\\
t&=-\frac{1}{3}(U+V)\\
w&=W
\end{aligned}
\tag{1-1}
$$

1.2 晶体化学基本原理

1.2.1 晶体中的键

晶体中的原子(离子)之所以能做规则的排列，是因为它们之间存在着一定的结合力。按照不同的性质，结合力分为强键力(主价键或化学键)和弱键力(次价键或物理键)。其中，化学键包括离子键、共价键和金属键，物理键包括范德瓦耳斯键和氢键，晶体也由此可分成 5 种典型的类型：离子晶体、共价晶体(原子晶体)、金属晶体、分子晶体和氢键晶体。

1.2.1.1 离子键和离子晶体

离子键是正、负离子之间由于静电力而产生的键合，质点之间主要依靠离子键结合的晶体称为离子晶体。典型的金属元素与非金属元素所形成的化合物如 NaCl、LiF、MgO、Al_2O_3、TiO_2、$MgAl_2O_4$等都属于离子晶体。

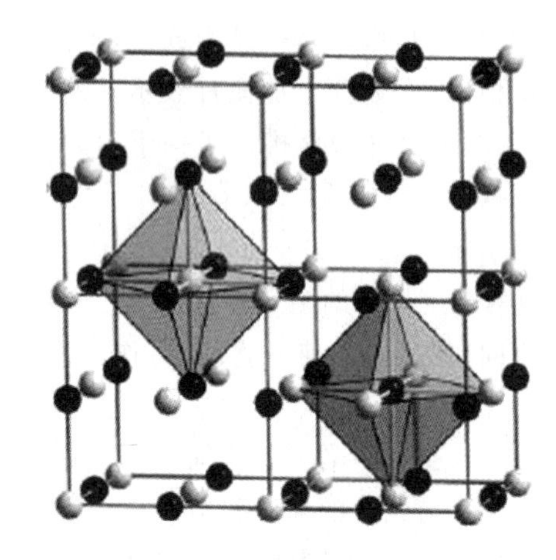

图 1-4　KCl 晶体结构示意

离子键没有方向性和饱和性。由于离子的电荷分布是球形对称，在任意方向上都可以和相反电荷的离子因库仑力相互吸引，且一个离子可以和多个异号离子相邻，因此离子晶体中不存在单个的分子，整个晶体可视为一个巨大的分子。例如，在 KCl 晶体中，每个 Cl^- 周围有 6 个 K^+，每个 K^+ 也有 6 个 Cl^-，K^+ 和 Cl^- 在空间三个方向上不断延续就形成了单一的 KCl 离子晶体。如图 1-4 所示。

离子键的结合力很大，因此离子晶体的结构十分稳定，熔点高，硬度大，热膨胀系数小，但比较脆。离子键中很难产生可以自由运动的电子，所以常温下离子晶体都是好的绝缘体，但在高温下，正、负离子在外电场作用下有可能较自由地运动，因此导电性良好。大多数离子晶体中外层电子比较稳固，不容易被激发，因此典型的离子晶体是无色透明的。

1.2.1.2　共价键和共价(原子)晶体

原子之间依靠共用电子对或电子云重叠而产生的键合称为共价键，通过共价键结合的晶体称为共价晶体或原子晶体。无机非金属材料有很多是共价晶体，比如 C、Si、SiC、Si_3N_4、BN、GaAs 等。

共价键的特点是具有方向性和饱和性。由于 p、d 等轨道的电子云具有方向性，为使电子云重叠程度最大，原子之间以一定的角度键连，方向性强。由于两个相邻原子只能共用一对电子，一个原子的共价键数最多只能等于 $8-n$（n 表示这个原子最外层的电子数），所以具有明显的饱和性，如图 1-5 所示。图 1-6 是单质 Si 的结构示意。1 个 Si 原子与周围 4 个 Si 原子共享最外层的电子，形成 4 个共价键。在所形成的四面体结构中，每个共价键之间的夹角约为 109°。

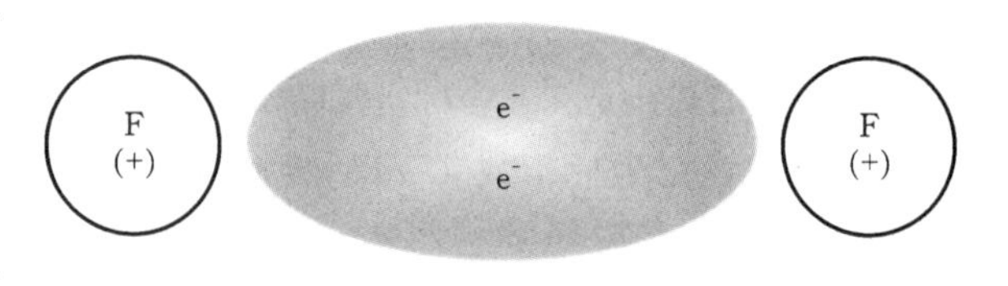

图 1-5　F_2 共价键示意

共价键结合力大，共价晶体结构稳定、熔点高、强度高，硬度和脆性大。

1.2.1.3　金属键和金属晶体

元素失去最外层电子(价电子)成为带正电的离子，脱离后的电子不再属于某个或某几个原子，而是可以在整个晶体各质点间移动，称为自由电子。金属键就是自由电子组成的电子云和各个正离子之间因静电力而产生的结合，靠金属键结合的晶体称为金属晶体。元素周期表中第Ⅰ、Ⅱ族元素及过渡元素的晶体是典型的金属晶体。

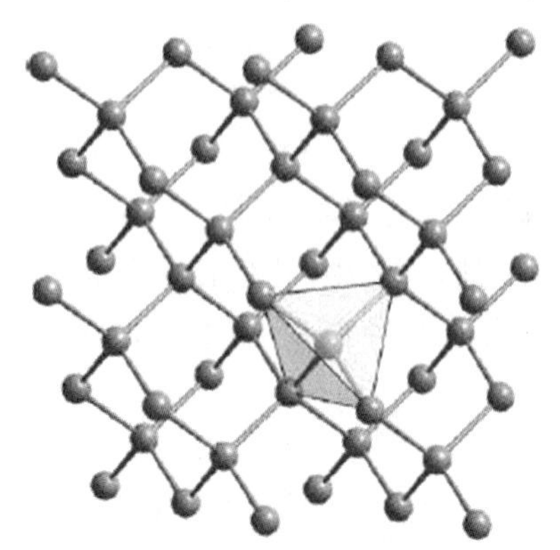

图 1.6　单质 Si 的结构示意

金属键没有方向性和饱和性，金属晶体可视为规则排列的正离子“浸”在均匀的电子云中，其结构主要由几何因素决定，即符合最密堆积原理，这样势能最低，结合最稳定。

金属键不会由于形变而破坏，故金属晶体的延展性较好。而大量自由电子的存在，则使金属晶体具有良好的导电性。但温度升高时，正离子的热振动加剧，会干扰电子的运动，使电阻上升，因此金属具有正的电阻温度系数。自由电子可被可见光激发，跃迁到较高能级，也可将所吸收的能量重新辐射出来，跳回到原来能级，因此金属不透明，并具有金属光泽。此外，由于可同时通过正离子的振动和电子的运动传递热，所以金属常常比非金属具有更好的导热性。

1.2.1.4 范德瓦耳斯键和分子晶体

范德瓦耳斯键也称分子键，是通过三种“分子力”而产生的键合，包括：定向力（极性分子之间由极性分子中的固有电偶极矩产生的力）、诱导力（极性分子和非极性分子之间由感应诱导电偶极矩产生的力）和色散力（非极性分子之间由瞬时电偶极矩产生的力）。分子力很弱，当分子键不是唯一的作用力时，它们可以忽略不计。靠范德瓦耳斯键结合的晶体称为分子晶体。在无机非金属材料中，各种层状硅酸盐晶体如高岭石、滑石等的层与层之间就是依靠范德瓦耳斯键结合。

由于结合力很小，在外力作用下，范德瓦耳斯键易产生滑动并造成很大形变。

1.2.1.5 氢键

当氢原子与电负性大、半径小的某一原子 A(F、O、N 等)以共价键结合时，共用电子对会向 A 原子强烈偏移，氢原子几乎变成一个半径很小的带正电荷的核，此时若与电负性大的原子 B 接近，则会与原子 B 之间形成附加键，生成如 A—H…B 形式的一种特殊的分子间相互作用，称为氢键。氢键是一种特殊形式的物理键，与范德瓦耳斯键最大的不同点是具有饱和性和方向性。在常见的物质中，冰（H_2O）中水分子会形成氢键，铁电材料磷酸二氢钾（KH_2PO_4）也有氢键存在。

以上就是根据原子（离子、分子）间结合力的性质，把晶体分成五种典型的类型。但实际上，大多数晶体中的结合力并没有那么单一，可能同时含有多种键型。一个键中既有离子键成分又有共价键成分，或者同一晶体同时存在各种键，例如层状硅酸盐矿物中，其层内靠离子键和共价键键合，层间靠氢键或范德瓦耳斯键结合。

1.2.2 晶体中质点间结合力与结合能

不同的固体材料，其结合力的类型、结合能的大小是不同的。利用量子力学的方法可以计算结合能，但比较复杂。为了简便地计算晶体中的结合力和结合能，通常是利用经典的静电学方法对离子晶体进行分析，其他晶体则在离子晶体的基础上做适当修正。

静电学方法是将正负离子看成离子晶体中的基本荷电质点，计算时将各个离子看成电荷集中于球心的球体，不考虑离子内部结构。

1.2.2.1 原子（离子）间的结合力和结合能

晶体中质点的相互作用分为吸力和斥力两种。吸力来源于异性电荷之间的静电引力，斥力来源于同性电荷之间的静电斥力和泡利原理所产生的排斥力。其中，质点相距较远时吸力为主，质点相距较近时斥力为主。在某一适当距离时，两者平衡，晶体处于稳定状态。

两个正负离子相互作用时，根据库仑定律，它们之间的吸力 f_a 为：

$$f_a = e^2 \frac{Z_1 Z_2}{4\pi\varepsilon_0 R_{12}^2} \tag{1-2}$$

式中，e 为一个电子电量，Z_1、Z_2 分别为正、负离子的价数，R_{12} 为离子间距。

由上式积分可得到两离子引力势能：

$$U_a = \int_{\infty}^{R_{12}} f_a \mathrm{d}R = -\frac{e^2 Z_1 Z_2}{4\pi\varepsilon_0 R_{12}} \tag{1-3}$$

当两个离子靠近时，它们之间的电子云排斥力为：

$$f_r = -\frac{ne^2 B_{12}}{R_{12}^{n+1}} \tag{1-4}$$

式中，B_{12} 为与材料有关的斥力系数，n 为玻恩（Born）指数，其大小与离子的结构有关，如表 1-4 所示。

表 1-4　玻恩指数 n 的大小与离子的电子结构关系

离子的电子构型	He	Ne	Ar, Ag^+	Kr, Ag^+	Xe, Au^+
n	5	7	8	10	12

相应的斥力势能为：

$$U_r=\int_{\infty}^{R_{12}} f_r \mathrm{d}R=\frac{e^2 B_{12}}{R_{12}^n} \tag{1-5}$$

因此，正负离子相距 R_{12} 时，其总作用力和总势能为：

$$f=f_a+f_r=\frac{e^2 Z_1 Z_2}{4\pi\varepsilon_0 R_{12}^2}-\frac{ne^2 B_{12}}{R_{12}^{n+1}} \tag{1-6}$$

$$U=U_a+U_r=-\frac{e^2 Z_1 Z_2}{4\pi\varepsilon_0 R_{12}}+\frac{e^2 B_{12}}{R_{12}^n} \tag{1-7}$$

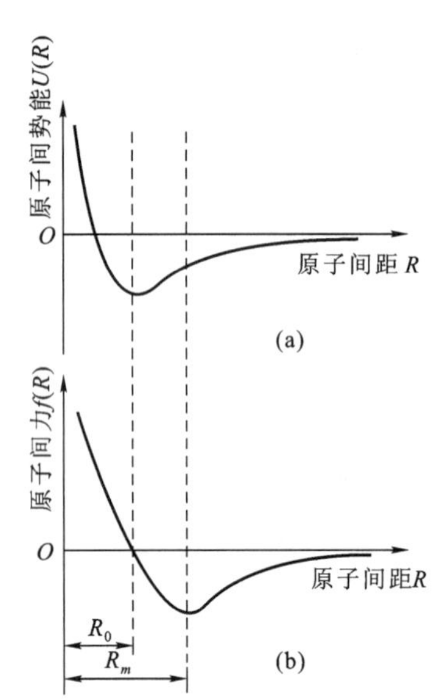

图 1-7　原子间的相互作用

(a)相互作用势能和原子间距的关系；

(b)相互作用力和原子间距的关系

原子的相互作用曲线如图 1-7 所示。可以看出，当两原子很靠近、R_{12} 较小时，斥力 f_r 大于引力 f_a，总作用力为斥力，$f>0$。当两原子相距比较远、R_{12} 较大时，引力大于斥力，总的作用力为引力，$f<0$。在某一适当距离 $R_{12}=R_0$ 时，引力和斥力相抵消，$f=0$，此时总势能达到最小[图 1-7(a)]，原子处于平衡状态：

$$\left.\frac{\mathrm{d}U(R)}{\mathrm{d}R}\right|_{R_0}=0 \tag{1-8}$$

此外，还有一个重要的参量，即有效引力最大时，两原子间的距离 R_m。R_m 由下式确定：

$$\left.\frac{\mathrm{d}f(R)}{\mathrm{d}R}\right|_{R_m}=-\left.\frac{\mathrm{d}^2 U(R)}{\mathrm{d}R^2}\right|_{R_m}=0 \tag{1-9}$$

R_m 对应势能曲线的拐点。

一般地，两个原子间的相互作用常可以用幂函数来表达：

$$f=\frac{Am}{R_{12}^{m+1}}-\frac{Bn}{R_{12}^{n+1}} \tag{1-10}$$

$$U(R)=-\frac{A}{R_{12}^m}+\frac{B}{R_{12}^n} \tag{1-11}$$

式中，A、B 为常数，m 为引力系数，n 为玻恩指数。

上式适用于所有的键型，但在用于固体或液体原子(离子、分子)的计算时不如用于气体时精确。不同化学键下 m 和 n 的取值见表 1-5。

表 1-5　不同化学键下引力系数 m 和玻恩指数 n 的取值

键型	离子键	共价键	金属键	碱金属键	范德瓦耳斯键
m	1	1	1	1	6
n	5～12	9～11	6～9	3	12

在上面的计算中，没有考虑周围环境对两个原子或离子间的作用力的影响。但在实际晶体中，两个原子或离子间的作用力还要受晶体中其他原子或离子的影响，因此关系会变得十分复杂。考虑这种结构因素的影响，晶体中两个原子(离子)间的引力势能应该表示为：

$$U_a=\int_{\infty}^{R_{12}} f_a \mathrm{d}R=-\frac{e^2 Z_1 Z_2}{4\pi\varepsilon_0 R_{12}}\cdot A \tag{1-12}$$

式中，A 为与离子结构类型相关而与离子电荷数无关的常数，称为马德隆(Madlung)常数。

不同晶体结构的马德隆常数如表 1-6 所示。

表 1-6 不同晶体结构的马德隆常数

结构	NaCl 型	CsCl 型	立方 ZnS 型	六方 ZnS 型	CaF_2 型	金红石型	刚玉型
A 值	1.7476	1.7627	1.6381	1.6413	2.5194	2.4080	4.1719

对于 1 mol AX 型离子晶体，其总势能表达式为：

$$U=N_A\left(-\frac{e^2Z_1Z_2}{4\pi\varepsilon_0R_{12}}\cdot A+\frac{B}{R^n}\right) \tag{1-13}$$

式中，N_A 为 1 mol AX 型晶体中分子数（即阿伏伽德罗常数）。当 $R_{12}=R_0$ 时，系统势能最低，此时 $\mathrm{d}U/\mathrm{d}R=0$，代入上式，可求得：

$$B=\frac{AZ_1Z_2e^2R_0^{n-1}}{4\pi\varepsilon_0 n} \tag{1-14}$$

代入上式，可求得 1 mol 晶体在稳定状态对应的总势能为：

$$U_0=-\frac{N_AAZ_1Z_2e^2}{R_0}\left(1-\frac{1}{n}\right) \tag{1-15}$$

上式又称为玻恩（M.Born）公式。

从能量角度来看，晶体的结合能 E_b 定义为：组成晶体的所有原子（离子或分子）处于“孤立、自由”状态时的总能量与晶体处于稳定状态时的总能量的差值。这里的“孤立、自由”状态是指距离足够远（比如变成气体），相互作用可以忽略不计。晶体结合能与离子的势能大小相等，符号相反。因此，上述 1 mol 晶体的结合能为：

$$E_b=-U_0=\frac{N_AAZ_1Z_2e^2}{R_0}\left(1-\frac{1}{n}\right) \tag{1-16}$$

1.2.2.2 晶格能的玻恩-哈伯（Born-Haber）循环计算

对于离子晶体，其晶格能 E_L 定义为：1 mol 离子晶体中的正负离子由相互远离的气态结合成离子晶体时所释放的能量。晶格能除了通过如上所述的理论进行计算，还可通过玻恩-哈伯（Born-Haber）循环来求得。以 NaCl 晶体为例：

$$\mathrm{NaCl(晶)}\xrightarrow{U}\mathrm{Na^+}+\mathrm{Cl^-} \tag{1-17}$$

式中 U 无法直接测定，但可以根据下列玻恩-哈伯循环来计算：

$$\begin{array}{ccccc}
\mathrm{Na(s)} & \xrightarrow{\Delta H_{汽化}} & \mathrm{Na(g)} & \xrightarrow{I_{电离}} & \mathrm{Na^+(g)} \\
+ & & & & + \\
\frac{1}{2}\mathrm{Cl_2(g)} & \xrightarrow{\frac{1}{2}\Delta H_{离解}} & \mathrm{Cl(g)} & \xrightarrow{Y_{亲和}} & \mathrm{Cl^-(g)} \\
\searrow & & & & \swarrow \\
& \xrightarrow{\Delta H_{生成}} & \mathrm{NaCl(s)} & \xleftarrow{U} &
\end{array} \tag{1-18}$$

根据赫斯（Hess）定律：在反应过程中体积或压力恒定且系统没有做任何非体积功时，化学反应热只取决于反应的开始状态和最终状态，与过程的具体途径无关，则晶格能为：

$$E_L=\Delta H_{生成}-\Delta H_{汽化}-\frac{1}{2}\Delta H_{离解}-Y_{亲和}-I_{电离} \tag{1-19}$$

该等式右边各参量均可测量,因此晶格能可由实验数据计算出来。有人利用该方法计算出 NaCl 的晶格能为 7.71×10^5 J/mol,与静电学法计算的理论值 7.55×10^5 J/mol 基本相符。

一般简单离子晶体的晶格能为 840～4200 kJ/mol,而复杂的硅酸盐晶体晶格能可高达 42000 kJ/mol,甚至更高。

晶格能与晶体的稳定性及熔点、沸点、硬度、热膨胀系数等物理性质关系密切。一般而言,晶格能高的晶体,质点间键合牢固,不易破坏和产生反应,稳定性较高,硬度、熔点、沸点也较高,热膨胀系数较小。但是,这种关系并不是简单的线性对应,还受晶体结构类型、键型、质点半径和电价高低等多种因素的影响。表 1-7 中列出了一些氧化物和硅酸盐晶体的晶格能和熔点。

表 1-7　一些氧化物和硅酸盐晶体的晶格能和熔点

氧化物	晶格能/($kJ\cdot mol^{-1}$)	熔点/℃	矿物	晶格能/($kJ\cdot mol^{-1}$)	熔点/℃
MgO	3936	2800	镁橄榄石	21353	1890
CaO	3526	2570	辉石	35378	1521
FeO	3923	1380	透辉石	34960	1391
BeO	4463	2570	角闪石	134606	
ZrO_2	11007	2690	透闪石	133559	
ThO_2	10233	3300	黑云石	59034	
UO_2	10413	2800	白云母	61755	1244
TiO_2	12016	1830	钙斜长石	48358	1553
SiO_2	12925	1713	钠长石	51916	1118
Al_2O_3	16770	2050	正长石	51707	
Cr_2O_3	15014	2200	霞石	18108	1254
B_2O_3	18828	450	白榴石	29023	1686

1.2.3　晶体中质点的堆积

晶体中质点的排列,可以看作球体的堆积。从球体堆积的几何角度来看,球体堆积越紧密,系统的势能越低,晶体越稳定,这被称为最紧密堆积原理。典型的金属晶体或离子晶体,最外层电子构型为惰性气体构型或 18 电子构型,正负离子极化较小,其电子云分布球形对称,无方向性。从几何角度来讲,这样的质点在空间的堆积,可以近似地认为是刚性球体的堆积,为了提高空间占有率,其堆积应该服从最紧密堆积原理。即使一些复杂的离子晶体,也可看成刚性球体的堆积,不过需要做出适当的修正。

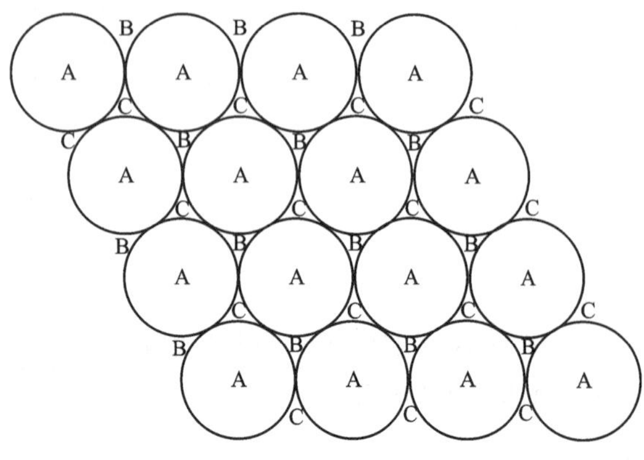

图 1-8　球体在平面上的最紧密堆积

球体的紧密堆积分为等大球和不等大球的紧密堆积。前者是指球的大小完全相同,后者是指球存在大小不同。

1.2.3.1　等大球紧密堆积

等大球紧密堆积有六方最紧密堆积和面心立方最紧密堆积两种。

(1) 第一层:在平面上每个球与 6 个球相接触,形成两套数目相等、指向相反的曲面三角形空隙,记为 B 和 C,如图 1-8 所示。

(2) 第二层:将球心放在第 1 层球所形成的曲

面三角形空隙B位上方,形成紧密堆积。

(3) 第三层:球心放在第2层球形成的曲面三角形空隙中,形成最紧密堆积。此时存在两种不同的堆积方式。

一是第三层球重复第一层球的排列,球心和第一层球的球心相对,然后第四层球再重复第二层球的排列,球体在空间的堆积是按照ABAB…的层序来堆积,如图1-9(a)所示。这种分布称为六方最紧密堆积(hexagonal closest packing,hcp),此时球的分布与空间格子中的六方格子一致。

另一种堆积方式是第三层球放在图1-8中C位的正上方,这样就不与第一层球重复,而是到第4层球放上去时才和第1层球重复排列,在空间形成ABCABC…的堆积方式,如图1-9(b)所示。这种分布称为面心立方最紧密堆积(face central cubic closest packing,fcc),此时球的分布与空间格子中的立方面心格子一致。

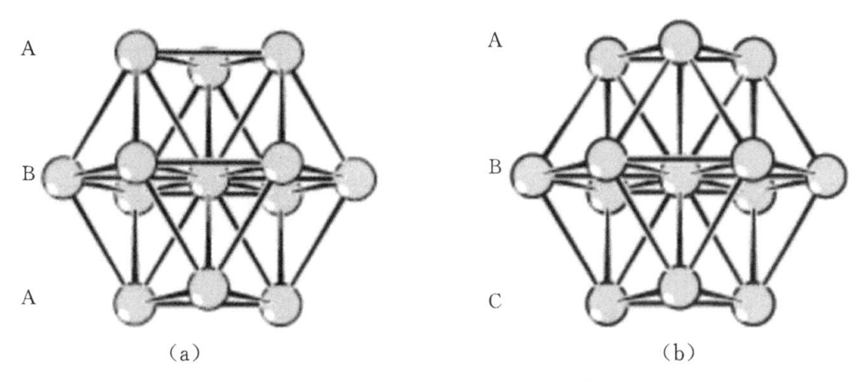

(a)　　(b)

图1-9　六方与面心立方最紧密堆积

(a)六方最紧密堆积;(b)面心立方最紧密堆积

以上两种最紧密堆积中,每个球体周围同种球体的个数均为12。

等大球最紧密堆积的空隙率为25.95%。这些空隙从形状上看分两种:四面体空隙和八面体空隙。四面体空隙由4个球体包围而成,球心连线构成一个正四面体。八面体空隙由6个球体包围而成,球心连线形成一个正八面体。

在等大球最紧密堆积中,每个球周围有8个四面体空隙和6个八面体空隙。n个等大球最紧密堆积时,整个系统中四面体空隙数为$n\times8/4=2n$,八面体空隙为$n\times6/6=n$。

1.2.3.2　不等大球紧密堆积

在不等大球紧密堆积中,较大的球体做等径球的紧密堆积,较小的球体填充在较大球体形成的四面体或八面体空隙中。离子晶体可以认为是不等大球最紧密堆积,一般阴离子比较大,做最紧密堆积,阳离子比较小,填充在阴离子的空隙中。

1.2.4　离子半径

在晶体中,各离子间总是保持着平衡的距离,这一距离反映了离子的相对大小。在晶体结构中,离子的大小用离子半径来表示。在离子晶体中,一对相邻的阴、阳离子的中心距,即为这两个离子的离子半径之和。

离子半径是晶体化学中的一个重要参数,不同学者的计算方法不同,给出的数据也有所区别。比如哥希密特(Goldschmidr)从离子之间堆积的几何关系出发,建立的一套离子半径数据,称为哥希密特半径。鲍林(Pauling)则从有效电荷观点出发定义了一套离子相对大小的数据,称为鲍林半径。此外,还有肖纳(R.D.Shannon)离子半径、查哈里阿生(Zachariasen)离子半径等。

从严格意义上说,离子半径并不是固定的。受各种因素的影响,同一质点的离子半径会有所不同,比如在不同温度、压力或极化条件下,离子半径都会发生变化。

1.2.5　配位数和配位多面体

配位数是指在晶体中与中心原子(或离子)直接相邻结合的原子(或异号离子)的个数,用 CN 表示。例如,对于 KCl 晶体中,Cl^- 按立方面心最紧密堆积,K^+ 填充在 Cl^- 形成的八面体空隙中,每个 K^+ 周围有 6 个 Cl^-,每个 Cl^- 周围有 6 个 K^+,因此 K^+、Cl^- 的配位数都是 6。

配位数和正负离子半径比相关。如果负离子做紧密堆积排列,可以利用几何关系计算出正离子配位数与正负离子半径比值之间的关系,如表 1-8 所示。

表 1-8　正负离子半径比、配位数和配位多面体的关系

r^+/r^-	正离子配位数	负离子多面体形状	实例
0.000～0.155	2	哑铃形	干冰(CO_2)
0.155～0.225	3	三角形	B_2O_3
0.225～0.414	4	四面体形	SiO_2,GeO_2
0.414～0.732	6	八面体形	NaCl,MgO,TiO_2
0.732～1.000	8	立方体形	CsCl,CaF_2,ZrO_2
1.000	12	立方八面体形	Cu

单质原子晶体紧密堆积时,每个原子的配位数为 12;不是紧密堆积时,配位数将小于 12。对于离子晶体,阳离子一般处于阴离子紧密堆积的空隙中,其配位数一般为 4 或 6。共价键晶体中的共价键有方向性和饱和性,因此质点配位数不受球体紧密堆积规则支配,配位数一般较小,一般不大于 4。

配位多面体是在晶体结构中,某一个阳离子(或原子)的配位阴离子(或原子)所组成的多面体。图 1-10 给出了阳离子最常见的几种配位方式及相应的配位多面体,其中,阳离子位于配位多面体的中心,各个配位阴离子则处于配位多面体的角顶上。

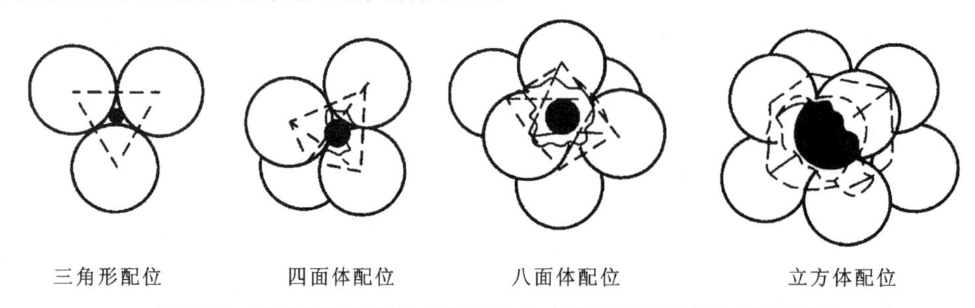

图 1-10　阳离子最常见的几种配位方式及相应的配位多面体示意

1.2.6　离子极化

在前面介绍离子密堆时,我们将离子看作一个孤立的刚性小球。但在实际的晶体中,每一个离子都会受到晶体中其他离子构成的电场的作用。在外电场的作用下,离子的形状和大小会发生改变,其正负电荷重心也不再重合,这种现象就是离子的极化,如图1-11所示。在一个晶体中,离子的极化是相互存在的。一个离子在其他离子产生的外电场作用下被极化,其强弱用极化率表示;同时该离子也会以自身的电场作用于周围离子,使其他离子极化,其强弱用极化力来表示。

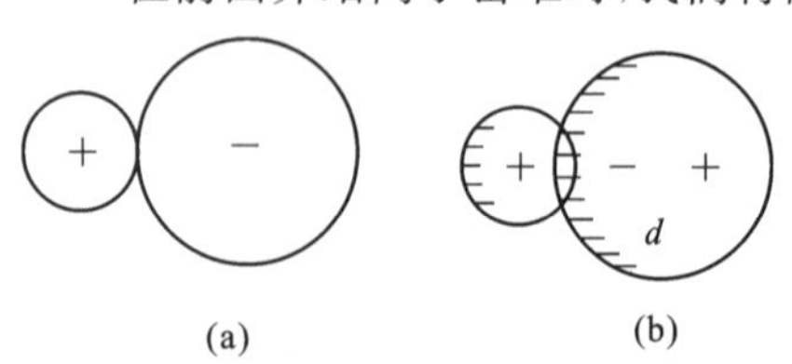

图 1-11　离子极化作用示意

(a)未极化;(b)已极化

在离子晶体中,阴离子的半径一般较大,易于变形,极化力小而极化率大;而阳离子的半径一般较小,不易变形,极化率小而极化力大。

极化的存在会对离子半径产生明显影响,从而影响配位数。当阴离子极化率大时,电子云变形严重，会加大与邻近阳离子间的吸引力，缩小阴、阳离子之间的距离（图 1 11），从而导致离子半径和配位数减小、晶体结构发生变化。比如，Ag 的卤化物中，按理论计算，Ag^{+} 的配位数为 6，属于氯化钠结构。但实际上，只有 AgCl、AgBr 是氯化钠结构，而 AgI 为硫化锌结构，Ag^{+} 的配位数为 4，其原因是 I^{-} 的极化率大，阴、阳离子间距离缩短过多。表 1-9 是 Ag 的卤化物晶体中由于离子极化而对配位数和晶体结构的影响的比较。

表 1-9　Ag 的卤化物晶体中由于离子极化而对配位数和晶体结构的影响的比较

		AgCl	AgBr	AgI
$Ag^{+}X^{-}$ 之间距离	理论值	0.123+0.172=0.295	0.123+0.188=0.311	0.123+0.213=0.336
	实测值	0.277	0.288	0.229
	极化靠近值	0.018	0.023	0.037
r^{+}/r^{-} 值		0.715	0.654	0.577
结构类型	理论	NaCl	NaCl	NaCl
	实际	NaCl	NaCl	ZnS
配位数	理论	6	6	6
	实际	6	6	4

1.2.7　电负性

电负性是指原子在形成价键时吸引电子的能力，用于表征原子形成负离子倾向的大小。电负性越大，原子越容易取得电子而成为负离子。

在晶体结构中，纯粹的离子键及共价键实际上是不多的，很多价键都属于介于离子键和共价键之间的混合键型。为了分析混合键中各种价键的多少，鲍林曾利用元素电负性的差值 $\Delta X = X_A - X_B$ 来计算化合物中离子键的成分。两个元素电负性的差值越大，结合时离子键的成分越高。反之，则以共价键的成分为主。比如在 NaCl 晶体中，$\Delta X = 3.0 - 0.9 = 2.1$，以离子键为主；SiC 晶体中，$\Delta X = 2.5 - 1.8 = 0.7$，以共价键为主；$SiO_2$ 晶体中，$\Delta X = 3.5 - 1.8 = 1.7$，Si—O 键既有离子性也有共价性。电负性差值与离子键分数的关系见图 1-12。元素的电负性值见表 1-10。

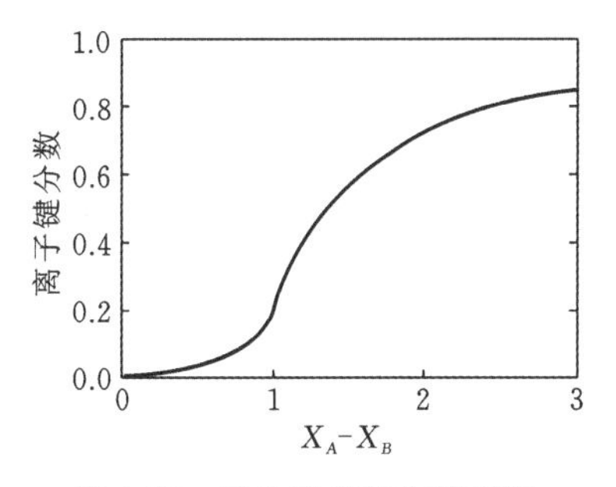

图 1-12　电负性差值与离子键分数的关系示意

表 1-10　元素的电负性值

Li 1.0	Be 1.5											B 2.0	C 2.5	N 3.0	O 3.5	F 4.0
Na 0.9	Mg 1.2											Al 1.5	Si 1.8	P 2.1	S 2.5	Cl 3.0
K 0.8	Ca 1.0	Sc 1.3	Ti 1.5	V 1.6	Cr 1.6	Mn 1.5	Fe 1.8	Co 1.8	Ni 1.8	Cu 1.9	Zn 1.6	Ga 1.6	Ge 1.8	As 2.0	Se 2.4	Br 2.8
Rb 0.8	Sr 1.0	Y 1.2	Zr 1.4	Nb 1.6	Mo 1.8	Tc 1.9	Ru 2.2	Rh 2.2	Pd 2.2	Ag 1.9	Cd 1.7	In 1.7	Sn 1.8	Sb 1.9	Te 2.1	I 2.5
Cs 0.7	Ba 0.9	La-Lu 1.1～1.2	Hf 1.3	Ta 1.5	W 1.7	Re 1.9	Os 2.2	Ir 2.2	Pt 2.2	Au 2.4	Hg 1.9	Tl 1.8	Pb 1.8	Bi 1.9	Po 2.0	At 2.2
Fr 0.7	Ra 0.9	Ac 1.1	Th 1.3	Pa 1.5	U 1.7	Np-No 1.3										

需要说明的是，用电负性差值仅能定性判断离子键的分数。另外，电负性的计算方法有多种（即采用不同的标度），用不同方法计算出来的电负性数值并不相同，所以利用电负性值时，必须用同一套数值进行比较。

1.2.8 鲍林规则

1927年，哥希密特（V.M.Goldschmidt）总结出结晶化学的一个基本规律：晶体结构取决于组成质点的种类和数量、相比大小和极化性质等。这一规律被称为哥希密特结晶化学定律或结晶化学第一定律。在此基础上，鲍林（Pauling）于1928年提出了判断离子化合物结构稳定性的5条经验规则。

第一规则，即负离子配位多面体规则。晶体结构中，围绕每一个阳离子，形成一个阴离子配位多面体，阳离子在多面体的中心，阴离子位于多面体的角顶。阴、阳离子的距离由它们的半径之和决定，配位数则取决于它们的半径。

第二规则，即静电价规则。在一个稳定的晶体结构中，阴、阳离子间的电荷一定平衡。从所有相邻接的阳离子到达一个阴离子的静电键的总强度，等于阴离子的电荷数。其中，中心阳离子到达每一配位阴离子的静电键强度 S，等于该阳离子的电荷数 Z 除以它的配位数 n，即 $S=Z/n$。以萤石（CaF_2）为例，Ca^{2+} 的配位数为8，则 Ca—F 键的静电强度 $S=2/8=1/4$。F^- 的电荷数为1，因此，一个 F^- 是四个 Ca—F 配位立方体的公有角顶，或者说 F^- 的配位数是4。

第三规则，即负离子配位多面体共顶、共棱、共面规则：在一个配位结构中，如果配位多面体共用棱边，特别是共用面，会降低结构的稳定性。对于高电价、低配位的正离子而言，这个效应更加显著。这是因为当两配位体共棱或共面时，两个中心正离子的距离缩短，斥力增大，结构稳定性下降。

这一规则可以说明为什么[SiO_4]四面体只能以共顶方式连接，而[AlO_6]却可以以共棱方式连接，个别条件下，还可以以共面方式连接。

第四规则，即不同种类正离子配位多面体连接规则。针对多元离子化合物，鲍林指出：在含一种以上正离子的晶体中，在高价低配位的正离子多面体之间，有尽可能不相连的趋势。例如，在镁橄榄石 $MgSi_2O_4$ 中，Si^{4+} 的电价高、配位低、相互间斥力大，因此[SiO_4]四面体之间互不连接；但是 Si^{4+} 和 Mg^{2+} 之间的斥力较小，所以[SiO_4]四面体和[MgO_6]八面体之间可形成稳定的共顶和共棱的结构。

第五规则，即节约规则：在同一晶体中，同种正离子与同种负离子的结合方式应尽最大限度趋于一致。比如在硅酸盐晶体中，不会同时出现[SiO_4]四面体和[Si_2O_7]双四面体。这是因为不同的结构基元的空间周期性排列不同，同时存在时会产生相互干扰，不利于形成晶体。

鲍林规则主要适用于离子晶体（包括卤化物、氧化物、硅酸盐等），对于含有部分共价键的离子键晶体也适用，但对于主要以共价键为主的晶体则一般不太适用。

1.3 典型晶体结构

晶体的结构与其化学组成、质点的相对大小和极化性质有关。但是由空间群的概念可知，晶体结构只有230种不同的类型，远少于化合物的种类，因此二者并不是一一对应的关系。化学组成不同的晶体，其晶体结构类型可以相同，而同一种化学组成的晶体，其结构类型也可以完全不一样。下面将介绍一些与无机非金属材料有关的晶体结构类型。

对于晶体结构，一般有三种描述方法。一是以坐标法来描述，即给出单位晶胞中所有质点的三维空间坐标，这种方法最规范和精准；二是以球体紧密堆积的方法来描述，该方法对于某些离子晶体的结构描述更为直观；三是以配位多面体及其连接方式来描述，该方法适用于结构较复杂的硅酸盐晶体。针对不同晶体结构，以上三种方法可单独或结合应用。

1.3.1 非金属单质的晶体结构

由单一元素组成的晶体称为单质晶体。非金属单质晶体中，原子间多为共价键结合。共价键有饱和性，其数目受原子自身电子组态的限制，一般等于 $8-n$，其中 n 为非金属元素在周期表中所处的族数。这个规则也称 $8-n$ 规则。但也有例外，比如石墨(C)中 C—C 键不是单键，而是 sp^2 杂化后形成的 σ 键和 π 键，所以并不符合 $8-n$ 规则。

1.3.1.1 金刚石结构

金刚石为立方晶系，$Fd3m$ 空间群，$a=0.356$ nm，其晶体结构如图 1-13 所示。从图中可以看出，金刚石为面心立方结构。碳原子分别位于面心立方表面的八个顶角、六个面心所有结点位置以及交替分布在立方体内 4 条体对角线的 1/4、3/4 处。每个碳原子的配位数为 4，周围都有四个碳，碳原子之间以共价键相连形成正四面体结构，其中一个碳原子位于正四面体中心，另外四个碳原子位于正四面体的顶角上，所有碳原子形成在三维空间无限延伸的大分子。

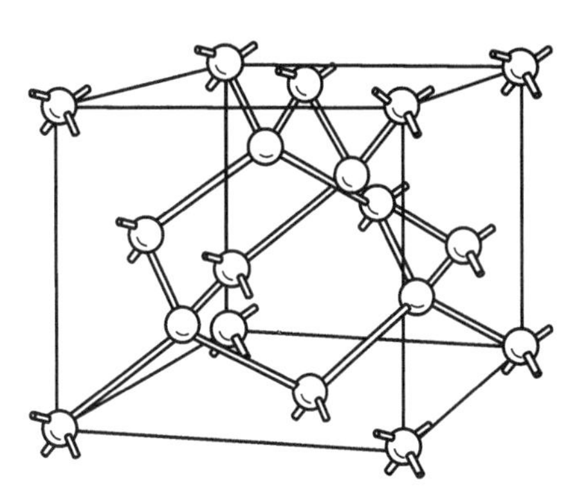

图 1-13 金刚石晶体结构

与金刚石结构相似的有硅、锗、灰锡(α-Sn)，以及人工合成的立方氮化硼(BN)等。

1.3.1.2 石墨结构

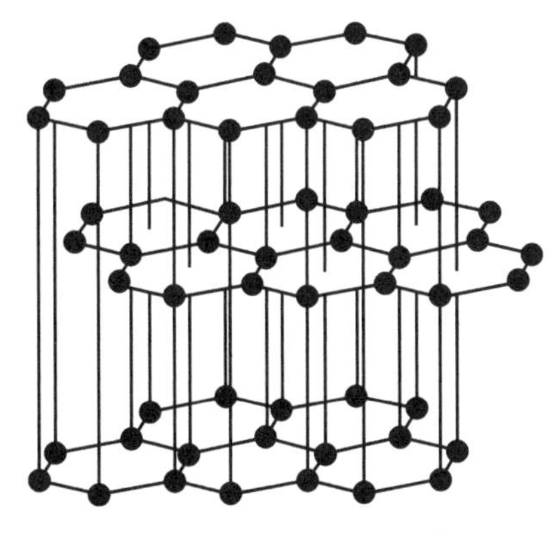

图 1-14 石墨的晶体结构

石墨的晶体结构为六方晶系，$P6_3/mmc$ 空间群。$a=0.146$ nm，$c=0.670$ nm。石墨的结构如图 1-14 所示，碳原子成层状排列。同一层中，碳原子连成六边形，每一个碳原子与三个碳原子以共价键等距相连，距离为 0.142 nm。层与层之间，碳原子以分子键相连，碳原子间距离为 0.335 nm。由于碳原子有四个外层电子，而层内仅形成三个共价键，因此多余的一个电子可以像自由电子一样在层内移动。这使得石墨在平行碳原子层的方向呈现出良好的导电性。同时由于层间以分子键连接，石墨在外力作用下容易产生滑移，在工业上可作润滑剂使用。与石墨结构相似的有六方氮化硼等。

1.3.2 无机化合物晶体结构

1.3.2.1 AX 型结构

AX 型结构主要分为氯化钠型、氯化铯型、硫化锌型等，其键性以离子键为主。

大多数 AX 型化合物的结构类型符合正、负离子半径比与配位数定量关系，只有少数例外，如表 1-11 所示。从表中可以看到，大多数 AX 型晶体属于 NaCl 型结构。

表 1-11　AX 型化合物的结构类型与 r^+/r^- 的关系

结构类型	r^+/r^-	实例(右侧数值为 r^+/r^- 比值)							
氯化铯型	1.000～0.732	CsCl	0.91	CsBr	0.84	CsI	0.75		
氯化钠型	0.732～0.414	KF	1.00	SrO	0.96	BaO	0.96	RbF	0.89
		RbCl	0.82	BaS	0.82	CaO	0.80	CsF	0.80
		PbBr	0.76	BaSe	0.75	NaF	0.74	KCl	0.73
		SrS	0.73	RbI	0.68	KBr	0.68	BaTe	0.68
		SrSe	0.66	CaS	0.62	KI	0.61	SrTe	0.60
		MgO	0.59	LiF	0.59	CaSe	0.56	NaCl	0.54
		NaBr	0.50	CaTe	0.50	MgS	0.49	NaI	0.44
		LiCl	0.43	MgSe	0.41	LiBr	0.40	LiF	0.35
硫化锌型	0.414～0.225	MgTe	0.37	BeO	0.26	BeS	0.20	BeSe	0.18
		BeTe	0.17						

1.氯化铯型结构

CsCl 晶体为立方晶系、$Pm3m$ 空间群，晶胞参数为 $a=b=c=0.411$ nm，$\alpha=\beta=\gamma=90°$，晶胞分子数 $Z=1$。CsCl 晶体中，正、负离子为简单立方堆积，配位数均为 8。Cl^- 位于立方格子的八个顶角上，Cs^+ 位于立方体中心。CsCl 晶体结构也可看成正、负离子各一套简单立方格子沿晶胞的体对角线位移 1/2 长度嵌套而成，如图 1-15 所示。

属于 CsCl 型结构的晶体还有 CsBr、CsI、TlCl、NH_4Cl 等。

2.氯化钠型结构

NaCl 晶体为立方晶系、$Fm3m$ 空间群，晶胞参数为 $a=b=c=0.563$ nm，$\alpha=\beta=\gamma=90°$，$Z=4$。NaCl 晶体中，体积较大的 Cl^- 做面心立方紧密堆积，Na^+ 填充在八面体空隙中。两种离子的配位数都是 6。图 1-16 为 NaCl 晶胞，一个晶胞中共有 4 个 Na^+ 和 4 个 Cl^-。晶胞中有 8 个四面体空隙，全部空着，有 4 个八面体空隙，全部被 Na^+ 占据。NaCl 晶体结构也可看成 Na^+、Cl^- 各一套面心立方格子沿晶胞的边棱方向位移 1/2 长度嵌套而成。

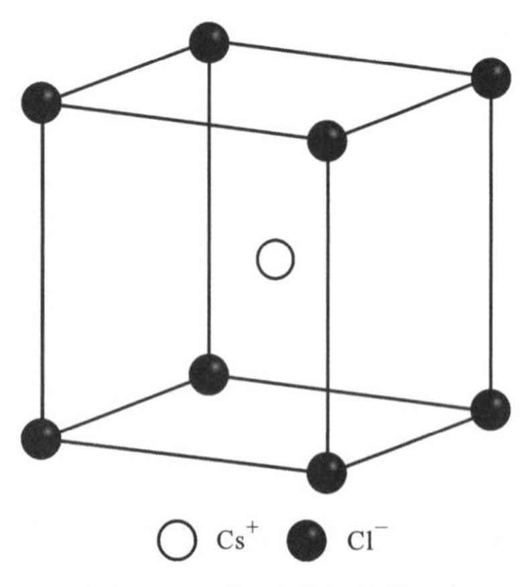

图 1-15　CsCl 的晶体结构

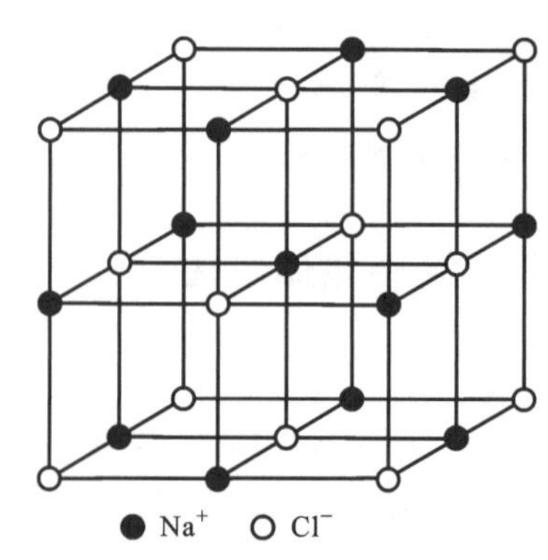

图 1-16　NaCl 的晶体结构

NaCl 型结构是离子晶体中很典型的一类，属于该类型的晶体很多，表 1-11 中列出了一部分。这类结构的晶体在三维空间各个方向键力分布比较均匀，因此破碎后常呈多面体颗粒状，无明显的解理特性(晶体沿某一晶面劈裂的现象称为解理)。

3.闪锌矿(α-ZnS)型结构

立方ZnS晶体为立方晶系、$F\bar{4}3m$空间群,晶胞参数为$a=b=c=0.540$ nm,$\alpha=\beta=\gamma=90°$,$Z=4$。立方ZnS的结构与金刚石相似,如图1-17(a)所示。在图中可见,S^{2-}位于面心立方的结点位置,Zn^{2+}则交错地填充在立方体内8个小立方体的中心,占四面体空隙的1/2,位高分别在图1-17(b)中25和75标高处。Zn^{2+}、S^{2-}的配位数都是4。从图1-17(c)中可以看到,立方ZnS晶体结构也可看作由[ZnS_4]四面体以共顶方式连接而成。由于Zn^{2+}具有18电子构型,S^{2-}又容易变形,所以Zn—S键带有相当程度的共价键性质。

属于闪锌矿型结构的晶体包括β-SiC、GaAs、AlP、InSb等。

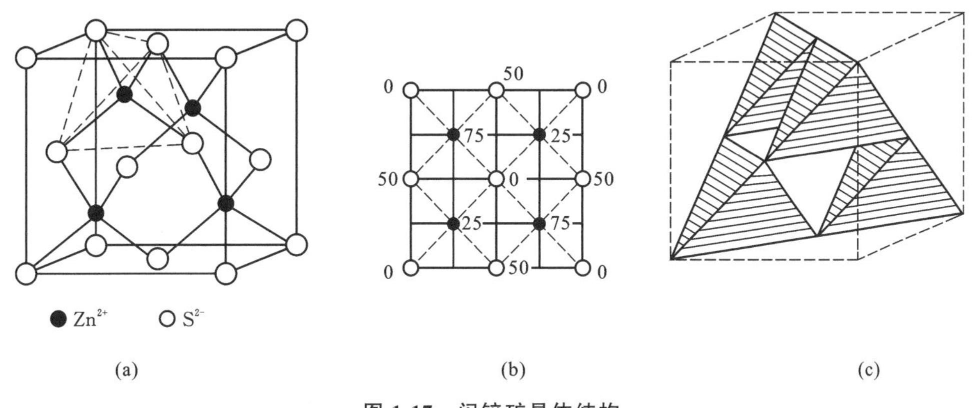

图1-17 闪锌矿晶体结构

(a) 晶胞结构;(b) (001)面上的投影;(c) [ZnS_4]分布及连接

4.纤锌矿(β-ZnS)型结构

纤锌矿晶体为六方晶系、$P6_3mc$空间群,晶胞参数为$a=0.382$ nm,$c=0.518$ nm,$Z=2$。在纤锌矿结构中,S^{2-}做六方最紧密堆积,Zn^{2+}占据四面体空隙的1/2,Zn^{2+}、S^{2-}的配位数都是4。

属于纤锌矿型结构的晶体包括BeO、ZnO、AlN等。其中BeO、AlN的热导率都很高,是重要的高热导率介质材料,在信息电子产业中有重要用途。

1.3.2.2 AX_2型结构

1.萤石(CaF_2)型结构

萤石型结构为立方晶系,$Fm3m$空间群。$a=0.545$ nm,$Z=4$。其结构如图1-18所示,Ca^{2+}位于立方体的角顶和面心位置,构成面心立方结构,其配位数是8,形成[CaF_8]立方体;而F^-则填充在八个小立方体的中心,配位数是4,形成[FCa_4]四面体,占据了所有Ca^{2+}紧密堆积所形成的四面体空隙。另一方面,Ca^{2+}形成的八面体空隙则全部未被填充。

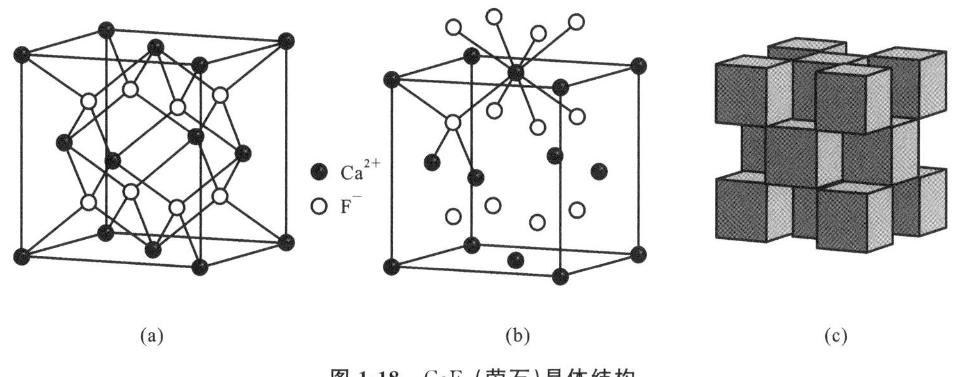

图1-18 CaF_2(萤石)晶体结构

(a) 萤石晶胞结构;(b) CaF_2结构;(c) CaF_2晶体结构以配位多面体相连的方式

从图 1-18(c)看，萤石结构中[CaF_8]立方体以共棱关系相连，它们只占据立方体空隙的一半，另外一半空隙未被填充。所以，在{111}面网方向存在相邻的同号离子层，导致晶体在该方向易发生解理。另外，有一半空隙的存在，使结构比较开放，有利于形成负离子填隙，也为负离子扩散提供了条件。因此，在萤石型结构中，往往存在负离子扩散机制，并且该机制是主要机制。

属于萤石型结构的晶体有 BaF_2、PbF_2、SnF_2、CeO_2、ThO_2、UO_2 等。单斜 ZrO_2(低温型)也类似于萤石型结构，其中 Zr^{4+} 的配位数是 7，单斜 ZrO_2 可看成扭曲和变形的萤石型结构。

如果萤石型结构中正、负离子的个数和位置全部互换，形成的就是反萤石型结构。如碱金属元素的氧化物 R_2O、硫化物 R_2S、硒化物 R_2Se、碲化物 R_2Te 等。其中，碱金属离子占据萤石结构的 F^- 位置，而 O^{2-} 或其他负离子占据 Ca^{2+} 的位置。

2.金红石(TiO_2)型结构

金红石属四方晶系，$P4_2/mnm$ 空间群，$a=0.459$ nm，$c=0.296$ nm，$Z=2$，其结构如图 1-19 所示。Ti^{4+} 位于简单四方格子的 8 个顶点位置。需要注意的是，体心的 Ti^{4+} 不属于这个简单四方格子，而属于另一套四方格子。4 个 O^{2-} 位于晶胞上下底面的面对角线上，另外 2 个 O^{2-} 位于晶胞半高处的另一方向的面对角线上。Ti^{4+} 的配位数为 6，形成[TiO_6]八面体。金红石结构可看成由[TiO_6]八面体以共棱方式排成链状、链和链之间共顶相连而成，如图 1-20 所示。该结构也可看成由 2 套 Ti^{4+} 的简单四方格子和 4 套 O^{2-} 的简单四方格子相互嵌套而成。

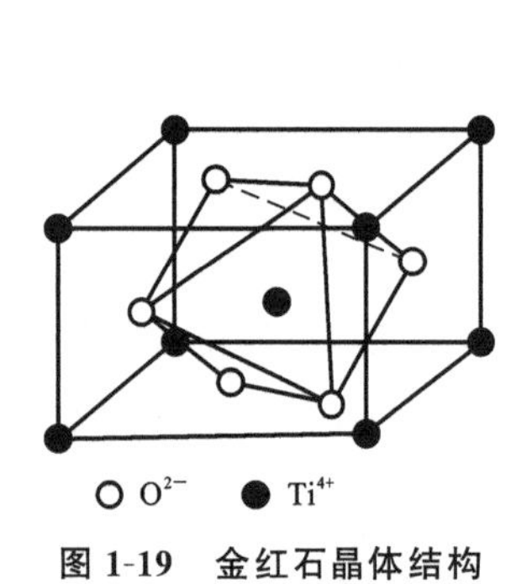

图 1-19 金红石晶体结构

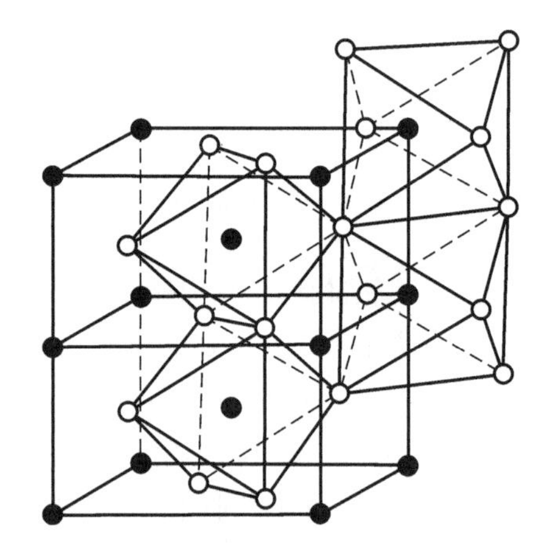

图 1-20 金红石晶体结构中 Ti-O 八面体排列

金红石型 TiO_2 的介电常数和折射率都很高，因此可用作陶瓷电容器的主晶相，也可作为制备高折射率的原料。

属于金红石型结构的常见晶体包括 SnO_2、CeO_2、MnO_2、PbO_2、VO_2、NbO_2、MgF_2 等。

3. 碘化镉(CdI_2)型结构

碘化镉属于三方晶系，$P3m$ 空间群，$a=0.420$ nm，$c=0.684$ nm，$Z=1$，其结构如图 1-21 所示，是具有层状结构的材料。Cd^{2+} 位于六方柱晶胞的顶点及上下底面的中心，I^- 交替分布在三个 Cd^{2+} 组成的三角形中心的上、下方。Cd^{2+} 的配位数为 6，位于上、下各 3 个 I^- 构成的八面体的中心，占据了 I^- 八面体的 50%。I^- 的配位数为 3。整个碘化镉结构可看成两层 I^- 中间夹一层 Cd^{2+} 形成的三层单元层。单元层之间由范德瓦耳斯力相连。由于单元层内结合力强，而层间结合力弱，因此晶体易出现平行于(0001)的解理。

常见的属于 CdI_2 型结构的晶体包括 $Mg(OH)_2$、$Ca(OH)_2$、MgI_2 等。

1.3.2.3 刚玉(α-Al_2O_3)型结构

刚玉晶体属于三方晶系,$R\bar{3}c$ 空间群,晶胞参数为 $a=0.514$ nm,$\alpha=55°17'$,$Z=2$,其结构如图 1-22 所示。刚玉的结构可以近似地看成 O^{2-} 按六方紧密堆积排列,即 ABAB…排列,Al^{3+} 填充在 6 个 O^{2-} 构成的八面体空隙内,占据八面体空隙的 2/3。为了使静电斥力最小,Al^{3+} 填充八面体空隙时需要按一定规律均匀分布,即同一层及上下层 Al^{3+} 之间应保持最远距离。图 1-23 给出了 Al^{3+} 分布的三种形式,只有按 Al_D、Al_E、Al_F 顺序排列,才能满足它们之间距离最远的条件。另外,O^{2-} 按六方密堆排列时有 O_A、O_B 两种排列方式,因此,在刚玉晶体中,O^{2-} 和 Al^{3+} 应按如下顺序排列:

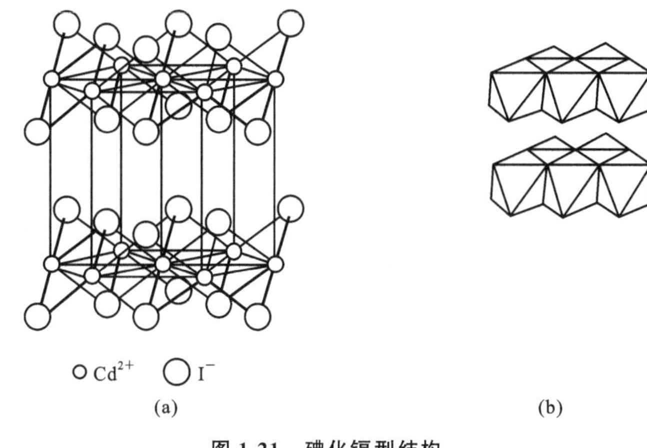

图 1-21 碘化镉型结构

(a) 晶胞结构图;(b) [CdI_6]八面体层及其连接方式

$$O_A Al_D O_B Al_E O_A Al_F O_B Al_D O_A Al_E O_B Al_F \cdots$$

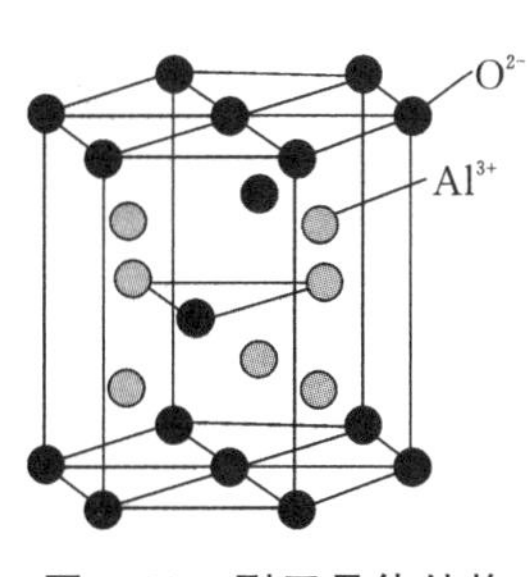

图 1-22 刚玉晶体结构

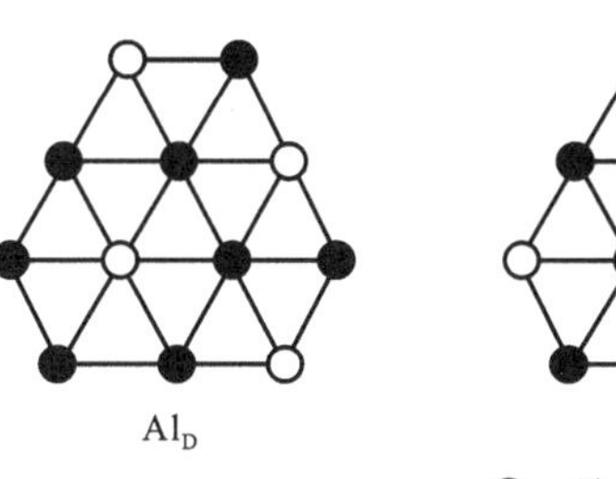
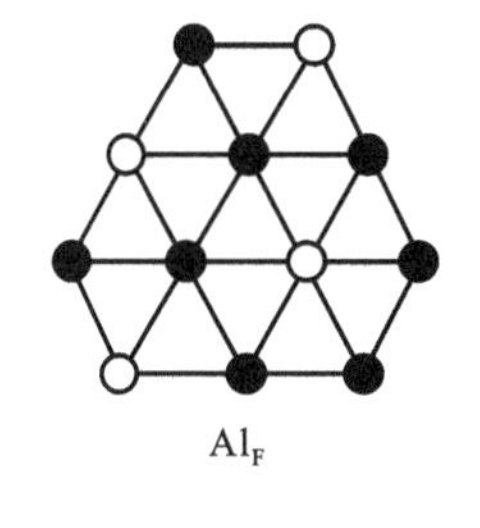

图 1-23 α-Al_2O_3 中 Al^{3+} 的 3 种不同排列法

刚玉晶体就可看成以上列 12 层为一个单元的周期排列而成。其中 Al^{3+} 的配位数为 6,O^{2-} 的配位数为 4。

属于刚玉型结构的常见晶体有赤铁矿 α-Fe_2O_3、Cr_2O_3、V_2O_3 等。$FeTiO_3$、$MgTiO_3$、$PbTiO_3$ 等钛铁矿型化合物也属于刚玉型结构,只是结构中的两个 Al^{3+} 分别为其他两个金属离子所取代。

1.3.2.4 钙钛矿($CaTiO_3$)型结构

钙钛矿型结构的通式为 ABO_3,是一种复合氧化物结构。其中 A 为二价(或一价)金属离子,B 为四价(或三价)金属离子。

$CaTiO_3$ 在高温时属于立方晶系,$Pm3m$ 空间群,$a=0.385$ nm,$Z=1$;温度低于 600 ℃时属于正交晶系,$Pcmm$ 空间群,$a=0.537$ nm,$b=0.764$ nm,$c=0.544$ nm,$Z=4$。图 1-24 是 $CaTiO_3$ 的晶体结构示意图。其中,Ca^{2+} 和 O^{2-} 一起构成面心立方堆积,Ca^{2+} 位于顶角,O^{2-} 位于面心。Ti^{4+} 则填充在 1/4 的 O^{2-} 八面体空隙中。Ca^{2+}、Ti^{4+}、O^{2-} 的配位数分别为 12、6、6。

在理想状态下,钙钛矿型结构中两种阳离子的半径 r_A、r_B 和氧离子半径 r_O 之间满足以下关系:

$$r_A+r_O=\sqrt{2}\,(r_B+r_O) \tag{1-20}$$

但实际上,能完全满足这种理想关系的情况非常少,一般钙钛矿型结构晶体中 A、B 两种离子的半径都可以在一定范围内波动。研究发现,只要能满足下式,钙钛矿型结构都能保持稳定:

$$r_A+r_O=t\sqrt{2}\,(r_B+r_O) \tag{1-21}$$

式中,t 为容差因子。$t=0.77$~1.10。

由于容差因子的存在,加上 A、B 离子的价态并不局限于二价或四价,因此这种结构的晶体数量

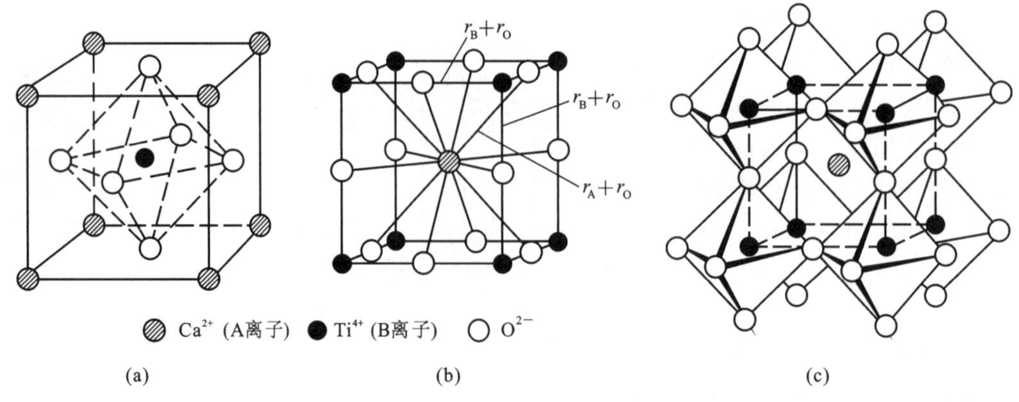

图 1-24　钙钛矿型晶体结构

(a) 晶胞结构；(b) 反映 Ca^{2+} 配位的晶胞结构(另一种晶胞取法)；(c) $[TiO_6]$八面体连接

很多。表 1-12 是一些常见的钙钛矿型结构晶体。正是因为可调节的空间较大，人们在实践中可以通过掺杂取代来改变材料的组成，设计出符合性能要求的材料。

表 1-12　钙钛矿型结构晶体举例

氧化物(1+5)	氧化物(2+4)			氧化物(3+3)	氟化物(1+2)
$NaNbO_3$	$CaTiO_3$	$SrZrO_3$	$CaCeO_3$	$YAlO_3$	$KNgF_3$
$KNbO_3$	$SrTiO_3$	$BaZrO_3$	$BaCeO_3$	$LaAlO_3$	$KNiF_3$
$NaWO_3$	$BaTiO_3$	$PbZrO_3$	$PbCeO_3$	$LaCrO_3$	$KZnF_3$
	$PbTiO_3$	$CaPrO_3$	$BaPrO_3$	$LaMnO_3$	
	$CaZrO_3$	$BaSnO_3$	$BaHfO_3$	$LaFeO_3$	

钙钛矿型结构晶体在高温时属于立方晶系，随着温度的下降，会在某些特定温度下产生一系列结构畸变，即位移性相变。当一个轴向发生畸变时，立方晶系变为四方晶系；如果两个轴向发生畸变，则变为正交晶系；如果是在体对角线[111]方向发生畸变，则转变成三方晶系。最典型的例子是 $BaTiO_3$ 晶体，其变化过程如下：

$$\text{三方(铁电相)}\xleftrightarrow{-80\ ℃}\text{斜方(铁电相)}\xleftrightarrow{5\ ℃}\text{正方(铁电相)}\xleftrightarrow{120\ ℃}\text{立方(顺电相)}$$

这种畸变的一个最明显的效果是使一些钙钛矿型结构晶体中产生自发偶极矩，成为铁电体或反铁电体。

通式为 ABO_3 的化合物中，除钙钛矿($CaTiO_3$)型结构外，还有钛铁矿($FeTiO_3$)型和方解石($CaTiO_3$)型、文石型结构等。究竟会形成哪种结构与容差因子 t 有很大关系，一般规律为：$t>1.1$，以方解石或文石型结构存在；$0.77<t<1.1$，以钙钛矿型结构存在；$t<0.77$，以钛铁矿型结构存在。

1.3.2.5　尖晶石($MgAl_2O_4$)型结构

尖晶石型结构的晶体数量较多，其通式为 AB_2O_4。其中 A 为二价离子，包括 Mg^{2+}、Mn^{2+}、Zn^{2+}、Co^{2+}、Ni^{2+} 等，B 为三价离子，包括 Al^{3+}、Cr^{3+}、Fe^{3+}、Co^{3+} 等。但这并非绝对，也可以是 A 为 4 价、B 为 2 价，不过 A、B 离子总价数应为 8。

尖晶石型结构的代表是镁铝尖晶石，属于立方晶系，$Fd3m$ 空间群，$a=0.808$ nm，$Z=8$。其晶胞结构如图 1-25 所示，其中，O^{2-} 按面心立方最紧密堆积排列，Mg^{2+} 填充在四面体空隙中，占四面体空隙的 1/8，Al^{3+} 填充在八面体空隙中，占八面体空隙的 1/2。这种 A 离子占据四面体空隙、B 离子占据八面体空隙的结构被称为正尖晶石，包括 $MgAl_2O_4$、$FeCr_2O_4$、$CoAl_2O_4$、$ZnFe_2O_4$ 等。

在尖晶石型结构中，如果有一半 B 离子占据四面体空隙，另外一半 B 离子和 A 离子占据八面体空隙，则称为反尖晶石，如 $NiFe_2O_4$、$NiCo_2O_4$、$CoFe_2O_4$ 等。在实际的尖晶石中，有的结构中既有正尖晶石成分，又有反尖晶石成分，这类尖晶石称为混合尖晶石，如 $CuAl_2O_4$、$MgFe_2O_4$ 等。

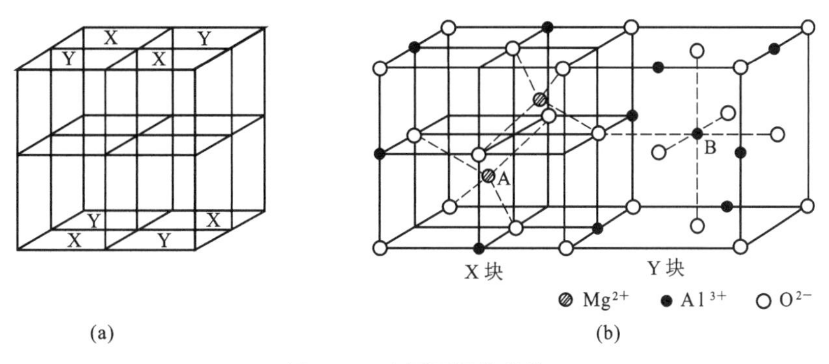

图 1-25 尖晶石晶胞结构

(a)X、Y 块构成晶胞结构；(b)X 块(Mg^{2+})、Y 块(Al^{3+})离子的堆积

1.3.3 硅酸盐晶体结构

氧、硅、铝是地壳中分布最广的三种元素。硅酸盐晶体和铝硅酸盐晶体是构成地壳的主要矿物，也是水泥、玻璃、陶瓷等无机非金属材料的主要原料。

硅酸盐晶体种类繁多，结构非常复杂，但也存在一些共同的基本特点：

(1) 构成硅酸盐晶体的基本单元是[SiO_4]四面体，Si^{4+} 位于 O^{2-} 构成的四面体的中心，硅氧之间的平均距离为 0.160 nm。一般认为硅氧键属于极性共价键，离子键和共价键各占 50%左右。

(2) Si—O—Si 键不是直线，而是一条存在一定夹角的折线，键角一般约为 145°。

(3) 每个 O^{2-} 最多只被两个[SiO_4]四面体所共有。

(4) [SiO_4]四面体在结构中只能互相孤立地存在，或者通过共顶点互相连接，不能以共棱或共面的方式相连接。

在硅酸盐晶体的组成中，除硅和氧之外，还可能含有其他多种阳离子。为了更方便地表示硅酸盐晶体，一般可采用化学式和结构式两种方式。化学式是将构成硅酸盐晶体的所有氧化物按一定顺序(如 1 价、2 价、3 价……)书写，最后写 SiO_2(或 SiO_2 和 H_2O)，其优点是可清楚地看出晶体的化学组成，比如钾长石，可写成 $K_2O \cdot Al_2O_3 \cdot 6SiO_2$；结构式是将构成硅酸盐晶体的所有正离子按一定顺序写出来，再将硅氧骨干用[ ]括起来写在后面，最后是(OH)或 H_2O。比如钾长石可写成 KAl[Si_3O_8]。

硅酸盐晶体一般是根据结构中[SiO_4]四面体在空间中的排列方式划分，可分为岛状、组群状、链状、层状和架状五种形式，如表 1-13 所示。

表 1-13 硅酸盐晶体的结构类型

结构类型	[SiO_4]共用 O^{2-} 数	形状	络阴离子	Si/O	例子
岛状	0	四面体	$[SiO_4]^{4-}$	1/4	镁橄榄石 $Mg_2[SiO_4]$
组群状	1	双四面体	$[Si_2O_7]^{6-}$	2/7	硅钙石 $Ca_3[Si_2O_7]$
	2	三元环	$[Si_3O_9]^{6-}$	3/9	蓝锥矿 $BaTi[Si_3O_9]$
		四元环	$[Si_4O_{12}]^{8-}$	4/12	—
		六元环	$[Si_6O_{18}]^{12-}$	6/18	绿宝石 $Be_3Al_2[Si_6O_{18}]$
链状	2	单链	$[Si_2O_6]^{4-}$	2/6	透辉石 $CaMg[Si_2O_6]$
	2,3	双链	$[Si_4O_{11}]^{6-}$	4/11	—

续表1-13

结构类型	$[SiO_4]$共用 O^{2-} 数	形状	络阴离子	Si/O	例子
层状	3	平面层	$[Si_4O_{10}]^{4-}$	4/10	滑石 $Mg_3[Si_4O_{10}](OH)_2$
架状	3	骨架	$[SiO_2]$	1/2	石英 SiO_2
	4		$[Al_xSi_{4-x}O_8]^{x-}$		钠长石 $Na[AlSi_3O_8]$

1.3.3.1 岛状结构

岛状结构的硅酸盐晶体中，$[SiO_4]$四面体以孤岛的状态存在，即各个四面体之间并不直接连接。每个 O^{2-} 只与本四面体中的 Si^{4+} 相连，不与其他四面体的 Si^{4+} 相连，而是与其他金属离子相连来使电价平衡，结构中 Si/O＝1/4。常见的岛状硅酸盐晶体包括镁橄榄石（$Mg_2[SiO_4]$）、锆英石（$Zr[SiO_4]$）、莫来石（$3Al_2O_3 \cdot 2SiO_2$）、红柱石（$3Al_2O_3 \cdot 2SiO_2$）等。

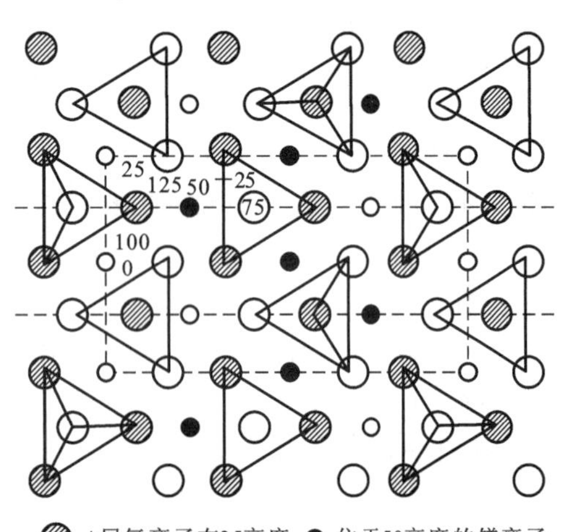

图 1-26　镁橄榄石晶胞结构在(100)面的投影

镁橄榄石（$Mg_2[SiO_4]$）属于斜方晶系，*Pbnm* 空间群，晶格常数为 a＝0.476 nm，b＝1.021 nm，c＝0.599nm，Z＝4。图 1-26 是镁橄榄石晶胞结构在(100)面的投影图。

从结构特征上看，镁橄榄石中的 O^{2-} 近似于六方最紧密堆积，Si^{4+} 填充在 1/8 的四面体空隙中，而 Mg^{2+} 填充在 1/2 的八面体空隙中。从图 1-26 可以看到，每个$[SiO_4]$四面体由 3 个 75(或 25)位置和 1 个 25(或 75)位置的 O^{2-} 形成(Si^{4+} 位于 50 位置未被标出)。每个$[MgO_6]$八面体由 3 个 75(或 25)位置和 3 个 25(或 75)位置的 O^{2-} 形成，Mg^{2+} 位于其中 50 的位置。$[SiO_4]$四面体被$[MgO_6]$八面体隔开，呈孤岛状。每一个 O^{2-} 同时和 1 个$[SiO_4]$、3 个$[MgO_6]$相连接，电价是平衡的。

镁橄榄石结构紧密，Mg—O 键和 Si—O 键都比较强，所以硬度较高，熔点也较高(1890 ℃)，是一种重要的耐火材料原料。另外，由于其结构较均匀，各个方向键力分布差异较小，所以没有明显的解理，破碎后常呈粒状。

镁橄榄石中的 Mg^{2+} 可以被 Fe^{2+} 以任意比例取代，形成连续固溶体（$(Mg_{1-x}Fe_x)SiO_4$）。Mg^{2+} 也可以被 Ca^{2+} 取代形成钙橄榄石 $CaMgSiO_4$。如果 Mg^{2+} 完全被 Ca^{2+} 取代，就会得到 γ-Ca_2SiO_4，即 γ-CS，是水泥熟料的一种矿物。水泥熟料中还有另一种也是岛状结构的矿物 β-CS，它化学性质活泼，能与水发生水化反应。这是因为与 γ-CS 中的 Ca^{2+} 只有 6 一种配位数不同，β-CS 中的 Ca^{2+} 有 6 和 8 两种配位数，配位数不稳定，使得结构活性增强。

1.3.3.2 组群状结构

组群状结构是两个、三个、四个或六个$[SiO_4]$四面体通过共用氧相连接，形成有限的硅氧络阴离子团，如图 1-27 所示。除双四面体外，其余的组群通常为环状，这些环还可以重叠起来形成双环，或通过其他金属阳离子按一定的配位形式联系起来。因此，组群状结构也称孤立的有限硅氧四面体群。在这类群中，连接两个 Si^{4+} 的氧称为桥氧或非活性氧。相对地，只有一侧与 Si^{4+} 相连接的氧称为非桥氧或活性氧。组群状结构的硅酸盐晶体包括硅钙石（$Ca_2[Si_2O_7]$）、镁方柱石（$Ca_2Mg[Si_2O_7]$）、蓝锥矿（$BaTi[Si_3O_9]$）、绿宝石（$Be_3Al_2[Si_6O_{18}]$）等。

绿宝石（$Be_3Al_2[Si_6O_{18}]$）晶体属于六方晶系，*P*6/*mcc* 空间群，a＝0.921 nm，c＝0.917 nm，晶胞分子数 Z＝2。图 1-28 为绿宝石结构在(0001)面上的投影示意图，表示半个晶胞。

绿宝石的基本结构单元是由 6 个$[SiO_4]$四面体形成的六元环。环上$[SiO_4]$四面体中有两个 O^{2-}

是共用的，与 Si^{4+} 处于同一高度。位于标高 100 位置和 50 位置的两个六元环上下错开 30°相叠，环与环间通过 Be^{2+} 和 Al^{3+} 连接。其中 Be^{2+} 的配位数是 4，构成[BeO_4]四面体；Al^{3+} 的配位数是 6，构成[AlO_6]八面体。从图 1-28 中可以看到，Be^{2+} 和 Al^{3+} 都处于标高 75 的位置，而与它们相连接的 O^{2-} 处于 65 标高和 85 标高的各占一半。[BeO_4]四面体和[AlO_6]八面体通过共用标高为 65 和 85 的两个 O^{2-} 共棱连接。

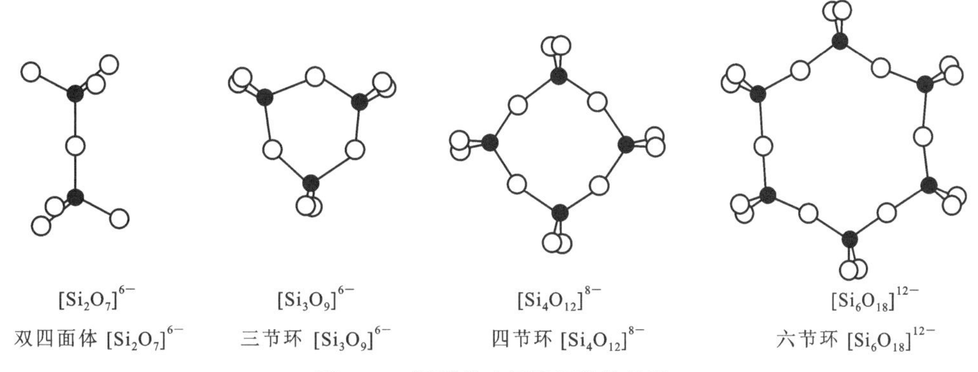

图 1-27 组群状硅氧骨干结构示意

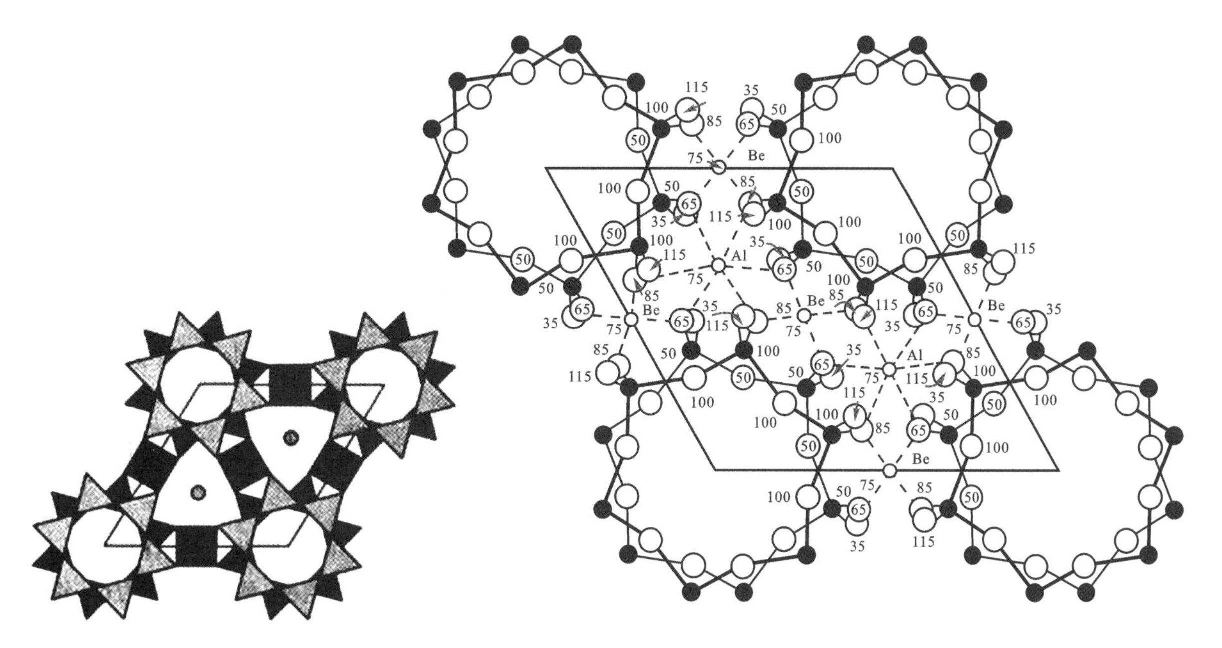

图 1-28 绿宝石结构在(0001)面上的投影示意

绿宝石晶体常呈现六方或复六方柱形状。由于六节环内没有其他离子，因此其结构中存在较大的环形空腔，这使得在环境温度升高时，晶体不会有明显的膨胀，因此热膨胀系数较小。当晶体中存在电价低、半径小的离子(如 Na^+)时，会呈现显著的离子导电性，同时在高频电场中的介电损耗较大。

堇青石 $Mg_2Al_3[AlSi_5O_{18}]$的结构与绿宝石相似，不同之处在于六元环中的一个 Si^{4+} 为 Al^{3+} 所取代，负电荷增加了一价；同时，环外的正离子由 Be_3Al_2 变成 Mg_2Al_3，因此保持了晶体的电价总体平衡。堇青石的热膨胀系数极小，具有广泛的用途。

1.3.3.3 链状结构

链状结构是[SiO_4]四面体之间通过共用 O^{2-} 形成的在一维方向延伸的结构，分为单链和双链。链状结构中，由[SiO_4]四面体通过共用两个顶点所形成的为单链。两条单链再通过共用 O^{2-}，可形成带状的双链。如图 1-29 所示。

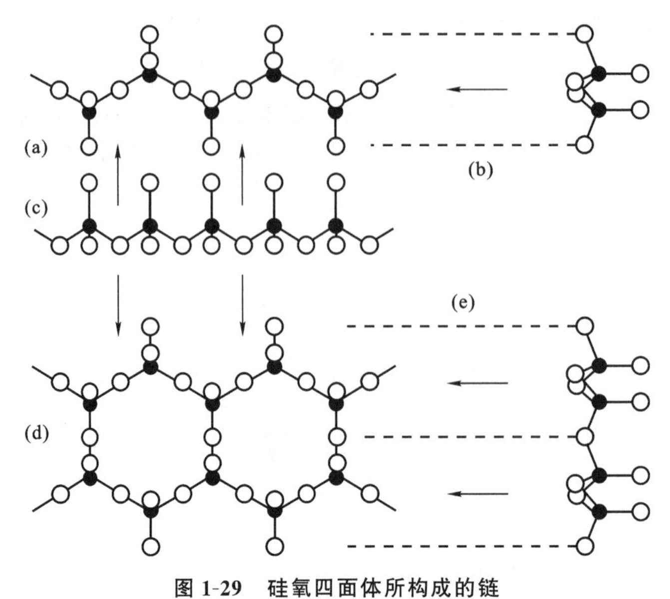

图 1-29 硅氧四面体所构成的链

(a) 单链结构；(b)，(c)，(e) 从箭头方向观察所得的投影图；(d) 双链结构

另外，在单链结构中，还可以根据空间取向的周期不同，分为 1 节链、2 节链、3 节链等，如图 1-30 所示。

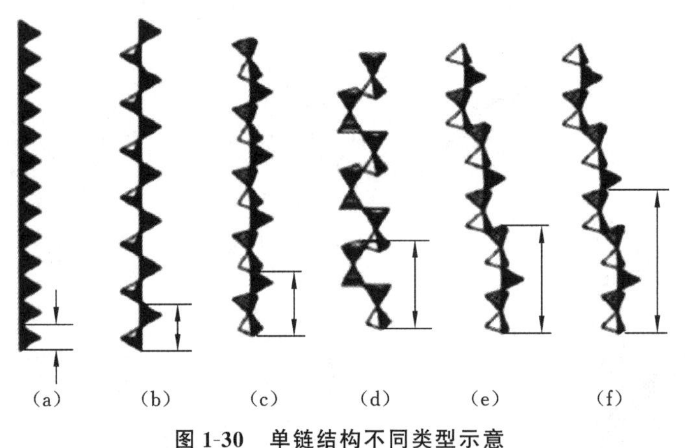

图 1-30 单链结构不同类型示意

(a)一节链；(b)二节链；(c)三节链；(d)四节链；(e)五节链；(f)七节链

比较重要的单链结构硅酸盐晶体是辉石族，如透辉石、顽火辉石等。角闪石类硅酸盐晶体中则含有双链，如斜方角闪石、透闪石等。

透辉石（$CaMg[Si_2O_6]$）属于单斜晶系，$C2/c$ 空间群。$a=0.971$ nm，$b=0.889$ nm，$c=0.524$ nm，$\beta=105°37'$，$Z=4$。其结构如图 1-31 所示。从图 1-31 中可看到，透辉石基本单元为沿 c 轴方向延伸的硅氧单链，其中硅氧四面体的取向上下交替排列（如图中链 1 的顶角向左，链 2 的顶角向右）。单链之间则由 Ca^{2+}、Mg^{2+} 连接。Ca^{2+} 的配位数为 8，活性氧和非活性氧各为 4 个，Mg^{2+} 的配位数为 6，均为活性氧。

当透辉石结构中的 Ca^{2+} 全部被 Mg^{2+} 取代时，就会形成斜方晶系的顽火辉石 $Mg_2(Si_2O_6)$。

具有链状结构的硅酸盐矿物，由于链内的 Si—O 键相对于链间的键较强，其晶体具有柱状或纤维状的解理特性，很容易沿链间结合力较弱处劈裂，形成柱状或纤维状的小块。

1.3.3.4 *层状结构*

层状结构是$[SiO_4]$四面体之间三个顶角通过桥氧连接，在二维平面方向形成无限重复六节环状

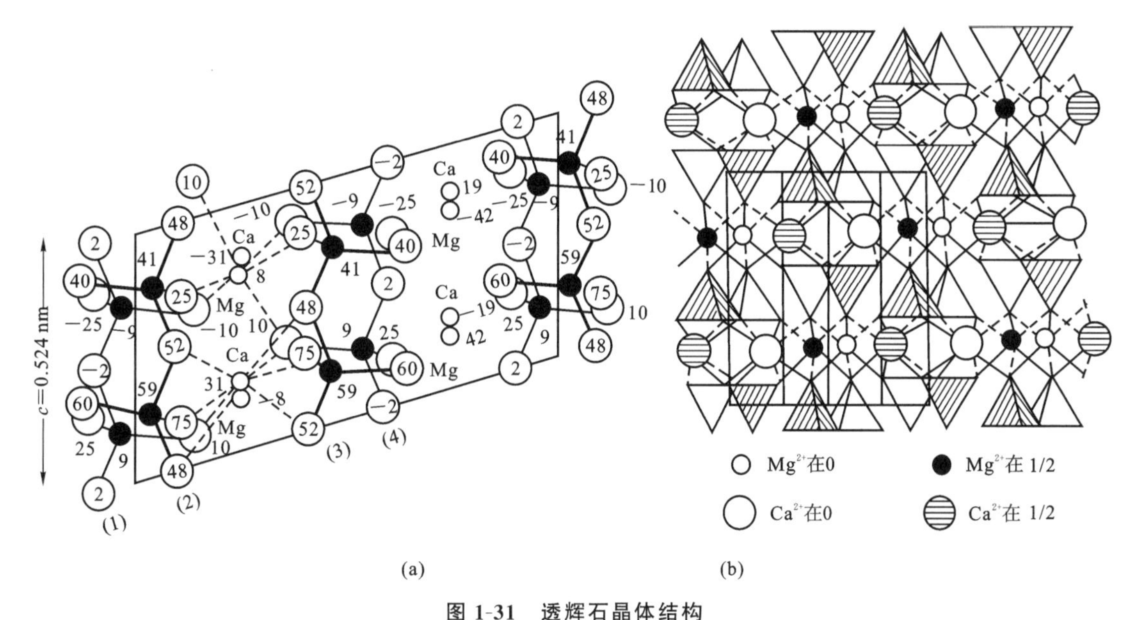

图 1-31 透辉石晶体结构

(a)(010)面上的投影;(b)(001)面上的投影

的硅氧层。在层内,[SiO_4]顶角上的氧的电价已饱和,另一顶角的氧为自由氧。按照自由氧的空间取向不同,硅氧层结构分为两类:单网层和复网层。在单网层中,所有自由氧都指向同一方向;而复网层中,两层的自由氧交替地指向相反方向。自由氧由于电价未饱和,需要与其他金属离子(如 Mg^{2+}、Al^{3+}等)和 H^+来平衡。这些金属离子所形成的配位多面体和水分子电离出来的 OH^-也会构成一个六元环状的层状结构,称为水铝石或水镁石层。这样,单网层就相当于一个硅氧层加上一个水铝(镁)石层,称为两层型(1∶1 型);而复网层则相当于两个硅氧层之间夹了一个水铝(镁)石层,称为三层型(2∶1 型)。整个硅酸盐晶体就是以这两层或三层为基本的单元层,重复堆积而成。在单元层内依靠化学键结合,结构牢固,而单元层之间则依靠范德瓦耳斯力或氢键结合,结合力弱,易沿层间解理。图 1-32 是层状硅酸盐中的四面体结构。

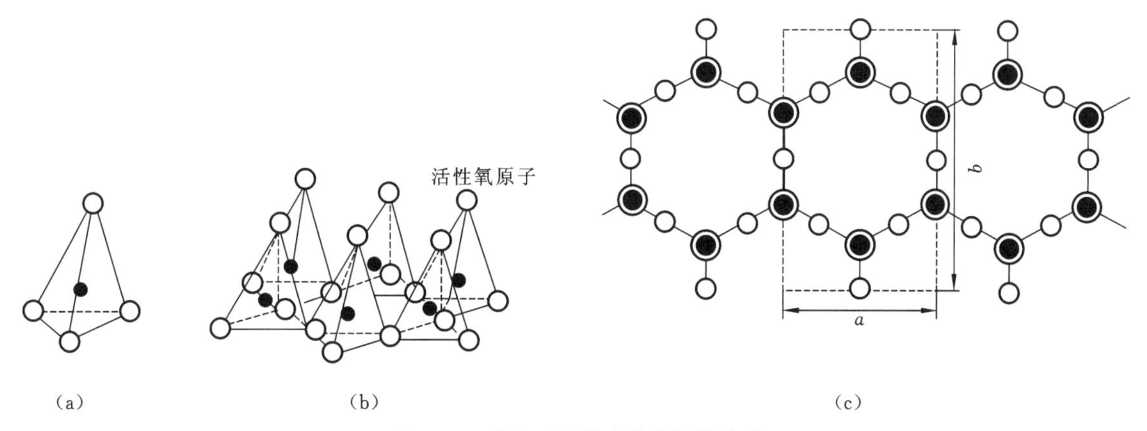

图 1-32 层状硅酸盐中的四面体结构

常见的黏土矿物(如高岭石、蒙脱石、伊利石等)和滑石、白云母等都属于层状结构。

1.滑石($Mg_3[Si_4O_{10}](OH)_2$)

滑石属单斜晶系,$C2/c$ 空间群,晶胞参数为:$a=0.525$ nm,$b=0.910$ nm,$c=1.881$ nm,$\beta=100°$。其结构如图 1-33 所示,为复网层结构。上、下为两个硅氧层,中间通过水镁石层连接。水镁石层中 Mg^{2+}的配位数为 6,形成[$MgO_4(OH)_2$]八面体。滑石的复网层内是电中性的,复网层间依靠较弱的分子间力结合，因此很容易滑动，具有良好的片状解理特性，滑腻感强。

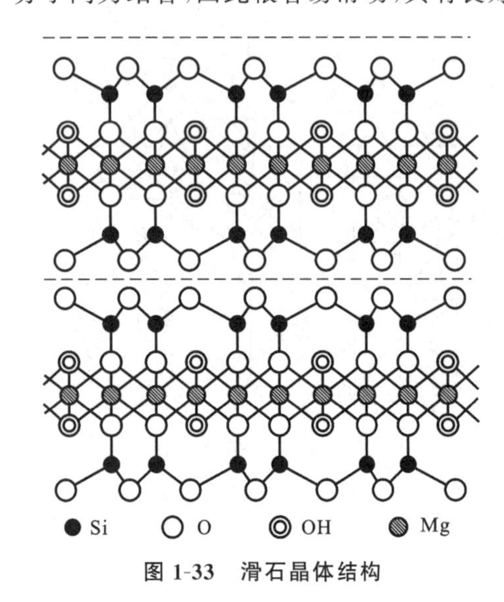

图 1-33　滑石晶体结构

当滑石中的 3 个 Mg^{2+} 被 2 个 Al^{3+} 取代后，就可得到叶蜡石（$Al_2[Si_4O_{10}](OH)_2$），叶蜡石同样具有良好的片状解理性。

2.高岭石（$Al_4[Si_4O_{10}](OH)_8$）

高岭石是一种常见的黏土矿物，其化学式是 $Al_2O_3 \cdot 2SiO_2 \cdot 2H_2O$，属于三斜晶系，$C1$ 空间群，晶胞参数为：$a=0.513$ nm，$b=0.893$ nm，$c=0.737$ nm，$\alpha=91°36'$，$\beta=104°48'$，$\gamma=89°54'$，$Z=1$。其结构如图 1-34 所示，为硅氧层和水铝石层构成的单网层结构。其中，Al^{3+} 的配位数为 6，与 2 个 O^{2-} 和 4 个 OH^- 相连，形成$[AlO_2(OH)_4]$八面体。

高岭石中单网层内是电中性的，层间靠较弱的氢键结合，因此容易解理成片状的小晶体。但是，由于氢键比分子键强，因此层间不容易进入水分子，晶体不会因含水量增加而膨胀；同时可以交换的阳离子容量也小，不易发生离子取代，化学组成比较简单。

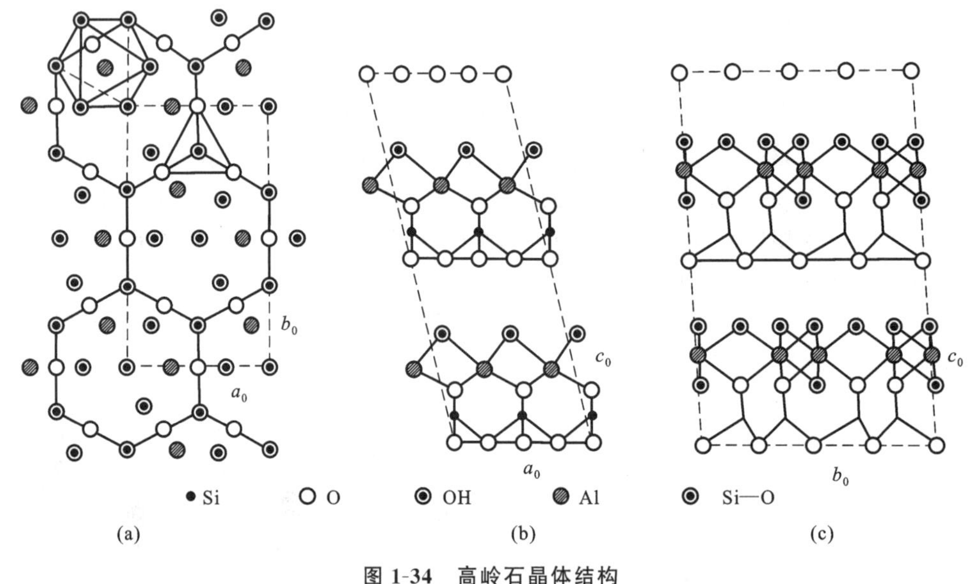

图 1-34　高岭石晶体结构

(a) (001)面投影；(b) (010)面投影；(c) (100)面投影

3.蒙脱石（$Al_2[Si_4O_{10}](OH)_2 \cdot nH_2O$）

蒙脱石又称微晶高岭石，其理论化学式是 $Al_2O_3 \cdot 2SiO_2 \cdot 2H_2O+nH_2O$，属单斜晶系，$C2/ma$ 空间群，晶胞参数为：$a\approx0.523$ nm，$b\approx0.906$ nm，c 可变，$Z=2$。

蒙脱石是两层硅氧四面体层夹一层水铝石层的复网层结构，其结构如图 1-35 所示。其中，Al^{3+} 的配位数为 6，形成$[AlO_2(OH)_4]$八面体。理论上，复网层内为电中性，但是，由于水铝层中的 Al^{3+} 容易被 Mg^{2+} 取代，使得复网层并不呈现电中性，而是含有少量的负电荷，因此复网层之间有一定斥力，而其他一些带正电性的水化阳离子 M^+ 或 M^{2+} 容易进

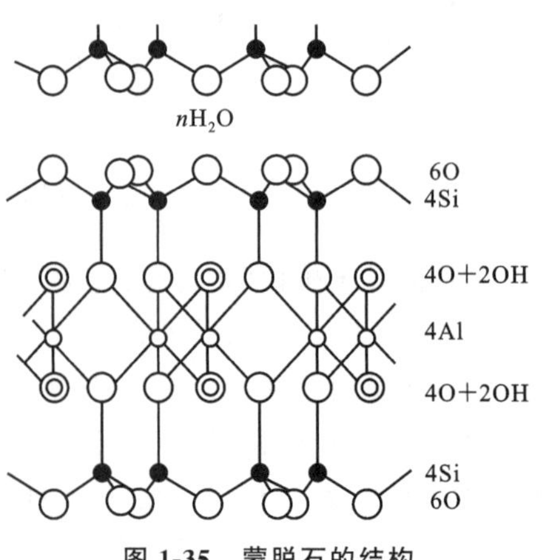

图 1-35　蒙脱石的结构

入层间以平衡电价。在一定条件下，这些层间阳离子很容易被交换出来，因此蒙脱石的阳离子交换容量大，通常质地不纯。同时，由于层间的结合力弱，水分子也容易渗入，形成层间结合水，使晶胞 c 轴膨胀，c 轴参数可发生很大的变化（0.960～2.140 nm）。因此，蒙脱石又称膨润土。

蒙脱石复网层间依靠微弱的范德瓦耳斯力结合，因此很容易解理成片状的细小晶粒。

4.伊利石（$K_{1\sim1.5}Al_4[Si_{7\sim6.5}Al_{1\sim1.5}O_{20}](OH)_4$）

伊利石属于单斜晶系，$C2/c$ 空间群，晶胞参数为：$a=0.520$ nm，$b=0.900$ nm，$c=1.000$ nm，β 角无确定值，晶胞分子数 $Z=2$。伊利石为三层复网层结构，但在其$[SiO_4]$四面体中，约有 1/6 的 Si^{4+} 被 Al^{3+} 所取代。为了平衡多余的负荷，有 1～1.5 个 K^+ 会进入复网层之间。K^+ 处于上下两个硅氧四面体六元环的中心，相当于形成配位数为 12 的 K—O 配位多面体。因此，层间的结合力较大，不易发生阳离子交换。

5.白云母（$KAl_2[AlSi_3O_{10}](OH)_2$）

白云母属于单斜晶系，$C2/c$ 空间群，晶胞参数为：$a=0.518$ nm，$b=0.902$ nm，$c=2.001$ nm，$\beta=95°11'$，$Z=2$。其结构如图 1-36 所示，为两个硅氧层夹一个水铝石层构成的复网层结构。

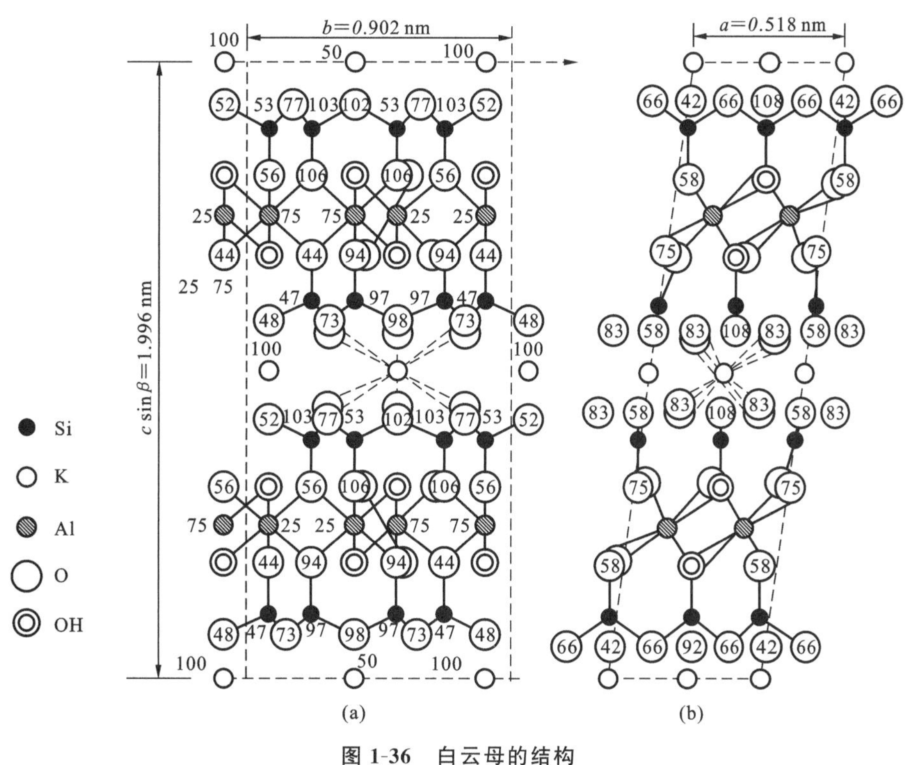

图 1-36　白云母的结构

(a)（100）面上的投影；(b)（010）面上的投影

白云母结构与蒙脱石相似，但其硅氧层中，约有 1/4 的 Si^{4+} 被 Al^{3+} 所取代，复网层不能保持电中性，而是带有一定的负电荷。因此，复网层间有 K^+ 进入，以平衡其负电荷。和伊利石中类似，K^+ 的配位数也是 12，统计地分布在上下两个硅氧四面体六元环间的空隙内。白云母复网层之间结合力较弱，易沿层间发生解理。

白云母中的正负离子几乎都可以被其他离子不同程度地取代，形成一系列云母族矿物，如金云母 $KMg_3[AlSi_3O_{10}](OH)_2$、氟金云母 $KMg_3[AlSi_3O_{10}]F_2$、黑云母 $K(Mg,Fe)_3[AlSi_3O_{10}](OH)_2$、锂铁云母 $KLiFeAl[AlSi_3O_{10}](OH)_2$、锂云母 $KLi_2Al[AlSi_3O_{10}](OH)_2$ 等。

1.3.3.5　架状结构

架状结构的硅酸盐晶体中，$[SiO_4]$四面体中的每个顶点的 O^{2-} 都为桥氧，相邻$[SiO_4]$四面体之间以共顶方式相连接，形成三维的网络结构，其中 Si/O 为 1∶2。

常见的矿物中，石英、长石、沸石等都是架状结构。

1.石英(SiO_2)

石英晶体在不同的热力学条件下有多种变体，在常压下随着温度的变化可分为三个系列：石英、鳞石英和方石英。它们之间的转换关系如图 1-37 所示。

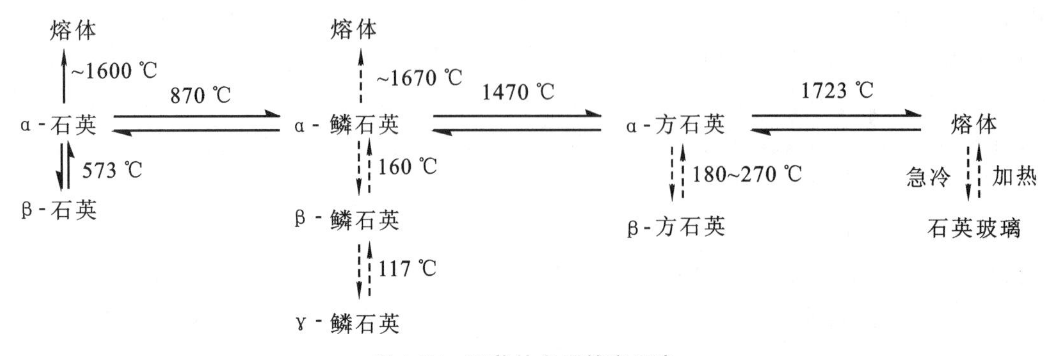

图 1-37 石英的多晶转变示意

在图 1-37 中，纵向为同一系列之间的转变，其过程仅为键长、键角的调整，没有键的断开和重建，速度快且可逆，称为位移型转变。横向为不同系列之间的转变，涉及化学键的断开和重建，速度缓慢，称为重构型转变。

石英的三个主要变体为 α-石英、α-鳞石英、α-方石英，它们在结构上的主要区别是[SiO_4]四面体之间的连接方式不同。α-石英的键角为 150°，没有对称中心；α-鳞石英的键角为 180°，有对称平面；α-方石英的键角为 180°，有对称中心。如图 1-38 所示。由于这三种石英中硅氧四面体的连接方式不同(注意图中 A、B、C 氧离子的顺序)，它们之间的转变无法通过简单的键长、键角的调整来完成，因此是重构型转变。

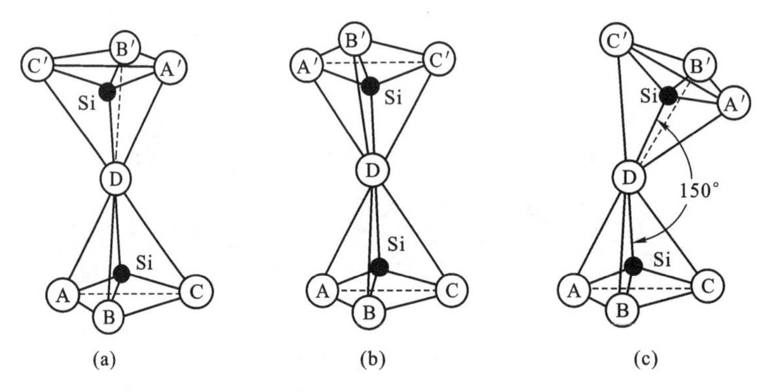

图 1-38 石英三种硅氧四面体的连接方式

(a) α-方石英(存在对称中心)；(b)α-鳞石英(存在对称面)；(c) α-石英(无对称中心和对称面)

石英的同一系列间 α、β、γ 高低温相之间的变化是由离子位移产生的结构畸变，不需要断开化学键。图 1-39 所示为 α-石英和 β-石英的平面结构关系，可以看到二者的拓扑结构相同，仅仅是键角发生了一些变化。比较图 1-38 和图 1-39 可以清晰地看到重构型转变和位移型转变的区别。

α-方石英为石英晶体的高温稳定相，属于立方晶系，$Fd3m$ 空间群，晶胞参数为：$a=0.713$ nm，晶胞分子数 $Z=8$。图 1-40 为 α-方石英结构示意图。其中，Si^{4+} 的位置与金刚石中 C 的位置相当，除了位于晶胞顶角和面心，在晶胞内部还有 4 个。距离最近的 Si^{4+} 和 Si^{4+} 中间依靠 O^{2-} 相连，O^{2-} 与两个相邻的 Si^{4+} 离子完全等距。

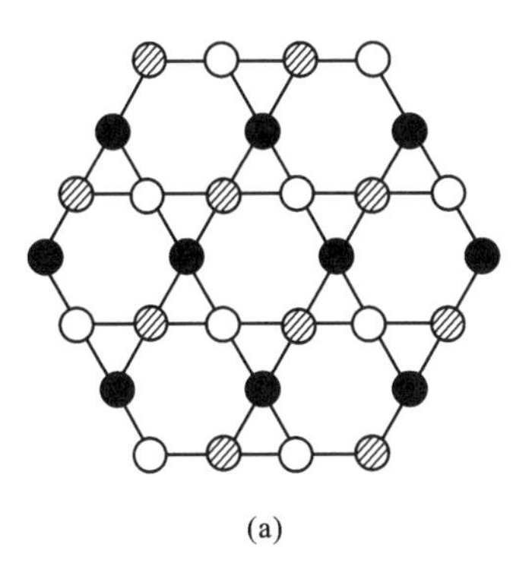

(a)

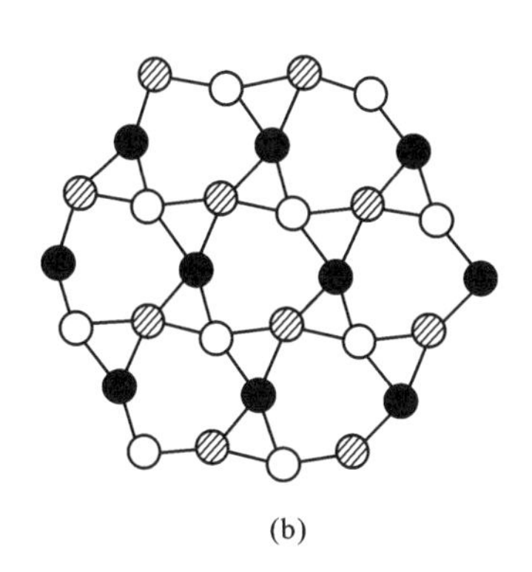

(b)

图 1-39 α-石英和β-石英的结构关系

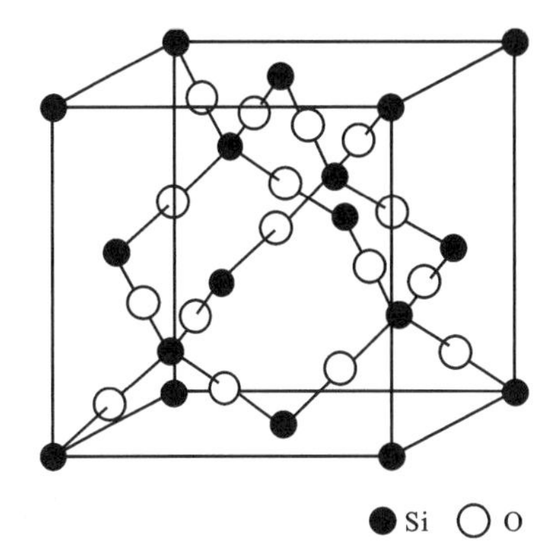

图 1-40 α-方石英的结构

石英各种变体的相关参数见表 1-14。

表 1-14 石英各种变体的相关参数

变体	密度/(g/cm^3)	晶系及晶胞参数
α-石英	2.53	六方($P6_42$ 或 $P6_22$),a=0.501 nm,c=0.547 nm,Z=3
β-石英	2.65	三方($P3_12$ 或 $P3_22$),a=0.491 nm,c=0.540 nm,Z=3
α-鳞石英	2.28	六方($P6_3/mmc$),a=0.504 nm,c=0.825 nm,Z=4
β-鳞石英*	2.29	正交(假立方),a=1.845 nm,b=0.499 nm,c=2.383 nm
γ-鳞石英	2.31	正交($C222$),a=0.874 nm,b=0.504 nm,c=0.824 nm,Z=8
α-方石英	2.33	立方($Fd3m$),a=0.713 nm,Z=8
β-方石英	2.22	四方(假立方),a=0.497 nm,c=0.692 nm

* 数据仍存在争议。

在 SiO_2 的结构中,Si—O 键的强度很高,且在三维空间各方向分布比较均匀,所以 SiO_2 晶体的熔点高,硬度大,化学稳定性较好,不易解理。

2.长石

在长石结构中,部分[SiO_4]四面体中的 Si^{4+} 被 Al^{3+} 所取代,因而有负电荷剩余。一些大的正离子如 K^+、Na^+、Ca^{2+}、Ba^{2+} 填充在架状结构的空隙中,起到平衡电荷的作用。

长石类硅酸盐晶体又可细分为正长石系和斜长石系两种。正长石系中包括钾长石 K[$AlSi_3O_8$]、钡长石 Ba[$Al_2Si_2O_8$]等;斜长石系中包括钠长石 Na[$AlSi_3O_8$]、钙长石 Ca[$Al_2Si_2O_8$]等。

钾长石和钠长石在高温下能形成完全互溶的连续固溶体,低温下则为有限固溶体。它们的固溶体称为碱性长石。钠长石与钙长石也能以任意比例互溶,形成钠钙长石固溶体。

透长石是钾长石族晶体中结构对称性最高的一种,其化学式为 K[$AlSi_3O_8$],单斜晶系,$C2/m$ 群,a=0.856 nm,b=1.303 nm,c=0.718 nm,α=90°,β= 115°59′,γ=90°,Z=4。其结构的基本特征是:硅氧四面体或铝氧四面体连接成四元环,其中 2 个四面体的顶角朝上,另外 2 个四面体的顶角朝下,如图 1-41(b)所示。四元环中的四面体再通过共顶方式连接成曲轴状的长链,其方向平行于 a 轴,如图 1-41(a)所示。在实际的晶体中,该链存在一些扭曲,如图 1-41(c)所示。链与链之间再通过桥氧或金属离子与 O^{2-} 之间的键相连接,形成三维空间内的架状结构。

长石结构中,四节环内结合牢固,因此在沿四节环链的方向晶体不易断裂。而链与链之间的连接有一部分是通过金属离子与 O^{2-} 之间形成的键结合,相对于桥氧而言更弱,存在较大的空腔,因此长石在平行于桥氧的方向解理较易。

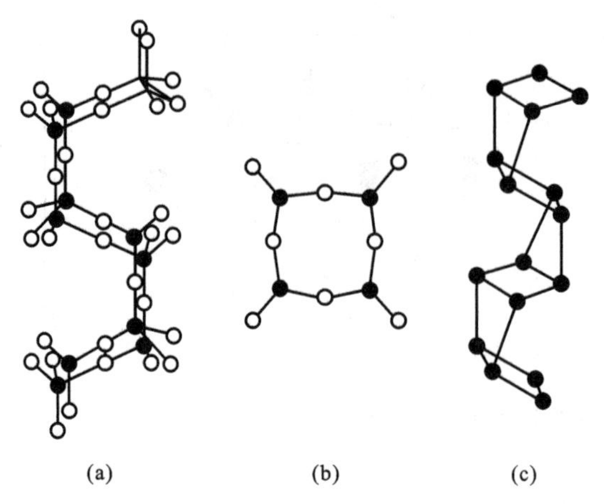

图 1-41 长石结构中的四元环和曲轴状链

(a) 理想的曲轴状链;(b)四元环;(c) 实际的曲轴状链

习　题

1.名词解释:

晶系;点群;晶胞;对称型;空间点阵;晶面指数;球体紧密堆积;离子半径;离子极化;配位数;鲍林规则

2.简述晶体的基本性质。

3.什么是对称变换、对称要素?什么叫对称定律?晶体中可能存在哪几种宏观对称要素?

4.试说明七个晶系的对称特点和几何常数特征。

5.$a\neq b\neq c$,$\alpha=\beta=\gamma=90°$的晶体属于什么晶系?$a\neq b\neq c$,$\alpha\neq\beta\neq\gamma\neq 90°$的晶体属于什么晶系?能否据此确定这两种晶体的布拉维点阵?

6.四方晶系晶体 $a=b$,$c=1/2a$,一晶面在 x,y,z 轴上的截距分别为 $2a$,$3b$,$6c$,计算该晶面的密勒指数。

7.在立方晶系中画出下列晶面:(a)(001);(b)(110);(c)(111)。

8.晶体中的键分哪几类?各有什么特点?

9.等大球最紧密堆积时会形成哪两种空隙?在一个球周围,这两种空隙分别有多少个?

10.n 个等径球做最紧密堆积时可形成多少个四面体空隙和多少个八面体空隙?不等径球是如何进行堆积的?

11.为什么 AX 型化合物中 NaCl 型结构最常见?

12.CaO 和 MgO 同属 NaCl 型结构,但与水发生作用时,CaO 比 MgO 反应更活泼,为什么?

13.为什么 Ag 的卤化物中,AgCl、AgBr 是 NaCl 结构,而 AgI 为 ZnS 结构?

14.尖晶石型结构是什么样的?尖晶石型结构与反尖晶石型结构有什么不同?

15.从晶体结构方面解释为什么堇青石的热膨胀系数小。

16.钙钛矿型结构有什么特点?为什么利用钙钛矿型结构特点可设计出很多新材料?

17.简述硅酸盐晶体结构分类原则,各种类型的特点,并举例说明。

18.试从结构上解释高岭石、蒙脱石阳离子交换容量差异的原因。

19.石墨、云母、高岭石具有相似的结构,试说明它们的结构差别以及由此引起的性质上的差异。

20.Si 和 Al 的相对原子质量很接近(分别为 28.09 和 26.98),但 SiO_2 和 Al_2O_3 的密度相差很大(分别为 2.65 g/cm^3 和 3.96 g/cm^3),试用晶体结构和鲍林规则解释这种区别。

2 晶体结构缺陷

上一章中，我们在讨论晶体结构的时候，是将其看成理想晶体，即晶体中的质点严格地按照空间点阵结构周期性排列。这种完整的理想晶体只有在热力学上最稳定的状态即是处于 0 K 温度时才会出现。而在实际的晶体中，由于环境温度始终在绝对零度之上，因此其质点的排列或多或少都会偏离理想晶体结构，存在着结构缺陷。

由于结构缺陷的存在，晶体的物理化学性质会发生显著变化。这些变化对于材料的合成加工以及产品的性能都会产生极大的影响。因此，了解和掌握晶体的缺陷，包括其特点、变化及成因，对于材料的设计、工艺的控制及性能的改进，都十分重要。

晶体缺陷一般按几何形态来进行分类，可分为点缺陷、线缺陷、面缺陷和体缺陷等几种。

(1) 点缺陷

点缺陷又称零维缺陷，其特点是缺陷尺寸在三维方向都处于原子大小的数量级。点缺陷包括空位、错位、杂质质点、间隙质点、色心等。

(2) 线缺陷

线缺陷又称一维缺陷，是指一维方向晶体结构偏离理想的周期性排列而产生的缺陷，缺陷向某一维方向延伸，而在另外两维方向很小。线缺陷主要是各种位错。

(3) 面缺陷

面缺陷又称二维缺陷，是指二维方向晶体结构偏离理想的周期性排列而产生的缺陷，缺陷在二维即平面方向延伸，而在第三维方向很小。面缺陷主要有晶界、表面、零积层错、镶嵌结构等。

(4) 体缺陷

体缺陷又称三维缺陷，是指晶体局部区域在三维空间各个方向结构均偏离理想的周期性排列而产生的缺陷。体缺陷包括第二相粒团、空位团等。

在本章中，我们主要介绍晶体中的点缺陷和线缺陷。

2.1 点缺陷

2.1.1 点缺陷的种类

点缺陷是材料中普遍存在的一种最基本、最重要的缺陷。

1.根据点缺陷所处的位置和成分分类

按照所处的位置和成分不同，点缺陷可以分为三种：

(1) 空位：空间结点位置没有被原子或离子所占据，成为空结点，称为空位，如图 2-1(a)所示。

(2) 填隙质点：原子或离子进入晶体中正常结点之间的间隙位置，称为填隙原子(离子)或间隙原子(离子)，如图 2-1(b)所示。

(3) 反占位：一个原子 A 出现在正常条件下化合物中另一种其他不同种类 B 的原子应该占据的

位置上，称为反占位缺陷或错置缺陷。

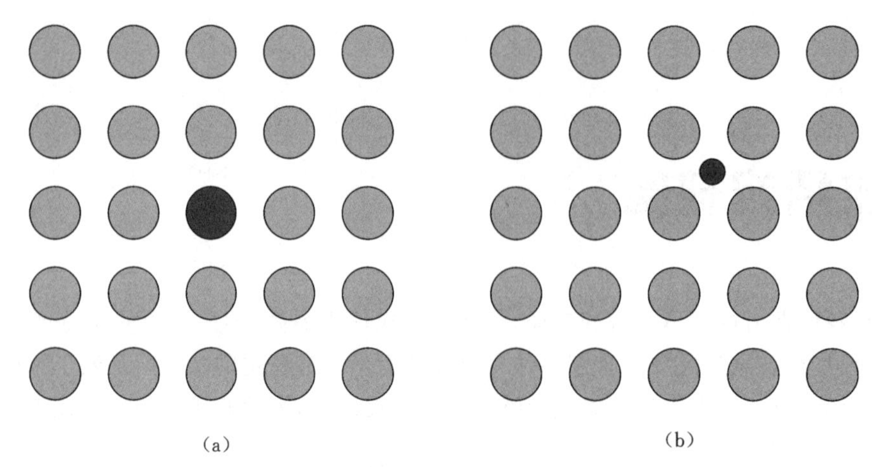

图 2-1 点缺陷示意

(a)空位；(b)填隙质点

2.根据缺陷产生的原因分类

根据产生的原因，点缺陷又分为下列三种类型：

(1) 热缺陷

当温度高于绝对零度时，晶体内原子会产生热振动，按照玻耳兹曼(Boltzmann)能量分布定律，总是存在一部分质点的能量高于平均能量。当能量较大的原子离开平衡位置时，就会形成缺陷，这种缺陷称为热缺陷，又称本征缺陷。

热缺陷有两种基本形式：弗仑克尔(Frenker)缺陷和肖特基(Schttky)缺陷。

当晶格热振动时，一些能量足够大的原子离开平衡位置后，进入晶格点的间隙中，形成间隙原子，而在原先的位置上形成空位，这种缺陷称弗仑克尔缺陷，如图 2-2 所示。当晶体产生弗伦克尔缺陷时，间隙原子与空位是成对产生的，晶体的体积不发生改变。

如果正常格点上的原子，在热振动时获得足够大的能量离开平衡位置，迁移到晶体的表面，而在晶体内正常格点上留下空位，这种缺陷称为肖特基缺陷，如图 2-3 所示。为了保持晶体电中性，当离子晶体生成肖特基缺陷时，正离子空位和负离子空位是同时成对产生的，同时还伴随晶体体积的增加。例如 KCl 晶体中，产生一个 K^+ 空位，就会同时产生一个 Cl^- 空位。

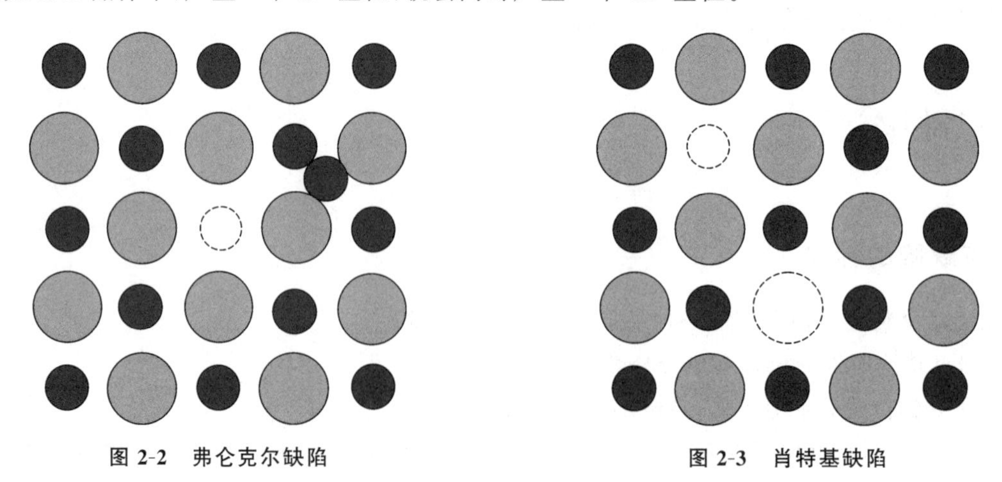

图 2-2 弗仑克尔缺陷 **图 2-3 肖特基缺陷**

热缺陷的浓度随温度的上升而呈指数上升。对于某一种特定材料，在一定温度下，热缺陷浓度也是一定的。这是热缺陷的一个特点。

(2) 杂质缺陷

杂质缺陷又称组成缺陷或非本征缺陷，是由于外来质点（原子或离子）进入晶体而产生的缺陷。由于杂质质点和原有质点的性质不同，进入晶体后，它不仅会破坏原子或离子的规则排列，而且还会引起周围的周期性电势场的改变，因此形成一种缺陷。杂质缺陷又可分为间隙杂质缺陷及置换杂质缺陷两种。前者是杂质原子（离子）进入固有原子（离子）点阵的间隙中，后者是杂质原子（离子）替代了空间结点上的固有原子（离子），如图 2-4 所示。杂质进入晶体可以看作是一个溶解的过程，杂质为溶质，原晶体为溶剂。溶解了杂质原子（离子）的晶体称为固体溶液，简称固溶体。

当晶体中杂质含量未超过其固溶度时，杂质缺陷的浓度由杂质含量决定，与温度无关。这是杂质缺陷不同于热缺陷的一个特点。

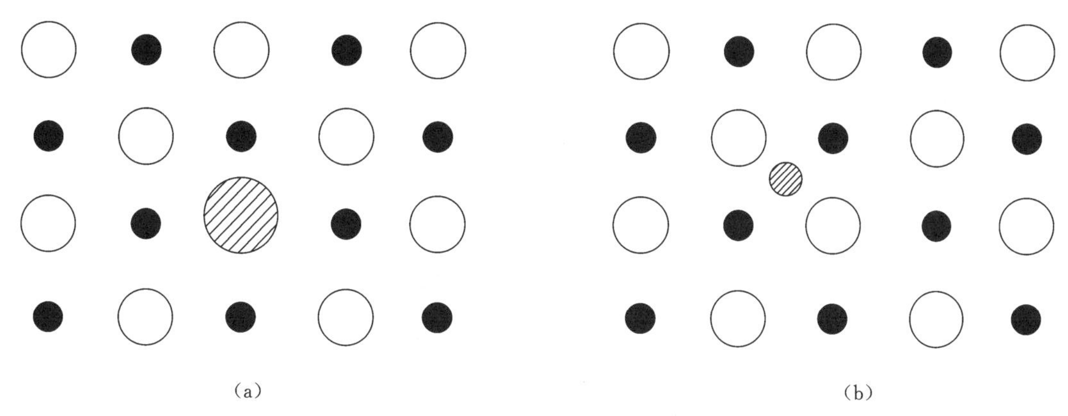

图 2-4 杂质缺陷

(a)置换杂质缺陷；(b)间隙杂质缺陷

(3) 非化学计量缺陷

有一些晶体的组成，会随着周围气氛的性质和压强的变化而明显地偏离化学计量，由此所形成的晶体缺陷称为非化学计量缺陷。非化学计量化合物是一种半导体，比如在还原气氛下，TiO_2 形成 TiO_{2-x}($x=0\sim1$)，就是一种 n 型半导体。

非化学计量缺陷也称为电荷缺陷。根据能带理论，非金属固体具有价带、禁带或导带。当温度为 0 K 时，价带全部填满电子，而导带处于全空状态。如果在某种条件下，价带中的电子获得足够能量，就会被激发，跃过禁带进入导带，同时在价带留下相应的空穴，如图 2-5 所示。虽然此时晶体中质点排列的周期性并未被破坏，但带正电的空穴和带负电的电子的周围会形成附加电场，从而引起周期性势场的畸变，造成晶体的不完整性，称电荷缺陷。

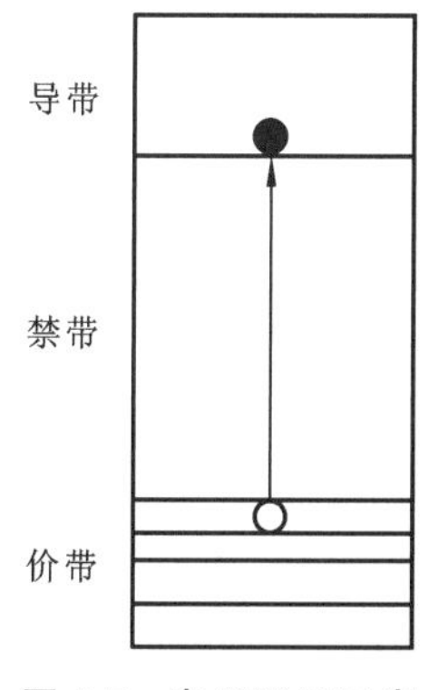

图 2-5 电子跃迁示意

(4) 辐照缺陷

辐照缺陷是指晶体由高能粒子辐照所产生的结构不完整性。由于高能粒子能量很高，长期照射下，无机非金属晶体会严重损伤，产生大量缺陷。这些缺陷主要有三类：(1)电子缺陷；(2)空位、间隙原子等；(3)位错环和空洞。

通常将热缺陷称为本征缺陷，将杂质缺陷、非化学计量缺陷及辐照缺陷称为非本征缺陷。

2.1.2 缺陷化学反应表示法

缺陷化学是将材料中的缺陷看作原子、分子一样的化学实物，并用化学热力学的原理从理论上定性、定量地研究缺陷的产生、平衡及其浓度等问题的一门学科。缺陷化学所研究的对象主要是晶体缺陷中的点缺陷。在点缺陷之间发生的一系列类似化学反应的变化被称为缺陷化学反应。

在缺陷化学中，由于将每个缺陷都看作化学物质，因此可以与化学反应一样，用热力学函数如化学位、反应热效应等来描述材料中的缺陷，也可将质量作用定律、平衡常数等概念应用于缺陷化学反应，从而方便人们深刻了解材料中的缺陷。

需要说明的是，缺陷化学所研究的点缺陷一般以点缺陷浓度不高于0.1%（原子浓度）为限。点缺陷浓度过高时，会由于相互作用而生成复合缺陷和缺陷簇，甚至会形成超结构和分离的中间相，超出了点缺陷的范畴。

2.1.2.1 点缺陷的 Kroger-Vink（克罗格-明克）的符号

在缺陷化学中，为了方便讨论，为各种点缺陷规定了不同的表示符号。在缺陷化学发展史上，曾经出现过多种不同的符号系统。目前采用得最广泛的表示法是 Kroger-Vink（克罗格-明克）符号。

在 Kroger-Vink 符号系统中，用一个主要符号表示缺陷的种类，用一个下标来表示这个缺陷的位置，用一个上标来表示缺陷的有效电荷。一般用上标“·”表示有效正电荷，用“′”表示有效负电荷，用“X”表示有效零电荷。

1）空位，用 V 表示。如 V_M和 V_X分别表示 M 原子空位和 X 原子空位，其中 V 表示缺陷种类，下标 M、X 表示原子空位所在的位置。

值得注意的是，上述这种不带电的空位表示的是原子空位。如 MX 离子晶体，当 M^{2+} 被取走时，两个电子也同时被取走，留下一个不带电的 M 原子空位。如果取走一个 M^{2+} 离子而电子没有取走，则原有晶格中多余出两个负电荷 $2e'$。如果这两个负电荷被束缚在 M 空位上，则此空位写成 V_M''。同样，如果取走一个 X^{2-}，即相当于取走一个 X 原子加上电子，因此在 X 位置上留下两个带正电的电子空穴 $2h^{\cdot}$。如果这两个电子空穴被束缚在 X 空位上，则这个空位写成 $V_X^{\cdot\cdot}$。用缺陷反应式表示为：

$$V_M'' \Longleftrightarrow V_M + 2e'$$
$$V_X^{\cdot\cdot} \Longleftrightarrow V_X + 2h^{\cdot} \qquad (2\text{-}1)$$

2）填隙缺陷，用下标 i 表示填隙。如 M_i和 X_i分别表示 M 及 X 原子处在间隙位置上。

3）错位缺陷，用 M_X、X_M等表示。如 M_X表示 M 原子被错放在 X 位置上，而 X_M表示 M 原子被错放在 X 位置上。

4）杂质缺陷。杂质缺陷可用填隙缺陷或错位缺陷的方式来表示。例如 Ca 取代了 MgO 晶格中的 Mg 写作 Ca_{Mg}，而 Ca 填隙在 MgO 晶格中写作 Ca_i。

当掺入离子的价态与原有晶体离子价态不相同时，就会出现除离子空位之外的又一种带电缺陷。如 Ca^{2+} 进入 NaCl 晶体，Ca^{2+} 取代了 Na^+，与这个位置应有的电价相比，Ca^{2+} 多出一个正电荷，所以写成 $Ca_{Na}^{\cdot}$。如果 Ca^{2+} 取代了 ZrO_2 晶体中的 Zr^{4+}，则写成 Ca_{Zr}''，表示 Ca^{2+} 在 Zr^{4+} 位置上同时带有两个单位负电荷。掺入离子位于间隙位置的表示方式与填隙缺陷类似，如 $Ca_i^{\cdot\cdot}$ 表示 Ca^{2+} 在填隙位置上。

5）自由电子和电子空穴。某些条件下，由于光、电、热等因素的作用，电子可以脱离局部区域离子的束缚，在整个晶体中自由运动，这些电子用符号 e'表示；同样地，某些缺陷缺少电子，就是电子空穴，用 $h^{\cdot}$ 表示。自由电子和电子空穴都不属于某一个特定的原子，也不固定在某个特定的原子位置。

6）缔合中心。当一个带电的点缺陷与另一个带有相反符号的点缺陷相互接近到一定程度时，在库仑力的作用下，有可能缔合成一组或一群，这种缺陷叫缔合中心，通常将发生缔合的缺陷放在圆括号内来表示。例如 V_M''和 $V_X^{\cdot\cdot}$ 发生缔合可以记作（$V_M''V_X^{\cdot\cdot}$）。在 NaCl 晶体中，最邻近的钠空位 V_{Na}'和氯空位 $V_{Cl}^{\cdot}$就可能缔合成空位对（$V_{Na}'V_{Cl}^{\cdot}$），形成缔合中心，其反应可以表示如下：

$$V_{Na}' + V_{Cl}^{\cdot} = (V_{Na}'V_{Cl}^{\cdot}) \qquad (2\text{-}2)$$

2.1.2.2 书写缺陷反应方程式需遵循的原则

和化学反应式一样，在书写缺陷反应方程式时，必须遵守以下基本原则：

1）位置关系。如果一个晶体的化学组成为 M_aX_b，那么 M 的格点数和 X 的格点数之比（也就是正负离子数之比)始终为一个常数 a/b,不论是否存在缺陷。例如在 Al_2O_3 晶体中,正负格点数之比为 Al∶O=2∶3。

在分析位置关系时,有几点值得注意:

一是位置关系强调的是晶体中正负离子格点数之比保持不变,而不是原子个数比保持不变。如果在实际晶体中,M 和 X 比例不符合原有的位置比例关系,则表明晶体中存在缺陷。例如 TiO_2 晶体中,Ti 和 O 的格点数之比为 1∶2,但在还原气氛中,由于晶体中氧不足而形成 TiO_{2-x},此时在晶体中生成氧空位,因而 Ti 与 O 之质量比由原来 1∶2 变成 1∶(2−x),而钛与氧原子的位置比仍为 1∶2,其中包括 x 个 $V_O^{\cdot\cdot}$。

二是当缺陷发生变化时,有可能导致空位的引入或消除,相当于增加或减少空间点阵的格点数。能引起格点数增减的缺陷有:V_M、V_X、M_M、X_M、X_X 等。当发生这种变化时,要服从位置关系。另外一些缺陷的变化则不会引起格点数的变化,如 e'、$h^{\cdot}$、M_i、X_i 等。

2) 质量平衡:与普通化学反应方程式一样,缺陷反应方程式的两边必须保持质量平衡。需要注意的是缺陷符号的下标只表示缺陷位置,对质量平衡没有影响。如 V_M 是指 M 位置上的空位,它不存在质量。

3) 电荷守恒:在缺陷反应方程式两边必须具有相同的总有效电荷,也就是说,在缺陷反应前后晶体必须保持电中性。

在材料掺杂、固溶体形成及非化学计量化合物的反应中,缺陷化学反应式都是重要的过程描述和分析的方法。现举例说明:

例 2.1 试写出 $CaCl_2$ 溶解在 KCl 中的缺陷反式方程式。

解:一个 $CaCl_2$ 分子溶入 KCl 中,则同时进去 1 个 Ca^{2+} 和 2 个 Cl^-。从缺陷反应规则要求考虑,该缺陷反应可存在 4 种形式:

1) Ca^{2+}、Cl^- 都进入晶格位置

$$CaCl_2 \xrightarrow{KCl} Ca_K^{\cdot} + V_K' + 2Cl_{Cl} \tag{2-3}$$

2) Ca^{2+} 进入晶格位置,Cl^- 进入间隙位置

$$CaCl_2 \xrightarrow{KCl} Ca_K^{\cdot} + Cl_{Cl} + Cl_i' \tag{2-4}$$

3) Ca^{2+} 进入间隙位置,Cl^- 进入晶格位置

$$CaCl_2 \xrightarrow{KCl} Ca_i^{\cdot\cdot} + 2Cl_{Cl} + 2V_K' \tag{2-5}$$

4) Ca^{2+}、Cl^- 都进入间隙位置

$$CaCl_2 \xrightarrow{KCl} Ca_i^{\cdot\cdot} + 2Cl_i' \tag{2-6}$$

例 2.2 试写出 MgO 溶解在 Al_2O_3 中的缺陷反式方程式。

解:1) Mg^{2+} 进入晶格位置

$$2MgO \xrightarrow{Al_2O_3} 2Mg_{Al}' + V_O^{\cdot\cdot} + 2O_O \tag{2-7}$$

2) Mg^{2+} 进入间隙位置

$$3MgO \xrightarrow{Al_2O_3} 2Mg_{Al}' + Mg_i^{\cdot\cdot} + 3O_O \tag{2-8}$$

需要说明的是,以上反应式仅仅能满足缺陷反应规则的要求,但在实际上并不一定都能出现。具体发生哪一种缺陷反应要根据晶体结构及反应条件来确定,并通过实验来验证。事实上,在上面的例 2.1 和例 2.2 中,式(2-3)和式(2-7)更合理。

2.1.2.3 热缺陷的化学平衡

在晶体中,热缺陷的产生与消失是一个动态平衡的过程,可以用化学反应平衡的质量作用定律来处理。热缺陷包括弗伦克尔缺陷和肖特基缺陷。当晶体中空隙较大时,容易形成弗伦克尔缺陷,如萤

石 CaF_2 型结构晶体；当晶体中空隙较小时，容易形成肖特基缺陷，如 NaCl 型结构晶体。此外，肖特基缺陷的生成需要一个像晶界、位错或表面之类的晶格排列较为混乱的区域。

1）弗伦克尔缺陷

从化学反应的角度看，弗伦克尔缺陷可看成正常格点离子和间隙位置反应生成间隙离子和正常格点空位的过程。

例如，在 CaO 晶体中形成 Ca^{2+} 弗伦克尔缺陷，其反应方程式可写成：

$$Ca_{Ca} = Ca_i^{\cdot\cdot} + V_{Ca}'' \tag{2-9}$$

2）肖特基缺陷

肖特基缺陷是晶体中正常格点位置上的质点迁移至表面新格点位置上，在晶体内部留下空位的过程。

如果是单质晶体 M，其缺陷反应方程式可写成：

$$M_M \longleftrightarrow M_{表面} + V_M \tag{2-10}$$

其中，M_M 和 $M_{表面}$ 都是在正常晶格位置，无本质区别，左右消除后，上式可写成：

$$0 \longleftrightarrow V_M \tag{2-11}$$

如果是氧化物晶体 MO，比如 MgO、CaO 等，则缺陷反应方程式可表示为：

$$0 \longleftrightarrow V_M'' + V_O^{\cdot\cdot} \tag{2-12}$$

3）热缺陷浓度计算

热缺陷是由热起伏引起的。在一定温度下，当系统达到平衡时，热缺陷的数量或浓度是确定的，可以利用化学平衡的方法来进行计算。

设完整晶格的总结点数为 N，在一定温度下形成 n 个孤立的热缺陷，则热缺陷浓度可用 n/N 来表示。

以下我们分别以 AgI 晶体和 CaO 晶体为例来说明热缺陷浓度的计算。

在 AgI 晶体中形成 Ag^+ 弗伦克尔缺陷的缺陷方程式是：

$$Ag_{Ag} \longleftrightarrow Ag_i^{\cdot} + V_{Ag}' \tag{2-13}$$

反应达到平衡时，平衡常数 K_f 可表示为：

$$K_f = \frac{[Ag_i^{\cdot}][V_{Ag}']}{[Ag_{Ag}]} \tag{2-14}$$

式中，$[Ag_{Ag}]$ 为正常格点上的银离子的浓度，$[Ag_i^{\cdot}]$ 为间隙银离子浓度，$[V_{Ag}']$ 为银离子空位浓度，$[Ag_i^{\cdot}]=[V_{Ag}']$。

由于缺陷浓度很低，正常格点上的银离子的浓度近似等于 1，即 $[Ag_{Ag}]\approx 1$。因此：

$$K_f = [Ag_i^{\cdot}]^2 \text{ 或 } [Ag_i^{\cdot}] = K_f^{\frac{1}{2}} \tag{2-15}$$

根据物理化学中化学平衡常数与反应自由焓变化的关系，可知：

$$\Delta G_f = -kT\ln K_f \tag{2-16}$$

式中，ΔG_f 为弗伦克尔缺陷反应的自由焓变化。因此，弗伦克尔缺陷浓度为：

$$\frac{n}{N} = [Ag_i^{\cdot}] = [V_{Ag}'] = \exp\left(-\frac{\Delta G_f}{2kT}\right) \tag{2-17}$$

在 CaO 晶体中形成肖特基缺陷时，反应方程式是：

$$0 \longleftrightarrow V_{Ca}'' + V_O^{\cdot\cdot} \tag{2-18}$$

当达到平衡时，有：

$$K_S = \frac{[V_{Ca}''][V_O^{\cdot\cdot}]}{[0]} \tag{2-19}$$

因此，肖特基缺陷浓度为：

$$\frac{n}{N}=[\mathrm{V}_{\mathrm{Ca}}'']=[\mathrm{V}_{\mathrm{O}}^{\cdot\cdot}]=\exp\left(-\frac{\Delta G_S}{2kT}\right) \tag{2-20}$$

式中，ΔG_S 为肖特基缺陷反应的自由焓变化。

从式(2-17)和(2-20)可知，热缺陷浓度随温度升高或缺陷形成自由焓的下降而呈指数增加。有人根据式(2-17)计算不同温度下的缺陷浓度：当 ΔG_f 从 8 eV 下降到 1 eV，温度从 298 K 上升到 2000 K 时，缺陷浓度会上升 66 个数量级。这说明当缺陷形成自由焓不大而温度比较高时，可以生成浓度较高的热缺陷。

在实际计算热缺陷浓度时，常以生成能 ΔH 代替自由焓变 ΔG。热缺陷生成能的大小与晶体结构、离子极化率等有关。在某种特定的晶体中，生成弗伦克尔缺陷和肖特基缺陷时所需的能量往往存在着很大的差别。因此在同一晶体中，总是某一种缺陷占优势。比如，在 CaF_2 晶体中，F^- 生成弗伦克尔缺陷的生成能为 2.8 eV，而生成肖特基缺陷的生成能为 5.5 eV。因此，在 CaF_2 晶体中，F^- 主要是形成弗伦克尔缺陷。又如，在具有 NaCl 结构的碱金属卤化物中，生成一个间隙离子加上一个空位的缺陷的生成能达 7～8 eV，因此即使在 2000 ℃的高温下，这类离子晶体中间隙离子缺陷浓度也非常小。若干化合物中热缺陷的生成能见表 2-1。

表 2-1　若干化合物中热缺陷的生成能

化合物	反应	生成能 E/eV	化合物	反应	生成能 E/eV
AgBr	$\mathrm{Ag_{Ag}}=\mathrm{Ag_i^{\cdot}}+\mathrm{V_{Ag}'}$	1.1	CaF_2	$\mathrm{F_F}=\mathrm{F_i^{\cdot}}+\mathrm{V_F'}$	2.3～2.8
BeO	$0=\mathrm{V_{Be}''}+\mathrm{V_O^{\cdot\cdot}}$	～6		$\mathrm{Ca_{Ca}}=\mathrm{V_{Ca}''}+\mathrm{Ca_i^{\cdot\cdot}}$	～7
MgO	$0=\mathrm{V_{Mg}''}+\mathrm{V_O^{\cdot\cdot}}$	～6		$0=\mathrm{V_{Ca}''}+2\mathrm{V_F^{\cdot}}$	～5.5
NaCl	$0=\mathrm{V_{Na}'}+\mathrm{V_{Cl}^{\cdot}}$	2.2～2.4	UO_2	$\mathrm{O_O}=\mathrm{O_i''}+\mathrm{V_O^{\cdot\cdot}}$	3.0
LiF	$0=\mathrm{V_{Li}'}+\mathrm{V_F^{\cdot}}$	2.4～2.7		$\mathrm{U_U}=\mathrm{U_i^{\cdot\cdot\cdot\cdot}}+\mathrm{V_U''''}$	～9.5
CaO	$0=\mathrm{V_{Ca}''}+\mathrm{V_O^{\cdot\cdot}}$	～6		$0=\mathrm{V_U''''}+2\mathrm{V_O^{\cdot\cdot}}$	～6.4

2.1.3　固溶体

固体可分为纯晶体和含有杂质原子的晶体。当杂质原子进入基质晶体之中，占据了格点位置或间隙位置，但晶体仍然保持单一相结构时，此时的杂质就像是“溶解”在基质晶体中一样，我们称这样的晶体称为固体溶液，简称固溶体。就像液体中含有溶质的溶液一样。在固溶体中，外来的杂质保持在原子的尺度，不会改变晶体的相结构，但是会破坏晶体中质点排列的有序性和周期性，引起势场的畸变，造成结构的不完整，如图 2-6 所示。因此固溶体属于一种组成缺陷。

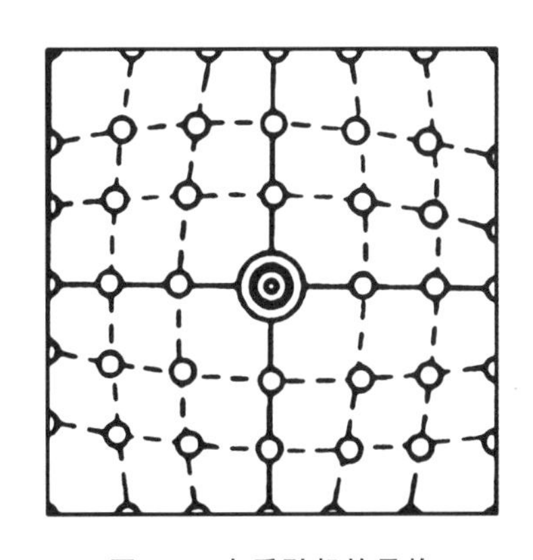

图 2-6　杂质引起的晶格畸变示意

固溶体和机械混合物、化合物都不同。固溶体和机械混合物的区别在于前者中溶质(掺入物)与溶剂(基质晶体)之间是原子尺度的混合，二者之间不存在界面，属于单相均匀物质，而后者则为颗粒态的混合，是多相物质，有界面存在。固溶体和化合物的区别是：在固溶体中溶质(掺入物)与溶剂(基质晶体)的比例不是固定的，可在很大范围内变化，而化合物的组分配比是固定的，不能随意改变。以 Al_2O_3 晶体中掺入 Cr_2O_3 为例。Al_2O_3 为溶剂，Cr^{3+} 溶解在 Al_2O_3 中，Cr^{3+} 的溶入量可在一定范围(0.5%～2%)内变化，并不破坏 Al_2O_3 原有晶格结构，因而形成的就是固溶体。固溶体、机械混合物及化合物的比较见表 2-2。

表 2-2　固溶体、机械混合物及化合物的比较

	固溶体	机械混合物	化合物
形成机制	原子“溶入”	粉末混合	原子反应
相结构	单相	多相	单相
化学配比	不遵循定比定律	不遵循定比定律	遵循定比定律
化学组成	取决于掺杂量	等于混合物种类	确定
结构	与原始晶体相同	各混合物原始结构不变	与原始组分不同

固溶体在无机非金属材料中所占比重很大，很多重要的材料其实都是固溶体。例如广泛应用于电子、无损检测、医疗等技术领域的锆钛酸铅[PZT，$Pb(Zr_xTi_{1-x})O_3$]压电陶瓷就是 $PbTiO_3$ 和 $PbZrO_3$ 的固溶体，又如高温结构材料 Sialon 则是 Si_3N_4 与 Al_2O_3 形成的固溶体，等等。

形成固溶体的方法有很多。比如固溶体可以在晶体生长过程中生成，也可以在从溶液或溶体中析晶时形成，还可以在烧结过程中通过原子扩散而形成。现在人们还在不断地利用固溶原理来发展和制造各种新型的无机材料。

2.1.3.1　固溶体的分类

1）按杂质原子在基质晶体中的位置划分，可分为置换型固溶体和间隙型固溶体。

置换型固溶体又称替代型固溶体，是指溶质原子进入晶体后，可以进入原来晶体中正常格点位置，置换（替代）部分基质晶体质点所形成的固溶体。无机非金属材料中所形成的固溶体绝大多数都属于这种类型。例如，MgO-CoO、MgO-CaO、$PbTiO_3$-$PbZrO_3$、Al_2O_3-Cr_2O_3 等都属于此类。在金属氧化物中，置换主要发生在金属离子位置上。

间隙型固溶体又称填隙型固溶体，是指杂质原子进入基质晶体的晶格间隙位置所形成的固溶体。间隙固溶体一般发生在阴离子或阴离子团所形成的间隙中。

2）按杂质原子在基质晶体中的溶解度划分，可分为连续固溶体和有限固溶体。

连续固溶体又称无限固溶体、完全互溶固溶体，指溶质（掺入物）与溶剂（基质晶体）之间可以按任意比例相互固溶。因此其中的溶质和溶剂是相对的，二者成分比例都可在0～100%之间变化。连续型固溶体有很多，比如 MgO-NiO、MgO-FeO、Al_2O_3-Cr_2O_3、ThO_2-UO_2、$PbZrO_3$-$PbTiO_3$ 等。在连续固溶体中，溶质和溶剂一般都属于同一结构类型。

有限固溶体又称不连续固溶体、部分互溶固溶体，是指溶质只能以一定的限量溶入溶剂中，超过这一限度即出现第二相，也就是说固溶度小于100%。现实中有限固溶体也很常见，比如 MgO-Al_2O_3、MgO-CoO、ZrO_2-CaO 等。

2.1.3.2　置换型固溶体

1.形成置换型固溶体的条件

置换型固溶体可分为连续型和有限型两类。从理论上看，形成哪一类固溶体可以根据自由能与组成关系定量计算。但是，正确的热力学数据不易获得，严格的定量计算目前仍然较困难。因此，人们一般根据从实践经验中积累的几种影响因素，对形成的固溶体进行分析。

1）原子（或离子）尺寸

原子或离子的大小对形成连续或有限置换型固溶体有直接的影响。从晶体稳定性的观点看，相互替代的离子尺寸相差越小，则固溶体越稳定。有人提出以离子尺寸的相对比值 Δr 来判断形成何种固溶体：若以 r_1 和 r_2 分别代表半径大和半径小的溶剂或溶质离子的半径，则

$$\Delta r=\frac{r_1-r_2}{r_1} \tag{2-21}$$

当 $\Delta r<15\%$时，溶质和溶剂之间有可能形成连续固溶体，若 Δr 值在 15%～30%之间，可以形成有限置换型固溶体，而此值大于 30%时，不能形成固溶体。

例如 MgO、NiO、CaO 都为 NaCl 型结构，$r(Mg^{2+})=0.072$ nm，$r(Ni^{2+})=0.070$ nm。$\Delta r=2.8\%$，因而 MgO-NiO 可以形成连续固溶体。而 CaO-MgO 的 Δr 值为 25.93%，因此不易生成固溶体(仅在高温下有少量固溶)。

硅酸盐材料中，多数离子晶体是金属氧化物，形成固溶体主要为阳离子之间取代。因此，阳离子半径的大小对固溶的程度和固溶体的稳定性有直接影响。

2) 晶体的结构类型

晶体的结构类型对于形成何种固溶体也十分重要。如果溶质和溶剂的晶体结构类型相同，则容易形成连续固溶体。比如二元系统 MgO-NiO、Al_2O_3-Cr_2O_3、Mg_2SiO_4-Fe_2SiO_4、ThO_2-UO_2 等，两个组分晶体结构相同，因此都能形成连续固溶体。又如 $PbTiO_3$-$PbZrO_3$ 系统中，$r(Zr^{4+})=0.072$ nm，$r(Ti^{4+})=0.061$ nm，虽然 $\Delta r=(0.072-0.061)/0.072=15.28\%$，略大于 15%的半径差要求，但由于相变温度以上两组分均为立方晶系结构，因此仍能形成连续置换型固溶体 $Pb(Zr_xTi_{1-x})O_3$。

不同晶体结构类型对离子半径差的宽容性是不同的。比如 Fe^{3+}、Al^{3+} 的 Δr 值为 18.4%，大于 15%的半径差要求，但在复杂构造的石榴子石 $Ca_3Al_2(SiO_4)_3$ 和 $Ca_3Fe_2(SiO_4)_3$ 中，由于晶胞比氧化物大 8 倍，对离子半径差的宽容性高，因而 Fe^{3+} 和 Al^{3+} 能连续置换。而晶胞小的刚玉型结构 Fe_2O_3 和 Al_2O_3，只能形成有限置换型固溶体。

3) 电价因素

形成固溶体时，置换离子可能是等价或不等价的。当离子是等价时，可以形成连续固溶体，比如前面已列举的 MgO-NiO、Al_2O_3-Cr_2O_3 等连续固溶体，Mg^{2+} 和 Ni^{2+}、Al^{3+} 和 Cr^{3+} 都是电价相等相互取代。

单一离子不等价离子置换不易形成连续固溶体，且价态差别越大，固溶度越低。但如果是两种以上不同离子组合同时置换，置换离子电价总和相等、满足电中性取代的条件，也能生成连续固溶体。例如，在天然矿物钙长石 $Ca[Al_2Si_2O_8]$和钠长石 $Na[AlSi_3O_8]$形成固溶体时，一个 Al^{3+} 代替一个 Si^{4+}，同时有一个 Ca^{2+} 取代一个 Na^+，$(Ca^{2+}+Al^{3+})$与(Na^++Si^{4+})总电价相同，总的电中性得到满足，所以得到的固溶体为连续固溶体。类似的取代在很多天然硅酸盐矿物中都存在。在工业生产中，人们利用这一特性可以制备很多性能优良的材料。比如 ABO_3 型钙钛矿结构的压电材料 $Pb(Zr_xTi_{1-x})O_3$ 是由 $PbZrO_3$ 和 $PbTiO_3$ 形成的连续固溶体，为了改善其性能，人们常常用各种离子价相等而半径相差不大的离子取代 A 位上的 Pb 或 B 位上的 Zr、Ti，由此获得一系列具有不同性能的连续固溶体压电陶瓷材料。例如 B 位以铌、铁取代钛，可获得 $Pb(Fe_{1/2}Nb_{1/2})O_3$-$PbZrO_3$ 材料，$(Fe^{3+}+Nb^{5+})$的总价数与 $2Ti^{4+}$ 的总价数相等，满足电中性要求。又如 A 位以钠、铋取代铅，可获得$(Na_{1/2}Bi_{1/2})TiO_3$-$PbTiO_3$ 材料，(Na^++Bi^{3+})的总价数与 $2Pb^{2+}$ 的总价数相等，同样满足电中性要求。

4) 电负性

溶剂和溶质离子的电负性对于固溶体的生成有一定的影响。二者相近时，有利于固溶体的生成，反之则倾向于生成化合物。一般而言，当电负性差值 $\Delta X<0.4$ 时，多数二元系统具有较大的固溶度；而当电负性差值 $\Delta X>0.4$ 时，则固溶度极小，易于生成化合物。因此，电负性之差 $\Delta X=0.4$ 也可作为衡量固溶度大小的边界条件。

除了上面这些因素，影响固溶度的还可能有能量效应、温度、压力等。

值得注意的是，影响固溶度的因素并不总是同时起作用。在一定条件下，某些因素可能会起主要作用，另一些因素的影响则有限。例如，$r(Si^{4+})=0.026$ nm，$r(Al^{3+})=0.039$ nm，二者相差达 45%以上，电价也不同，但由于 Si—O、Al—O 键性、键长接近，仍能形成固溶体，在铝硅酸盐矿物中，Al^{3+} 置换 Si^{4+} 形成置换固溶体是很常见的现象。

2.置换型固溶体中的“组分缺陷”

在不等价置换的固溶体中，为了保持晶体的电中性，除了通过多种离子组合，还可以利用在晶体结构中产生“组分缺陷”来实现，即在原来结构的结点位置产生空位，或在间隙的位置嵌入新的质点。这种情况下，由于掺杂和基质晶体的晶格类型及电价不同，固溶度通常仅为百分之几，只能形成有限置换型固溶体。

“组分缺陷”与“热缺陷”不同。“热缺陷”在晶体中普遍存在，其浓度是温度的函数；而“组分缺陷”仅发生在不等价置换固溶体中，其浓度取决于掺杂量（溶质数量）和固溶度。

以 MgO 与 Al_2O_3 熔融拉制镁铝尖晶石单晶为例。研究发现，在这一过程中往往容易生成“富铝尖晶石”，即所得尖晶石中，Al_2O_3 与 MgO 的物质的量比大于 1，多余的 Al_2O_3 固溶在尖晶石中形成固溶体。其缺陷反应式如下：

$$Al_2O_3 \xrightarrow{MgAl_2O_4} 2Al_{Mg}^{\cdot} + V_{Mg}'' + 3O_O \tag{2-22}$$

为保持晶体电中性，结构中出现镁离子空位。将富铝尖晶石固溶体的化学式作适当变换，表示为 $(Mg_{1-x}Al_{2x/3})Al_2O_4$。当 $x=0$ 时，即为尖晶石 $MgAl_2O_4$；当 $x=1$ 时，即为 $Al_{2/3}Al_2O_4$，也就是 Al_2O_3；如果 $x=0.3$，则为 $(Mg_{0.7}Al_{0.2})Al_2O_4$，此时，结构中阳离子空位占全部阳离子的比例为 $0.1/3.0=1/30$，即每 30 个阳离子位置中有一个是空位。

与此类似的还有 $MgCl_2$ 固溶在 LiCl 中、Fe_2O_3 固溶在 FeO 中及 CaCl 固溶在 KCl 中等。

不等价置换固溶体中，还可以出现阴离子空位、阳离子或阴离子填隙的情况，例如将 CaO 加入到 ZrO_2 中，其缺陷反应表示为：

$$CaO \xrightarrow{ZrO_2} Ca_{Zr}'' + V_O^{\cdot\cdot} + O_O \tag{2-23}$$

或

$$2CaO \xrightarrow{ZrO_2} Ca_{Zr}'' + Ca_i^{\cdot\cdot} + 2O_O \tag{2-24}$$

具体会出现哪一种“组分缺陷”，一般必须通过实验测试来确定。

2.1.3.3　间隙型固溶体

掺杂的原子比较小而进入晶格的间隙位置所形成的固溶体，称为间隙型固溶体。间隙型固溶体在金属材料中普遍存在，原子半径较小的 H、C、B 和 N 很容易进入金属晶格的间隙，形成间隙型固溶体。相对而言，间隙型固溶体在无机非金属材料中比较少见。间隙型固溶体包括原子填隙、阳离子填隙、阴离子填隙等类型。

间隙型固溶体的形成依然取决于离子尺寸、晶体结构、离子电价和电负性等因素。一般地，掺入杂质的原子（或离子）越小、基质晶体的结构空隙越大，越容易形成间隙型固溶体。比如，在方镁石 MgO 晶体中，八面体空隙都已被 Mg^{2+} 占满，只有四面体空隙可以利用；而金红石 TiO_2 晶格中有一半八面体空隙是空的，可以利用，因此同样尺寸的掺杂质点，在 TiO_2 中更容易形成间隙型固溶体且固溶度更大。

当杂质离子进入晶格间隙时，会引起晶体中电价的不平衡。因此，晶体会通过形成空位、复合阳离子置换和改变电子云结构等方式来保持电中性。例如，在 CaF_2 中加入 YF_3 形成间隙型固溶体时，F^- 进入间隙产生负电荷，而 Y^{3+} 会取代 Ca^{2+} 形成带正电荷的节点，从而保持电中性，其缺陷反应式如下：

$$YF_3 \xrightarrow{CaF_2} Y_{Ca}^{\cdot} + F_i' + 2F_F \tag{2-25}$$

晶体中的间隙是有限的，间隙型固溶体的形成一般都会导致晶格常数增大，达到一定程度后，固溶体就会变得不稳定。因此，间隙型固溶体都不可能是连续固溶体。

2.1.4 非化学计量化合物

根据化学中的定比定律，化合物中不同原子的数量要保持固定的比例。但在实际存在的化合物中，正、负离子的比例并不总是一个简单的固定比例关系，有一些并不符合定比定律，这些化合物称为非化学计量化合物(nonstoichiometric compounds)。非化学计量化合物是由于化学组成偏离化学计量而产生的一种缺陷，在人工合成晶体或天然晶体中都很常见。理论上，非化学计量化合物可以看作由于环境中氧分压的变化而产生的不等价置换固溶体的一个特例，它有以下几个特点：(1)非化学计量化合物中的不等价置换不是在不同离子之间进行，而是发生在同一种离子的高价态与低价态之间。(2)与其他缺陷不同，非化学计量化合物的产生及其缺陷的浓度与环境气氛的性质及气压的大小有密切的关系。(3)缺陷浓度与温度相关。

非化学计量化合物可分为如下四种类型。

2.1.4.1 阴离子空位型

由于环境中氧不足，非化学计量化合物中晶体中的氧可以逸到大气中，这时晶体中出现氧空位，使金属离子与化学式比较显得过剩，此时的非化学计量化合物即为阴离子空位型。最常见的这类化合物有 TiO_2、ZrO_2 等，它们的分子式可写成 TiO_{2-x}、ZrO_{2-x}。

以 TiO_2 为例，缺氧的 TiO_2 可以看作四价钛氧化物和三价钛氧化物的固溶体，其缺陷反应如下：

$$2Ti_{Ti}+4O_O \longrightarrow 2Ti'_{Ti}+V_O^{\cdot\cdot}+3O_O+\frac{1}{2}O_2\uparrow \tag{2-26}$$

或简化为：

$$O_O \longrightarrow 2e'+V_O^{\cdot\cdot}+\frac{1}{2}O_2\uparrow \tag{2-27}$$

达到平衡时，有

$$K=\frac{[V_O^{\cdot\cdot}]\,[p_{O_2}]^{\frac{1}{2}}\,[e']^2}{[O_O]} \tag{2-28}$$

由于晶体中的氧离子浓度可看成基本不变，而过剩电子浓度$[e']$是氧空位浓度$[O_O^{\cdot\cdot}]$的两倍，故有：

$$[V_O^{\cdot\cdot}]\propto p_{O_2}^{-\frac{1}{6}} \tag{2-29}$$

从上式可以看到，氧空位的浓度与氧分压的 1/6 次方成反比。因此，TiO_2 材料在烧结时对氧分压是十分敏感的。通常在生产如金红石质电容器等材料时，需要在强氧化气氛中烧结，获得具有绝缘性能的介质材料，表面呈金黄色；如氧分压不足，氧空位浓度增大，烧结会得到 n 型半导体，表面呈灰黑色。

如前所述，TiO_{2-x}是 TiO_2 中由于部分 Ti^{4+} 获得电子变成 Ti^{3+} 所形成。但值得注意的是，此时 Ti^{3+} 中多出的那个过剩电子很容易从一个位置迁移到另一个位置，并不固定在某一特定的钛离子上。或者这样理解更为确切：这种过剩电子是束缚在带正电的氧空位周围，以保持电中性。一个氧空位上束缚了两个自由电子，如图 2-7 所示。这种被空位束缚的自由电子是准自由电子。当它被附近的 Ti^{4+} 捕获时，Ti^{4+} 就变成 Ti^{3+}。但该电子与钛离子的作用力并不强，因此在电场作用下，它可以从一个 Ti^{4+} 位置迁移到邻近的另一个 Ti^{4+} 位置上，从而形成电子导电。所以，TiO_{2-x}是一种 n 型半导体，无法作为介质材料使用。

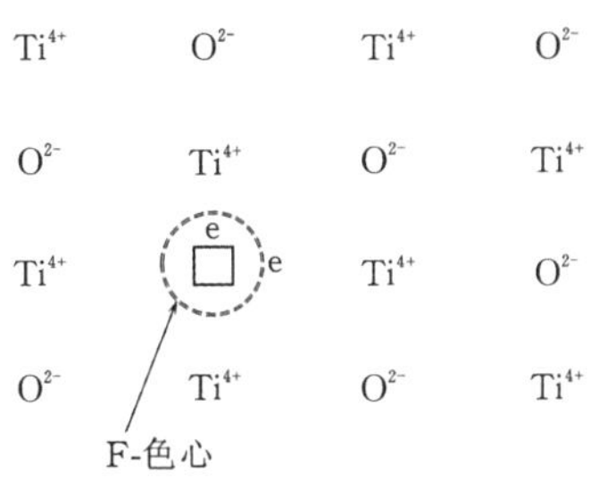

图 2-7 TiO_{2-x} **结构缺陷示意**

上述这种由于自由电子陷落在阴离子缺位中而形成的缺陷又称为色心。色心上的电子能吸收一定波长的光，因而使晶体着色。例如 TiO_2 在还原气氛下由黄色变灰黑色；NaCl 在 Na 蒸气中被加热后呈黄棕色等。

2.1.4.2　阳离子间隙型

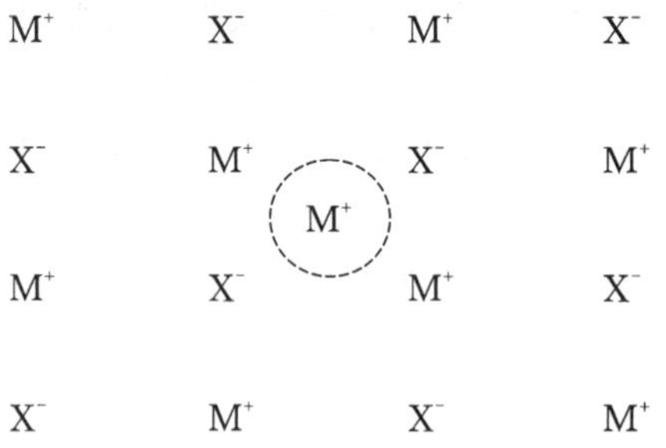

在一定的气氛中形成的过剩金属离子，会进入晶格的间隙位置，形成阳离子间隙型缺陷，如图 2-8 所示。该金属离子带正电，为了保持电中性，等价的电子被束缚在其周围。$Zn_{1+x}O$ 和 $Cd_{1+x}O$ 都属于这种类型。

M^+　X^-　M^+　X^-

X^-　M^+　X^-　M^+

M^+（间隙）

M^+　X^-　M^+　X^-

X^-　M^+　X^-　M^+

图 2-8　阳离子间隙型缺陷示意

以 $Zn_{1+x}O$ 为例，理论上，$Zn_{1+x}O$ 的缺陷反应式可表示如下：

$$\mathrm{ZnO} \Longleftrightarrow \mathrm{Zn_i^{\cdot\cdot}} + 2e' + \frac{1}{2}\mathrm{O_2}\uparrow \tag{2-30}$$

$$\mathrm{ZnO} \Longleftrightarrow \mathrm{Zn_i^{\cdot}} + e' + \frac{1}{2}\mathrm{O_2}\uparrow \tag{2-31}$$

当 Zn 完全电离时，为式(2-30)，此时

$$[e'] \propto p_{O_2}^{-\frac{1}{6}} \tag{2-32}$$

当 Zn 不完全电离时，为式(2-31)，此时

$$[e'] \propto p_{O_2}^{-\frac{1}{4}} \tag{2-33}$$

但从实验测试的结果看，ZnO 的电导率与氧分压的 $-1/4$ 次方成正比，说明式(2-31)是正确的，间隙锌离子为 $+1$ 价。

ZnO 在锌蒸气中加热，颜色会逐渐加深，这也是一种色心。

2.1.4.3　阳离子空位型

具有这种缺陷的结构如图 2-9 所示。晶体在一定的气氛中形成阳离子空位，为了保持电中性，该空位能捕获电子空穴，将其束缚在其周围。如 Cu_2O 和 FeO 形成的缺陷就属于这种类型。以 FeO 为例，当形成 V_{Fe}'' 空位时，将其分子式写成 $Fe_{1-x}O$。从化学观点看，$Fe_{1-x}O$ 可以看成 Fe_2O_3 固溶在 FeO 中，三个 Fe^{2+} 被两个 Fe^{3+} 和一个空位所代替，其缺陷反应如下：

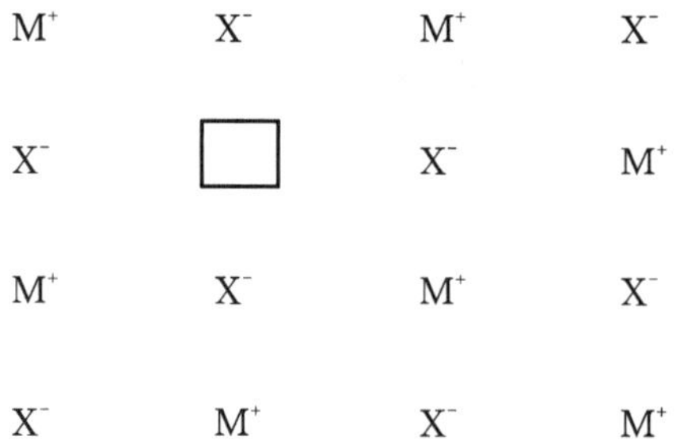

M^+　X^-　M^+　X^-

X^-　□　X^-　M^+

M^+　X^-　M^+　X^-

X^-　M^+　X^-　M^+

图 2-9　阳离子空位型缺陷示意

$$2\mathrm{Fe_{Fe}} + \frac{1}{2}\mathrm{O_2(g)} \Longleftrightarrow 2\mathrm{Fe_{Fe}^{\cdot}} + \mathrm{O_O} + V_{Fe}'' \tag{2-34}$$

上式可简化为：

$$\frac{1}{2}\mathrm{O_2(g)} \Longleftrightarrow 2h^{\cdot} + \mathrm{O_O} + V_{Fe}'' \tag{2-35}$$

根据质量作用定律可得：

$$K = \frac{[\mathrm{O_O}]\,[V_{Fe}'']\,[h^{\cdot}]^2}{p_{O_2}^{\frac{1}{2}}} \tag{2-36}$$

其中$[\mathrm{O_O}]$可看成常量，而$[h^{\cdot}] = 2[V_{Fe}'']$，因此

$$[h^{\cdot}] \propto p_{O_2}^{\frac{1}{6}} \tag{2-37}$$

上式表明，电子空穴浓度随着氧分压的增加而增大。

由于铁离子空位 V_{Fe}''带负电，为了保持电中性，两个电子空穴 $h^{\cdot}$ 被吸引到其周围，形成一种 V-色心。

2.1.4.4 阴离子间隙型

具有这种缺陷的晶体目前只在 UO_2 晶体中发现，其结构如图 2-10 所示。在一定条件下氧离子过剩，进入 UO_2 晶格的间隙位置。氧离子带负电，为了保持电中性，结构中出现电子空穴，相应的 U^{4+} 电价会升高。此时电子空穴可在电场中运动，因此这种材料可以导电，为 p 型半导体。UO_2 形成阴离子间隙型缺陷时，其化学式为 UO_{2+x}，可以看成 UO_3 在 UO_2 中的固溶体。其缺陷反应为：

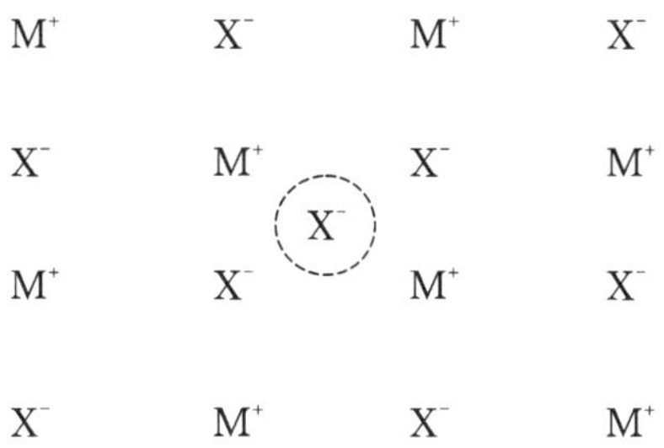

M^+ X^- M^+ X^-

X^- M^+ X^- M^+

X^-

M^+ X^- M^+ X^-

X^- M^+ X^- M^+

图 2-10 阴离子间隙型缺陷示意

$$UO_3 \xrightarrow{UO_2} U_U^{\cdot\cdot} + 2O_O + O_i'' \tag{2-38}$$

或：

$$\frac{1}{2}O_O \longrightarrow O_i'' + 2h^{\cdot} \tag{2-39}$$

根据质量作用定律，可得：

$$[O_i''] \propto p_{O_2}^{\frac{1}{6}} \tag{2-40}$$

上式表明，间隙氧离子浓度随着氧分压的增加而增大。

在某种意义上看，所有的化合物都是非化学计量的，只是偏离化学计量的程度不同而已。比如 MgO、Al_2O_3 都有一个很狭窄范围的非化学计量缺陷。但在通常情况下，这些非化学计量缺陷范围很小的化合物都被看成稳定的化学计量化合物。一些典型的非化学计量的二元化合物见表 2-3。

表 2-3 一些典型的非化学计量二元化合物

类型	化合物	类型	化合物
阴离子空位型	KCl、NaCl、KBr、TiO_2、CeO_2、PbS	阳离子空位型	Cu_2O、FeO、NiO、ThO_2、KBr、KI、PbS、SnS、CuI、FeS、CrS
阳离子间隙型	ZnO、CdO	阴离子间隙型	UO_2

2.1.5 固溶体的研究方法

固溶体形成之后，一般需要确定其类型和组成。

形成的固溶体是置换型还是间隙型，可以通过晶格内间隙位置的多少和大小来粗略估计。生成间隙型固溶体的条件远比生成置换型固溶体的苛刻，如果晶格中没有足够大的间隙空间，是无法形成间隙型固溶体的。比如在金属氧化物中，如果仅有四面体间隙是空的，可基本排除生成间隙型固溶体的可能。只有在一些晶格间隙较大的晶体如 CaF_2、ZrO_2 等中，才有可能形成间隙型固溶体。但是，究竟是形成何种固溶体、固溶体的组成如何，必须通过实验来分析。

利用实验来判断固溶体类型，首先是根据生成不同类型固溶体的缺陷方程式，计算出杂质浓度和固溶体某种结构（如晶胞参数）或性质（如电学、磁学、热学等性质）的关系，然后与实验测得的数据相比较，哪种类型计算的数据与实验数据相符合，实际缺陷就是哪种类型。其中，利用 X 射线分析固溶体的晶格常数最直接、可靠，被广泛采用。

利用 X 射线分析固溶体的基础是维加（Vegard）定律，即当两种同类型的盐形成连续固溶体时，其晶格常数与溶质成分是线性关系。不过，维加定律实际应用在不少无机非金属材料时都存在一定的偏离。因此，更可靠的方法是测定晶胞参数后计算出固溶体的密度，再和由实验测定的密度数据对比，从而判断固溶体的种类。

由晶胞参数计算理论密度的公式是：

$$理论密度\ D_T=\frac{含有杂质固溶体的晶胞质量\ W}{晶胞体积\ V} \tag{2-41}$$

式(2-41)中，晶胞质量为晶胞中所有质点的质量和；晶胞体积通过X射线衍射测得的晶格常数求出，例如：立方晶系 $V=a^3$，六方晶系 $V=3^{1/2}a^2c/2$，a、c 均为晶格常数。

由上式可知，为了计算晶胞质点的质量和，必须先计算出每一个质点的质量。一般地，晶胞中第 i 个质点的质量 W_i：

$$W_i=\frac{晶胞中\ i\ 质点的位置数\times i\ 质点实际所占分数\times i\ 的原子量}{阿伏伽德罗常数\ N_A} \tag{2-42}$$

式(2-42)中，i 质点的位置数由基质的晶体结构决定；i 质点实际所占分数由固溶体的化学式决定。晶胞质量为晶胞中所有质点的质量和：

$$W=\sum_{i=1}^{n}W_i \tag{2-43}$$

根据不同的缺陷反应方程式，可得出不同的固溶体的化学式。根据化学式可知晶胞中的质点数，并由此计算出晶胞的质量。

下面以 CaO 外加到 ZrO_2 中生成固溶体为例来说明固溶体类型的确定方法。研究表明，在 1600 ℃，该固溶体具有萤石结构，属立方晶系。经X射线分析测定，当 ZrO_2 中溶入 CaO 的摩尔比为0.15 时，晶胞参数 $a=0.513$ nm，实验测定的密度值 D 为 5.477 g/cm³。为分析此时该固溶体的类型，可先根据电中性的要求，写出不同的缺陷方程式。

如果形成置换型固溶体，其缺陷方程可写成：

$$CaO(S)\xrightarrow{ZrO_2}Ca_{Zr}''+V_O^{\cdot\cdot}+O_O \tag{2-44}$$

相应的化学式为 $Zr_{1-x}Ca_xO_{2-x}$。

如果形成间隙型固溶体，其缺陷方程可写成：

$$2CaO(S)\xrightarrow{ZrO_2}Ca_{Zr}''+Ca_i^{\cdot\cdot}+2O_O \tag{2-45}$$

相应的化学式为 $Zr_{1-x/2}Ca_xO_2$。

如果形成的是置换型固溶体，则此时化学结构式为 $Zr_{0.85}Ca_{0.15}O_{1.85}$。$ZrO_2$ 是萤石结构，晶胞分子数 $Z=4$，按式(2-42)和式(2-43)，可得：

$$\begin{aligned}晶胞质量\ W&=\sum W_i=\frac{4M_{Zr_{0.85}Ca_{0.15}O_{1.85}}}{N_0}\\&=\frac{4\times(0.85\times91.22+0.15\times40.08+1.85\times16)}{6.023\times10^{23}}=75.18\times10^{-23}(g)\end{aligned} \tag{2-46}$$

由于晶胞体积 $V=a^3=(0.513\times10^{-7})^3=1.351\times10^{-22}\text{cm}^3$，按式(2-41)，有

$$理论密度\ D_T=\frac{75.18\times10^{-23}}{1.351\times10^{-22}}=5.564(g/cm^3) \tag{2-47}$$

如果形成的是间隙型固溶体，则此时化学结构式为 $Zr_{0.925}Ca_{0.15}O_2$。经过计算，可知其理论密度 $D_T=6.016$ g/cm³。

显然，当形成置换型固溶体时，计算所得的理论密度与实际测出的密度更加接近，由此可判断生成的是置换型固溶体，化学结构式为 $Zr_{0.85}Ca_{0.15}O_{1.85}$ 是正确的。

图 2-11 为 CaO-ZrO_2 固溶体的密度与 CaO 量的理论关系曲线和实验测试结果的比较。从图 2-11(a)中密度的测试值和理论计算值的吻合程度可以看到：在 1600 ℃时形成的为阴离子空位型固溶体；而从图 2-11(b)中可以看到，在 1800 ℃条件下，当 CaO 添加量小于 15%时为阳离子间隙型固溶体，当 CaO 添加量大于 20%时为阴离子空位型固溶体。另外，从图 2-11(b)也可以看出，这两种

不同类型的固溶体密度值相差很大。因此，用对比密度值的方法分析固溶体的类型，准确性很高。

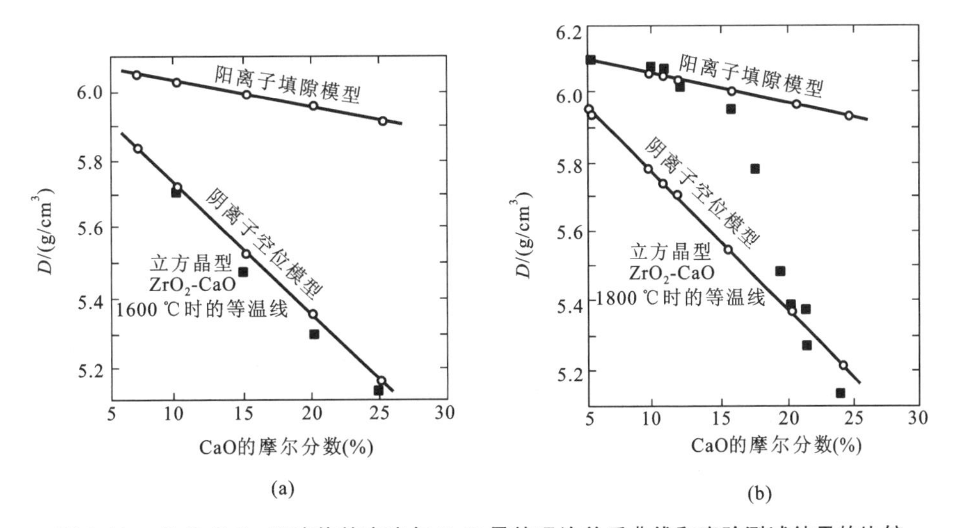

图 2-11 CaO-ZrO_2 固溶体的密度与 CaO 量的理论关系曲线和实验测试结果的比较

(a) 1600 ℃急冷试样；(b) 1800 ℃急冷试样

○为根据 X 射线衍射数据计算的值；■为用密度计测定的值

2.2 线缺陷(位错)

晶体在结晶生长时，由于杂质的存在、温度的变化或其他因素的影响，或在加工、使用过程中受到切削、研磨等机械应力或高能射线辐照的作用，其内部质点的有序排列都有可能产生变形，原子行列间相互滑移，偏离了理想晶体的结构，形成线状的一维缺陷，该缺陷被称为线缺陷(line defects)。线缺陷主要是各种位错(dislocation)。位错最初是 20 世纪 30 年代为了解释金属的塑性形变而提出的一种假说，现在已经发展成为重要的材料结构理论。作为一种重要的晶体缺陷，位错对晶体生长、相变、扩散、形变、断裂等多方面物理化学的变化有着重要的影响。

2.2.1 位错的基本种类

位错有两种基本形态：刃位错和螺型位错。

1) 刃位错

刃位错的结构如图 2-12 所示，这类位错可以简单地看成由插入晶体中的附加半原子面所致，位错位于半原子面末端，用符号“⊥”来表示。

在实际晶体中，这种位错是在切应力的作用下发生局部滑移所致。

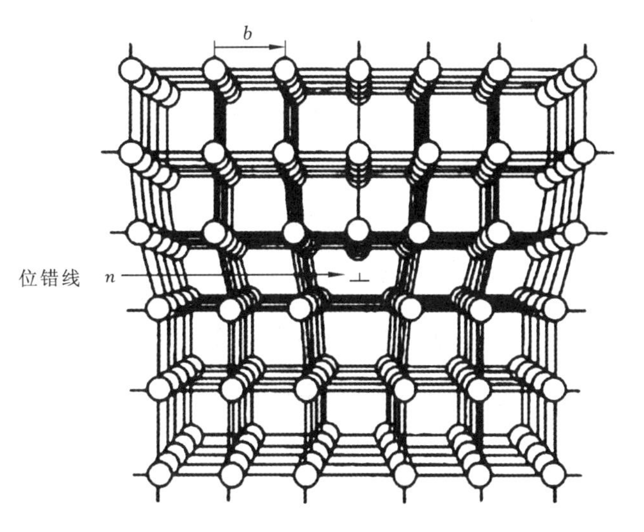

图 2-12 刃位错的结构示意

2) 螺型位错

螺型位错的结构如图 2-13 所示。这类位错可看成在晶体切割一半，并使平行于切口方向的两侧晶面发生滑动所形成的螺旋状原子面。螺型位错分为两种，以大拇指伸直代表螺旋面方向，其余四指卷曲代表旋转方向，符合右手法则的称为右旋螺型位错，符合左手法则的称为左旋螺型位错。

3）混合位错

实际中存在的位错常常是介于刃位错和螺型位错之间的混合型位错。如图 2-14 所示，滑移从晶体一角开始向外扩大范围，滑移区和未滑移区的交界为（晶体内的）曲线 AB。A 处为纯螺型位错，B 处为纯刃型位错，而 AB 线上其他各点，原子排列既非螺型位错也非刃型位错，属于二者的混合。

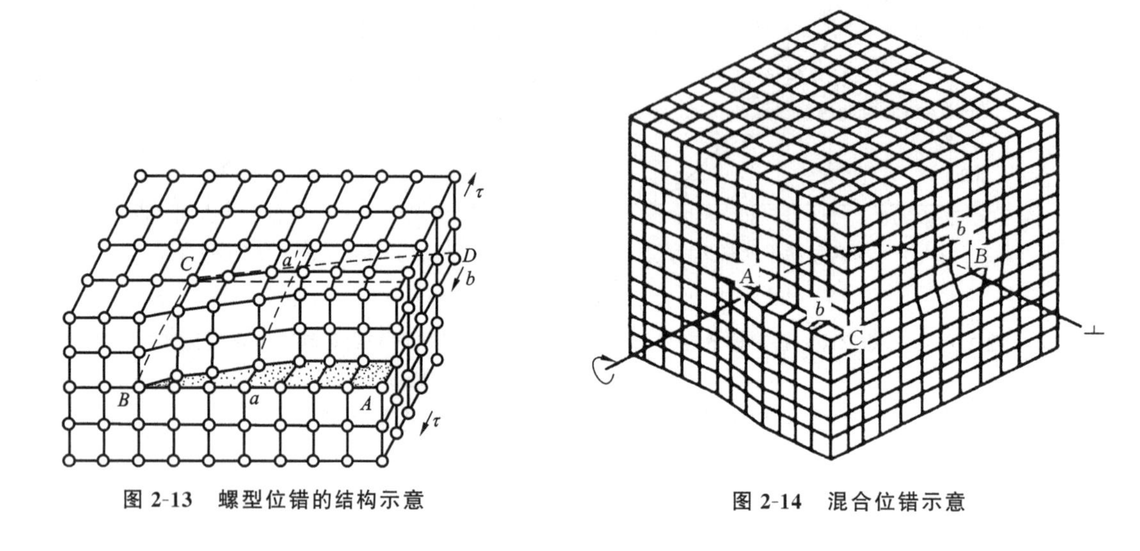

图 2-13 螺型位错的结构示意

图 2-14 混合位错示意

2.2.2 柏格斯矢量

柏格斯矢量是用于描述位错最基本特性的物理量，是由柏格斯（J.M.Burgers）于 1939 年提出来的，因此被称为柏格斯矢量或柏氏矢量。

柏格斯矢量是用柏格斯回路的方法来确定的。先确定位错的方向（一般规定位错线垂直于纸面时，由纸面向外为正），按右手法则作柏氏回路：将右手大拇指指向位错正方向，右手螺旋方向即为回路方向。接着，按上述回路方向，从包含位错线的晶体中的任一原子 M 出发，连接相邻原子围绕位错一周，作一闭合回路 $MNOPQ$（即柏格斯回路，M 与 Q 重合）。然后在完整晶体中重复步数、方向与上述回路完全相同的回路，则此时终点 Q 和起点 M 不会重合。由终点 Q 到起点 M 引一矢量 $\boldsymbol{QM}$，即为柏氏矢量，如图 2-15 所示。显然，柏氏矢量与起点的选择无关，也与路径无关。换言之，对于确定的一个位错，其柏氏矢量是唯一的。

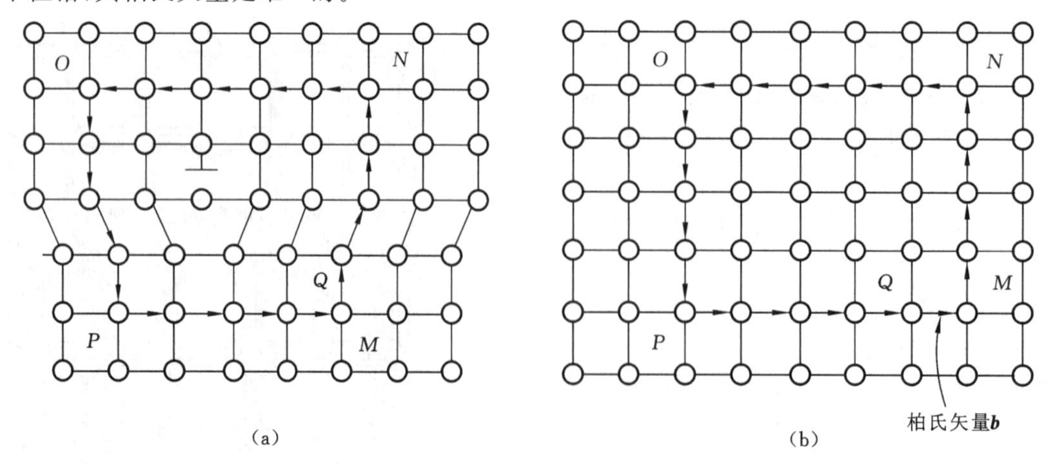

图 2-15 刃型位错柏氏矢量示意

（a）有位错的晶体；（b）完整晶体

柏格斯矢量是描述位错实质的重要物理量。通常将柏氏矢量称为位错强度，位错的许多性质如位错的能量、所受的力，应力场和位错反应等均与其有关。比如，位错线的弹性畸变能可写成 $E=\alpha Gb^2$（式中 G 为弹性模量，b 为柏氏矢量的模），这说明单位长度位错线的能量与柏格斯矢量的平方成正比。

2.2.3　位错的运动

固体材料塑性形变时实际所需的临界应力远远小于理论计算的值，主要就是因为位错的存在。位错会在外力下产生运动，所需的力远小于整个原子面相对滑移所需的力。位错的基本运动形式有两种：滑移和攀移（爬移）。

2.2.3.1　滑移

滑移是位错运动的主要方式。它是指在一定的切应力的作用下，位错线沿着滑移面的移动。图 2-16 是刃型位错滑移的示意图。由晶体左侧施加一个平行于柏格斯矢量的外力，位错就可由图 2-16(a)的位置移动到图 2-16(b)的位置；当位错持续向右滑移通过晶体表面时，晶体上半部分相对于下半部分移动了一个柏格斯矢量，从而在晶体表面生成一个高度为 b 的台阶。

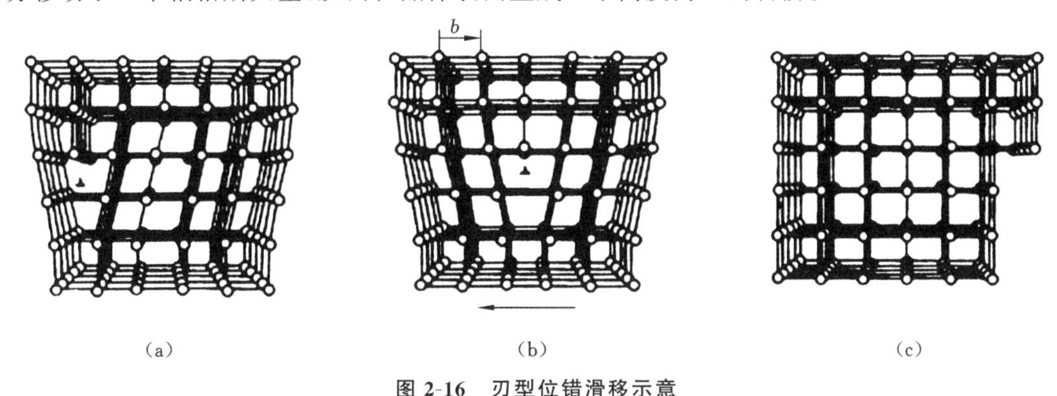

图 2-16　刃型位错滑移示意

螺型位错在外力作用下的滑移如图 2-17 所示。图 2-17(a)是滑移开始前的状态，τ 是切应力。图 2-17(b)是螺型位错沿滑移面运动的中间状态，位错移动方向和位错线方向及柏氏矢量方向垂直，而晶面滑移的方向与位错线方向及柏氏矢量方向平行。图 2-17(d)是椭圆部分的放大[其视角与图 2-17(b)垂直，灰色小球代表位于绘图平面上方的原子，白色小球代表位于绘制平面下方的原子]，显示位错运动过程中位错线上原子排列的变化过程。图 2-17(c)为滑移结束后的状态。从图中可以看到，螺型位错滑移结果与刃型位错完全相同。

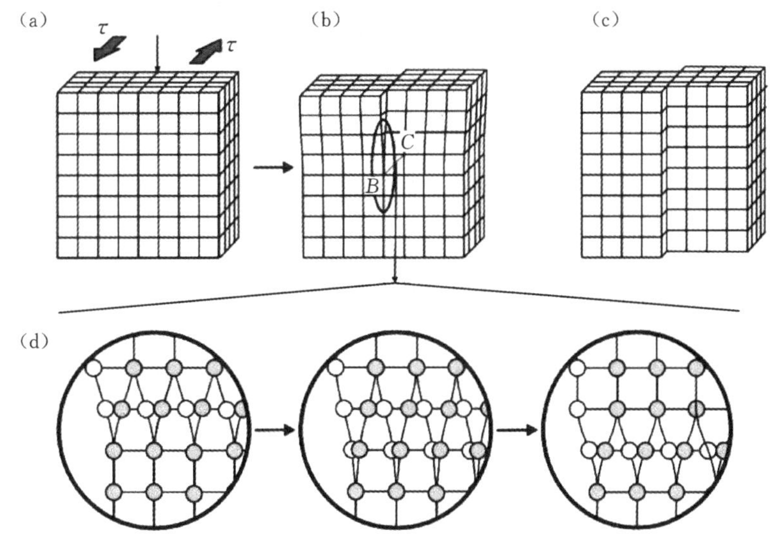

图 2-17　螺型位错滑移示意

刃型位错滑移和螺型位错滑移的特点如下：

1）刃型位错中切应力方向与位错线垂直，而螺型位错中切应力方向与位错线平行。

2）无论是刃型位错还是螺型位错，柏格斯矢量方向就是晶体滑移方向，位错的运动方向与位错线垂直。

3）对于刃型位错，晶体滑移方向与位错运动方向一致；对于螺型位错，晶体的滑移方向与位错运动方向垂直。

4）无论是刃型位错还是螺型位错，位错滑移的切应力与柏氏矢量方向一致；位错滑移后，滑移面两侧晶体的相对位移与柏氏矢量一致。

5）当螺型位错在原滑移面上运动受阻时，有可能转移到与之相交的另一滑移面继续滑移，这个过程称为交叉滑移或交滑移。

位错在滑移过程中，会受到各种阻力，其中最基本的就是晶体固有的晶格阻力。单位位错线的晶格阻力可表示为：

$$\sigma=\frac{2G}{1-\nu}\exp\left[-\frac{2\pi d}{(1-\nu)b}\right] \tag{2-48}$$

式中，σ 为晶格阻力，G 为剪切模量，ν 为泊松比，d 为晶面间距，b 为滑移方向原子间距。

根据式(2-48)，b/d 越小，σ 也越小，所以滑移面应该是晶面间距最大的最密排面，滑移方向应是原子最密排方向，此时柏氏矢量 $\boldsymbol{b}$ 的模一定最小。这个规则称为滑移系最小准则。不过对于无机非金属材料而言，该准则不一定适用，因为无机非金属材料中，同种离子比如阳离子与阳离子之间会存在排斥力，会给位错运动带来额外的约束力。这也是无机非金属材料中塑性形变较难产生的原因之一。

2.2.3.2 攀移

攀移是指位错线在垂直滑移面的方向上运动，其实质是多余半原子面的伸长或缩短。只有刃型位错会产生攀移运动。

攀移是通过原子或空位的转移来实现的。当原子从多余半原子面末端移走时，位错线向上攀移，称为正攀移；当原子从别处移至多余半原子面末端，位错线向下攀移，称为负攀移。如图 2-18 所示。攀移的过程涉及质点和空位的迁移，需要热激发，因此攀移通常比滑移需要更大的能量，一般在较高温度下才能进行。另外，压应力会促进正攀移，而拉应力则会促进负攀移。

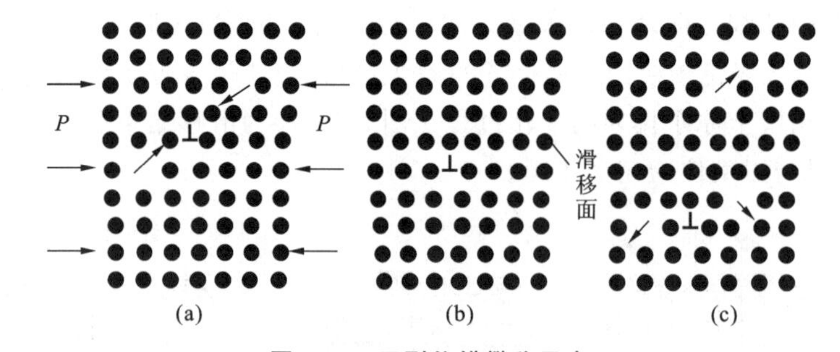

图 2-18 刃型位错攀移示意

(a)正攀移；(b)原始位置；(c)负攀移

2.2.3.3 位错的增殖

位错的增殖是指位错在外力作用下不断增多的过程。人们发现，晶体在发生塑性变形后，其位错密度会产生大幅度增加。这表明位错不仅有运动，而且还能增殖。

弗兰克(Frank)和瑞德(Read)提出了一种滑移位错增殖的机制，其过程如图 2-19 所示。滑移面内存在一位错，由于其两端点 AB 被钉扎，在切应力作用下滑移面会不断地发生弯曲。当切应力足够大时，会依次扩张成如图 2-19(b)、(c)、(d)、(e)、(f)所示的一系列形状，最后形成一个闭合的位错环和环内的一小段位错线，如图 2-19(g)所示。如果切应力继续，则环中的那一小段位错线可不断重复上述过程，并连续形成一个个的位错环，从而实现位错的增殖。

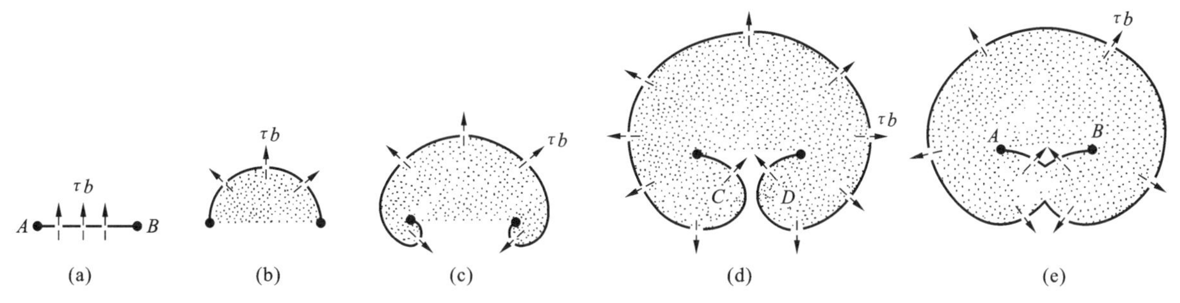

图 2-19 Frank-Read 滑移位错增殖过程示意

习 题

1.名词解释：

结构缺陷；点缺陷；热缺陷；肖特基缺陷和弗伦克尔缺陷；固溶体；非化学计量化合物；位错；刃型位错和螺型位错；位错滑移；位错攀移

2.试述点缺陷的基本类型和特点。

3.在 Kroger-Vink 符号系统中，空位缺陷、填隙缺陷、错位缺陷和杂质缺陷分别如何表示？

4.什么情况下容易形成弗伦克尔缺陷？什么情况下容易形成肖特基缺陷？

5.原子或离子尺寸对形成固溶体类型有什么影响？

6.电价因素对置换型固溶体有什么影响？

7.为什么只有置换型固溶体的两个组分有可能相互完全溶解，而填隙型固溶体则不能？

8.非化学计量化合物有什么特点？可以分为哪几类？

9.试述位错的基本类型和特点。

10.试述位错滑移的特点。刃型位错和螺型位错的滑移有什么不同？

11.滑移和攀移有什么不同？哪一种更容易发生？

12.写出下列缺陷反应式：(1)KCl 溶入 $CaCl_2$ 中形成空位型固溶体；(2)$CaCl_2$ 溶入 KCl 中形成空位型固溶体；(3) KCl 形成肖特基缺陷；(4)AgI 形成弗伦克尔缺陷(Ag^+ 进入间隙)。

13.MgO、Al_2O_3 和 Cr_2O_3 的正、负离子半径比分别为 0.47、0.36 和 0.40，试问：(1)Al_2O_3 和 Cr_2O_3 形成无限互溶固溶体可能吗？为什么？(2)MgO-Cr_2O_3 系统是部分互溶还是完全互溶？为什么？

14.$PbTiO_3$-$PbZrO_3$ 为什么能形成无限固溶体？为什么在 TiO_2 中形成间隙型固溶体比在 MgO 中容易？

15.在一定温度下，质量分数为 18% 的 Al_2O_3 溶入 MgO 中形成有限固溶体。假设 MgO 单位晶胞尺寸变化忽略不计，试分析下列两种情况下晶体的密度变化：(1)O^{2-} 为填隙离子；(2)Al^{3+} 为填隙离子。

16.对于非化学计量化合物 $Fe_{1-x}O$ 和 $Zn_{1+x}O$，当周围氧气分压增大时，它们的密度是增大还是减小？

17.TiO_2 陶瓷在缺氧条件下烧结，其结构和性能会发生什么变化？

18.(1)MgO 晶体中，肖特基缺陷的生成能是 6 eV，试计算在 25 ℃和 1600 ℃时热缺陷的浓度。(2)如果该 MgO 晶体中含有百万分之一的 Al_2O_3 杂质，则在 1600 ℃时，该晶体中是热缺陷占优势还是杂质占优势？

19.将 0.2 mol YF_3 加入 CaF_2 中形成固溶体，实验测得其晶胞参数 $a=0.55$ nm，密度 $\rho=3.64$ g/cm^3。试计算说明固溶体的类型。(元素的相对原子质量：Y 的为 88.90；Ca 的为 40.08；F 的为 19.00)

20.对某硫铁矿进行化学分析时发现，其成分可能是 $Fe_{1-x}S$ 或 FeS_{1+x}，前者意味着 Fe 空位的缺陷结构，后者是 Fe 被置换。请设计一种实验方法来确定该矿物到底是哪种成分。

21.右图所示为一个晶体二维图形，其中有一个正刃型位错和一个负刃型位错。试问：(1)围绕每个位错分别作伯格斯回路，最后伯格斯矢量是多少？(2)如果绕两个位错作伯格斯回路，最后伯格斯矢量又是多少？

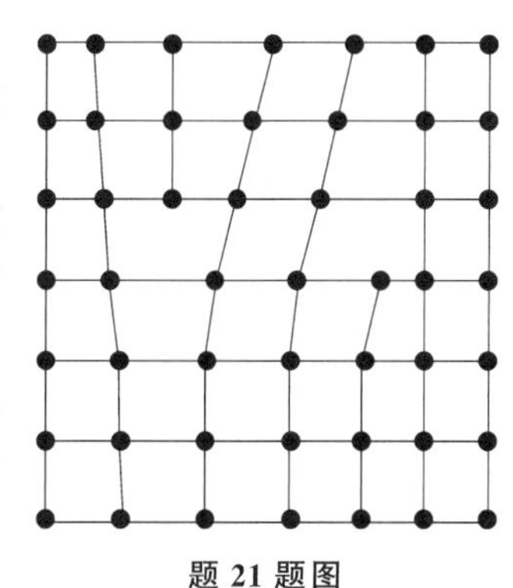

题 21 题图

3 熔体与玻璃

3.1 概述

熔体和玻璃是物质存在的两种状态。熔体特指物质在高温下熔化所得到的液体，即高熔点物质的液体，玻璃可由熔体快速冷却获得，可看成是过冷的熔体。熔体和玻璃的结构很相似，二者都属于非晶态，质点的排列不存在周期排列或长程有序，这和前面所介绍的晶体在结构上是完全不同的。

了解熔体和玻璃对于无机非金属材料的生产及其性能提升十分重要。传统的玻璃生产就是熔体(或玻璃)的熔制过程，晶体、陶瓷、水泥等无机非金属材料的生产过程中通常也会出现一定数量或相当数量的高温熔体，并常常会对晶体的生长、陶瓷或水泥的烧成起关键作用；此外，在很多无机非金属材料中也往往有玻璃相存在，不同的玻璃相对材料的性能如机电、化学等性能会产生重大影响。因此，充分了解熔体和玻璃，对于控制无机非金属材料的生产过程、提高材料的性能十分重要。

本章主要介绍熔体的结构与性质，玻璃的形成、结构、通性和典型玻璃类型等。

3.2 熔体

3.2.1 熔体概述

熔体(或液体)是物质介于气体和固体(晶体)之间的一种状态。一方面，熔体和气体一样是各向同性的，并都有流动性；另一方面，熔体又和固体一样，具有很小的压缩性。不过，更多的研究表明：在一般条件下(离汽化点较远)，熔体(或液体)和晶体的相似性更高。比如：晶体和液体体积密度相近。当晶体熔化为液体时体积变化较小，一般不超过10%；而当液体汽化时，体积要增大数百倍至数千倍。这表明液体中质点之间的平均距离和固体十分接近，而和气体差别较大。又如：晶体的熔化热比液体的汽化热小得多。例如冰的溶解热为6.03 kJ/mol，而水的汽化热达40.46 kJ/mol。这说明晶体和液体内能差别较小，质点在固体和液体中的相互作用力是接近的。

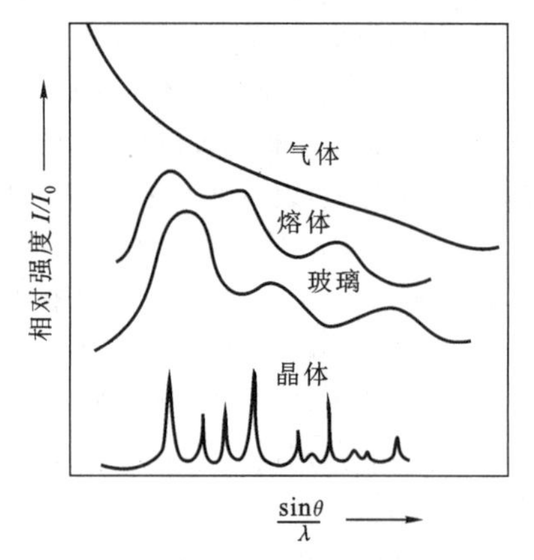

图 3-1 同一物质不同聚集状态的 X 射线衍射图谱

对于熔体(或液体)和晶体的相似性的最有说服力的实验证据是X射线衍射图谱。图3-1是同一物质不同聚集状态的X射线衍射图谱。可以看到，气体在衍射角 θ 很小时，衍射强度很大，随着 θ 值的增大，衍射强度逐渐减弱；晶体则在不同 θ 处出现尖锐的衍射峰；熔体和玻璃的衍射图谱相似，它们也和晶体一样，在不同的 θ 处出现衍射峰，而且出现衍射峰的中心位置和相应晶体的衍射峰位置大体一致。这一结果表明，熔体和玻璃中与某一质点最接近的几个质点的排列形式与间距和晶体中是相似的。但和晶体不同的是，熔体和玻璃的衍射峰呈宽阔的弥散状，这和其质点的有规则排列区域的高度分散有关。总之，根据熔体和玻璃的衍射峰的形态可以认为，在熔点以上较近的温度下，液体内部质点的排列不像气体那样完全无序，而是具有某种程度的规律性，这体现了它们结构的近程有序和远程无序的特征。

为了更好地解释熔体的结构，人们发展了很多理论，其中较成功的是熔体的聚合物理论。

3.2.2 硅酸盐熔体结构的聚合物理论

液体结构理论很多，但大多数在解释由简单的分子、原子或离子构成的一般熔体结构时比较成功，而在解释硅酸盐熔体结构时却遇到很多困难。这是因为硅酸盐熔体的结构很复杂，其结构单元并不是简单的分子、原子或离子。20 世纪 70 年代白尔泰(Balta)等提出了熔体聚合物理论，能较好地解释硅酸盐熔体结构以及结构与组成、性能的关系，为大多数人所接受。

聚合物理论认为：对于硅酸盐熔体而言，不同聚合程度的负离子团 $[SiO_4]^{4-}$、$[Si_2O_7]^{6-}$、$[Si_3O_{10}]^{8-}$ 等就是聚合物。

在硅酸盐熔体中，硅、氧和碱(或碱土)金属离子是最基本的离子。Si^{4+} 电荷高、半径小，有着很强的形成硅氧四面体 $[SiO_4]$ 的能力。当在硅酸盐熔体中引入 R_2O、RO 时(R 为碱金属或碱土金属离子，下同)，由于 R—O 键的键强比 Si—O 键弱得多，Si^{4+} 能把 R—O 上的氧离子拉在自己周围。在熔体中，与两个 Si^{4+} 相连的氧称为桥氧(O_b)，与一个 Si^{4+} 相连的氧称为非桥氧(O_{nb})，如图 3-2 所示。

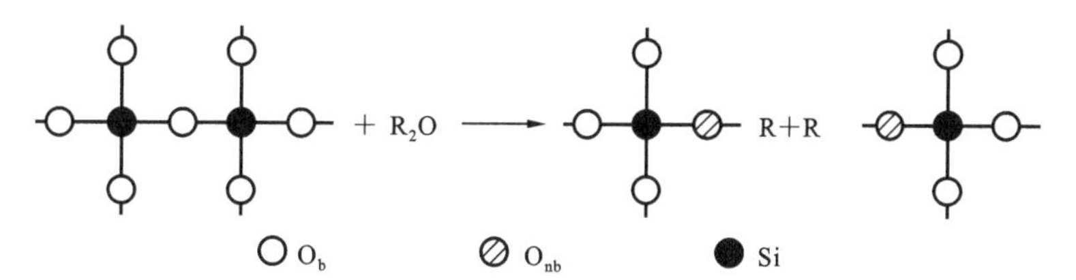

图 3-2 R_2O 和 Si—O 网络反应示意

考虑一个在熔融石英中加入 Na_2O 的过程：开始时熔体为纯 SiO_2，氧硅比(后文用 O/Si 表示)为 2∶1，$[SiO_4]$ 连接成架状。随着 Na_2O 的加入，O/Si 可由原来 2∶1 逐步升高至 4∶1，$[SiO_4]$ 连接方式从架状变为层状、带状、链状、环状，最后桥氧全部断裂而形成岛状 $[SiO_4]$。这种架状 $[SiO_4]$ 断裂称为熔融石英的分化过程。图 3-3 为分化过程示意图(为简化起见，图中只画出 $[SiO_4]$ 四面体的三个氧原子)。

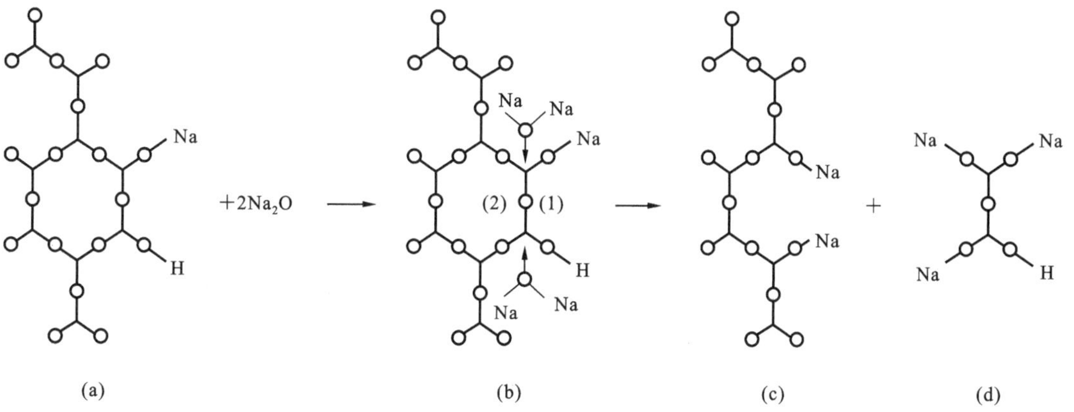

(a) (b) (c) (d)

图 3-3 Na_2O 对 Si—O 网络的分化过程示意

分化过程产生的低聚合物在一定条件下可以相互发生作用，形成聚合程度较高的聚合物，同时释放出部分 Na_2O。这个过程称为缩聚。例如：

$$[SiO_4]Na_4 + [Si_2O_7]Na_6 = [Si_3O_{10}]Na_8(\text{短链}) + Na_2O$$

$$2[Si_3O_{10}]Na_8 = [SiO_3]_6Na_{12}(\text{环}) + 2Na_2O$$

缩聚结束并不意味着整个过程的完成。缩聚释放的 Na_2O 又能进一步侵蚀石英骨架，开始又一次的分化过程……如此循环，最后系统达到分化、缩聚平衡。此时熔体中同时存在各种不同聚合程度的负离子团，如 $[SiO_4]^{4-}$、$[Si_2O_7]^{6-}$、$[Si_3O_{10}]^{8-}$、…、$[Si_nO_{3n+1}]^{(2n+1)-}$。此外，还有三维晶格碎片 $[SiO_2]_n$（其边缘有断键，内部有缺陷）等。多种聚合物同时并存，而不是一种单独存在，这就是熔体结构远程无序的实质。

随着温度上升、时间延长，不同聚合程度的聚合物还会发生变形。一般链状聚合物易围绕 Si—O 轴发生转动，同时弯曲；层状聚合物使层本身发生褶皱；架状聚合物热缺陷增大，部分桥氧键断裂，同时 Si—O—Si 键角发生变化。

硅酸盐熔体中，各种聚合物的浓度（数量）受温度和其组成的影响。一般情况下，温度升高，低聚物浓度升高；反之，低聚物浓度降低。而组成对聚合物的影响主要表现在熔体的 O/Si 上。O/Si 高说明熔体中碱性氧化物含量上升，非桥氧由于分化作用而增加，低聚物也随之增多。

除了 SiO_2，熔体中含有 B_2O_3、GeO_2、P_2O_5、Se_2O_3 等时也会形成类似的聚合。聚合程度随 O/B、O/P、O/Ge、O/As 等的比率和温度而变化。

总之，根据聚合物理论，熔体可以被认为是固体经高温熔融后，产生的数量不等、聚合度不同的各种聚合物所组成的混合物，聚合物的聚合度和数量根据不同的组成、温度按一定的函数关系分布存在。

3.2.3　熔体的性质

3.2.3.1　黏度

黏度对于无机非金属材料的生产很重要。玻璃生产的几乎每一道工序都和黏度相关，比如小的黏度有利于熔制玻璃时气泡的排出；制备陶瓷时，液相黏度较低可以促进烧结，但黏度过低则易导致坯体变形；在陶瓷上釉过程中，如果熔体黏度控制不当会出现流釉等缺陷……因此，熔体的黏度是无机非金属材料制备过程中需要严格控制的一个重要工艺参数。

熔体类似于流变模型中的简单牛顿型流体（黏性体），黏度是流体抵抗流动的量度。当熔体流动时，相邻两层熔体相互阻滞，其内摩擦力 F 的大小与两层熔体的接触面积 S 及其切向力的作用下产生的剪切速度梯度 dv/dx 成正比，即：

$$F = \eta S \frac{dv}{dx} \tag{3-1}$$

式中，η 为黏度，其物理意义是：单位接触面积、单位速度梯度下两层流体间的内摩擦力，单位为帕秒（Pa · s），它表示相距 1 m 的两个面积为 1 m^2 的平行平面相对移动所需的力为 1 N，即 1 Pa · s $=1$ N · s/m^2。

影响熔体黏度的主要因素包括温度和化学组成等。

1.黏度-温度关系

熔体的流动是质点移动的宏观表现。熔体中的质点在移动时，由于会受到相邻质点间的化学键力的作用，因此必须先克服一定的势垒而活化。显然，活化的质点数越多，流动性越大；反之，则流动性越小。按照玻尔兹曼能量分布定律，活化质点数目可表示为：

$$n = A_1 e^{-\frac{\Delta E}{kT}} \tag{3-2}$$

式中，n 为活化质点数；ΔE 为质点移动的活化能；k 为玻尔兹曼常数；T 为绝对温度；A_1为与熔体组成相关的常数。由于流动度 φ 和活化质点成正比，而流动度为黏度的倒数 $\varphi=1/\eta$，因此有：

$$\eta=\frac{1}{\varphi}=A_2 e^{\frac{\Delta E}{kT}} \tag{3-3}$$

式中，A_2为与熔体组成相关的比例常数。

从上式可知，熔体黏度主要取决于活化能与温度。温度降低时，熔体黏度按指数关系递增。假设活化能 ΔE 为常数，对上式两边取对数，则有：

$$\lg\eta=A_3+\frac{B}{T} \tag{3-4}$$

式中，$A_3=\lg A_2$；$B=(\Delta E/k)\lg e$。

从上式可知，$\lg\eta$ 和 $1/T$ 呈线性关系，以 $\lg\eta$ 和 $1/T$ 为坐标作图将得到一条直线，根据直线的斜率可以算出 ΔE。

不过，上式是在假设 ΔE 不变的前提下获得，只对于一些简单的非聚合液体或在温度变化较小的范围内适用。对于硅酸盐熔体，在温度变化范围较大时，上式会产生较大的偏差。这是因为 ΔE 并不是常数，它不仅与熔体组成有关，还受[SiO_4]聚合程度的影响。而[SiO_4]的聚合程度在温度较低时比温度较高时会明显提高，因此低温下 ΔE 比较高(有报道认为大多数氧化物熔体低温时的 ΔE 为高温时的 2～3 倍)。

为了更好地表述熔体黏度-温度关系，必须对把流动看成简单的质点激活过程的假定作出修正。由此人们提出了自由体积模型。该模型认为液体中分布着许多不规则的、大小不等的可以让液体分子运动、流动的“空洞”。这些空间的总和称为自由体积(V_f)：

$$V_f=V-V_0 \tag{3-5}$$

式中，V 为温度为 T 时，液体分子体积；V_0为 T_0温度时液体的最小体积，即液体分子紧密堆积的体积，T_0为液体分子不能运动的温度。

当温度从 T_0上升到 T 时，液体体积从 V_0膨胀至 V，从而形成自由体积 V_f，为液体分子运动提供空隙，V_f越大，液体越容易流动，黏度也越小。基于这个模型，人们提出了准确性更高、适应性更广的黏度-温度经验关系式：

$$\lg\eta=A+\frac{B}{T-T_0} \tag{3-6}$$

式中，A、B、T_0均为与组成相关的系数。

需要说明的是，上面介绍的这些经验公式都是以简单流动过程为基础来描述黏度与温度的关系，但实际上黏度与温度关系非常复杂，因此目前依然无法能通过简单计算来获得精确的数据，在生产和科研中所需要的大量的黏度数据还是通过实际测试确定的。比如在玻璃成型退火过程中，鉴于黏度随温度变化较大，一般使用特定黏度的温度来表征不同熔体的性质差异，以便于工艺上的控制，这些特定的温度点包括应变点、退火点、变形点、软化点、操作点等，如图 3-4 所示。这些温度点的黏度都是采用标准方法测定的，比如 $10^7\sim10^{15}$ Pa·s 时用拉丝法，$10\sim10^7$ Pa·s 时用转筒法，$10^{0.5}\sim10^5$ Pa·s 时用落球法等。

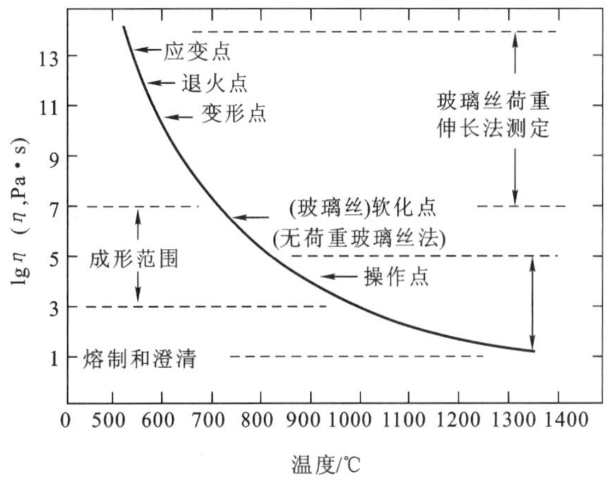

图 3-4 硅酸盐玻璃的黏度-温度曲线

2.黏度-组成关系

大多数无机氧化物的熔体黏度与组成有直接的关系。熔体组成不同，质点间的作用力改变，黏度也不一样。

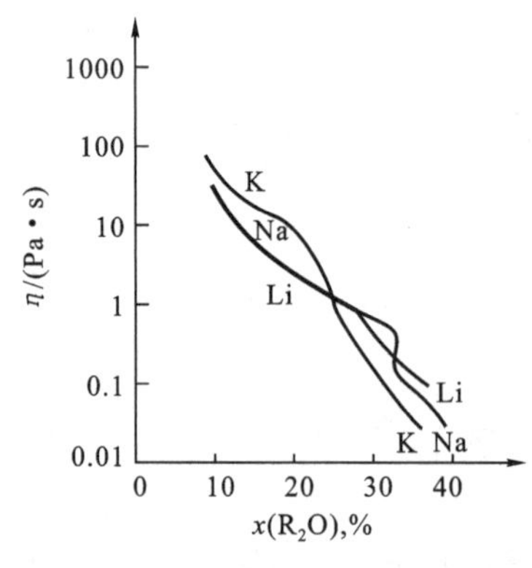

图 3-5　R_2O-SiO_2 熔体在 1400 ℃时的黏度-组成曲线

通常，碱金属氧化物能降低熔体黏度。图 3-5 所示为 R_2O-SiO_2 熔体在 1400 ℃的黏度-组成曲线。可以看到，随着碱性氧化物含量增加，黏度剧烈降低。这是因为当 SiO_2 含量较大时，Si/O 较高，黏度的大小是由熔体中[SiO_4]网络连接程度决定的。R^+ 电荷少、半径大，和 O^{2-} 的作用力较弱，引入 R_2O 时系统"自由氧"增多，O/Si 下降，导致原来的硅氧负离子团解聚成较简单、尺寸较小的结构单位，因而活化能降低、黏度下降。金属阳离子半径越小，夺取硅氧负离子团中 O 的能力越大，降低黏度的效果越明显。但当熔体中 R_2O 含量较高时，Si/O 较低，硅氧负离子团接近于最简单的$[SiO_4]^{4-}$结构，$[SiO_4]^{4-}$之间主要靠 R—O 键连接，此时半径最小的 Li^+ 的离子势 Z/r 最大，对硅氧负离子团的作用力最强，因而此时熔体黏度反而最高，而半径更大的 Na^+、K^+ 熔体的黏度则依次降低。

二价金属氧化物对黏度的影响比较复杂。一方面，二价金属和碱金属一样，可以使系统"游离氧"增多、O/Si 下降，致使硅氧负离子团解聚，黏度下降；另一方面，二价金属 R^{2+} 电价较高、半径较小，离子势(Z/r)较 R^+ 大，能从硅氧负离子团中夺取 O^{2-}，从而使硅氧负离子团聚合，如 $2[SiO_4]^{4-}$ 被 R^{2+} 夺走 O^{2-} 后就会形成$[Si_2O_7]^{6-}$，其结果是黏度提高。在这两种相反效应的作用下，R^{2+} 降低熔体黏度的次序是 $Ba^{2+}>Sr^{2+}>Ca^{2+}>Mg^{2+}$，不过这种次序在不同条件下可能会发生变化。比如，用 MgO 代替 CaO，1200 ℃时黏度会增大，而 800 ℃下则反而会降低。这是由不同温度下它们夺取硅氧负离子团中的 O^{2-} 的难易不同所致。

离子间的相互极化也是影响黏度的重要因素。极化会使离子变形，共价键成分增加，Si—O 键被削弱。二价副族元素离子 Zn^{2+}、Cd^{2+}、Pb^{2+} 等具有 18 电子层结构，相较于有 8 个电子层的碱土金属极化能力更强，因此更能降低熔体黏度。图 3-6 为 $74SiO_2$-$10CaO$-$16Na_2O$ 熔体中，用 8%不同的二价氧化物替代 SiO_2时黏度降低的效应。

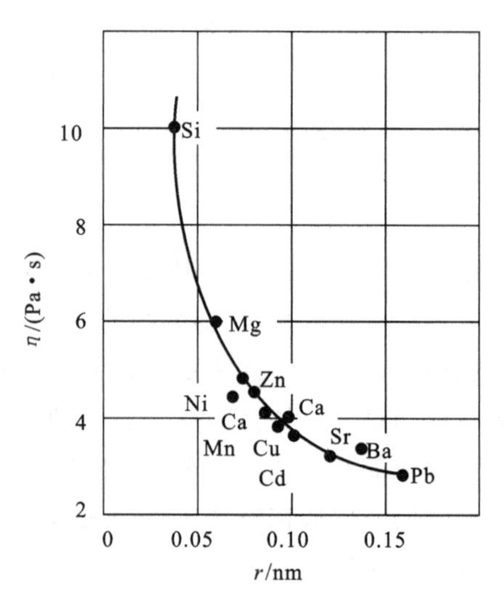

图 3-6　不同的二价阳离子对 $74SiO_2$-$10CaO$-$16Na_2O$ 熔体黏度的影响

当在熔体中同时引入一种以上的 R_2O 或 RO 时，黏度比等量的单一 R_2O 或 RO 时的黏度值要高，即出现所谓的"混合效应"。其原因可能与离子的半径、配位等结晶化学条件不同而相互制约有关。

Al^{3+}、Zr^{4+}、Th^{4+} 等高价阳离子电荷多，离子半径小，和 O^{2-} 的作用力大，因此在熔体中引入 Al_2O_3、ZrO_2、ThO_2 等氧化物时，很容易形成复杂的负离子团，使黏度增大。

在硅酸盐熔体中加入 B_2O_3时，会出现所谓的"硼反常现象"。当 B_2O_3 量较小时，结构中"游离氧"充足，B^{3+} 处于[BO_4]状态，使网络结构变紧密，黏度上升；当 B_2O_3 量较高时，由于"游离氧"不足，部分[BO_4]会转变为[BO_3]，使结构趋于疏松，黏度下降。

阴离子的引入也有可能导致熔体黏度的变化。比如，在硅酸盐熔体中加入 CaF_2 会导致黏度急剧下降。这是因为 F^- 和 O^{2-} 半径相近，容易产生取代，使硅氧键断裂，硅氧网络被破坏，而负一价的 F^- 又很难形成新网络，最终导致黏度下降。

3.2.3.2 表面张力

熔体表面层的质点受到内部质点的吸引力比受到外部空气介质的引力大，表面层质点呈现向熔体内部收缩以尽量减小表面积的趋势，从而在表面层切线方向产生一种使表面缩小的作用力，这个力即表面张力，其单位为 N/m，代表作用于表面单位长度上与表面相切的力。熔体的表面张力对于玻璃的熔制、成型、加工等工序有重要作用，对于其他硅酸盐材料的制备如陶瓷材料的坯釉结合也十分关键。因此表面张力是无机非金属材料制备过程另一个需要严格控制的参数。

水的表面张力约为 70×10^{-3} N/m，熔融盐类的约为 100×10^{-3} N/m，硅酸盐熔体的表面张力比一般液体或熔融盐的高，通常在 $220\times10^{-3}\sim380\times10^{-3}$ N/m 范围内波动。一些熔体的表面张力见表 3-1。

表 3-1 一些熔体的表面张力

熔体	温度/℃	表面张力/($\times10^{-3}$ N/m)	熔体	温度/℃	表面张力/($\times10^{-3}$ N/m)
H_2O	25	72	ZrO_2	1300	350
NaCl	1080	95	GeO_2	1150	250
B_2O_3	900	80	SiO_2	1800	307
P_2O_5	1000	60		1300	290
PbO	1000	128	FeO	1420	585
Li_2O	1300	450	钠硼硅酸盐熔体	1000	265
Na_2O	1300	290	钠钙硅酸盐熔体	1000	316
Al_2O_3	2150	550	瓷器中的玻璃相	1000	320
	1300	380	瓷釉	1000	250～280

表面张力和熔体组成的关系密切。没有表面活性的氧化物如 SiO_2、Al_2O_3、CaO、MgO、Na_2O、Li_2O 等可以提高熔体的表面张力；而如 P_2O_5、V_2O_5、B_2O_3、Cr_2O_3、PbO、K_2O 等则能在表面层富集而降低表面张力。其中，B_2O_3 能在熔体表面以[BO_3]结构铺展，使表面张力大幅下降。

熔体的结构变化是表面张力改变的原因。图 3-7 是 Na_2O-SiO_2 系统熔体表面张力 σ 随 SiO_2 含量变化的示意图。从图中可以看到，随着 SiO_2 含量的增加，熔体表面张力在不断下降。这是因为当 SiO_2 含量增加时，O/Si 下降，硅氧负离子团变大，离子势 Z/r 变小，相互作用力减弱。这些硅氧负离子团被排挤到熔体表面，使表面张力变小。反之，当 Na_2O 量增加时，O/Si 提高，硅氧负离子团解聚，表面张力增大。值得注意的是，不同碱金属氧化物对表面张力的作用会随着 R^+ 半径的改变而不同。R^+ 半径越大，其离子势 Z/r 越小，对硅氧负离子团的作用力越小。在相同条件下，R^+ 提高表面张力能力的次序是：$Li^+>Na^+>K^+$。实际上，K^+ 的增加会起到降低表面张力的作用。

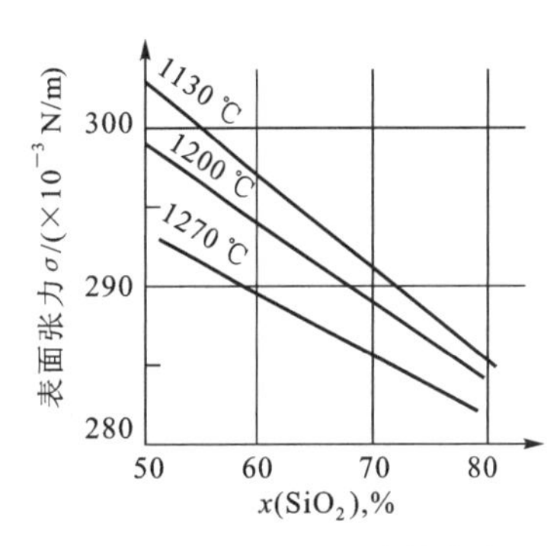

图 3-7 Na_2O-SiO_2 **系统熔体中** SiO_2 **含量变化对表面张力的影响**

表面张力还受熔体中原子(离子或分子)的化学键型的影响。不同化学键型的表面张力也不一样:金属键>共价键>离子键>分子键。硅酸盐熔体中既有离子键又有共价键,所以其表面张力介于典型的离子键熔体和共价键熔体之间。

当两种熔体混合时,表面张力小的熔体会聚集在表面,因此少量加入也会显著降低混合熔体的表面张力。

大多数硅酸盐熔体的表面张力随温度的上升而降低(图 3-7)。温度上升时,质点热运动加剧,相互作用力减弱,因此,表面质点受内部的吸引力变小,表面张力降低。一般当温度提高 100 ℃时,表面张力减小 1%。

3.3 玻璃

玻璃是一种古老的材料。在公元前 2000 年左右,古埃及人就能制作简单的玻璃装饰品,公元前 1000 年左右,中国已能制造出无色的玻璃釉。在所有的非晶态材料中,玻璃是最重要的一种。玻璃的种类很多,但传统的制备工艺基本相同,即通过玻璃原料加热、熔融、过冷来制备。随着近代科学技术的发展,现在也出现很多非传统的玻璃(非晶态材料)制备工艺,如气相化学沉积、液相水解和沉积、真空蒸发和射频溅射、高能射线辐照、离子注入等。

3.3.1 玻璃的一般特点

3.3.1.1 各向同性

玻璃体在各个方向具有相同的性质。也就是说,均质玻璃体其各个方向的折射率、硬度、弹性模量、热膨胀系数、热传导系数、电阻率等性质都是相同的。这与非等轴晶系晶体的各向异性有显著的不同,而更与液体相似。玻璃的这种各向同性是其内部质点无序排列而呈现统计均质结构的外在表现。当玻璃中存在应力时,结构均匀性会遭受破坏,就会显示出各向异性。

3.3.1.2 介稳性

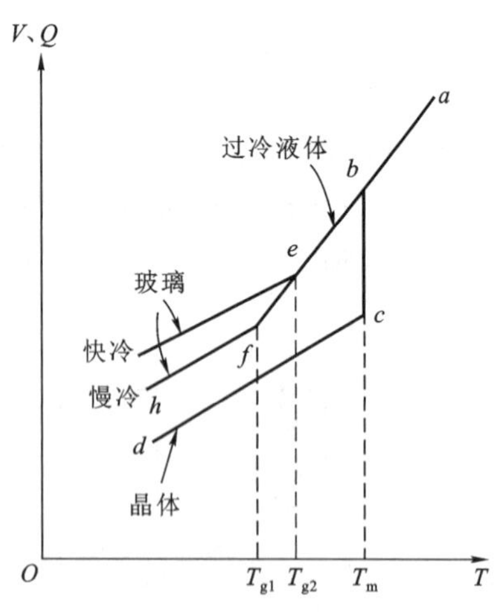

图 3-8　熔体冷却过程中物质内能和体积变化

玻璃是一种介稳态,也就是说,当熔体冷却或通过其他方法形成玻璃时,系统并不是处于最低的能量状态,但却能在较长时间保留原有的结构而不变化。图 3-8 所示为熔体冷却过程中物质内能(Q)和体积(V)变化。可以看到,从相同的熔体冷却下来后,玻璃的内能高于晶态。从热力学观点看,玻璃必然有向低能量状态转化的趋势,也即有析晶的可能。不过,由于常温下玻璃黏度极大,它向晶态转变的速度是极其缓慢的。因此从动力学观点来看,玻璃又是相对稳定的。

3.3.1.3 成分和性能的变化连续性

二元以上晶体化合物有固定的原子和分子比(连续固溶体除外),不同化合物的组成各不相同,性质变化是非连续的。和晶体不同,玻璃的化学成分在一定范围内可以连续变化,相应地,其性质的变化也是连续的。图 3-9 是 R_2O-SiO_2 系统玻璃摩尔体积的变化。由图 3-9 可看到,随 R_2O 的增加,摩尔体积是连续变化的。曲线 1、2 连续下降(加入 Li_2O/Na_2O),曲线 3 连续上升(加入 K_2O)。这种变化的连续性使得玻璃的某些性质具有加和性,即玻璃的一些物理性质是玻璃中所含各氧化物特定的部分性质之和。利用这种加和性可以粗略地计算已知成分玻璃的性质。

3.3.1.4　熔融态向玻璃态转化的连续性与渐变性

从图 3-8 中可以看到，如果是冷却析晶过程，当温度降至 T_m（熔点）时，新相的出现，会同时伴随体积、内能的突然减小。但如果是快速冷却成玻璃，则凝固过程是在一个较宽的温度范围内完成的。随着温度的下降，熔体的黏度越来越大，最终形成固态玻璃（对应温度 T_g 称为玻璃转变温度）。玻璃并没有固定的熔点，从熔体向固态玻璃过渡只有一个软化温度范围。该温度范围取决于玻璃的成分，一般波动在几十至几百摄氏度内。在该温度范围内，玻璃由塑性变形转入弹性变形。另外，玻璃的形成温度还与冷却速度有关，冷却越快，玻璃形成温度 T_g 也越高。

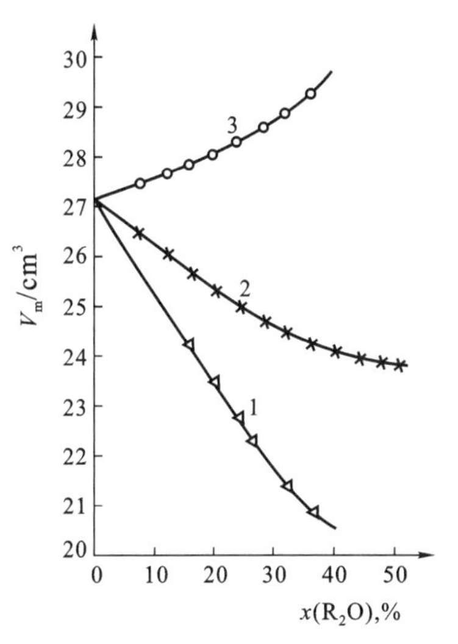

图 3-9　R_2O-SiO_2 **系统玻璃摩尔体积的变化**

1—Li_2O；2—Na_2O；3—K_2O

与此相对应，在从熔体冷却形成玻璃的过程中（或者玻璃加热熔融的过程中），其物理化学性质的变化也是连续渐变的。图 3-10 表示玻璃性质随温度变化的关系。从图中可以看到，玻璃性质随温度的变化可分为三类：第一类性质包括电导、比容、热函等按曲线Ⅰ变化；第二类性质包括热容、膨胀系数、密度、折射率等按曲线Ⅱ变化；第三类性质包括导热系数和一些机械性质（弹性常数等）按曲线Ⅲ变化。

玻璃性质随温度逐渐变化的曲线上有两个特征温度：T_g 和 T_f。T_g 是玻璃的转变温度，又称脆性温度或退火温度，它是玻璃呈现脆性的最高温度，相应的玻璃黏度约为 10^{12} Pa·s。T_g 温度对应于图 3-10 中性质-温度曲线上左边低温直线部分开始转向中间弯曲部分的温度。T_f 是玻璃的软化温度，它是玻璃开始出现液体状态典型性质的温度，也是玻璃可拉成丝的最低温度。相应的玻璃黏度约为 10^8 Pa·s。在图 3-10 中，T_f 温度为性质-温度曲线上中间弯曲部分开始转向右边高温直线部分的温度。

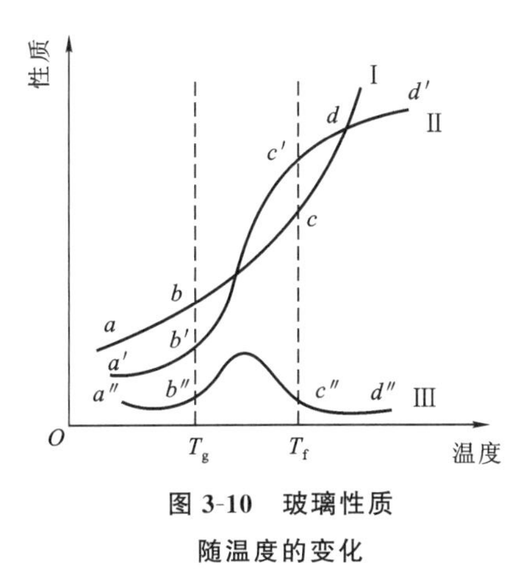

图 3-10　玻璃性质随温度的变化

在图 3-10 中，性质-温度曲线被 T_g 和 T_f 划分为左、中、右三部分。左边（T_g 以下的低温段）和右边（T_f 以上的高温段）曲线变化大致呈直线关系。这是因为前者为固态玻璃状态，后者则为熔体状态，其结构随温度而逐渐变化。中间部分在 T_g～T_f 温度范围内（称为转化温度范围或"反常间距"）是玻璃熔体向固态玻璃转变的区域，由于结构随温度急速的变化，因而性质变化明显，且不呈直线关系，但也不会发生跳跃式变化，其连续性依然能保持。T_g～T_f 温度范围对于控制玻璃的性质有着重要的意义。

对于传统玻璃，上述的结构和性能变化都是可逆的，通过冷却和加热，熔体和玻璃之间可以连续、逐渐地变化。但是，一些非传统玻璃则往往不存在这种可逆性。和传统玻璃不同，非传统玻璃转变温度 T_g 高于熔点 T_m。许多用气相沉积等方法制备的 Si、Ge 等无定形薄膜在加热到 T_g 之前就会产生析晶的相变。因此，虽然它们在结构上也属于玻璃态，但在宏观特性上与传统玻璃有一定的差别，故而习惯上称这类物质为无定形物。

任何物质不论其化学组成如何，只要具有上述四个特性都称为玻璃。

3.3.2　玻璃的形成

玻璃态是一种重要的非晶态聚集状态，掌握其形成的规律，对研究玻璃结构、合成新型玻璃具有重要的理论指导意义。

3.3.2.1 玻璃态物质的形成方法简介

形成玻璃的方法可分为两类:熔融法和非熔融法。熔融法是目前玻璃工业生产所大量采用的方法,是将原料经加热、熔融和在常规条件下冷却而形成玻璃的工艺。在理论上,只要冷却速度足够快,几乎任何物质都可形成玻璃。但实际上,传统的熔融法冷却速度比较慢,工业生产一般为 40～60 ℃/h,实验室样品急冷 1～10 ℃/s,无法使金属、合金或一些离子化合物形成玻璃态。近些年来,熔融冷却工艺有了很大进展,冷却速度可达 10^6～10^7℃/s,这使得过去认为不能形成玻璃的物质也能形成玻璃,比如金属玻璃、水及水溶液玻璃等。非熔融法是近几十年才发展起来的形成玻璃的新型工艺,利用这些工艺,可以获得一系列纯度高、性能特殊的新型玻璃,从而极大地拓展了玻璃形成的范围。一些非熔融法形成玻璃的工艺技术见表 3-2。

表 3-2 一些非熔融法形成玻璃的工艺技术

原料	形成机制	形成方法和实例
晶体	剪切应力	高压、冲击波。石英晶体可在爆炸冲击波下形成石英玻璃;晶体白磷可在高压下变成玻璃态的磷
		研磨。晶粒通过研磨,表面层逐渐非晶化
	辐照	中子射线、α-射线。石英晶体经高速中子射线或 α-射线照射后转变为非晶体石英
液体	溶胶-凝胶	Si、B、P、Zn、Na、K 等金属醇盐有机溶液加水分解得到胶体,加热($T \ll T_g$)形成单元或多组分氧化物玻璃
	电解沉积	利用电介质溶液的电解反应,在阴极上析出非晶质氧化物,如 Al_2O_3、Ta_2O_5、ZrO_2 等
气体	升华	真空蒸发:利用蒸发法在低温基板上形成非晶薄膜,如 Bi、Si、Ge、B、MgO、Al_2O_3、Ta_2O_5、MgF_2、SiC 等
		阴极飞溅:将金属或合金做成阴极,在低压氧化气氛下飞溅在基极上形成非晶态氧化物薄膜,如 SiO_2、PbO-TeO_2、Pb-SiO_2 等
	气相反应	SiH_4 氧化形成 SiO_2 玻璃;在真空中加热 $B(OC_2H_3)_3$ 到 700～900 ℃形成 B_2O_3 玻璃
	辉光放电	利用辉光放电产生的氧原子,在低压下分解金属有机化合物,在基板上形成非晶薄膜,例如 $Si(OC_2H_5)_4 \longrightarrow SiO_2$ 等

3.3.2.2 玻璃形成的热力学条件

从热力学观点看,玻璃是介稳态,其内能比同组成的晶体高,因此有转变为稳定晶体的倾向。如果二者之间内能相差较大,则在不稳定冷却时,晶化的倾向较大,而形成玻璃的倾向较小。表 3-3 中列出几种硅酸盐晶体和玻璃体的生成热。从表 3-3 可以看到,玻璃与晶体的内能差值并不大,因此前者能以介稳态在现实中长时间稳定存在。换言之,根据玻璃和晶体的内能差来判断玻璃形成能力是困难的,玻璃形成除了热力学条件,还有更直接的原因。

表 3-3 几种硅酸盐晶体和玻璃体的生成热比较

组成	状态	$-\Delta H$/(kJ/mol)
$PbSiO_3$	铅辉石	1081.8
	玻璃态	1073.8
Pb_2SiO_4	晶态	1307.1
	玻璃态	1291.6

续表3-3

组成	状态	$-\Delta H/(\mathrm{kJ/mol})$
$KAlSi_2O_6$	白榴石	2883.4
	玻璃态	2859.5
$KAlSi_3O_8$	钾长石	3784.2
	玻璃态	3659.6
SiO_2	β-石英	858.6
	β-鳞石英	856.1
	β-方石英	856.9
	玻璃态	846.5
Na_2SiO_3	晶态	1524.4
	玻璃态	1086.0

3.3.2.3　形成玻璃的动力学条件

大量的研究和实践表明，冷却速度对玻璃的形成有极大的影响，只要冷却速度足够快，最容易析晶的物质也可实现玻璃化；反之，如果冷却速度足够慢，则即使最容易形成玻璃的物质也会发生结晶。因此，在讨论玻璃生成动力学时，研究玻璃的临界冷却速度(最低冷却速度)，对深入理解玻璃形成规律及确定玻璃制备工艺极其重要。

泰曼(Tammann)最早系统地研究了熔体的冷却析晶行为。他将析晶分为晶核生成和晶体生长两个过程，并研究了晶核生成速率 I(单位时间内单位体积中所生成晶核数)和晶核生长速率 U(单位时间内晶体的线生长速度)与过冷度 $\Delta T(\Delta T=T_m-T, T_m$ 为熔点)的关系。他认为：当成核速率 I 与生成速率 U 的极大值所处的温度接近时，两曲线重叠范围大[图 3.11(a)]，熔体易析晶而不易形成玻璃。反之，两曲线重叠范围小[图 3-11(b)]，熔体就不易析晶而形成玻璃。

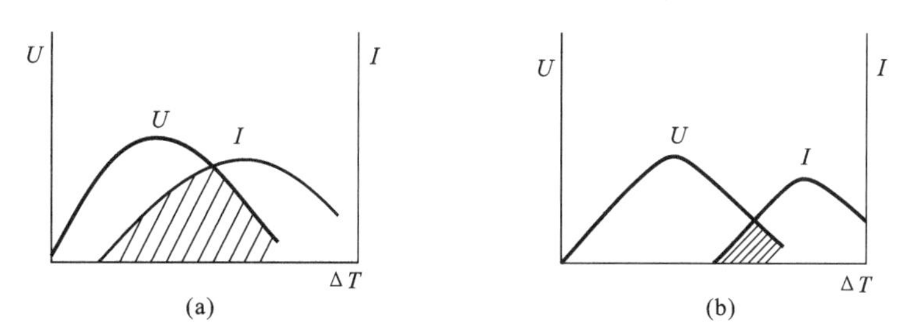

图 3-11　成核速率和生长速率与过冷度的关系

1969 年，尤曼(Uhlmann)在将冶金工业中使用的 3T 图(T-T-T 图，Time-Temperature-Transformation)应用于玻璃转变，获得很大成功，成为当前玻璃形成动力学理论中的重要方法之一。

尤曼认为：为了有效研究一种物质形成玻璃的能力，应该考虑熔体的冷却速率最低是多少才能阻止可以检测到的晶体的产生。据尤曼估计，玻璃中可为仪器探测出来的均匀分布的最小结晶体积 V^β 与玻璃总体积 V 之比约为 10^{-6}。根据相变动力学原理，通过式(3-7)估计防止一定体积分数的晶体析出所需的冷却速率：

$$\frac{V^\beta}{V}\approx\frac{\pi}{3}IU^3t^4 \tag{3-7}$$

式中，I 为成核速率，U 为晶体生长速率，t 为时间。

如果只考虑均匀成核，可由式(3-7)通过绘制 3T 曲线来估算为避免得到 10^{-6} 体积分数的晶体所必

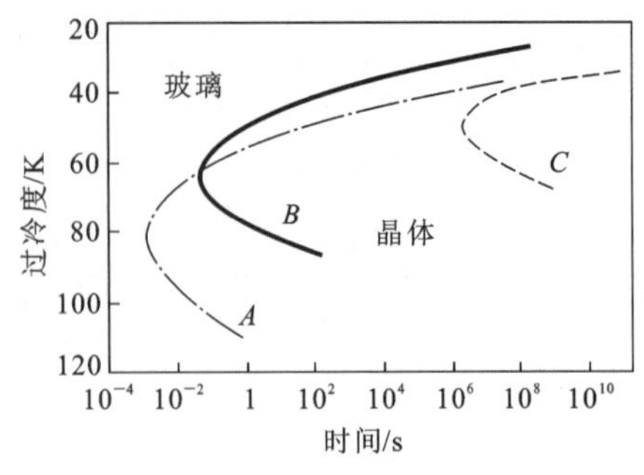

图 3-12 结晶体积分数为 10^{-6} 时不同熔点物质的 3T 图

($T_{m(A)}=356.6$ K, $T_{m(B)}=316.6$ K, $T_{m(C)}=276.6$ K)

须采用的冷却速率。具体做法是:选择一个特定的结晶分数,在一系列温度下计算成核速率 I 和生长速率 U[详细内容请参阅本书第 8 章式(8-18)和式(8-22)],把计算得到的 I、U 代入式(3-7)求出对应的时间 t。然后以过冷度($\Delta T=T_m-T$)为纵坐标,冷却时间 t 为横坐标作出 3T 图,如图 3-12 所示。3T 曲线的头部向左,曲线左边部分是一定过冷度下形成玻璃体的区域,曲线头部的顶点对应了析出晶体体积分数为 10^{-6} 时的最短时间。

为避免形成给定的晶体分数,所需要的冷却速率(临界冷却速率)可由下式粗略地计算出来:

$$\left(\frac{\mathrm{d}T}{\mathrm{d}t}\right)_C \approx \frac{\Delta T_n}{\tau_n} \tag{3-8}$$

式中,ΔT_n、τ_n 分别为 3T 曲线头部所对应的过冷度和时间。

临界冷却速率可以用于比较不同物质形成玻璃的能力,若临界冷却速率大,则形成玻璃困难,而析晶容易。

表 3-4 列举了几种物质的熔点、熔融温度时的黏度、玻璃转变温度/熔点以及临界冷却速率。由表 3-4 可以看出,形成玻璃的临界冷却速率是随熔体组成而变化的。凡是熔体在熔点时具有高的黏度(同时黏度随温度降低而急剧增高),析晶位垒高,熔体易形成玻璃;而一些在熔点附近黏度很小的熔体如 LiCl、金属 Ni 等易析晶而不易形成玻璃。$ZnCl_2$ 只有在快速冷却条件下才生成玻璃。

表 3-4 几种物质生成玻璃的性质

性质	物质									
	SiO_2	CeO_2	B_2O_3	Al_2O_3	As_2O_3	BeF_2	$ZnCl_2$	LiCl	Ni	Se
T_m/℃	1710	1115	450	2050	280	540	320	613	1380	225
η_{T_m}/(dPa·s)	10^7	10^6	10^5	0.6	10^5	10^6	30	0.02	0.01	10^3
T_g/T_m	0.74	0.67	0.72	~0.5	0.75	0.67	0.58	0.3	0.3	0.65
$(\mathrm{d}T/\mathrm{d}t)_C$/(℃·$s^{-1}$)	10^{-5}	10^{-2}	10^{-6}	10^3	10^{-5}	10^{-6}	10^{-1}	10^8	10^7	10^{-3}

从表 3-4 还可以看出,玻璃转变温度 T_g 与熔点 T_m 之间的相关性(T_g/T_m)也是判别能否形成玻璃的标志。研究表明,在相似的黏度-温度曲线情况下,具有较低熔点 T_m 和较高玻璃转变温度 T_g 即 T_g/T_m 较大时易于获得玻璃态。图 3-13 是一些化合物的熔点 T_m 和玻璃转变点 T_g 的关系曲线,T_g 和 T_m 之间呈现出简单的线性关系,即 $T_g/T_m\approx 2/3$。同时可以看到,直线上方为易生成玻璃的化合物(以氧化物为主),其 T_g/T_m 较大;而直线下方为不易生成玻璃的化合物(以非氧化物和金属合金为主),其 T_g/T_m 较小。当 $T_g/T_m=0.5$ 时,形成玻璃的临界冷却速率约为 10 K/s。

η_{T_m} 和 T_g/T_m 等都对玻璃生成有重要作用,但它们只是反映物质内部结构的外部属性。为了更完善地解释玻璃的形成,需要对物质内部的键性、键强、质点排列和几何结构等方面的化学特性和质点的排列状况等作更深入的了解。

3.3.2.4 玻璃形成的结晶化学条件

1.原子团的大小与排列方式

我们知道,不同物质的熔体结构差别很大,这种差别对玻璃形成有很大的影响。一般认为,当熔体中原子团的聚合程度高,如形成链状、层状或网状聚合等复杂结构时,由于大原子团位移、转动和重排都较困难,不易调整为晶体,因此容易形成玻璃;反之,当熔体中原子团的结构简单、聚合度低,那么玻璃形

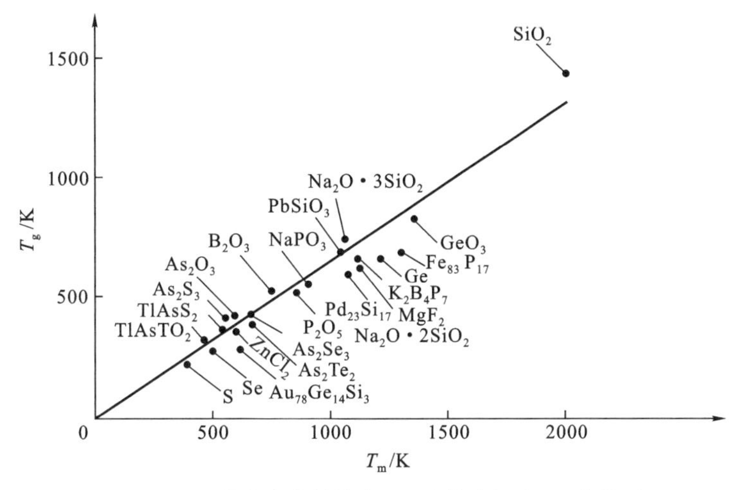

图 3-13 一些化合物的熔点 T_m 和转变温度 T_g 的关系

成倾向小，特别熔体是由自由阴、阳离子构成时，则不能形成玻璃。比如之前在分析硅酸盐熔体时介绍过的石英玻璃熔体中，当 O/Si=2 时，熔体中形成大量$[SiO_2]_n$聚集网络，很容易形成玻璃；而当 O/Si 增至 4 时，硅氧负离子集团全部解聚成为分立状的$[SiO_4]^{4-}$，此时就很难形成玻璃。

2.键强

1947 年，孙光汉首先提出氧化物的键强是决定其能否形成玻璃的重要条件，利用元素与氧结合的单键能(化合物分解能除以该化合物的配位数)大小可以判断氧化物能否生成玻璃。他认为：熔体析晶必须破坏熔体中负离子团，如果键强高，不易破坏，则不易析晶，而易于生成玻璃；反之，化学键弱，则容易断裂重新调整为有规则的晶体，不能形成玻璃。

根据单键能的大小，不同氧化物可分为以下三类：(1)网络形成体(其中正离子为网络形成离子)，其单键强度大于 335 kJ/mol，这类氧化物可单独形成玻璃；(2)网络改变体(正离子称为网络改变离子)，其单键强度小于 250 kJ/mol，这类氧化物不能形成玻璃，但能改变网络结构，从而使玻璃性质改变；(3)网络中间体(正离子称为中间离子)，其作用介于玻璃形成体和网络改变体之间。

各种氧化物的单键能数值列于表 3-5 中。从表 3-5 中可见，网络形成体的键强比网络改变体高很多。

表 3-5 各种氧化物的单键能数值

M_xO_y 中的 M	原子价	M_xO_y 的离解能 /(kJ/mol)	配位数	M—O 单键强度/ (kJ/mol)	E_{M-O}/T_m	类型
B	3	1490	3	497	1.36	网络形成体
			4	373	—	
Al	3	1505	4	376	—	
Si	4	1775	4	444	0.44	
Ge	4	1805	4	452	0.65	
Zr	4	2030	6	339	—	
P	5	1850	4	465～369	0.87	
V	5	1880	4	469～377	0.79	
As	5	1461	4	364～293	—	
Sb	5	1420	4	360～356	—	

续表3-5

M_xO_y中的M	原子价	M_xO_y的离解能/(kJ/mol)	配位数	M—O单键强度/(kJ/mol)	E_{M-O}/T_m	类型
Be	2	1047	4	264	—	网络中间体
Zn	2	603	2	302	0.28	
Pb	2	607	2	304	—	
Cd	2	498	2	249	—	
Al	3	1505	6	251	—	
Ti	4	1818	6	303	—	
Zr	4	2030	8	254	—	
Li	1	603	4	151	—	网络改变体
Na	1	502	6	84	—	
K	1	482	9	54	—	
Rb	1	482	10	48	—	
Cs	1	477	12	40	—	
Mg	2	930	6	155	0.11	
Ca	2	1076	8	135	0.10	
Ba	2	1089	8	136	0.13	
Zn	2	603	4	151	—	
Pb	2	607	4	152	—	
Sn	2	1164	6	194	—	
Sc	3	1516	6	253	—	
La	3	1696	7	242	—	
Y	3	1670	8	209	—	
Ga	3	1122	6	187	—	

劳森(Rawson)进一步发展了孙光汉的理论。他把物质的结构与其性质结合起来考虑,认为除了单键强度,玻璃形成能力还与破坏原有键所需的热能相关。因此,他提出用单键能与熔点的比值来作为衡量玻璃形成能力的参数。表3-5中列出了部分氧化物的这一数值。可以看到,单键能越高、熔点越低的氧化物越易形成玻璃。按劳森的观点,氧化物中单键能与熔点的比值大于0.43 $kJ\cdot mol^{-1}\cdot K^{-1}$者为网络形成体,小于0.125 $kJ\cdot mol^{-1}\cdot K^{-1}$者为网络改变体,介于二者之间的为网络中间体。根据劳森的理论,B_2O_3的单键能与熔点的比值在所有氧化物中最高,因此B_2O_3析晶非常困难,极易形成稳定的玻璃。劳森的理论也能更好地说明为什么在二元或多元系统中,当组成落在低共熔点或共熔界线附近时易形成玻璃。特别是当二元组成中任何一种本身都不能单独形成玻璃时(如CaO和Al_2O_3共熔时),在低共熔点附近,形成玻璃的倾向较大(即"液相温度效应")。

3.键型

化学键是决定物质结构的主要因素,熔体中质点间化学键的性质对玻璃的形成有重要的影响。一般而言,具有极性共价键和半金属共价键的离子才能生成玻璃。

离子键化合物(如NaCl、CaF_2等)形成熔体时,结构质点以正、负离子形式单独存在,黏度低,流动性很高,在冷却过程中离子容易排列成有规则的晶体。由于离子键无方向性,作用范围大,且离子键化合物一般配位数较大(6、8),离子相遇组成晶格的概率也较高,所以一般离子键化合物在凝固点很难形成玻璃。

金属键物质(如金属单质或合金)在熔融时失去结合较弱的电子后,以正离子状态存在。金属键无方向性和饱和性,而且金属晶体中最大配位数可达 12,因此原子相遇组成晶格的概率最大,很难形成玻璃。

共价键具有一定的方向性和饱和性,作用范围比较小。具有共价键结构的化合物,一般配位数较小,且不遵循最紧密堆积的原则。不过,纯粹共价键化合物大部分为分子结构,分子内部原子以共价键连接,而分子间以范德瓦耳斯力连接。由于范氏键无方向性,在冷却过程中质点一般容易进入点阵而构成分子晶格,因此也不易形成玻璃。

总之,单纯的离子键、金属键或共价键都不易形成玻璃。

形成玻璃必须具有极性共价键或金属共价键型。当离子键向共价键过渡形成混合键型(称为极性共价键)时,会有 sp 电子形成的杂化轨道存在,并构成 σ 键和 π 键。这种混合键既像共价键一样具有方向性和饱和性,又像离子键一样易改变键角、有利于发生无对称的变形。前者会促进配位多面体的形成,构成玻璃的近程有序,后者则使多面体间连接方向发生不对称的改变,构成玻璃的远程无序。因此极性共价键的物质较易形成玻璃态。同样,当存在金属键向共价键过渡的混合键(称为金属共价键)时,类似于极性共价键,也易于形成玻璃。在金属中加入半径小、电荷高的半金属离子(Si^{4+}、P^{5+}、B^{3+}等)或场强大的过渡元素时,会对金属原子产生强烈的极化作用,构成 sd 或 spdf 杂化轨道,从而形成金属和加入元素组成的原子团。这种原子团类似于[SiO_4]四面体,赋予玻璃近程有序性;另一方面,金属键的无方向性和无饱和性则使这些原子团之间可以自由连接,形成无对称变形的趋势,从而产生玻璃的远程无序性。

3.3.3 玻璃的结构

玻璃结构是指玻璃中质点在空间的几何配置、有序程度及彼此间的结合状态。玻璃在热力学上属于介稳态材料,很容易受制备条件、热历史的影响,造成其结构上的复杂性,一般在晶体结构分析中十分有效的方法,在玻璃结构研究中并不适用。因此与晶体结构相比,玻璃结构理论发展缓慢,虽然长期以来人们已经提出了很多假说,如过冷液体说、离子配位假说、核前群理论、玻子理论等,但尚未形成统一和完善的玻璃结构理论。

目前最主要的、最有影响的玻璃结构学说是微晶假说和无规则网络假说。

3.3.3.1 微晶假说

微晶假说是苏联学者列别捷夫(A. A. Лебедев)于 1921 年提出来的。他在研究硅酸盐玻璃的折射率时发现,无论是加热还是冷却,当温度达到 573 ℃时其折射率都会发生急剧的变化,如图 3-14 所示(图中 Δn 为不同温度的折射率与室温折射率之差)。测定不同玻璃折射率的结果表明,上述现象具有一定的普遍性。由于 573 ℃正是石英由α→β型晶型转变的温度,他认为玻璃中存在微晶石英结构。更多的实验数据表明,在较低温度范围内,玻璃折射率也会发生若干突变,且突变温度与鳞石英及方石英的多晶转变温度相同,这进一步证明微晶在玻璃中的确存在。

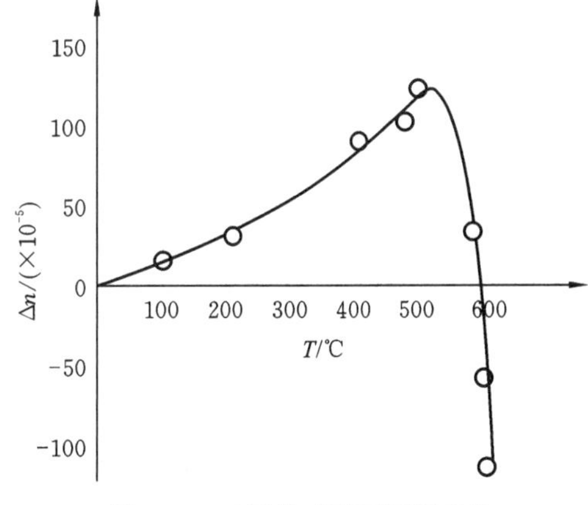

图 3-14 硅酸盐玻璃不同温度的折射率与室温折射率之差

之后的一些研究又为微晶学说提供了更多的实验数据。波拉依-柯希茨(E.A.Лоран-Кшду)等研究了钠硅双组分玻璃的 X 射线散射强度曲线,发现同时出

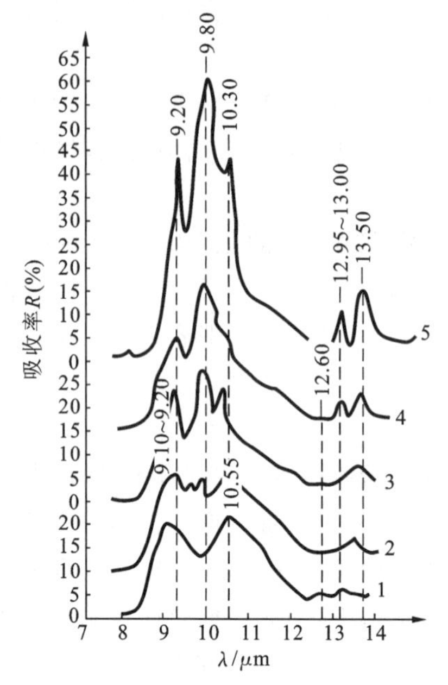

图 3-15　$33.3Na_2O \cdot 66.7SiO_2$**原始玻璃态和析晶态的反射光谱比较**

1—原始玻璃；2—玻璃表层部分，在 620 ℃保温 1 h；3—玻璃表面间断薄雾析晶，保温 3 h；4—连续薄雾析晶，保温 3 h；5—析晶玻璃，保温 6 h

现与晶体石英的特征峰和偏硅酸钠晶体的特征峰一致的两个峰。随着钠硅玻璃中 SiO_2 含量增加，前者峰越强，而后者峰越弱。他们认为这是因为钠硅玻璃中同时存在方石英微晶和偏硅酸钠微晶。其后的研究还表明：玻璃的 X 射线衍射图不仅与成分有关，而且与玻璃制备条件有关。提高温度，延长加热时间，主峰陡度增加，衍射图也越清晰。他们将这一现象归因于微晶长大。由实验数据推论，普通石英玻璃中的方石英微晶平均尺寸为 1 nm。马托西(G.Matassi)等研究了结晶 SiO_2 和玻璃态 SiO_2 的红外反射光谱，发现玻璃态石英和晶态石英的反射光谱在 12.4 μm 处具有同样的最大值。这种现象可以用反射物质的结构相同来解释，换言之可以说明玻璃中有微晶存在。弗洛林斯卡娅(B.A.Флоринская)则研究发现：在许多情况下，玻璃和析出晶体的红外反射和吸收光谱极大值是一致的，这说明玻璃中有局部不均匀区，该区原子排列与相应晶体的原子排列大体是一致的。图 3-15 是 Na_2O-SiO_2 系统在原始玻璃态和析晶态的反射光谱的比较。

另外，在对玻璃 X 射线谱研究的基础上，波拉依-柯希茨提出了玻璃化学微不均匀结构说，认为在复杂的玻璃中，一种化学组成的微晶可以连续过渡到另一种化学组成的微晶。后来，伏盖尔(W.Vogel)和阿列尼柯夫(Ф.К.Алейников)等的研究都指出在大多数玻璃中存在着微不均匀性。这种不均匀结构现在已经被证实是分相的结果，说明玻璃的结构并不是均匀和完全无序的。

3.3.3.2　*无规则网络假说*

1932 年，德国学者扎哈里阿森(W.H.Zachariasen)提出无规则网络假说，该假说以后逐渐发展成为玻璃结构理论的一种学派。

扎哈里阿森认为，玻璃态的物质与相应的晶体具有相似的内能，它们的结构也相似，都是由一个三维空间网络所构成的，网络的结构单元也相同，都是离子多面体(四面体或三角体)。不同的是，晶体结构中的结构多面体是有规律周期性重复的，而玻璃中结构多面体的重复则是没有规律非周期性的。

例如，石英晶体和石英玻璃中，结构多面体都是硅氧四面体[SiO_4]，这些硅氧四面体通过顶点连接成三维空间网络，但在石英晶体中，硅氧四面体严格按规则有序排列，如图 3-16(a)所示；而在石英玻璃中，硅氧四面体的排列则缺乏对称性和周期性，结构重复处于无序状态，如图 3-16(b)所示。

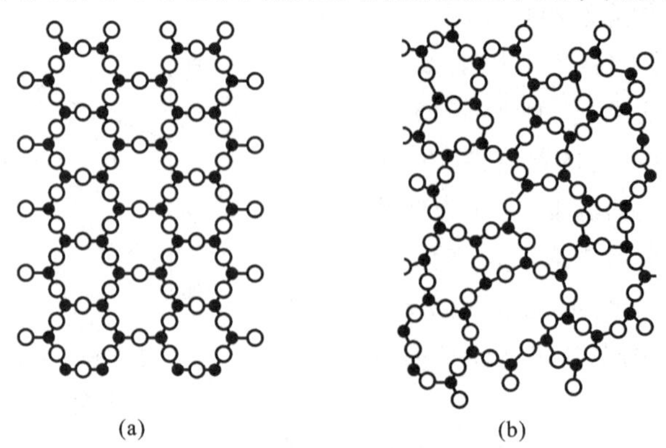

图 3-16　石英晶体和石英玻璃的结构比较

(a)石英晶体；(b)石英玻璃

在无机氧化物所组成的玻璃中，网络是由氧离子多面体构筑起来的，网络形成离子(Si^{4+}、B^{3+}、P^{5+})占有多面体中心位置。扎哈里阿森认为，当氧化物(A_mO_n)形成玻璃时，应遵循以下四条规则：

1) 网络中每个氧离子最多与两个网络形成离子 A 相连；

2) 氧多面体中，阳离子 A 的配位数不多于 4，即包围正离子的氧离子数目是 3～4；

3) 氧多面体相互连接时共角而不共棱或共面；

4) 为了形成连续的空间结构，每个氧多面体至少有 3 个顶角与相邻多面体共有。

扎哈里阿森的理论得到瓦伦(B.E.Warren)对玻璃的 X 射线衍射谱实验结果的支持。瓦伦研究了石英玻璃、方石英和硅胶的 X 射线衍射谱，如图 3-17 所示。图中，玻璃的衍射线与方石英的特征谱线重合，但瓦伦认为，这只能说明石英玻璃与方石英中原子间距离大体上是一致的，并不能说明石英玻璃中存在极小的方石英晶体(微晶)。他按强度-角度曲线半高处的宽度计算出石英玻璃内如存在晶体，其尺寸也只有 0.77 nm，这与方石英单位晶胞大小(0.7 nm)相似，因此“微晶”概念在石英玻璃中没有意义。由图 3-17 还可以看到，硅胶有非常明显的小角度散射而玻璃中则没有。这是因为硅胶存在尺寸为 1～10 nm 的不连续颗粒，颗粒间存在微小的裂纹或间隙，内部物质具有不均匀性。石英玻璃小角度没有散射，这说明玻璃结构是连续均匀的，不存在不连续的微粒或微粒间没有很大的空隙。

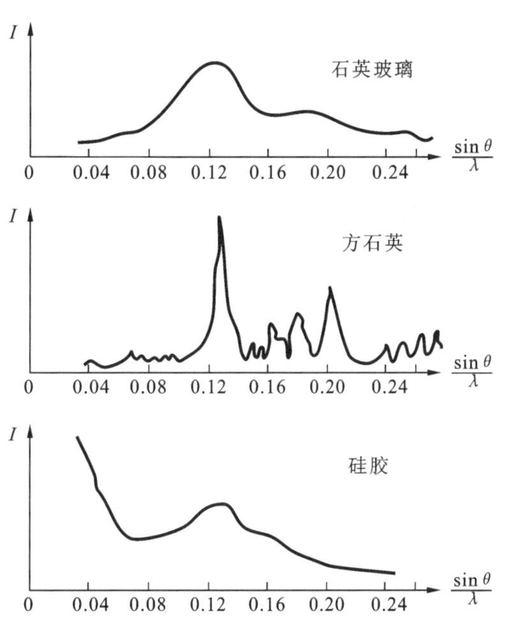

图 3-17 石英玻璃、方石英和硅胶的 X 射线衍射图

瓦伦进一步利用傅里叶解析法，将实验获得的玻璃衍射强度曲线换算成围绕某一原子的径向分布曲线，再结合该物质的晶体结构数据，得到近距离内原子排列的大致图形。原子径向分布曲线上的第一个极大值为该原子与邻近原子间的距离，而极大值曲线下的面积为该原子的配位数。图 3-18 表示 SiO_2 系统玻璃原子径向分布曲线。第一个极大值表示的 Si—O 距离为 0.162 nm，这与晶体硅酸盐中发现的 Si—O 平均间距(0.162 nm)十分吻合，而按第一个极大值曲线下的面积算出的配位数为 4.3，也和硅原子配位数 4 接近。瓦伦的研究还表明，随着原子径向距离增加，分布曲线中极大值逐渐模糊。玻璃结构有序部分距离在 1.0～1.2 nm，即接近晶胞大小。总之，瓦伦的实验结果基本上否认了玻璃中方石英晶体的存在。

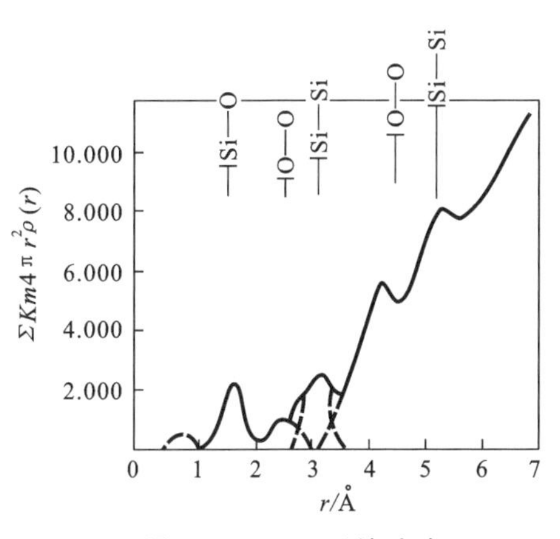

图 3-18 SiO_2 系统玻璃原子径向分布曲线

3.3.3.3 微晶学说和无规则网络学说的比较和发展

微晶学说强调玻璃结构的微不均匀性和有序性，无规则网络学说则强调玻璃的均匀性、连续性及无序性。在早期，由于无规则网络学说可以很好地解释玻璃的各向同性、内部性质的均匀性，以及玻璃性质随成分改变时的渐变性等基本特性，因此获得较多的认可，成为玻璃结构的主要学派。但随着实验技术的不断发展和研究的深入，有些有利于微晶学说的现象即玻璃内部结构不均匀的证据被逐渐发现。例如在硼硅酸盐玻璃、光学玻璃、氟化物与磷酸盐玻璃中都先后发现分相与不均匀现象。

针对不断发现的玻璃结构的复杂特性，这两种假说都不断作出修正，力图突破各自的局限。一方面，无规则网络学说认为，玻璃结构网络中多面体的排列存在一定的规律，阳离子所处的位置不是任意地、统计地分布，而是和氧离子具有一定的配位关系。由此也就认识到玻璃结构的近程有序和微不均匀性。另一方面，微晶学说也认为所谓“微晶”不同于一般微晶，而是晶格极度变形的有序区域。在“微晶”中心质点排列较有规律，越远离中心则变形程度越大。从“微晶”部分到无定形部分的过渡是逐步完成的，两者之间无明显界线。这样玻璃可看成具有近程有序(微晶)区域的无定形物质。总之，这两种假说的观点正在逐步靠近，二者都认为玻璃是具有近程有序、远程无序结构特点的无定形物质。

当然，由于玻璃是一种热力学不稳定状态的物质，其结构受实验条件的影响很大，因此对于无序与有序区域大小、比例和结构等细节问题，迄今仍未有统一的结论。统一的、公认的玻璃结构理论也尚未形成。

3.3.4 常见玻璃介绍

3.3.4.1 硅酸盐玻璃

硅酸盐玻璃是最常见的一类玻璃，由于资源广泛、生产工艺简单、价格低廉，且具有硬度高、化学稳定性较好等优点而得到广泛应用。

硅酸盐玻璃中最简单的结构是单组分石英玻璃，它是其他硅酸盐玻璃的基础。石英玻璃是硅氧四面体[SiO_4]以顶角相连而组成的三维架状网络。和石英晶体不同，石英玻璃中的网络远程有序性很差。图 3-19(a)所示为硅氧四面体之间键角的示意图。石英玻璃 Si—O—Si 键角分布在 120°～180°范围内，中心在 144°。与石英晶体相比，石英玻璃 Si—O—Si 键角范围较宽[图 3-19(b)]。正是由于 Si—O—Si 键角变动范围大，石英玻璃中[SiO_4]四面体排列成无规则网络结构，其对称性远不如相同组成的晶体。

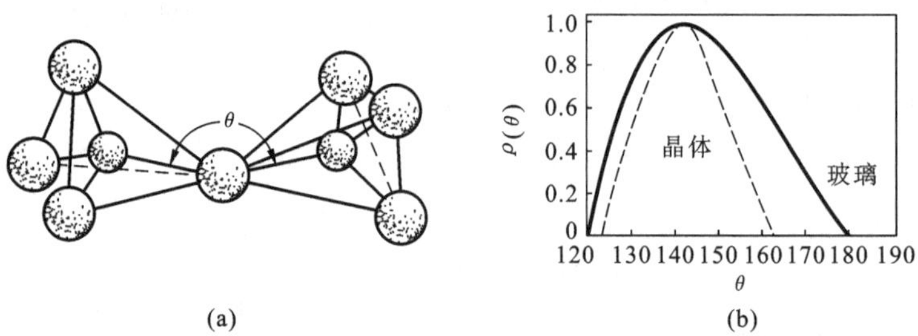

图 3-19 石英玻璃与石英晶体中硅氧四面体之间键角的差别

(a) 相邻硅氧四面体间 Si—O—Si 键角 θ，大球为氧，小球为硅；

(b) 石英玻璃和石英晶体中 Si—O—Si 键角分布曲线

当在石英玻璃中加入 R_2O 或 RO 等氧化物时，就能形成二元、三元或多元硅酸盐玻璃。在一般的硅酸盐玻璃中，二氧化硅是主体氧化物，结构单元依然是[SiO_4]四面体，但其网络结构与加入的 R^+ 或 R^{2+} 金属阳离子的本性与数量有关。[SiO_4]结构单元中的 Si—O 化学键会随着 R^+ 离子极化力增强而减弱，尤其是 R^+ 离子半径小时，Si—O 键会发生松弛。R 原子数对 Si—O 化学键的影响如图 3-20 所示。随着连接在四面体上 R 原子数的增加，无论是 Si—O_b 还是 Si—O_{nb} 的键距都在变大(O_{nb} 为非桥氧，O_b 为桥氧)，说明 Si—O—Si 桥变弱，同时 Si—O_{nb} 键变得更为松弛。随着 RO 或 R_2O 加入量增加，这种松弛会从[SiO_4]的一个顶角发展到两个直至四个，原先三维连续延展的硅氧骨架结构则向二维延展的硅氧层状结构甚至一维延展的硅氧链状结构变化。与此同时，玻璃黏度和其他性质也会发生明显变化。在 Na_2O-SiO_2 系统中，当 O/Si 由 2 增加到 2.5 时，玻璃黏度降低 8 个数量级。表

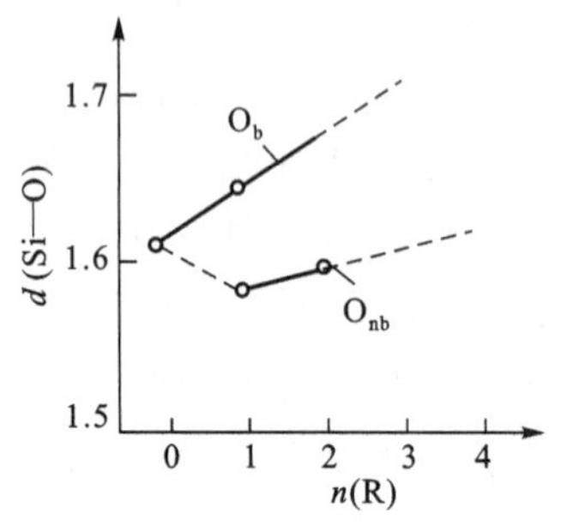

图 3-20 R 原子数对 Si—O 化学键键距的影响

3-6 列举了随 O/Si 而变化的硅氧四面体结构及黏度的情况。

表 3-6　硅氧四面体结构及黏度随 O/Si 而变化的情况

熔体的分子式	O/Si	结构式	$[SiO_4]$连接形式	1400 ℃黏度值/(Pa·s)
SiO_2	2	$[SiO_2]$	骨架状	10^9
$Na_2O \cdot 2SiO_2$	2.5	$[Si_2O_5]^{2-}$	层状	28
$Na_2O \cdot SiO_2$	3	$[SiO_3]^{2-}$	层状	1.6
$2Na_2O \cdot SiO_2$	4	$[SiO_4]^{4-}$	岛状	<1

为了更好地表示硅酸盐网络结构特征和便于比较玻璃的物理性质，人们引入了玻璃的四个基本结构参数。

X：每个多面体中非桥氧离子平均数。

Y：每个多面体中桥氧离子平均数。

Z：每个多面体中氧离子平均总数。

R：玻璃中氧离子总数与网络形成离子总数之比。

这些参数之间存在着两个简单的关系：

$$\begin{cases} X+Y=Z \\ X+\dfrac{1}{2}Y=R \end{cases} \tag{3-9}$$

或

$$\begin{cases} X=2R-Z \\ Y=2Z-2R \end{cases}$$

每个多面体中的氧离子总数 Z 一般是已知的(在硅酸盐和磷酸盐玻璃中 $Z=4$，硼酸盐玻璃 $Z=3$)。R 即为通常所说的氧硅比(O/Si)，用来描述硅酸盐玻璃的网络连接特点十分方便。R 通常可以从组成计算出来，这样确定 X 和 Y 就很简单。

例如：

(1)SiO_2石英玻璃：$Z=4$，$R=O/Si=2/1=2$，根据式(3-9)，可求得 $X=0$，$Y=4$。

(2) 10% Na_2O(摩尔分数，余同)·18%CaO·72%SiO_2玻璃：$Z=4$，$R=(10+18+72\times2)/72=2.39$；$X=2R-Z=2\times2.39-4=0.78$，$Y=Z-X=4-0.78=3.22$。

不过，并不是所有玻璃都能简单地计算四个参数。因为有些玻璃中的离子如 Al^{3+}、Pb^{2+} 等并不属于典型的网络形成离子或网络改变离子，而是属于所谓中间离子，此时就不能准确地确定 R 值。在硅酸盐玻璃中，如果$(R_2O+RO)/Al_2O_3\geq1$，则 Al^{3+} 被认为占据$[AlO_4]$四面体的中心位置，Al^{3+} 作为网络形成离子；如果$(R_2O+RO)/Al_2O_3<1$，则把 Al^{3+} 作为网络改变离子计算，这样计算得到的 Y 值比真正的 Y 值要小。

Y 又称为结构参数，其值对玻璃性质有重要影响。Y 值越大，网络连接越紧密，强度越大；Y 值越小，网络结构越松，网络空间上的聚集也越小，并随之出现较大的间隙，当 $Y<2$ 时，就不能构成三维网络。Y 值递减，会使网络改变离子的运动(包括本身位置振动及通过网络间隙从原来位置跃迁到另一个位置)比较容易，结果就会出现热膨胀系数增大、电导增加和黏度减小等性质的变化。从表 3-7可以看出 Y 对玻璃一些性质的影响。表中每一对玻璃的两种化学组成完全不同，但由于它们的 Y 值相同，因而具有几乎相同的物理性质。

表 3-7　Y 对玻璃一些性质的影响

组成	Y	熔融温度/℃	热膨胀系数 α/($\times 10^{-7}$ ℃$^{-1}$)
$NaO \cdot 2SiO_2$	3	1523	146
P_2O_5	3	1573	140
$NaO \cdot 2SiO_2$	2	1323	220
$NaO \cdot P_2O_5$	2	1373	220

不过，如果玻璃中过渡离子比例较高，则会出现一些与正常玻璃相反的现象。比如在 PbO 含量达 80 mol%的高铅玻璃中，当 $Y<2$ 时，其结构会在一定程度上得到加强。这是因为 Pb^{2+} 的可极化性很强，分立的[SiO_4]基团可能通过非桥氧与 Pb^{2+} 之间的静电引力在三维空间无限连接而形成玻璃。这种玻璃称为“逆性玻璃”或“反向玻璃”。

硅酸盐玻璃和硅酸盐晶体在结构上有很多相似之处。比如，当 O/Si 由 2 增加到 4 时，二者结构均由三维网络骨架变为孤岛状四面体。无论是结晶态还是玻璃态，四面体中的 Si^{4+} 都可以被半径相近的离子置换而不破坏骨架。除 Si^{4+} 和 O^{2-} 以外，其他离子相互位置也有一定的配位原则。但是，成分复杂的硅酸盐玻璃在结构上与相应的硅酸盐晶体区别也十分显著：第一，晶体中硅氧骨架按一定的对称规律排列，而玻璃中则是无序的。第二，晶体中骨架外 M^+ 或 M^{2+} 金属阳离子占据着点阵的固定位置，而玻璃中它们是统计均匀地分布在骨架的空腔内。第三，在晶体中，只有当骨架外阳离子半径相近时，才能发生同晶置换。而在玻璃中则不论半径如何，只要遵守静电价规则，骨架外阳离子均能发生互相置换。第四，在晶体(除固溶体外)中，氧化物之间有固定的化学计量，而玻璃中氧化物却能以非化学计量的任意比例混合。

3.3.4.2　硼酸盐玻璃

硼酸盐玻璃拥有一些优异或独特的性质，在某些领域具有不可取代性。例如：硼酸盐玻璃转变温度低，可广泛用作焊接玻璃、易熔玻璃和涂层，达到防潮和抗氧化的目的；硼对中子射线的灵敏度高，硼酸盐玻璃作为原子反应堆的窗口对材料起到屏蔽中子射线的作用等。因此，硼酸盐玻璃已经越来越引起人们的重视。

B_2O_3是典型的网络形成体，和 SiO_2 相似，B_2O_3 也能单独形成玻璃。通常认为，B_2O_3 玻璃中，[BO_3]是基本单元结构，它们之间以顶点连接，B 和 O 相间排列成层状的平面六元环，如图 3-21 所示(按无规则网络学说，这种[BO_3]之间的连接是完全无序的，并不像图 3-21 中所示的那样规整)。在层与层之间则是由分子引力相连。由于层间分子引力是一种弱键，B_2O_3 玻璃的性能比 SiO_2 玻璃要差。例如软化温度低(约 450 ℃)，化学稳定性差(易在空气中潮解)，热膨胀系数高。因此，纯 B_2O_3 玻璃实用价值低。

但是，当 B_2O_3 与 R_2O、RO 等氧化物组合时，就能获得稳定、有实用价值的硼酸盐玻璃。瓦伦研究 Na_2O-B_2O_3 玻璃的径向分布曲线时发现，当 Na_2O 的物质的量含量由 10.3%增至 30.8%时，B—O 间距由 0.137 nm 增至 0.148 nm，B 原子配位数随 Na_2O 含量增加而由 3 配位数转变为 4 配位数。瓦伦这个观点得到红外光谱和核磁共振数据的证实。实验证明：在 R_2O 含量不高的硼酸盐玻璃中，R_2O 所提供的 O 不像 SiO_2 玻璃中作为非桥氧出现在结构中，而是使[BO_3]转变为由桥氧组成的[BO_4]，致使 B_2O_3 玻璃从原来二维空间的层状结构部分转变为三维空间的架状结构，从而加强了网络结构，并使玻璃的各种物理性能改善。这与相同条件下的硅酸盐玻璃的性能随碱金属或碱土金属加入量的变化规律相反，所以称之为硼反常性。但是当 R_2O 含量继续增加时，它所提供的 O 不是用于形成[BO_4]，而是以非桥氧形式出现于[BO_3]之间，从而使结构网络连接减弱，导致一系列性能恶化。这是因为[BO_4]带有负电荷，之间不能直接相连，通常需要通过不带电的[BO_3]来相连，因此，[BO_4]的数目不能超过由玻璃组成所决定的某一限度。图 3-22 所示为含 B_2O_3 的二元玻璃中桥氧数目 Y 和热

膨胀系数 α 随 Na_2O 含量的变化。由图 3-22 可见，随 Na_2O 含量的增加，Y 的平均数逐渐增大，热膨胀系数逐渐减小。但当 Na_2O 含量达到 15%～16%时，桥氧又开始减少，热膨胀系数重新增大。

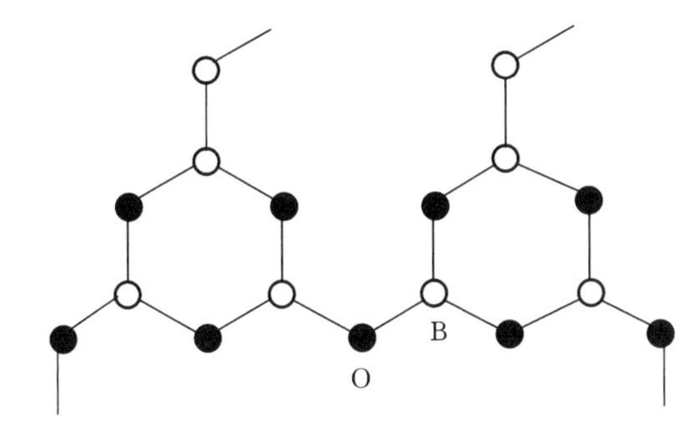

图 3-21 B—O 结构单元示意

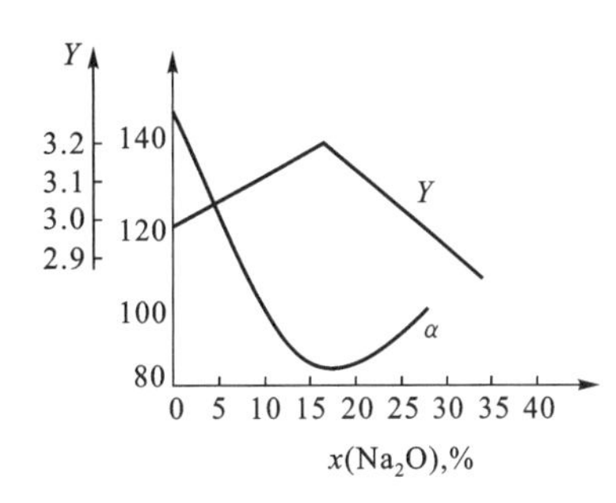

图 3-22 含 B_2O_3 的二元玻璃中桥氧数目 Y、热膨胀系数 α 随 Na_2O 含量的变化

在硼硅酸盐玻璃中连续增加 B_2O_3 加入量时，硼反常现象也可以出现。这是由于硼加入量超过一定限度时，[BO_4]/[BO_3]变化而导致结构和性质发生逆转现象。

硼酸盐玻璃熔制时常发生分相现象，一般是分成互不相溶的富硅氧相和富碱硼酸盐相。B_2O_3 含量越高，分相倾向越大。通过一定的热处理可使分相更加剧烈，甚至可使玻璃发生乳浊。典型的例子是硼硅酸盐玻璃（$75SiO_2 \cdot 20B_2O_3 \cdot Na_2O$，质量分数）在 500～600 ℃热处理后，明显地分成富含 SiO_2 相和富含 Na_2O/B_2O_3 相。

3.3.4.3 磷酸盐玻璃

磷酸盐玻璃是指以 P_2O_5 为主要骨架的玻璃材料。与硅酸盐和硼酸盐玻璃相比，磷酸盐玻璃具有一些独特的性能。最主要的是对稀土离子如铒离子（Er^{3+}）、镱离子（Yb^{3+}）和钕（Nd^{3+}）离子的溶解度高，因此可作为激光玻璃使用，可应用于激光聚变、激光测距、光通信波导放大器、超短脉冲激光器等领域。此外，磷酸盐玻璃还具有不受氢氟酸腐蚀等优点。

[PO_4]四面体是磷酸盐玻璃的网络构成单位。由于磷是五价离子，所以和[SiO_4]四面体不同，[PO_4]四面体的四个键中有一个双键，因此每个四面体只和另外的三个四面体以顶角相连成网络，而双键的一端不与其他四面体键合。为此可将玻璃态 P_2O_5 看成层状结构，也有人认为它是链状结构。磷酸盐玻璃的这种特点，导致其黏度小、化学稳定性差及热膨胀系数较大。

在玻璃态 P_2O_5 中添加其他氧化物有可能发生如下三种不同的反应，如图 3-23 所示。反应(a)：层状或交织的链状结构趋向骨架结构。反应(b)：层状或封闭链结构继续断裂。有研究表明，二价金属氧化物如 BaO、MgO、ZnO 等引入磷酸盐时会发生反应(a)，其他一些氧化物则会发生反应(b)。但也有些研究者认为，在网络结构破坏程度较大的区域，加入网络外体氧化物的作用是一方面会发生反应(b)，另一方面又能充填于网络空隙，通过静电吸引力使结构变紧密，如反应(c)所示。反应(c)的强弱受阳离子与氧离子间键力大小影响，当离子 M^{2+} 半径减小时，离子位移极化下降，结合更牢固。

与硅酸盐、硼酸盐玻璃相比，现在对磷酸盐玻璃的研究还比较缺乏，很多性质变化规律还有待进一步认识。

3.3.4.4 非氧化物玻璃

非氧化物玻璃一般指硫系玻璃、硫卤玻璃、卤化物玻璃（包括氟化物玻璃），是现代非晶态材料领域中一类具有优良光、电性能的功能材料，广泛应用于红外技术、光纤传感、信息与能量传输及转换等方面。例如，卤化物玻璃透光范围远宽于传统玻璃，可用作多光谱光学仪器的元件；又如，硫系玻璃、硫卤玻璃和卤化物玻璃具有很高的三阶非线形光学性质，可作为小尺寸超快全光调制集成光路的材料使用；等等。因此，近二十年来，非氧化物玻璃系统成为国内外竞相研究开发的对象。

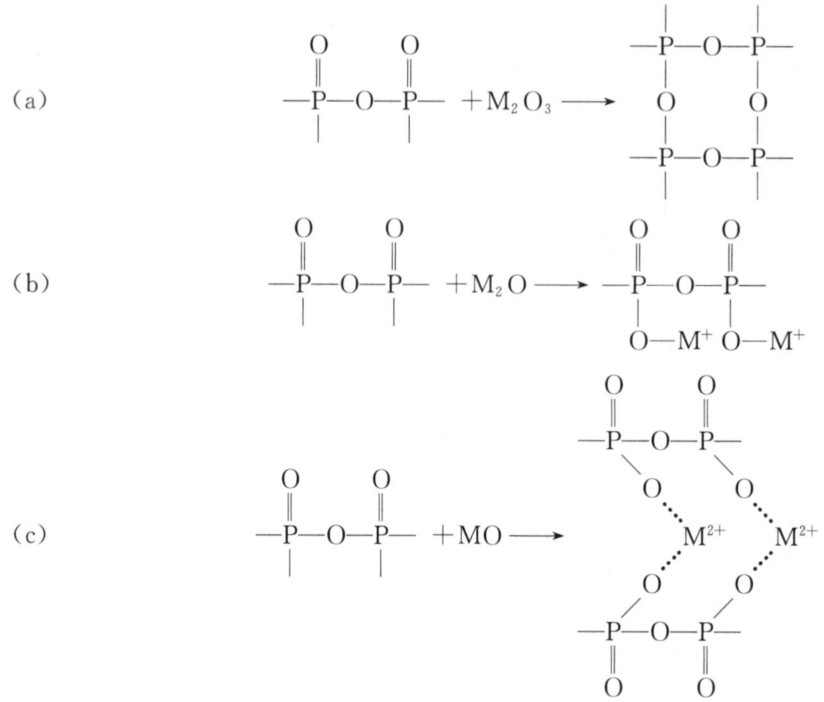

(a) —P(=O)—O—P(=O)— $+M_2O_3$ ⟶ —P—O—P— / O O / —P—O—P—

(b) —P(=O)—O—P(=O)— $+M_2O$ ⟶ —P(=O)—O—P(=O)— / $O—M^+$ $O—M^+$

(c) —P(=O)—O—P(=O)— $+MO$ ⟶ —P(=O)—O—P(=O)— / O O / M^{2+} M^{2+} / O O / —P(=O)—O—P(=O)—

图 3-23　玻璃态 P_2O_5 中添加其他氧化物有可能发生的三种不同的反应

卤化物玻璃是指组成中含有 F、Cl、Br 或 I 但不含 O 的玻璃。由于 F^-、Cl^-、Br^-、I^- 的电负性很强，它们与金属离子，特别是低价金属离子相结合时，往往更容易形成纯离子键，因此卤化物玻璃只能在一些特定的系统、很小的组成范围内获得，并且需要有较高的淬冷速度。目前能形成玻璃的卤化物只在 RX_2 中发现，包括 BeF_2、$ZnCl_2$、$ZnBr_2$ 等，其他则是以 RX_3（如 AlF_3、$BiCl_3$ 等）和 RX_4（ZrF_4、HfF_4、$ThCl_4$ 等）为主要组分的多元系统玻璃。而在结构上，除某些 RX_2 系统外，卤化物玻璃中阳离子与卤素离子的配位数不再是 3 或 4，而是 6、7、8。而多面体之间除以顶角相连外，还可以以边相连。因此，经典的玻璃形成理论对于卤化物玻璃并不能完全适用，其相关结构理论还在进一步发展中。

硫系玻璃是指组成中含有 S、Se 或 Te 等硫族元素中的一种或几种而不含 O 的一类玻璃。单质 S 和 Se 都能形成玻璃态物质。硫的分子具有环状结构，分子式为 S_8，每个硫原子以 sp^3 杂化形成两个共价单键，聚合成长链。将加热到 230 ℃的熔融态 S 迅速注入冷水中，即可形成玻璃态 S。硫系玻璃主要是砷-硫属系统，如 As_2S_3 和 As_2Se_3 等。X 射线和红外吸收光谱等结构分析表明，As_2S_3 玻璃为链状结构，十分类似于线状有机聚合物，而 As_2Se_3、As_2Se_3-As_2Te_3 等所组成的玻璃也是链状结构。

习　题

1.名词解释：

熔体与玻璃；网络形成体；网络中间体；网络改变体；桥氧与非桥氧；聚合与解聚；硼反常现象；微晶学说；无规则网络学说

2.简述硅酸盐聚合物结构形成的过程。

3.简述玻璃的通性。

4.影响熔体黏度的因素有哪些？为什么一价碱金属氧化物降低硅酸盐熔体黏度？

5.影响熔体表面张力的因素有哪些？

6.SiO_2 晶体、SiO_2 玻璃、硅胶和 SiO_2 熔体在结构上有什么不同？如何用实验方法鉴别？

7.玻璃结构上的特点是什么？简述淬火玻璃和退火玻璃在结构上有什么不同。

8.影响玻璃形成的动力学因素和结晶化学因素是什么？试分别简述之。

9.什么是玻璃形成时的“液相温度效应”？试用键强理论做出解释。

10.玻璃性质随温度变化的曲线上有两个特征温度 T_g 和 T_f,试说明其含义及相对应的黏度。

11.什么样的键型容易形成玻璃?

12.以下三种物质,哪个最容易形成玻璃?哪个最不容易形成玻璃?为什么?(1)$Na_2O \cdot 2SiO_2$;(2)$Na_2O \cdot SiO_2$;(3)NaCl。

13.试比较"微晶学说"和"无规则网络学说"。

14.写出玻璃四个基本结构参数及它们之间的关系。Y 参数对玻璃性质有什么重要影响?

15.将 10%(物质的量含量)Na_2O 加入到 SiO_2 中,试计算 O/Si 是多少?这种配比容易形成玻璃吗?为什么?

16.在 100 g SiO_2 中加入多少 CaO,才能使 O/Si 达到 2.5?

17.为什么纯 B_2O_3 玻璃比纯 SiO_2 玻璃性能要差?磷酸盐玻璃有什么特点?

18.什么是硼反常现象?这种现象为什么会发生?

19.非熔融法制备玻璃的方法有哪些?

4 表面与界面

在第 2 章中,我们主要介绍了晶体中的点缺陷(零维缺陷)和线缺陷(一维缺陷),这些缺陷都可看成是在单一的理想晶体“内部”的缺陷。除了这些“内部”的缺陷,晶体或固体还存在“外部”的缺陷,就是面缺陷(二维缺陷)。由于理想晶体中所有质点在三维连续的空间无限延伸的假设在现实中是不存在的,所有晶体在空间上都存在边界。显然,处于边界区域的质点(原子或离子),其所处的状态与内部的质点是不一样的。由于受力不均衡,这些边界区域的结构与晶体内部有较大差别,原子或离子往往处于较高的能量状态,因此会呈现出一系列特殊的性质,并对材料整体性能产生影响。

根据所处的不同的具体环境,固体的边界区域一般可分为表面和界面。

表面。严格意义上,表面是指晶体(固体)与真空或自身蒸气的分界面。但在很多时候,人们也将固体与液体或气体之间的分界面称为表面。为了区别,人们将前者称为清洁表面,而将后者称为吸附表面。

界面。界面是指两个紧密相连的晶体之间边界处的过渡区。界面可分为两类,如果界面两边的晶粒的晶体结构和成分相同但取向不同,则称为晶界;如果界面两边的晶体结构不同或成分不同,则称为相界。

4.1 表面

4.1.1 表面力

在晶体内部,每个质点都处于平衡状态,质点力场是对称的。但是表面作为晶格周期重复排列的终止面,对外一侧的化学键中断,使处于表面边界上的质点力场对称性被破坏,表现出剩余的键力,这就是固体表面力。在非真空的环境中,固体在此表面力的作用下会吸引气体、液体分子或固体微粒。由于这些被吸附的分子或微粒等质点也存在力场,因此确切地说,固体表面的吸引作用,是固体的表面力场和被吸引质点的力场相互作用的结果。

表面力主要有两类:范德瓦耳斯力和化学力。

1.范德瓦耳斯力

范德瓦耳斯力是固体表面产生物理吸附的原因,其主要起源于三种不同的效应。

1) 定向作用力(静电力),主要发生在极性分子(离子)之间。每个极性分子或离子都有一个固有电偶极矩,相邻两个极化电矩因极性不同而发生作用的力称为定向作用力。

2) 诱导作用力,发生在极性分子与非极性分子之间。在极性分子电矩作用下,非极性分子被极化诱导出一个瞬时的极化电矩,并与诱导的极性分子产生定向作用。

3) 分散作用力(色散力),主要发生在非极性分子之间。非极性分子核外电子云成球形对称,电子在核外各处出现概率相等。但在绕核运动的某一瞬间,电子的空间分布会出现不均匀,从而产生瞬间的极化电矩。这些瞬间极化电矩之间以及它们对相邻分子的诱导作用都会引起相互作用效应,称为色散力。

范德瓦耳斯力就是以上三种力的总和。不同的物质，上述三种作用并不相同。实验表明，对于大多数分子而言，色散力是主要的；定向力只有在偶极矩很大的分子（如水）中才是主要的；诱导力则通常都比较小。范德瓦耳斯力与分子间距离的 7 次方成反比，因此其作用范围极小，一般为 0.3～0.5 nm。

2.化学力

化学力主要来源于固体表面原子或离子的不饱和键。当分子或原子被吸附到固体表面、固体的表面原子或离子与这些被吸附物之间发生电子转移时，就发生了某种化学键合（化学力），形成了表面化合物。如果固体表面原子或离子的电子转移到被吸附物上，这些被吸附物就变成负离子（比如吸附于大多数金属表面的氧气）；如果被吸附物上的电子转移到固体表面，则这些被吸附物就变成正离子（如吸附在钨上的钠蒸气）。一般情况下，吸附介于上述两种情况之间，即固体表面与被吸附物质之间不对称地共有电子。

4.1.2 表面结构

固体的表面一般是指晶体内部的三维周期性排列结构与外部空间的过渡区域，在过渡区域中，所有原子层的排列都与晶体内部结构存在偏差。现在一般认为，这个过渡区域有 0.5～2.0 nm 厚，由一到几个原子层构成。

固体表面结构可以从微观质点的排列状态和表面几何状态两个方面来描述。前者属于原子尺寸范围的超细结构，后者属于一般的显微结构。

1.固体表面的质点排列

相对于内部，固体表面处于较高的能量状态，因此存在改变结构以降低系统的表面能的趋势。由于晶体中质点不能像液体中那样自由流动，其表面能降低只能通过离子极化、变形、重排并引起晶格畸变来实现，这样就造成表面层与内部结构之间存在差异。对于不同结构的物质，表面能的大小和影响不同，其表面结构状态也不一样。

图 4-1 是离子晶体（MX 型）表面层离子的极化与重排过程的示意图。从图中可以看到，处于表面层的负离子（X^-）只受到上下和内侧正离子（M^+）的吸引，而外侧是不饱和的[图 4-1(a)]。因此，其电子云将被拉向内侧的正离子一方，产生极化形变，使该负离子诱导成偶离子[图 4-1(b)]。这一过程称为弛豫。弛豫在瞬间即可完成，其结果是使表面能得到降低，同时表面层的键性也被改变。接着，表面离子开始重排。极化力较大而极化率较小的 M^+ 在内部质点作用下向晶体内靠拢，而易极化的 X^- 受诱导极化偶极子排斥而被推向外侧，因而形成表面双电层，如图 4-1(c)所示。在这一过程中，表面层中离子键性逐渐过渡成共价键性，固体表面则如同被一层负离子所屏蔽，并导致表面层在组成上呈非化学计量状态。离子重排的结果是晶体表面能量趋于稳定。

图 4-2 是维尔威（Verwey）对 NaCl 晶体表面结构的分析计算的结果：在 NaCl 晶体表面，最外层和次外层 Na^+ 中心的距离为 0.266 nm，而 Cl^- 中心间距为 0.286 nm，从而形成一个厚度为 0.020 nm 的表面双电层。这一结果已经被同位素交换等实验所证实。人们对于 LiF 晶体表面的分析也发现，最外层 F^- 朝里收缩了 0.01 nm，而 Li^+ 朝里收缩了 0.035 nm，二者形成一个厚度为 0.025 nm的双电层。一般认为，在由半径大的负离子与半径小的正离子组成的化合物，特别是金属氧化物如 Al_2O_3、SiO_2、ZrO_2 等的表面形成双电层（氧离子在外组成表面，正离子被氧离子所屏蔽）是一种普遍存在的现象，而双电层的厚度取决于离子极化性能。

当晶体表面最外层产生晶格畸变后，会对相邻的次内层发生作用，并引起内层离子的极化与重排。这种表面效应的影响会随着向晶体的纵深推移而逐步衰减，具体所能达到的深度与阴、阳离子的半径差有关。对 NaCl 晶体的研究表明，在靠近表面 5 个离子层的范围内，阴、阳离子都会有不同程度的变形和位移。

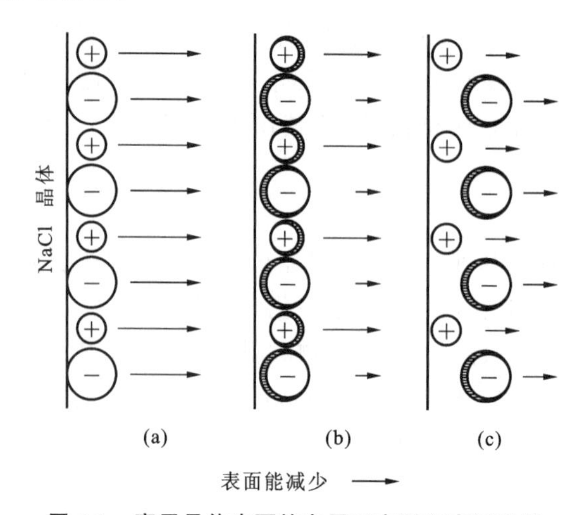

图 4-1 离子晶体表面的电子云变形和离子重排

(a)原始状态;(b)电子云变化;(c)离子重排

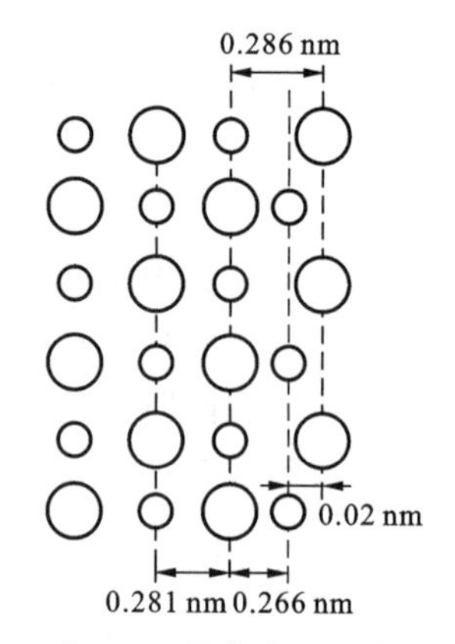

图 4-2 在 NaCl 晶体表面层中形成一个 0.02 nm 厚度的双电层

以上的晶体表面结构变化是在无污染的条件下出现的。当表面吸附了其他分子或原子时,将对其结构产生不同程度的影响。比如重组的结构会倾向于恢复原有的结构,原来垂直表面方向第一、二层之间常有的收缩现象,在吸附其他气体原子或离子之后,可以部分或完全恢复等。实质上,此时吸附的分子或原子正好起到晶体表面外部所缺少的那一半原子的作用。

非晶体的玻璃表面同样存在力场,因此与晶体一样,其表面与内部也有很大的不同。另外,由于玻璃中不同成分对表面自由能的贡献不同,因此在从熔体转变为玻璃体的连续过程中,为了保持表面能最小,各成分将自发地转移和扩散,导致表面成分的不断变化。事实上,即使是新鲜的玻璃表面,其化学成分、结构也会与其内部存在差异。这种差异可以从表面折射率、化学稳定性、结晶倾向以及强度等性质的观测结果得到证实。

现代的无机非金属材料,很多都会加工、粉碎成粉体的形式以便于进一步利用。粉体一般是指细微的固体颗粒的集合。和块体材料不同,粉体在制备过程中通常要经过研磨等破碎工序处理,从而在形成很多新的表面、比表面积大幅增大的同时,表面层离子的极化变形和重排也加剧,表面晶格畸变、有序性降低更严重,粉体表面结构更趋于无定形化。另外,随着粒子微细化,这种表面无序程度会不断向纵深扩展,表面层厚度增加。有人计算,石英粉体的表面层可达 0.11~0.15 μm。不过,对于粉体表面的精细结构,目前还存在不同观点,有待进一步研究。

2.固体表面的几何结构

固体表面的几何结构首先是指晶体不同晶面有很大差异。由于晶体的各向异性,在不同的晶面上,其原子的密度可能不一样,这会造成晶体不同表面的性质存在差异。比如不同结晶面上的吸附性、晶体生长速率、溶解度及反应活性都可能有所不同甚至相差较大。

除此之外,几何结构还包括表面粗糙度和表面微裂纹。表面粗糙度是指从显微的尺度看,固体的实际表面通常不是平坦的,存在着无数台阶和凹凸不平的峰谷。比如精密干涉仪测试结果发现,即使是完整解理的云母表面也存在台阶结构,高度甚至可达到 200 nm。

表面这种凹凸不平会改变表面力场的分布。比如,不同位置质点的色散力和静电力都不一样。凹谷深处的色散力最大,凹谷面上和平面上较小,位于峰顶处最小;而静电力的分布则相反,位于峰顶处最大,而凹谷深处最小。总之,表面粗糙度将使表面力场变得不均匀,并进而影响其结构和性能。表面粗糙度还会直接影响固体比表面积以及与之相关的属性,如密度、强度、润湿性等。此外,表面粗糙度还关系到固体相接触界面的粗糙度、啮合或结合的面积和强度,从而对材料间的封接或摩擦性能产生影响。

表面微裂纹可以因晶体缺陷、外力或腐蚀而产生。长期以来，微裂纹最为人所关注之处是其对材料的强度会产生重要的影响。比如有人对玻璃棒的弯曲强度做过实验，发现刚拉制的玻璃棒弯曲强度为 6×10^9 N/m²，在空气中放置几小时后强度就下降为 4×10^8 N/m²，而强度下降的原因就是大气腐蚀而形成表面微裂纹。在外力作用下，微裂纹的尖端就会产生应力集中，其实际大小远远大于所施加的应力。格里菲斯(Griffith)基于此观点建立了材料断裂应力(σ_C)与微裂纹长度 C 的关系式：

$$\sigma_C=\sqrt{\frac{2E\gamma}{\pi C}} \tag{4-1}$$

式中，E 为弹性模量；γ 为表面能。

由式(4-1)可以看出：断裂应力与微裂纹长度的平方根成反比，要获得高强度的材料，E 和 γ 就要大而裂纹尺寸就要小。在实践中，可通过控制表面裂纹的大小、数目和扩展来提高材料的强度。例如，玻璃的钢化就是通过表面处理使外层处于压应力状态，抑制表面微裂纹的形成和扩展来实现的。

总之，由于表面力特别是表面吸附，固体表面的结构与其内部有很大不同，因此固体内外性质相差较大，表面性质并不是其内部性质的延续。

4.1.3 固体的表面能和表面活性

1.固体的表面能

表面能是指每增加单位表面积时体系自由能的增量，其单位符号是 J/m²。与之相关的一个概念是表面张力，即扩张表面单位长度所需要的力，其单位符号是 N/m。由于 $1\ \mathrm{J/m^2}=1\ \mathrm{N\cdot m/m^2}=1\ \mathrm{N/m}$，所以二者是等因次的。一般而言，在考虑界面性质的热力学问题时，用表面能较合适；而在分析各种界面的相互作用以及平衡关系时，则采用表面张力较方便。

固体的表面能和表面张力与液体的不同。在液体中，表面张力和表面能在数值上是相等的。这是因为液体的原子和原子团易于移动，表面拉伸时，附加原子几乎立即迁移到表面，原子间距离并不改变，表面结构也保持不变。但在固体中，表面能与表面张力在数值上则不一定总相等。如果表面变形过程远快于原子迁移速率，结构受拉伸或压缩而发生变化，则表面能与表面张力在数值上不相等。如果仅仅是由于缓慢的扩散过程而引起表面或界面面积发生变化(例如晶粒生长过程中的晶界运动)，则二者在数值上相等。除此之外，固体的表面能和表面张力还有以下特点：(1)各向异性。由于晶体表面的原子组成和排列的各向异性，其不同晶面的表面自由能和表面张力也不相同；(2)当表面不均匀时，不同区域的表面能可能也不同，表面的凸起处的自由能与表面张力比凹陷处要大；(3)实际固体的表面绝大多数处于非平衡状态。

固体的表面能和表面张力的准确测定非常困难。较为普遍的实验方法是将固体熔化，测定液态表面张力与温度的关系，作图外推到凝固点以下来估算。理论计算也比较复杂，下面对两种近似计算方法进行简单的介绍。

(1) 共价键晶体表面能

共价键晶体不考虑长程力的作用，表面能(μ_s)可看成破坏单位面积上的全部键所需能量的二分之一。即：

$$\mu_s=\frac{1}{2}\mu_b \tag{4-2}$$

式中，μ_b 为破坏化学键所需能量。

比如，对于金刚石中平行于(111)面的解理面，可计算出 1 m² 上有 1.83×10^{19} 个键，若取键能为 376.6 kJ/mol，可算出其表面能为：

$$\mu_s=\frac{1}{2}\times1.83\times10^{19}\times\frac{376.6\times10^3}{6.022\times10^{23}}=5.72(\mathrm{J/m^2}) \tag{4-3}$$

（2）离子晶体的表面能

我们试计算真空中 0 K 时晶体中的一个原子（离子）移动到晶体表面时自由能的变化，这个变化等于一个原子在这两种状态下的内能之差$(\Delta U)_{S,V}$。第 i 个原子（离子）在晶体中与在表面上时，其配位数和最邻近的原子（离子）的作用能分别用 n_{ib}、u_{ib} 和 n_{is}、u_{is} 表示。移走第 i 个原子时必须切断与最邻近原子的键，所需能量在晶体中为 $n_{ib}\times u_{ib}/2$，在晶体表面则为 $n_{is}\times u_{is}/2$（除以 2 是因为每一个键是同时属于两个原子）。由于 $n_{ib}>n_{is}$，而 $u_{ib}\approx u_{is}$，因此从晶体内移走一个原子比从晶体表面移走一个原子所需能量大，即表面原子具有较高的能量。假设 $u_{ib}=u_{is}$，则该原子在晶体内和表面上两种不同状态下内能之差为：

$$(\Delta U)_{S,V}=\left(\frac{n_{ib}u_{ib}}{2}-\frac{n_{is}u_{is}}{2}\right)=\frac{n_{ib}u_{ib}}{2}\left(1-\frac{n_{is}}{n_{ib}}\right)=\frac{U_0}{N_A}\left(1-\frac{n_{is}}{n_{ib}}\right) \tag{4-4}$$

式中，U_0 为晶格能，N_A 为阿伏伽德罗常数。

如果以 L_S 表示 1 m^2 表面上的原子数，我们从上式得到：

$$\gamma_0=L_S\cdot(\Delta U)_{S,V}=\frac{L_SU_0}{N_A}\left(1-\frac{n_{is}}{n_{ib}}\right) \tag{4-5}$$

式中，γ_0 为 0 K 时的表面能（单位面积的附加自由焓）。

利用上式可计算出 MgO (100)面的 $\gamma_0=24.5\ J/m^2$，而在 77 K 下，真空中测得 MgO 的 γ 为 1.28 J/m^2。计算值约为实验值的 20 倍。这是因为，在推导式(4-5)时，没有考虑表面层结构与晶体内部结构相比的变化。而实际上，离子表面由于离子的极化与重排过程，Mg^{2+} 会向内收缩，表面将被可极化的氧离子所屏蔽，从而导致表面原子数实际上减少，γ_0 降低。除此之外，真实的晶体表面也不是理想的平面，其实际面积与理论计算时并不相符，同样会造成最后的偏差。

2.固体的表面活性

固体的活性可近似地看成是促进化学或物理化学反应的能力。化学组成相同的物质经过不同的工艺过程处理后，常常会表现出很大的活性差异。比如：方解石经 900 ℃煅烧后所得的 CaO 加水后会立即发生剧烈的水化反应，而在 1400 ℃下煅烧制得的 CaO 则需要经过几天才能水化。显然，前者的活性明显高于后者。由于固相的任何化学或物理化学反应都是从其表面开始的，因此深受表面活性状态的影响。

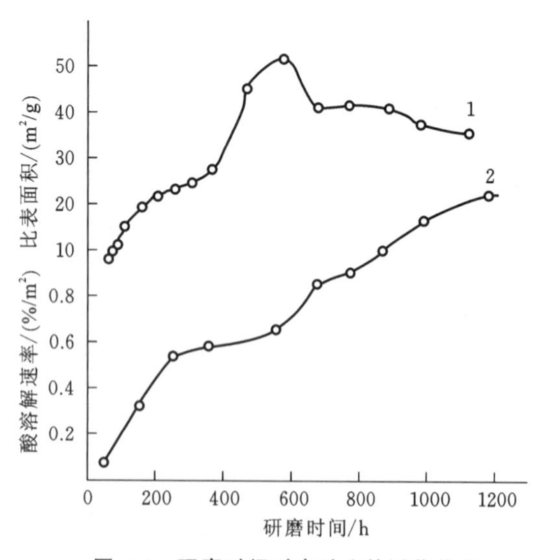

图 4-3　研磨时间对高岭土的活化作用

1：比表面积（−183 ℃液氮下测定）；
2：酸溶解速率（室温下 0.75 mol/L 盐酸溶液中经 48 h 后每平方米表面所溶解的质量分数）

一般认为，固体的表面活性与其比表面积、晶格畸变和缺陷有关。比表面积越大、晶格畸变越严重，缺陷越大，表面能越高，活性越高。

一种常见的提高固体表面活性的方法是研磨。研磨时间对高岭土的活化作用见图 4-3。从曲线 2 可以看到，随研磨时间增长，作为活性指标的酸溶解速率持续提高。值得注意的是，高岭土粉体的比表面积在开始阶段明显增加，约 500 h 时到达最大值，之后稍有减小，并趋于平衡（曲线 1）。其变化过程与其活性的变化并不完全同步。这是由于物料的比表面积同时受研磨机械力作用和颗粒之间因表面力而相互黏附的作用，前者使颗粒粉碎，比表面积增大，后者使颗粒团聚，比表面积减小。在初始阶段，颗粒较粗，机械力作用远大于表面力的作用，物料随研磨而变细；在后期，随着物料比表面积的增加，表面力作用增强，逐渐抵消甚至超过机械粉碎作用，最终趋于平衡，继续研磨，比表面积不再增加。而另一方面，表面活性不仅与比表面积有关，还与其表面晶格畸变、缺陷等有关。在机械力作用下，物料的晶格会继续变形和破坏，有序程度不断下降，无序结构向晶格内部延伸。这是研磨后期高岭土活性持续提高的原因。

需要说明的是，目前很难用一个普通的定量指标来比较和评价固体的表面活性，一般只能在规定的条件下进行相对的比较。

4.2 晶界

一般将两相之间的"接触面"称为界面或相界面。对于无机非金属材料而言，最重要的界面就是材料中晶粒与晶粒之间的固-固界面，被称为"晶粒间界"，简称"晶界"，如图 4-4 所示。界面又分晶界与相界。组成、结构相同的晶体的接触界面称为晶界；如果相邻晶粒不仅位向不同，且结构、组成也不相同，则其间界被称为"相界"。从能量角度看，相界与晶界一样，具有特殊的界面能，因此某种意义上可以与晶界归为一类。

在前面"晶体结构缺陷"一章我们已经介绍过，晶界是一种缺陷，在材料中普遍存在，其结构和性能往往对材料整体的结构和性能产生十分重要的影响，因此具有重要的理论和实用价值。

晶界通常是在陶瓷材料烧结过程中形成的。陶瓷粉体在烧结时，细小的颗粒间的接触颈部会逐渐长大形成晶界。随着烧结的进行，陶瓷中气孔被排出，晶界会形成一个连通的网络，而网络间就是形状不同、取向各异的晶粒。因此，陶瓷就是由晶粒和晶界构成的一个多晶体，其性质不仅受晶粒的影响，也与晶界密切相关。尤其在一些细晶或纳米陶瓷中，晶界的相对占比较大，其作用就更为突出。多晶体中晶粒尺寸和晶界所占体积分数的关系曲线见图 4-5。从图中可以看到，当多晶体中晶粒平均尺寸为 1 μm 时，晶界大约占晶体总体积的 1/2；随着晶粒进一步变细，晶界占比还会急剧上升。显然，在细晶结构中，晶界对材料的机电、化学、热、光等性质的影响不可忽视。

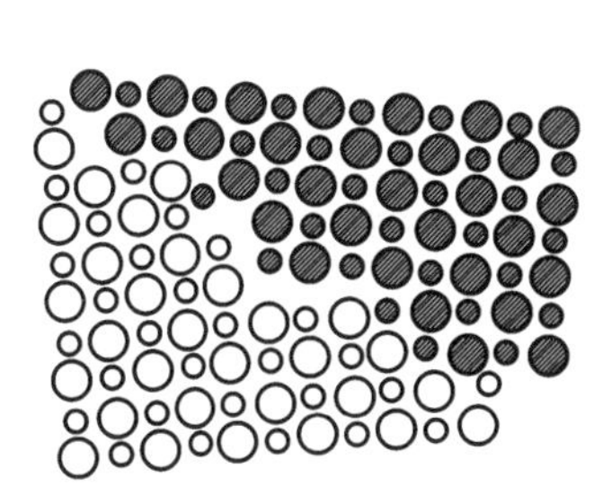

图 4-4 晶界结构示意

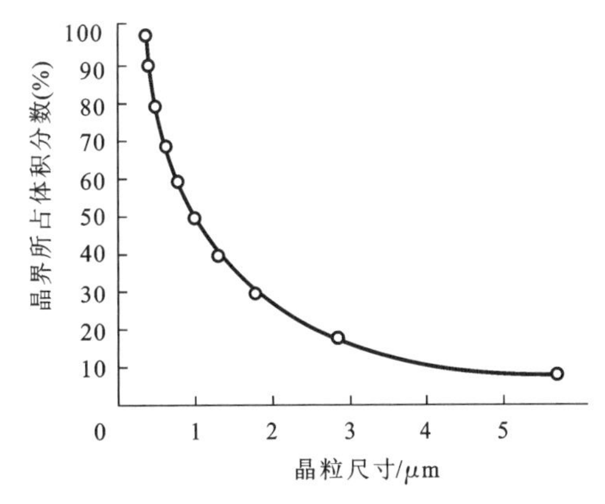

图 4-5 晶粒尺寸与晶界所占体积分数的关系曲线

4.2.1 晶界的分类

晶界可根据两晶面的夹角分为小角度晶界和大角度晶界，也可按依据晶界两侧原子排列的连贯性分为共格晶界和非共格晶界。

4.2.1.1 小角度晶界和大角度晶界

一般地，多晶体中两个晶粒间靠近的两个晶面不可能完全平行，总是存在一定的夹角。根据两个晶粒之间夹角大小的不同，晶界可分为小角度晶界和大角度晶界两种，如图 4-6 所示。区分小角度和大角度的标准目前还不是很确定，一般小角度晶界是指相邻两个晶粒的原子排列取向的位相差很小，小于 15°。

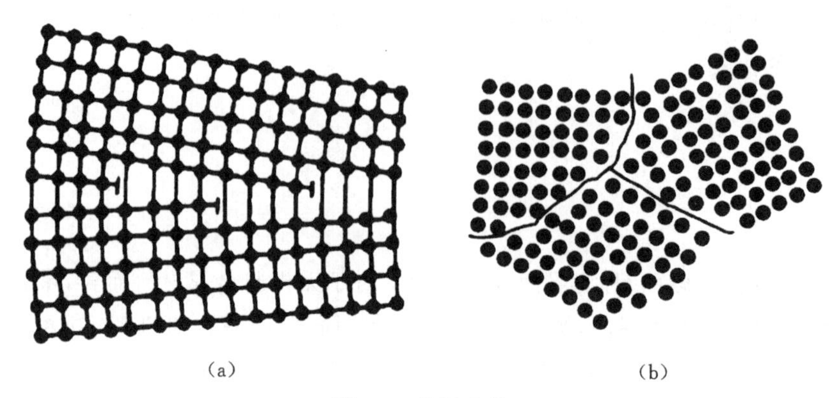

(a)　　(b)

图 4-6　晶界分类

(a)小角度晶界；(b)大角度晶界

1.小角度晶界

小角度晶界通常用位错模型来描述，可分为倾斜晶界和扭转晶界，前者由一系列棱位错构成，后者由螺旋位错构成，如图 4-7 所示。

最简单的小角度晶界为对称倾斜晶界，由取向一致的两个晶体相互旋转了 $\theta/2$ 角度所形成。在结构上，这种晶界可看成是由一系列平行等距排列的同号刃型位错所构成，位错间距为 D，伯氏矢量的模为 b，如图 4-8 所示。D、b、θ 间的关系为：

$$D=\frac{b}{2\sin\frac{\theta}{2}} \tag{4-6}$$

当 θ 很小时，上式可写成：

$$D\approx\frac{b}{\theta} \tag{4-7}$$

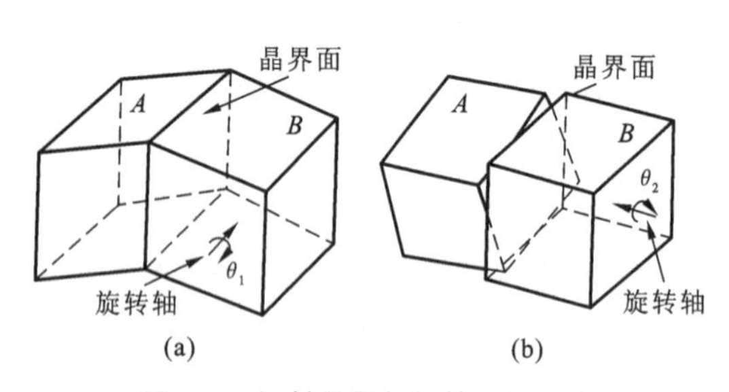

图 4-7　倾斜晶界与扭转晶界示意

(a)倾斜晶界；(b)扭转晶界

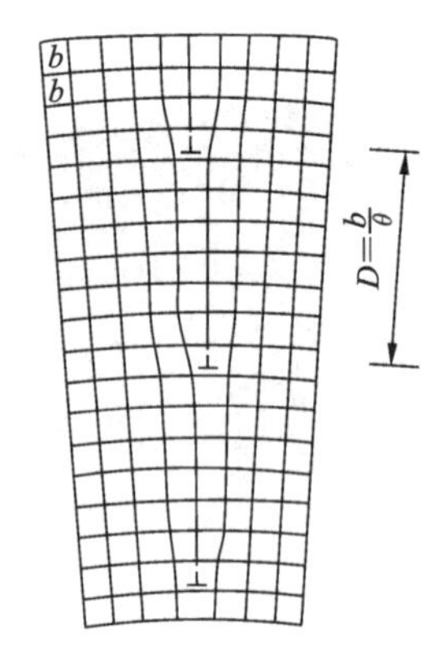

图 4-8　对称倾斜晶界结构示意

从上式可知，当 θ 值较大时，位错间距 D 会变得太小而不合适。

当倾斜晶界两边的晶界不是对称的，而是任意的面时，则这种小角度晶界称为不对称倾斜晶界。此时晶界结构需要由两组相互垂直的刃型位错来描述：

$$D_v=\frac{1}{\rho_v}=\frac{b_v}{\theta\sin\varphi},D_h=\frac{1}{\rho_h}=\frac{b_h}{\theta\cos\varphi} \tag{4-8}$$

式中，D_v、D_h 为相互垂直的两组位错的间距，b_v、b_h 为垂直和水平方面的伯氏矢量的模，ρ_v 和 ρ_h 为两组位错的数目，θ 是相邻两晶粒的取向差，φ 是两个晶体相互旋转角度。

对于扭转晶界，当两个晶粒之间发生扭转后，晶界两侧原子位置一部分是重合的，另一部分则不重合，即形成了螺型位错。整个晶界结构可看成是由两组相互垂直的螺型位错构成的网络，如图 4-9 所示。此时，网络的间距 D 也满足关系式：

$$D=\frac{b}{\theta} \tag{4-9}$$

式中，θ 是相邻两晶粒绕垂直于界面的旋转轴相互旋转的角度。

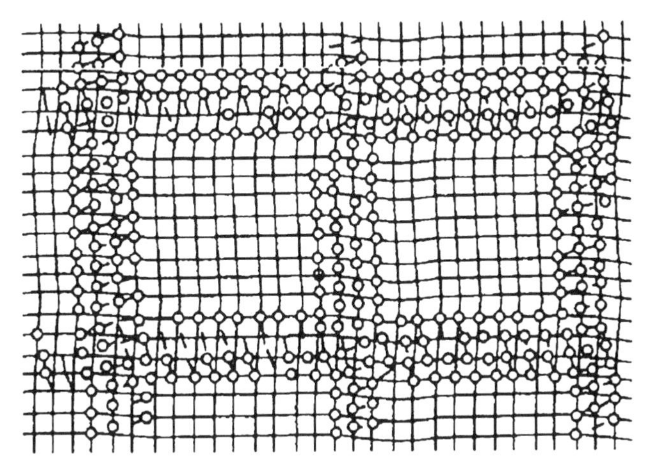

图 4-9　扭转晶界结构示意

对于小角度晶界，其界面能可以由位错理论求出。位错的应变能等于位错弹性能和位错核心能之和。对于刃型位错，其应变能为：

$$E=\frac{Gb^2}{4\pi(1-\nu)}\ln\frac{R}{r}+B \tag{4-10}$$

式中，G 为切变弹性模量；R 为位错弹性场区域半径；r 为位错核心区域半径；B 为位错核心区能量；ν 为泊松比。

在小角度晶界能计算中，可取 $R=D$，$r=b$，则晶界能 γ_{gb} 为：

$$\gamma_{gb}=\frac{E}{D}=\frac{Gb\theta}{4\pi(1-\nu)}\ln\frac{1}{\theta}+B\frac{\theta}{b} \tag{4-11}$$

2.大角度晶界

大角度晶界一般指晶面取向错位大于 15°的晶界，如图 4-6(b)所示。在多晶体中占绝大多数的是大角度晶界，虽然大角度晶界也可看成是由位错组成，但是位错与位错之间的距离只有一两个原子间距，质点排列接近于无序状态，因此位错模型就不再适用了。人们一般用共格晶界和非共格晶界理论来分析大角度晶界。

4.2.1.2　共格晶界和非共格晶界

如果晶界两侧的晶面的结构和取向非常相似，界面上的原子正好位于两晶体的晶格结点上，越过界面原子面是连续的，这样的晶界就叫共格晶界，如图 4-10(a)所示。如果晶界两侧的晶面原子排列虽然相近，但原子间距差别较大，那么两侧原子在界面处不能完全吻合，只能形成部分共晶区，不能吻合的地方就形成位错，这样的晶界称为半共格晶界，如图 4-10(b)所示。如果晶界两侧的晶面结构上相差过大，面间距相差很大，形成大量的位错和畸变的原子排列，这样的晶界称为非共格晶界，如图

4-10(c)所示。

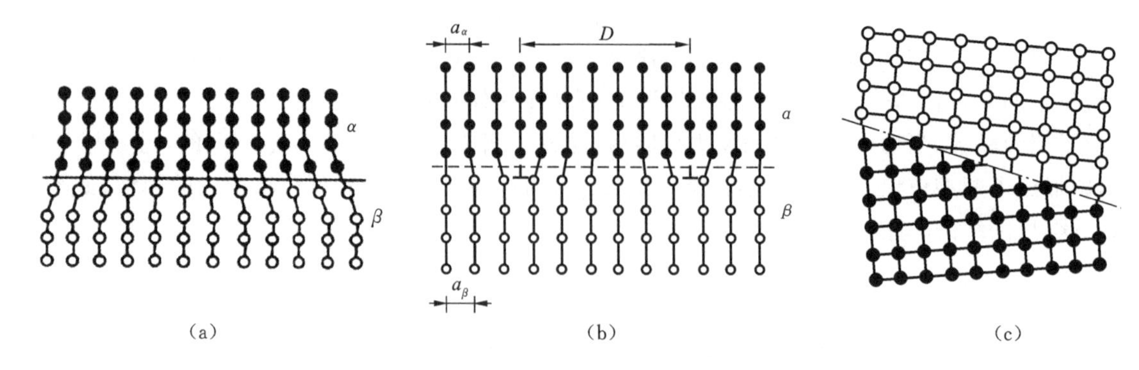

图 4-10 晶界结构示意

(a)共格晶界;(b)半共格晶界;(c)非共格晶界

为了更好地描述晶界的性质,需要引进失配度的概念:

$$\delta=\frac{a_\alpha-a_\beta}{a_\beta} \tag{4-12}$$

式中,δ 为失配度,a_α、a_β 分别为 α、β 晶界两边晶粒无应力状态下的点阵常数。研究表明,当 $\delta<0.05$ 时,形成共格界面;$0.05<\delta<0.25$ 时,形成半共格界面;$\delta>0.25$ 时,则会形成非共格晶面。失配度 δ 是弹性应变的一个量度。弹性应变的存在会使系统的界面能增加,由此增加的界面能与 δ^2 成正比。

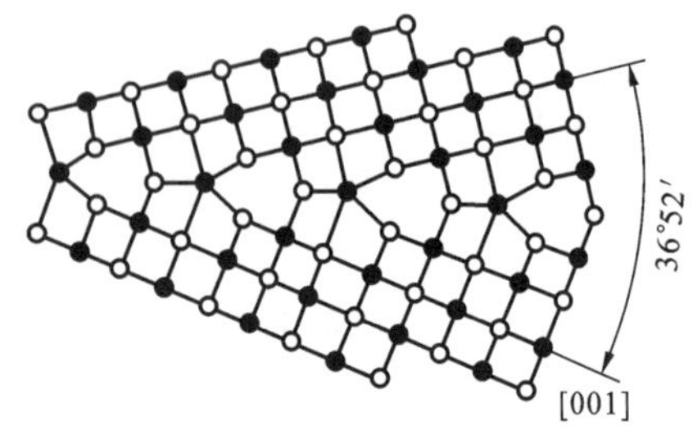

图 4-11 在 MgO 中(310)孪生面形成的取向差为 36°52′的共格晶界

共格晶界只出现在一些特殊的角度,比如 MgO 晶体中(310)孪生面形成的取向差为 36°52′的共格晶界,如图 4-11 所示。由于 δ 较小,共格晶界的界面能较低。

对于半共格晶界,可以看成共格晶面中引入了半个原子晶面,从而形成了所谓的界面位错。整个半共格晶界由两种区域构成,一部分晶界两边相吻合,形成共格区,另一部分晶界两边不吻合,形成刃型位错。共格区域的弹性应变下降,而位错的引入,使得在位错线附近发生局部的晶格畸变,晶体的能量增加。

根据布鲁克(Brooks)的理论,晶界能可用下式表示:

$$W=\frac{Gb\delta}{4\pi(1-\mu)}[A_0-\ln\gamma_0] \tag{4-13}$$

式中,δ 为失配度,b 为柏氏矢量的模,G 为剪切模量,ν 为泊松比,$A_0=1+\ln(b/2\pi r_0)$,r_0 为与位错线有关的一个长度。

按照式(4-13)计算出的应变能与晶界结构失配度 δ 的关系如图 4-12 中的虚线所示。由图可知,当形成共格晶界所产生的 δ 增加到一定程度(图中 a 和 b 线的交点),如再共格相连,所产生的弹性应变能将大于引入晶界位错所引起的能量增加,此时,共格晶界转变成半共格晶界更为稳定。

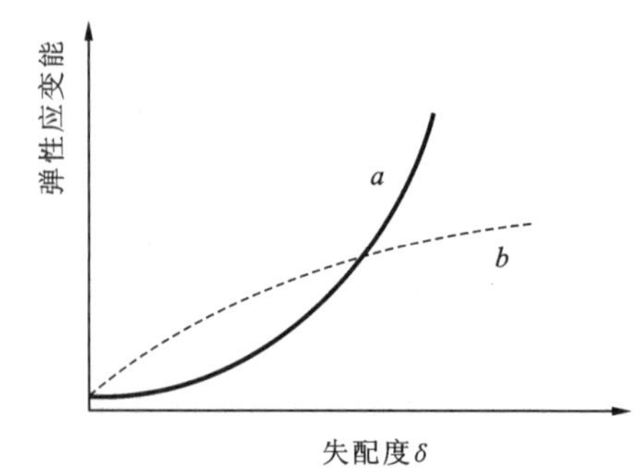

图 4-12 应变能与晶界结构失配度 δ 的关系

a—共格晶界;b—含有界面位错的半共格晶界

在半共格晶界中,位错间距由晶界两边晶面的失配度 δ 决定,随着 δ 的增大,为了消除应变,需要插入的位错不断增多,位错间距越来越小。当 δ 大到一定的时候,所要求的界面位错数会大大超过在典型陶瓷晶体中观察到的位错密度,用位错结构来描述半共格晶界就失去物理意义。此时的晶界为非共格晶界。绝大多数烧结获得的多晶体,其晶界都是非共格晶界。

非共格晶界的结构更类似于“非晶态”，能量较高且不易准确计算。

总体而言，由于晶界上原子排列不规则，存在大量缺陷，因此其结构比较疏松，其特性也与晶粒有较大区别。比如，晶界容易受腐蚀，在受热腐蚀或化学腐蚀后，会显露出来；又比如，晶界处的熔点往往低于晶粒，是原子或离子快速迁移的通道，也是杂质原子（离子）偏聚的地方。再比如，由于大量空位、位错和键变形等缺陷的存在，晶界上的能量较高，在发生固态相变时会成为优先成核的区域。因此，利用晶界不同于晶粒的特性，通过控制其组成、结构，就有可能制备出新型的无机非金属材料。

4.2.2 陶瓷的晶界构型

陶瓷是多晶材料。在陶瓷烧结过程中，不仅存在固相的晶粒，还可能存在气孔和液相，因此会形成非常复杂的晶界构型。晶界构型是指多晶体中晶界的形状、结构和分布，它取决于表面（界面）能。

以二维的多晶截面为例。假定晶界能各向同性，两个紧靠的晶粒在高温下保温足够长时间，使原子迁移或气相传质而达到平衡状态，形成固-固-气界面，如图 4-13 所示。此时界面张力平衡，有：

$$\gamma_{SS}=2\gamma_{SV}\cos\frac{\Psi}{2} \tag{4-14}$$

式中，γ_{SS}、γ_{SV} 分别为固-固界面能和固-气界面能；Ψ 为槽角（也称热蚀角）。

将抛光的陶瓷在高温下热腐蚀处理，其表面就会形成这种类型的槽角，通过测量槽角可推算晶界能与表面能之比。

液相烧结时，陶瓷晶界上的气相为液相取代，形成固-固-液界面，则平衡条件如图 4-14 所示：

$$\gamma_{SS}=2\gamma_{SL}\cos\frac{\varphi}{2} \tag{4-15}$$

式中，γ_{SL} 为固-液界面能，φ 为二面角。

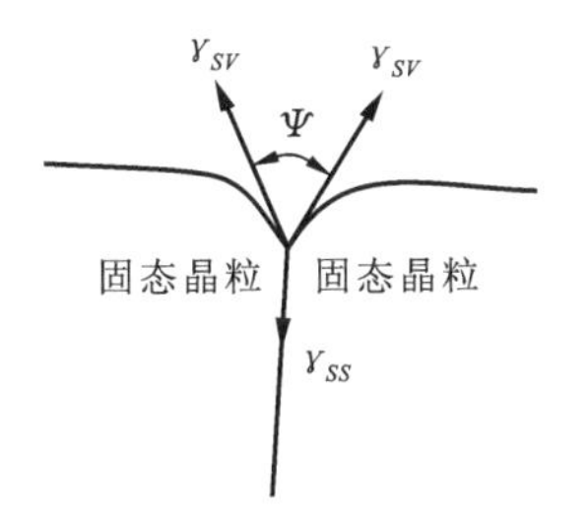

图 4-13 固-固-气平衡界面示意

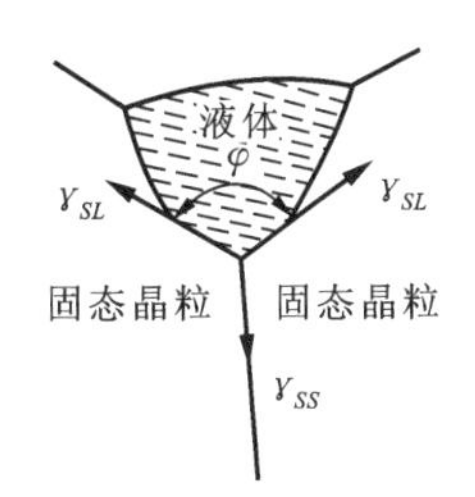

图 4-14 固-固-液平衡界面示意

对于两相系统，二面角 φ 的大小取决于 γ_{SS} 与 γ_{SL} 的相对大小，即：

$$\cos\frac{\varphi}{2}=\frac{1}{2}\times\frac{\gamma_{SS}}{\gamma_{SL}} \tag{4-16}$$

二面角 φ 大小不同，就会产生不同的晶界构型。由上式可见，如果 $\gamma_{SS}/\gamma_{SL}\geqslant 2$，则 $\varphi=0^\circ$，平衡时各晶粒界面被液相覆盖，晶粒被隔开，各相分布如图 4-15(a)所示。如果 $\gamma_{SL}>\gamma_{SS}$，$\varphi>120^\circ$，液相完全不能润湿固相，则在三晶粒交界处形成孤立的岛状液滴，如图 4-15(d)、(e)所示。如果 γ_{SS}/γ_{SL} 的值介于 1 和 $\sqrt{3}$ 之间，则 $60^\circ<\varphi<120^\circ$，液相可局部润湿固相，在晶粒交界处沿晶界部分渗透，如图 4-15(c)所示；$\gamma_{SS}/\gamma_{SL}>\sqrt{3}$，$\varphi<60^\circ$，则液相可润湿固相，将沿晶界完全渗透，如图 4-15(b)所示。

当然，在实际的陶瓷中，情况远比上面说的复杂。因为在陶瓷的高温烧结过程中，固-液相、固-固相之间可能还会有溶解过程和化学反应产生，并导致固-液比例和固-液相界面能的改变，从而形成各种不同的晶界构型。图 4-16 是一些液相烧结陶瓷材料的显微结构示意图。其中图 4-16(a)是单一晶相 A 通过玻璃相烧结在一起；图 4-16(b)为 A、B 两种晶相与玻璃相烧结成瓷；图 4-16(c)的主晶相为 A，B 晶相在 A 晶相中析出；图 4-16(d)为颗粒状 A 晶相与针状 B 晶相烧结成瓷。

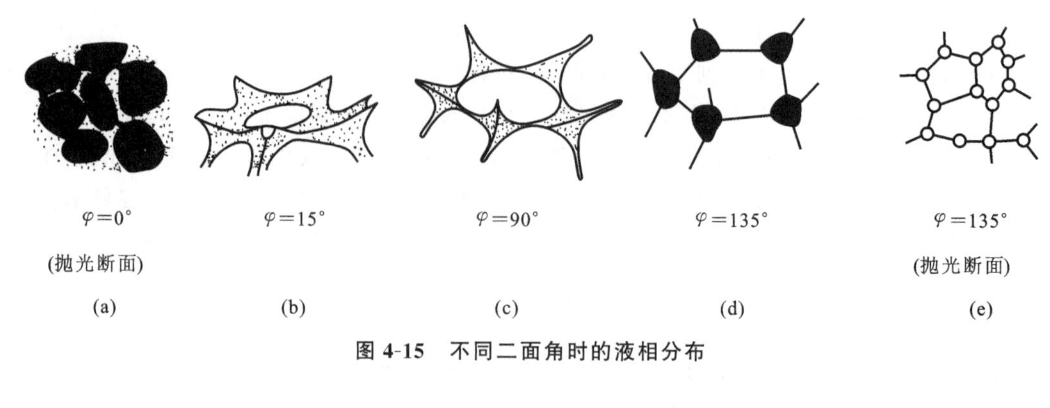

图 4-15 不同二面角时的液相分布

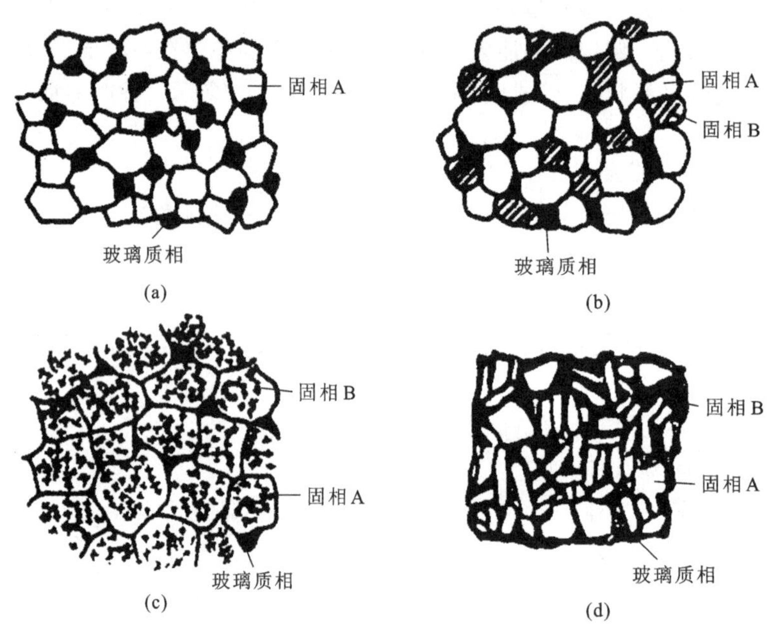

图 4-16 一些液相烧结陶瓷材料的显微结构示意

在固相烧结后期，当晶体中气孔被排出，而液相也不存在时，就会形成固-固-固界面。此时，1、2、3 三个晶粒间的夹角由其各晶界间的界面张力大小决定，即：

$$\frac{\gamma_{23}}{\sin\varphi_1}=\frac{\gamma_{31}}{\sin\varphi_2}=\frac{\gamma_{12}}{\sin\varphi_3} \tag{4-17}$$

式中，γ_{23}、γ_{31}、γ_{12} 为每两个晶粒间的界面张力；φ_1、φ_2、φ_3 为相应两晶粒间的二面角。

4.2.3 晶界应力

晶界应力往往是由于晶界两侧的晶面热膨胀系数不同而产生的。比如，大多数陶瓷材料都是粉体成型后在高温下烧结获得的，其晶界也是在烧结过程中形成的。如果形成晶界的两侧晶相组成不同，那么在冷却过程中，由于不同晶相的热膨胀系数有差别，收缩不一致，就会在晶界上产生应力。当应力过大时，还会在晶界上出现裂纹或破裂。单相的多晶材料如 Al_2O_3、TiO_2、Al_2TiO_5、SiO_2 等，由于其不同结晶学方向的热膨胀系数不同，也有类似的现象发生。这种现象有时候也可用于生产加工，比如将岩石加热到高温，由于热膨胀系数不同而产生足够大的晶界应力使晶界破裂，岩石易于粉碎。

晶界应力的产生可以通过层状复合体来说明。假设层状物由材料 1 和材料 2 两种热膨胀系数不同的薄片交替叠置而成[图 4-17(a)]，这两种材料的热膨胀系数分别为 α_1 和 α_2，弹性模量为 E_1 和 E_2，泊松比为 ν_1 和 ν_2。设在高温 T_0 时，层间无应力(图中两种材料长短相同)，当温度下降到另一温

度 T 时，会出现两种情况：一种是如图 4-17(b)所示，两种材料自由收缩，各自保持内部无应力状态，而晶界发生完全的分离。另一种就是如图 4-17(c)所示，材料 1、2 同时收缩，晶界不发生分离，但此时两种材料都不是处于自由的无应力状态。因为如果处于自由状态，则材料 1 的膨胀变化为 $\varepsilon_1=\alpha_1(T-T_0)$，材料 2 为 $\varepsilon_2=\alpha_2(T-T_0)$，二者并不相同。为了保持复合材料处于图 4-17(c)所示的状态，系统必须取一个中间的膨胀数值，使得复合体中一种材料的净压力等于另一种材料的净拉力，两者平衡。这一中间值取决于两种材料的弹性模量及各占的比例。设 σ_1 和 σ_2 为两个相的线膨胀引起的应力，V_1 和 V_2 为体积分数(等于截面面积分数)，ε 为实际的应变，则达到平衡时，有：

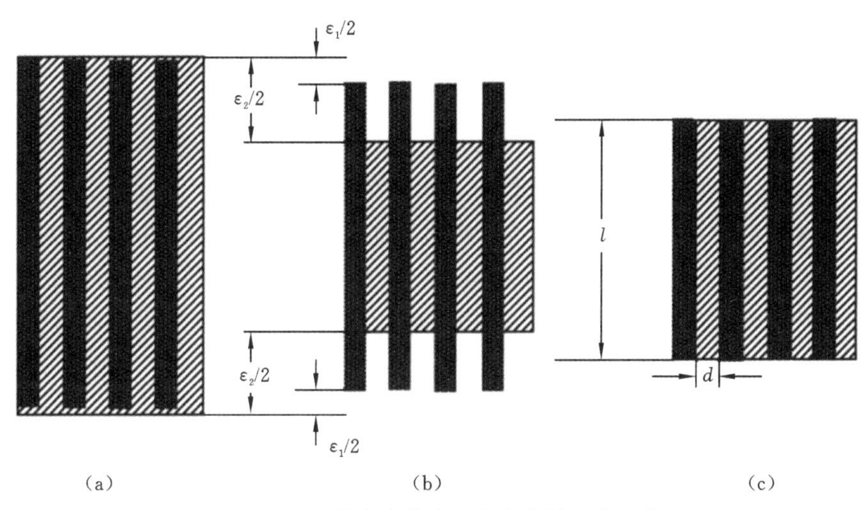

(a)　　(b)　　(c)

图 4-17　层状复合体中晶界应力的形成示意

(a)高温下；(b)冷却后无应力状态；(c)冷却后层与层结合态

$$\sigma_1 V_1+\sigma_2 V_2=0$$

$$\left(\frac{E_1}{1-\nu_1}\right)(\varepsilon-\varepsilon_1)V_1+\left(\frac{E_2}{1-\nu_2}\right)(\varepsilon-\varepsilon_2)V_2=0 \tag{4-18}$$

假设 $E_1=E_2$，$\nu_1=\nu_2$，而 $\Delta\alpha=\alpha_1-\alpha_2$，则两种材料的热应变差为：

$$\varepsilon_1-\varepsilon_2=\Delta\alpha T \tag{4-19}$$

材料 1 的应力为：

$$\sigma_1=\left(\frac{E}{1-\nu}\right)V_2\Delta\alpha\Delta T \tag{4-20}$$

上述应力是在总的合力(等于每相应力乘以每相的截面面积之和)等于零的条件下获得的。该应力可经过晶界传给一个单层的力为 $\sigma_1 A_1=-\sigma_2 A_2$，式中 A_1、A_2 分别为 1、2 两相的晶界面积，合力 $\sigma_1 A_1+\sigma_2 A_2$ 产生一个平均晶界剪切力($\tau_{平均}$)：

$$\tau_{平均}=\frac{(\sigma_1 A_1)_{平均}}{局部的晶界面积} \tag{4-21}$$

对于层状复合体，该晶界面积与 V/d 成正比，d 为箔片的厚度，V 为箔片的体积，层状复合体的剪切应力：

$$\tau\approx\frac{\left(\frac{V_1E_1}{1-\nu_1}\right)\left(\frac{V_2E_2}{1-\nu_2}\right)}{\left(\frac{E_1V_1}{1-\nu_1}\right)+\left(\frac{E_2V_2}{1-\nu_2}\right)}\Delta\alpha\Delta T\,\frac{d}{l} \tag{4-22}$$

式中，l 为层状物的长度，见图 4-17(c)。因为对于具体系统，E、ν、V 是一定的，上式改写为：

$$\tau=K\Delta\alpha\Delta T\,\frac{d}{l} \tag{4-23}$$

从式(4-23)可以看到，晶界应力与热膨胀系数差、温度变化及厚度成正比。

对于单一组成的多晶体，如果热膨胀各向同性，$\Delta\alpha=0$，晶界应力为零。对于多种组成的复合材料，热膨胀系数差值越大，复合层越厚，应力也越大。在多晶材料中，晶粒越粗大，材料强度越差，抗冲击性也越差，反之则强度与抗冲击性好，也与晶界应力的存在有关。通过晶界设计，避免产生过大的晶界应力，可以制备出性能优良的复合材料，其总体性能优于其中任一组元材料的单独性能。

4.2.4 晶界电荷

弗伦克尔等最早指出，离子晶体在热力学平衡状态下，其表面和晶界由于有过剩的同号离子而带有某一种电荷，在晶界邻近则存在异号空间电荷云，这两种电荷可以互相抵消。如果是纯净的材料，当在晶界上形成阳离子和阴离子的空位或填隙离子的能量不相等时，就会产生这种晶界电荷。当材料中存在不等价的溶质时，晶体的点阵缺陷浓度会改变，晶界电荷的数量和符号也会改变。

对于有肖特基缺陷的理想纯净材料，其晶界上阴离子空位和阳离子空位的生成自由能一般是不相同的。比如在 NaCl 晶体中，形成阳离子空位所需的能量大约是形成阴离子空位所需能量的 2/3。因此，在加热的时候，在晶界或其他空位源(表面、位错)会产生带有有效负电荷的过剩阳离子空位。当达到平衡时，晶体内部是电中性的，而晶界上带正电荷，这种正电被电量相同而符号相反的空间负电子云平衡，后者会扩散到晶体内一定深度。

在 NaCl 晶体中，晶格上离子与晶界之间相互作用形成空位的过程可写成：

$$\begin{aligned}\mathrm{Na_{Na}} &= \mathrm{Na^{\cdot}_{晶界}}+\mathrm{V'_{Na}}\\ \mathrm{Cl_{Cl}} &= \mathrm{Cl'_{晶界}}+\mathrm{V^{\cdot}_{Cl}}\end{aligned} \tag{4-24}$$

在晶体的任一点处，阳离子空位数与阴离子空位数由生成能、有效电荷 Z 及静电势 φ 决定，即：

$$[\mathrm{V'_M}]=\exp\left(-\frac{\Delta H_{\mathrm{V'_M}}-Ze\varphi}{kT}\right) \tag{4-25}$$

$$[\mathrm{V^{\cdot}_X}]=\exp\left(-\frac{\Delta H_{\mathrm{V^{\cdot}_X}}+Ze\varphi}{kT}\right) \tag{4-26}$$

式中，$\Delta H_{\mathrm{V'_M}}$、$\Delta H_{\mathrm{V^{\cdot}_X}}$ 是生成能。

在远离表面的地方，电中性要求$[\mathrm{V'_M}]_\infty=[\mathrm{V^{\cdot}_X}]_\infty$，而空位浓度由总的生成能决定：

$$[\mathrm{V'_M}]_\infty=[\mathrm{V^{\cdot}_X}]_\infty=\exp\left(-\frac{\Delta H_{\mathrm{V'_M}}+\Delta H_{\mathrm{V^{\cdot}_X}}}{2kT}\right) \tag{4-27}$$

$$[\mathrm{V'_M}]_\infty=\exp\left(-\frac{\Delta H_{\mathrm{V'_M}}-Ze\varphi_\infty}{kT}\right) \tag{4-28}$$

$$[\mathrm{V^{\cdot}_X}]_\infty=\exp\left(-\frac{\Delta H_{\mathrm{V^{\cdot}_X}}+Ze\varphi_\infty}{kT}\right) \tag{4-29}$$

因而晶体内的静电势是：

$$Ze\varphi_\infty=\frac{1}{2}(\Delta H_{\mathrm{V'_M}}-\Delta H_{\mathrm{V^{\cdot}_X}}) \tag{4-30}$$

空间电荷的扩散深度取决于介电常数，从晶界向内，一般为 2～10 nm。对于 NaCl，粗略估计：$\Delta H_{\mathrm{V'_M}}=0.65$ eV，$\Delta H_{\mathrm{V^{\cdot}_X}}=1.21$ eV，$\varphi_\infty=-0.28$ eV。这意味着在晶界上有过剩正离子，晶界带正电；与此同时，在空间电荷区有过剩的阳离子空位而缺少阴离子空位，如图 4-18(a)所示。

当在 NaCl 晶体内含有异价杂质 $\mathrm{CaCl_2}$ 时，则会产生缺陷：

$$\mathrm{CaCl_2}\xrightarrow{\mathrm{NaCl}}\mathrm{Ca^{\cdot}_{Na}}+\mathrm{V'_{Na}}+2\mathrm{Cl_{Cl}} \tag{4-31}$$

同时，晶体中还存在肖特基平衡：

$$\text{无缺陷态}\Longleftrightarrow\mathrm{V'_{Na}}+\mathrm{V^{\cdot}_{Cl}} \tag{4-32}$$

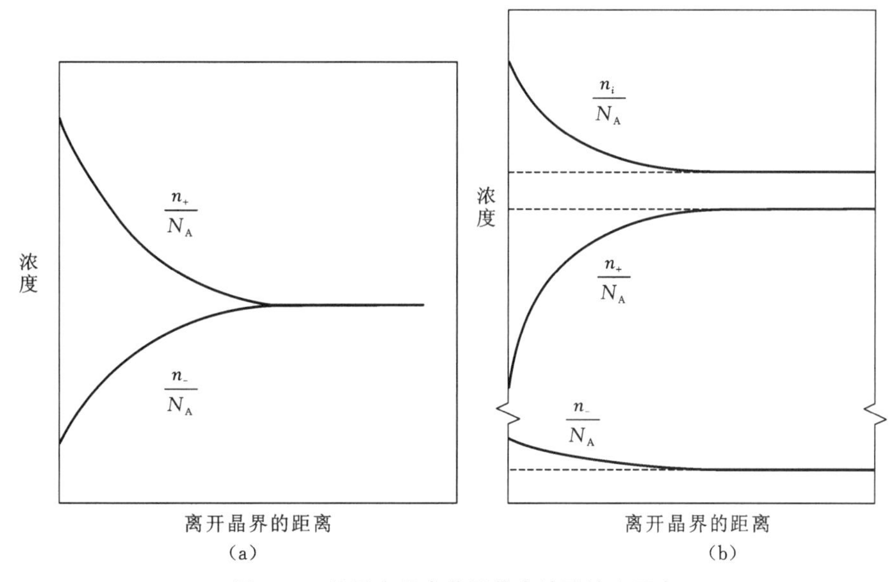

图 4-18 晶界空间电荷及带电缺陷浓度示意

(a)纯 NaCl;(b)NaCl,含有有效正电荷的不等价溶质

这样,Ca^{2+} 的引入使[V'_{Na}]增加,同时导致[$V^{\cdot}_{Cl}$]减少。按照式(4-23),[V'_{Na}]的增加将导致 $Na^{\cdot}_{晶界}$ 减少,[$V^{\cdot}_{Cl}$]的减少将导致[$Cl'_{晶界}$]增加,结果是产生负的晶界电势(正的 φ_∞),改变了晶界电荷的数量和符号,如图 4-18(b)所示。

由于氧化物中热激发产生的本征空位浓度较低,因此在实际的体系中,界面电荷及其相关的空间电荷是由掺入的异价溶质浓度决定的。掺有溶质 MgO 的 Al_2O_3 晶界是正电性的,而掺有 Al_2O_3 或 SiO_2 溶质的 MgO 晶界是负电性的。

4.2.5 晶界偏析

在平衡条件下,杂质原子(离子)在晶界处浓度偏离平均浓度的现象称为晶界偏析。研究表明,杂质在晶界上的偏析是很普遍的。其原因有二,一是由于上节所说的晶界电势的存在。例如,在 NaCl 中掺入 $CaCl_2$ 时,由于原 NaCl 晶界区晶界电荷为正,所以 Cl^- 会向晶界偏析。二是由于杂质与基体质点尺寸失配导致的应变能的存在。比如有人研究 Mn-Zn 铁氧体时发现,Ca^{2+} 和 Si^{4+} 都在晶界上偏析,但 Ca^{2+} 的偏析更明显,原因就是 Ca^{2+} 和 Si^{4+} 的离子半径不同,产生的应变能变化不一样。

当杂质浓度 C 较小($C \ll 1$)时,晶界上杂质浓度 C_b 可表示为:

$$C_b = \frac{C\mathrm{e}^{\Delta\Omega/RT}}{1 + C\mathrm{e}^{\Delta\Omega/RT}} \tag{4-33}$$

式中,$\Delta\Omega$ 为 1 mol 杂质原子位于晶格及晶界时的内能之差。

从上式可以看到,随着杂质浓度 C 的增大和温度 T 的下降,C_b 会变大。

4.3 界面行为

界面行为是当固体与气相、液相或其他固相接触形成界面时,在表面力的作用下,接触界面上发生的一系列物理或化学过程,是无机非金属材料研究和生产过程中经常遇到的一种现象。界面化学是研究相界面发生的各种物理化学变化规律的一门科学。掌握了固体界面行为的规律,对于改变界面的物性、设计界面结构、改善工艺条件和开拓新的技术领域都很有意义。

4.3.1 弯曲表面效应

表面和界面产生的许多重要影响起因于表面张力所引起的弯曲表面内外的压差。如图 4-19 所示，对于一小块面积 AB，同时会受到垂直于表面的压力和与表面相切的表面张力的作用。假设垂直压力为 P_0，当 AB 为平面时[图 4-19(a)]，四周表面张力抵消，液体表面内外压力相等。当 AB 为曲面时，表面张力会产生一个指向曲面的曲率中心的附加压力 ΔP。由于表面的曲率不同，附加压力 ΔP 存在正负的不同。凸面时，曲率为正，附加压力指向液体内部，ΔP 为正，与外压 P_0 方向相同，因此表面所受到的压力比外部压力 P_0 大，$P=P_0+\Delta P$，如图 4-19(b)所示；凹面时，曲率为负，附加压力指向液体外部，ΔP 为负，与外压 P_0 方向相反。此时表面所受到的压力 P 比平面时的 P_0 小，$P=P_0-\Delta P$，如图 4-19(c)所示。

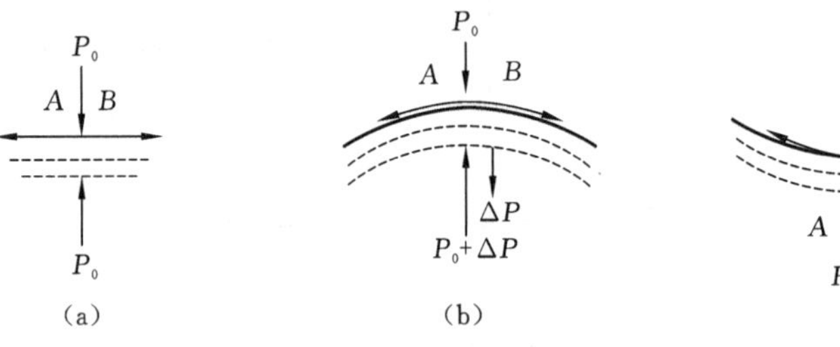

图 4-19 表面产生附加应力示意

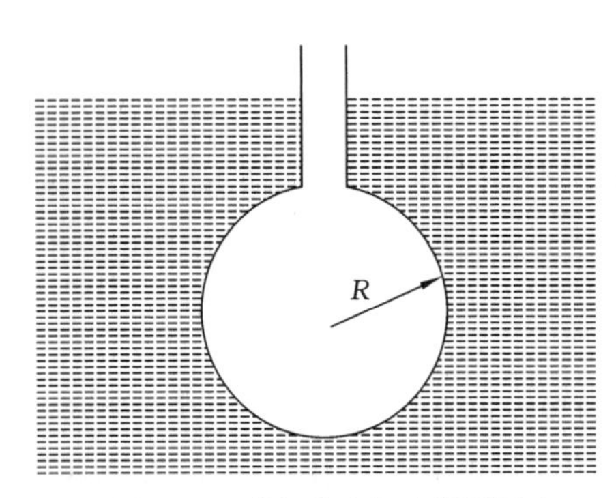

图 4-20 附加应力气泡模型示意

附加压力与表面张力的关系可以通过用一根毛细管在液体中吹出气泡的过程来求得，如图 4-20 所示。设气泡的半径为 R，液体密度是均匀的(忽略重力的作用)，那么阻碍气泡体积增大的唯一阻力是表面积扩大所需要的总表面能。因此，平衡时环境所做的功应等于系统表面能的增加量，即：

$$(P-P_0)\,\mathrm{d}V=\gamma\,\mathrm{d}A$$

或 (4-34)

$$\Delta P\,\mathrm{d}V=\gamma\,\mathrm{d}A$$

由于 $\mathrm{d}V=4\pi R^2\mathrm{d}R$，$\mathrm{d}A=8\pi R\,\mathrm{d}R$，故

$$\Delta P=\gamma\frac{\mathrm{d}A}{\mathrm{d}V}=\frac{2\gamma}{R} \tag{4-35}$$

对于一般非球形曲面，同样可推导出：

$$\Delta P=\gamma\left(\frac{1}{R_1}+\frac{1}{R_2}\right) \tag{4-36}$$

式中，R_1、R_2 为曲面的两主曲率半径。

式(4-36)就是著名的拉普拉斯(Laplace)公式，该式对固体表面也同样适用。当 $R_1=R_2$ 时，式(4-36)即为式(4-35)。

在这种附加的压力下，液体会沿着毛细管自动上升或下降，称为毛细现象，而 ΔP 又称毛细管力。按式(4-35)，ΔP 与吸入毛细管中的液体柱静压 ρhg 相平衡，即：

$$\Delta P=\frac{2\gamma}{R}=\frac{2\gamma\cos\theta}{r}=\rho hg \tag{4-37}$$

$$h=\frac{2\gamma\cos\theta}{r\rho g} \tag{4-38}$$

式中，r 是毛细管的半径，R 是弯曲液面半径，ρ 是液体密度，h 是液柱高度，g 是重力常数。

如果液体能润湿管壁，$\theta<90°$，液面为凹面，ΔP 为负，管内液体受压小于管外液体，液面上升至 h

高度，如图 4-21 所示。

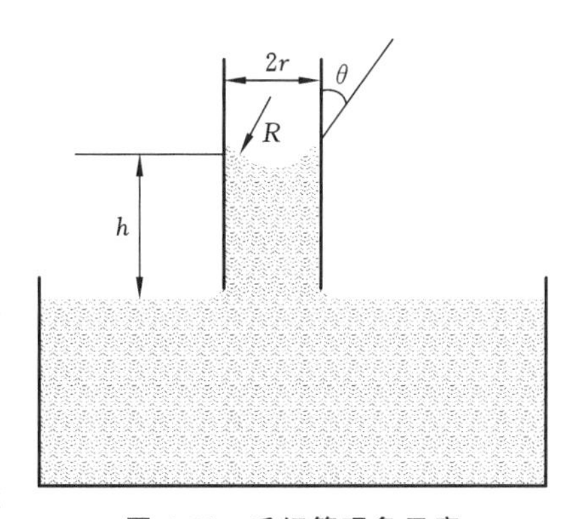

图 4-21 毛细管现象示意

如果液体不能润湿管壁，$\theta>90°$时，液面为凸面，ΔP 为正，管内液体受压大于管外液体，则液面下降到 h 深度。

由式(4-37)可以看到，ΔP 与曲率半径成反比。当材料中的毛细管很细、液面曲率半径很小时，表面张力所引起的附加压力 ΔP 可以达到每平方厘米几十千克。这种附加压力是实现陶瓷泥料可塑性的原因之一，也是推动陶瓷烧结的动力之一。

一些物质的表面弯曲对其附加压力和蒸气压的影响见表 4-1。

表 4-1 一些物质的表面弯曲对其附加压力和蒸气压的影响

材料	表面张力/(mN/m)	曲率半径/μm	附加压力/MPa
石英玻璃	300	0.1	12.3
		1.0	1.23
		10.0	0.123
水(15 ℃)	72	0.1	2.94
		1.0	0.294
		10.0	0.0294
液态钴(1550 ℃)	1935	0.1	7.80
		1.0	0.780
		10.0	0.0780
Al_2O_3(固，1850 ℃)	905	0.1	7.4
		1.0	0.74
		10.0	0.074
硅酸盐熔体	300	100	0.006

当材料由块体或整体分散成小颗粒时，表面就由平面或近似于平面变成凸面。附加压力 ΔP 对凸面产生的一个重要影响，就是在表面曲率大的部位蒸气压或可溶性会增大。描述这种关系的公式是开尔文(Kelvin)方程：

$$\ln\frac{P}{P_0}=\frac{2M\gamma}{\rho RT}\times\frac{1}{r} \tag{4-39}$$

$$\ln\frac{P}{P_0}=\frac{M\gamma}{\rho RT}\times\left(\frac{1}{r_1}+\frac{1}{r_2}\right) \tag{4-40}$$

式中，P 为曲面上的饱和蒸气压；P_0 为平面上的饱和蒸气压；r 是球形颗粒的半径，r_1、r_2 是曲面的两主曲率半径；ρ 为颗粒密度；M 为摩尔质量；R 为气体常数。

开尔文公式不仅适合于液体，也适用于固体。

由上两式可以看到，不同曲率表面的饱和蒸气压是不同的：凸面＞平面＞凹面。在相同温度下，颗粒的半径越小，表面的饱和蒸气压越大，蒸发速度越快。相反，如果是一个凹面，其曲率半径越小，表面的饱和蒸气压也越小，越容易发生凝聚。如果蒸气压足够高，当其物质表面曲率半径达到微米级时，由于凹凸面之间的压差已十分显著，就会发生物质由凸面蒸发而向凹面凝聚的现象。这是高温下粉体烧结传质的一种方式。

开尔文公式也被应用于分析毛细管内液体的蒸气压变化。当液体可以润湿管壁时,开尔文公式可写成:

$$\ln \frac{P}{P_0}=\frac{2M\gamma}{\rho RT}\times\frac{1}{r}\cos\theta \tag{4-41}$$

式中,r 为毛细管半径。当液体完全润湿毛细管壁时,$\theta\approx0°$,液面在毛细管中呈半球形凹面,则:

$$\ln \frac{P}{P_0}=\frac{2M\gamma}{\rho RT}\times\frac{1}{r} \tag{4-42}$$

对于凹面,r 为负值。从上式可以看到,此时凹面上的饱和蒸气压 P 低于平面上饱和蒸气压 P_0。在指定温度下,如果环境气体的蒸气压为 P_0,则对管内凹面液体而言已呈过饱和状态,因此会在毛细管内凝聚成液体。这个现象称为毛细管凝聚。

毛细管凝聚现象在无机非金属材料的生产中经常会遇到。比如,陶瓷素坯的气孔率通常可达30%～40%,甚至更高。这些气孔大多为连通的毛细管。当环境湿度较大时,很容易形成不易排除的毛细管凝聚水。因此陶瓷素坯在入窑前都需要先充分干燥,以避免开裂。

开尔文公式同样也适用于固体的升华和溶解过程。当用于分析计算固体的升华过程时,上式中的 γ、M、ρ 分别为固体的表面张力、摩尔质量和密度。当用于溶解过程分析计算时,其关系式可表示为:

$$\ln \frac{C}{C_0}=\frac{2M\gamma_{LS}}{\rho RT}\times\frac{1}{r} \tag{4-43}$$

式中,C、C_0 分别为半径为 r 的小晶粒与普通大晶体的溶解度,γ_{LS} 为固-液界面张力,ρ 为固体密度。

式(4-43)表明,微小晶粒溶解度大于普通大颗粒的溶解度。

总之,表面曲率对材料的蒸发、升华、溶解和熔化过程有着重要的影响。固体颗粒越小,表面曲率越大,则蒸气压和溶解度增大,升华速度加快、熔化温度降低。弯曲表面的这些效应,会对以微细粉体作原料的无机非金属材料的制备和生产工艺过程产生影响,并最终影响到产品的性能。

4.3.2 润湿与黏附

润湿是固-液界面上的重要行为,是日常生活和工业生产中最常遇到的现象之一。在无机非金属材料的生产中,有大量的工艺过程是与润湿相关的,比如,陶瓷、搪瓷的坯釉结合,陶瓷、玻璃与金属的封接,水泥的水化等。因此,研究润湿现象具有极其重要的意义。

从热力学角度看,润湿是一种流体将固体表面的另一种流体置换后,系统(固体+液体)的吉布斯自由能降低的过程。润湿分为三种类型:不润湿、润湿及铺展。如图 4-22 所示。当固-液界面能 γ_{SL} 高时,液体趋向于形成界面积小的球形,如图 4-22(a)所示;当固-气界面能 γ_{SV} 高时,液体趋于无限扩展以消除此界面,如图 4-22(c)所示;当界面能介于以上二者之间时,液滴的形状如图 4-22(b)所示。

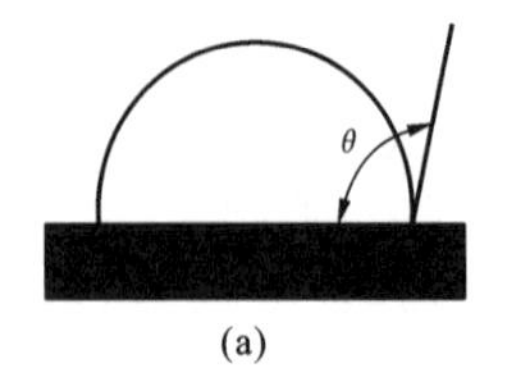

(a)

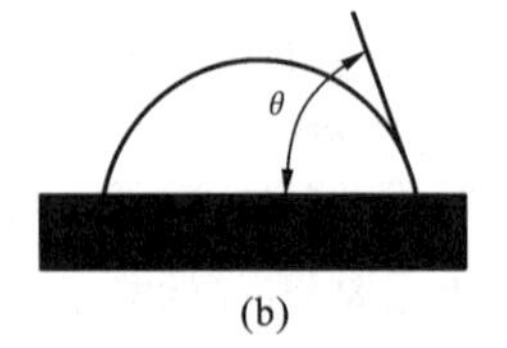

(b)

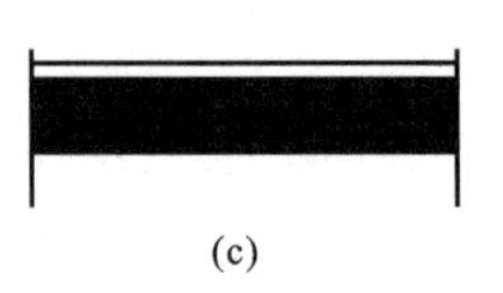
(c)

图 4-22 润湿与液滴的形状

(a) 不润湿;(b) 润湿;(c) 铺展

以上三种类型可以由接触角的不同来判断。所谓接触角,就是固体表面与接触点上的液体表面的切线之间的夹角,如图 4-23 所示。当平面固体上液滴受三个界面张力达到平衡的时候,有:

$$\gamma_{SV}=\gamma_{SL}+\gamma_{LV}\cos\theta \tag{4-44}$$

$$\cos\theta=\frac{\gamma_{SV}-\gamma_{SL}}{\gamma_{LV}} \tag{4-45}$$

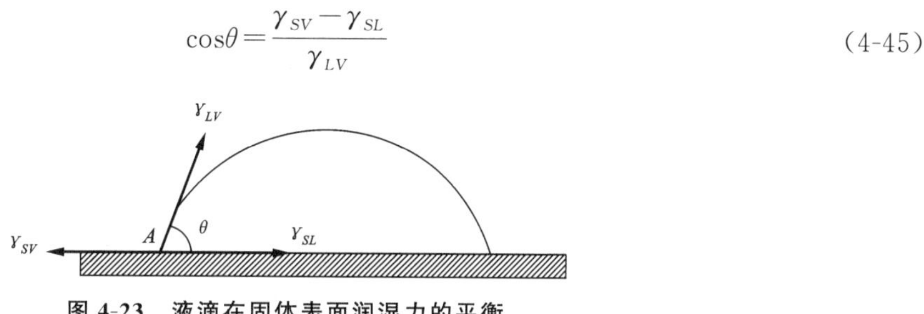

图 4-23 液滴在固体表面润湿力的平衡

上式即为著名的 Young 方程。式中，γ_{SL}、γ_{SV}、γ_{LV}分别为固-液、固-气和液-气界面张力。

通常规定 $\theta=90°$为“润湿”和“不润湿”间的界限。当 $\theta>90°$时，为“不润湿”；当 $0°<\theta<90°$时，为“润湿”；当 $\theta=0°$时，为铺展。

1.附着润湿

液体和固体接触后，原先的液-气界面和固-气界面转变为固-液界面，称为附着润湿。对于单位接触面积，上述过程的吉布斯自由能变化为：

$$\Delta G=\gamma_{SL}-(\gamma_{LV}+\gamma_{SV}) \tag{4-46}$$

式中，γ_{LV}、γ_{SV}、γ_{SL}分别为单位面积的固-液、液-气和固-气界面自由能。

人们在讨论润湿时，常使用附着功或黏附功 W 的概念，表示将单位截面积的液-固界面拉开所做的功：

$$W=-\Delta G=\gamma_{LV}+\gamma_{SV}-\gamma_{SL} \tag{4-47}$$

显然，W 越大，固-液界面结合越牢，也即附着润湿越强。

在陶瓷和搪瓷生产中，一个重要的工艺问题就是使釉和珐琅在坯体上牢固附着。通常情况下，γ_{LV}和 γ_{SV}都不容易改变，为了达到较高的附着功，在实际生产中一般采用化学性能相近的两相系统，这样可以降低 γ_{SL}，增大黏附功 W。

在陶瓷生产中，有时候需要将生坯完全浸入釉中，固-气表面完全被固-液表面所置换，这个过程被称为浸湿。此时的吉布斯自由能变化可表示为：

$$\Delta G=\gamma_{SL}-\gamma_{SV} \tag{4-48}$$

若 $\gamma_{SV}>\gamma_{SL}$，则 $\Delta G<0$，浸渍过程将自发进行。若 $\gamma_{SV}<\gamma_{SL}$，则 $\Delta G>0$，要将固体浸于液体之中必须做功。

2.铺展润湿

如图 4-22(c)所示，在恒温恒压条件下，将液滴置于固体表面，若此液滴会在表面上自动铺开形成液膜，则此过程就是铺展润湿。当忽略液滴重量等其他因素影响时，铺展润湿由固-液、液-气和固-气界面的表面能变化决定。设液体在固体表面铺展开单位面积，则体系自由能的变化为：

$$\Delta G=\gamma_{SL}+\gamma_{LV}-\gamma_{SV} \tag{4-49}$$

在这一过程中，$\Delta G<0$，即形成的固-液和液-气界面自由能之和小于原来的固-气界面自由能。一般用铺展系数 S 来表示铺展润湿的趋势强弱：$S=-\Delta G$。

综上所述，可以看出：铺展是润湿的最高标准，能铺展则必能附着和浸渍。

润湿是人们生产实践和日常生活中经常遇到的现象。无机非金属材料的生产过程中，常常需要对材料的界面润湿性作出调节。从上面的分析可知，表面润湿性主要取决于 γ_{LV}、γ_{SV}和 γ_{SL}的相对大小。而这三者中，改变 γ_{SV}十分困难，因此要调节表面润湿性只能从改变 γ_{LV}和 γ_{SL}的角度考虑。比如纯铜与碳化锆(ZrC)之间接触角 $\theta=135°$(1100 ℃)，Cu-ZrC 金属陶瓷生产中，为了改善 Cu-ZrC 结合性能，可在 Cu 中加入少量 Ni(0.25%)，降低 γ_{SL}，θ 就可下降为 54°。

由于真实固体表面总是粗糙的，表面粗糙度会对润湿造成影响。一般地，当接触角 $\theta<90°$时，粗

糙度越大，越容易润湿；当接触角 $\theta>90°$时，粗糙度越大，越不容易润湿。比如，水在光滑石蜡表面的接触角 $\theta\approx105°$，但在粗糙石蜡表面的接触角 θ 可达 140°。

4.3.3　吸附与表面改性

吸附是一种物质的原子或分子附着在另一物质表面的现象。由于晶格畸变、价键断裂等，固体表面质点总是处于较高的能量状态。因此，除非是处于真空环境，通常新鲜的表面都会迅速地从周围吸附气体、液体分子或其他物质，形成吸附膜，改变了表面原来的结构和性质，从而降低其表面能。

表面改性是利用固体表面吸附特性，通过人为的表面处理，改变固体表面的结构和性质，以满足各种不同的需求。表面改性是一种重要的技术工艺，对于材料的制造生产和性能优化有着重要的作用。例如，在制备有机-无机复合材料时，通过表面改性处理，使无机填料由原来的亲水疏油性变成疏水亲油性，就可提高其对有机物质的润湿性以及二者间的结合强度，从而改善复合材料的各种理化性能。

表面改性的技术途径有很多，本质上都是通过改变固体表面结构状态和官能团来实现的，其中最常见的是使用各种能够降低体系的表面（或界面）张力的物质，即表面活性剂。

表面活性剂分子通常由两部分组成：一端是具有亲水性的极性基，如—OH、—COOH、$—SO_3Na$、$—NH_2$ 等基团；另一端是具有憎水性（亦称亲油性）的非极性基，如各种链烃、烷基丙烯基等。在固体表面吸附时，极性基团朝着极性界面，非极性基团朝着非极性界面。通过对这两个原子基团的比例的适当调节，就可以控制其油溶性和水溶性的程度，从而获得符合要求的表面活性剂。

在无机非金属材料的生产过程中，经常需要利用表面活性剂对粉料原料进行改性，以满足成型工艺的需要。例如，在采用热压铸成型工艺生产 Al_2O_3 陶瓷时，首先需要将 Al_2O_3 粉和石蜡均匀混合。由于 Al_2O_3 粉体表面亲水，而石蜡亲油，二者表面差异较大，因此生产中常常通过先在 Al_2O_3 粉中加入油酸来使其表面由亲水性变成亲油性。油酸分子为 $CH_3—(CH_2)_7—CH=CH—(CH_2)_7—COOH$，其亲水基与 Al_2O_3 表面连接，憎水基团与石蜡表面连接（图 4-24），这样就有效地改善了 Al_2O_3 粉和石蜡的混合性能。又如，用于制造高频电容器陶瓷的化合物 $CaTiO_3$ 的表面是亲油的，而在喷雾造粒时，需要先将其与水在球磨机中混合。在球磨过程中加入烷基苯磺酸钠，其憎水基吸在 $CaTiO_3$ 表面而亲水基朝向水溶液，就可将 $CaTiO_3$ 表面由憎水改为亲水，有利于其在水中分散。

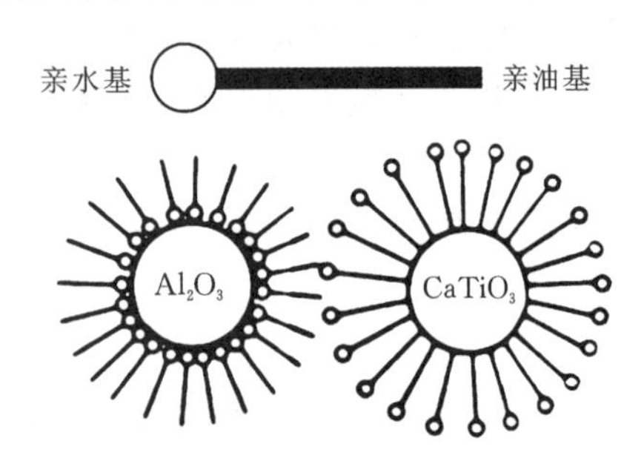

图 4-24　粉体表面改性示意

虽然表面活性剂在工业和生活中的应用已很广泛，但需要指出的是，目前对于特定体系如何选择适当的表面活性剂的理论尚不成熟，工程上主要通过反复试验来解决。另外，表面活性剂是有具体针对对象的。一般非特别指明，表面活性剂都是对水而言的。

4.4　黏土-水系统胶体化学

胶体一般是指具有高度分散性的微小颗粒（包括固、液、气三种）分散于另一种分散介质中所形成的多相系统。胶体在热力学上属于不稳定的体系，其物理、化学性质也有很多与其他体系不相同的地方。

在无机非金属材料科学和工业领域中，常常会碰到由黏土-水组成的胶体系统。比如陶瓷生产过程中原料加水形成的泥浆或泥团，水泥应用时制成的砂浆，等等。黏土（蒙脱石、伊利石、高岭石等）矿物粒度很细，一般在 0.1～10 μm 范围内，表面积很大，高岭石大约为 20 m²/g，蒙脱石大约为 100 m²/g。

当它们分散在水中时,就会发生很多复杂的变化。比如,细颗粒会聚集成粗颗粒,而粗颗粒则会在重力作用下发生沉降;而在添加适量电解质时,这些颗粒有可能呈现胶体的稳定特性。另外,处于不同分散状态的黏土-水系统,其光学、电学以及动力学性质也都有很大的不同。这些复杂的变化会涉及很多相关的胶体化学问题。

需要说明的是,由于黏土颗粒在水中的粒度分布往往很宽,黏土-水系统常常不是一个单纯的溶胶系统,而是介于溶胶-悬浮液-粗分散体系之间的一种特殊系统,因此其性质更为复杂。

4.4.1 黏土的荷电性

最早发现黏土荷电性的是卢斯。他于1809年发现在黏土-水系统中通电后,分散的黏土粒子会在电流的影响下向阳极移动,从而证实了黏土颗粒可以带负电。1942年,西森(Thiessen)在电子显微镜中观察到带负电荷的胶体金粒被片状高岭石的棱边所吸附,证明黏土也能带正电。大量的实验证明,黏土所带电荷的80%以上集中在小于2 μm的晶体颗粒中,黏土表面的有机质中也带有一部分电荷。研究还表明,黏土颗粒的荷电性质与其带电原因有关。

1.同晶置换

黏土带负电荷的主要原因是黏土晶格内离子普遍存在的同晶置换。黏土是层状晶体,其主要结构组成是硅氧四面体和铝氧八面体。如果硅氧四面体中 Si^{4+} 被 Al^{3+} 所置换,或者铝氧八面体中 Al^{3+} 被 Mg^{2+}、Fe^{2+} 等取代,就会产生过剩的负电荷。电荷的多少由晶格内同晶置换量决定。

蒙脱石晶体是由两层硅氧四面体和一层夹在中间的铝氧八面体形成的复网层结构,稳定性较差。其中的铝氧八面体中 Al^{3+} 很容易被 Mg^{2+} 等二价阳离子置换,从而产生大量过剩负电荷。这是蒙脱石带负电荷的主要原因。此外,还有5%的负电荷是由 Al^{3+} 置换硅氧四面体中的 Si^{4+} 而产生的。蒙脱石的负电荷除部分由内部补偿(包括其他层片中所产生的置换和八面体中O原子被OH基的取代)外,每单位晶胞还约有0.66个剩余电子。

伊利石的结构和蒙脱石相似,其带负电荷的原因主要是硅氧四面体中的 Si^{4+} 约有1/6被 Al^{3+} 所取代。

高岭石根据化学组成推算,其晶胞内电荷是平衡的,因此原先一般认为高岭石内不存在类质同晶置换。但后来的研究证明高岭石中也存在少量铝对硅的同晶置换现象,有人计算出其量约为每1 g土有2 mmol。

黏土中由同晶交换所产生的负电荷并不是在各个面上均匀分布的,它们大部分分布在垂直于 C 轴的板面上。为了平衡这些负电荷,介质中的一些阳离子会通过静电引力吸引到黏土的板面上,这些阳离子是可交换的。

2.腐殖酸离解

另一种使黏土带负电荷的机理是吸附在黏土表面的腐殖酸离解。有些黏土中含有较多的有机质,这些有机质常以腐殖酸的形式吸附、包裹在黏土表面。腐殖酸中的羧基(—COOH)和酚羟基(—OH)的 H^+ 解离就会使黏土板面带负电荷。与同晶置换不同,这部分负电荷的数量会随介质的pH而改变。在碱性介质中 H^+ 更容易离解,产生的负电荷更多。

3.价键断裂

黏土晶体在分散过程中发生平行于 C 轴方向(即垂直于层间方向)的结构断裂,断裂处的边棱产生负电场。在不同的pH值环境下,吸附 H^+ 的变化,使边面带上不同的电荷。

图4-25是不同pH值时高岭石边面电荷变化状况示意图。由于边棱断键,边面暴露出两个O和一个OH,在酸性条件[图4-25(a)]下,在各吸附了一个 H^+ 后,与硅相连的O达到电价平衡,而与硅、铝同时相连的O及与铝相连的OH都变成+1/2价,其结果使边面带1个正电荷。在中性条件[图4-25(b)]下,两个O各吸附一个 H^+,OH不吸附,其结果是边面不带电。在碱性条件[图4-25(c)]

下，OH 和 O 均不吸附 H^+，结果边面共带 2 个负电荷。

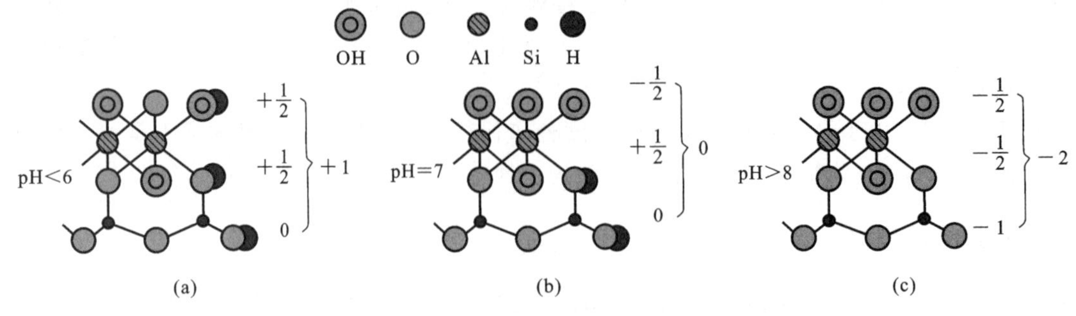

图 4-25　高岭石边面电荷变化

价键断裂产生电荷的特点是随着 pH 值的变化，可以产生正电荷，也可以产生负电荷。对于同晶置换较少的高岭石，价键断裂是其带电的主要原因。但对于同晶置换较明显的蒙脱石，价键断裂产生的电量在其总电量中所占比例很低。

黏土颗粒上正电荷、负电荷的代数和就是其净电荷。从上面的分析可知，除了少数在较强的酸性条件下可能出现净正电荷，一般黏土颗粒均带净负电荷。

4.4.2　黏土与水的结合

水是极性分子。当黏土颗粒分散在水中时，在表面负电场的作用下，水分子会以一定取向分布在黏土颗粒周围，以氢键与其表面上氧以及氢氧基键合，负电端朝外。当第一层水分子的外围形成一个负电表面后，又会吸引第二层水分子，之后是第三层、第四层……随着离开黏土表面距离的增加，负电场对水分子的引力作用不断减弱，水分子的定向排列也由整齐逐渐过渡到混乱。靠近黏土颗粒表面 3～10 个水分子厚的水分子层定向排列程度最高，围绕在黏土颗粒周围，与黏土颗粒形成一个整体在介质中运动，称为牢固结合水（又称吸附水膜或水化膜）。牢固结合水的外侧是由定向程度较差的水分子构成的分子层，称为松结合水（又称扩散水膜），由于离开黏土颗粒表面较远，它们之间的结合力较小、有序度较低。牢固结合水与松结合水合称结合水。结合水在物理性质上与自由水不相同，具有密度大、热容小、介电常数小、冰点低等特点。松结合水以外的水为自由水。黏土与水结合示意如图 4-25 所示。

黏土与上述三种水结合的状态与数量会影响到黏土-水系统的工艺性能。当黏土含水量一定时，若结合水减少，则自由水就多，此时黏土胶粒的体积减小，移动容易，泥浆黏度小，流动性好；当结合水量多时，水膜厚，利于黏土胶粒间的滑动，则可塑性好。

4.4.3　黏土的离子交换性

从上节的介绍可知，黏土颗粒表面一般都带有电荷，因此会吸附介质中电性相反的离子，而这些被吸附的离子又能被溶液中其他同种电性离子所交换，这就是黏土的离子交换性质。离子吸附和离子交换是一个反应中同时进行的两个不同过程。

例如：

$$2Na^+\text{-黏土}+Ca^{2+} \longleftrightarrow Ca^{2+}\text{-黏土}+2Na^+ \tag{4-50}$$

在这个反应中，Ca^{2+} 由溶液转移到胶体上，是离子的吸附过程；而被黏土吸附的 Na^+ 则转入溶液，是解吸过程。从中也可看出离子交换反应的几个特点：①同号相互交换，即阳离子交换阳离子、阴离子交换阴离子；②等电荷量交换，比如上式中，一个 Ca^{2+} 交换两个 Na^+；③交换和吸附是可逆过程；④离子交换是离子之间的相互作用，并不影响黏土本身的结构。

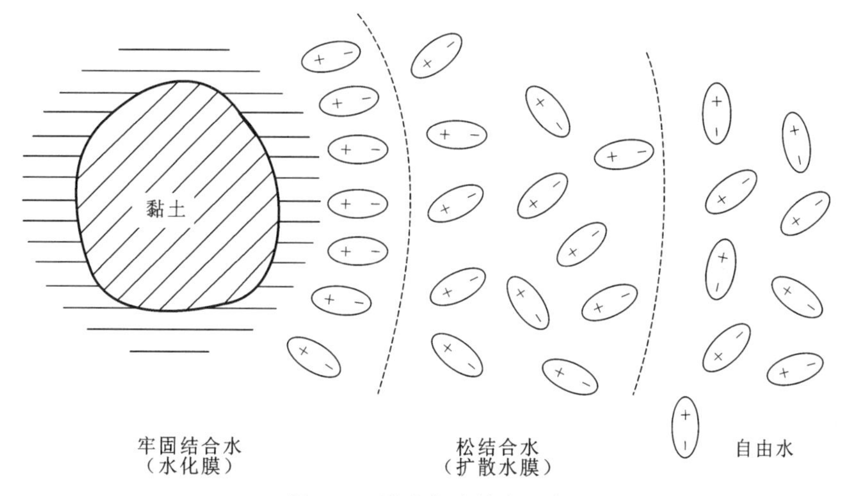

图 4-26 黏土与水结合示意

1.离子交换容量

离子的交换能力一般用离子交换容量来表征。黏土的离子交换容量(cation exchange capacity，简称 c.e.c)通常以 pH=7 时 100 g 干黏土所吸附某种离子的物质的量来表示。影响黏土离子交换容量的因素很多，包括矿物组成、颗粒分散度、溶液 pH 值、介质温度等。

不同黏土矿物的交换容量相差很大。比如，蒙脱石中同晶置换的数量较多，晶格层间结合疏松，在水中易膨胀分散，因此离子交换容量大，为 75～150 mmol/100 g 土；伊利石中同晶置换数量少，层状晶胞间结合很牢固，遇水不易膨胀分散，因此其交换量比蒙脱石小，为 10～40 mmol/100 g 土；高岭石中同晶置换极少，其吸附交换阳离子主要依靠断键，因此其交换容量最小，为 3～15 mmol/100 g 土。

颗粒度也会影响离子交换容量。当黏土的组成一定时，其离子交换容量会随着颗粒度的减小而增大。比如高岭石的平均粒径为 10.0 μm 时，其阳离子交换容量为 0.4 mmol/100 g 土，而平均粒径下降到 0.29 μm 时，其阳离子交换容量可上升至 8.1 mmol/100 g 土。另外，当 pH 值升高时，碱性增强，净负电荷增加，阳离子交换容量增大；而 pH 值较小时，则阴离子交换容量增大。值得说明的是，不同类型黏土受颗粒度影响程度有较大差别。比如蒙脱石离子交换主要依靠同晶置换，受颗粒表面结构影响不大，因此不同大小的颗粒离子交换容量变化不大。而高岭土的离子交换主要由断键引起，交换容量就受颗粒度影响较明显，颗粒越小，离子交换容量越大。

2.离子交换顺序

不同阳离子与黏土之间的吸附力大小是不一样的。在环境条件相同时，这种吸附力的大小主要与以下两种因素有关：

一是离子价态。电价越高，与黏土的吸附力越大。一般而言，高价阳离子可从黏土中将低价的阳离子交换下来，反之则不行。只有 H^+ 是例外，因为 H^+ 体积小，电荷密度大，与黏土之间的吸附力最大。

二是离子的水化半径。阳离子在水中会吸附极化的水分子，形成水化阳离子。水化离子半径会影响到其与黏土之间的吸附力，水化离子半径越大，水化膜越厚，则与黏土之间的吸引力越小。

综合以上两种因素的影响，可将部分黏土的阳离子交换顺序排列如下：

$$H^+ > Al^{3+} > Ba^{2+} > Sr^{2+} > Ca^{2+} > Mg^{2+} > NH_4^+ > K^+ > Na^+ > Li^+$$

在相同的离子浓度条件下，位于序列左侧的阳离子能交换出右侧的阳离子。

对于阴离子，除结合能因素之外，几何结构因素也需要考虑。例如，与$[SiO_4]$四面体有相似结构的 PO_4^{3-}、BO_3^{3-} 等相对于 SO_4^{2-}、NO_3^- 等更容易发生黏土吸附。因此，阴离子的交换顺序是：

$$OH^- > CO_3^{2-} > P_2O_7^{4-} > PO_4^{3-} > I^- > Br^- > Cl^- > NO_3^- > F^- > SO_4^{2-}$$

4.4.4 黏土的胶团结构和电动势

黏土-水系统属于胶体体系。按照胶体化学,胶体体系处于一种热力学不稳定而动力学稳定的介稳状态。胶体能长期稳定存在不发生聚沉,是因为胶体中的微粒表面存在“扩散双电层”,使得胶体微粒在相互接近时产生斥力而无法聚集,从而保持了系统的稳定。

-负电荷,+正电荷,●黏土,❟被吸附的水分子

图 4-27　黏土胶团结构示意

黏土胶团由从内到外的三层结构组成,即胶核、胶粒和胶团。胶核就是黏土颗粒本身。黏土颗粒分散在水中后,会在表面形成水化膜和扩散水膜。同时由于它们自身一般带负电,会吸附等量的水化阳离子。这些阳离子一部分会进入水化膜中,被胶核紧紧吸附不能自由移动,从而构成胶团的吸附层。胶粒就是由胶核加吸附层组成。另一部分水化阳离子会进入扩散水膜中,它们与胶核的吸附力较小,可以自由移动。扩散水膜与这些阳离子就构成胶团的扩散层。扩散层中,离子浓度由内向外逐渐减小。胶粒+扩散层就称为胶团。这样整个胶团结构如图 4-27 所示。在胶团之外,水化阳离子不受黏土颗粒静电影响。

从上面分析可以看到,整个黏土胶团形成了由离子不能自由移动的吸附层和离子可能自由移动的扩散层构成的双电层结构,如图 4-28 所示。在外电场的作用下,胶团吸附层中离子会随着胶核一起移动,胶粒对于均匀的液相介质形成一个电位,称为电动电位(ζ 电位),如图 4-29 所示。其中,黏土颗粒表面与扩散层外液相介质之间的总电位差称为热力学电位差(用 φ 表示),ζ 电位则是吸附层与扩散层的界面(BB 面)与扩散层外液相介质之间的电位差。显然,$\varphi>\zeta$。

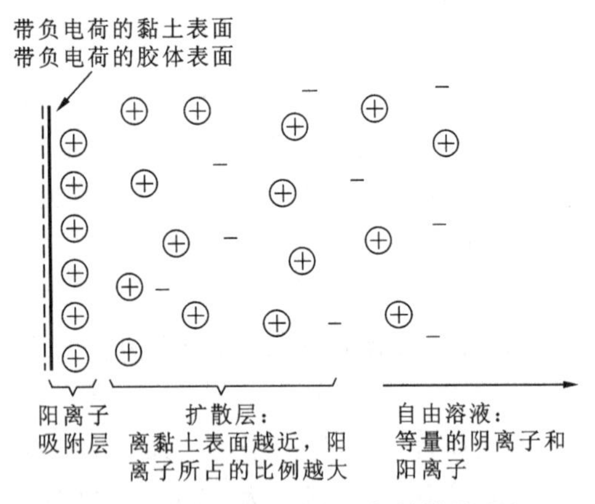

图 4-28　黏土表面吸附层与扩散层示意

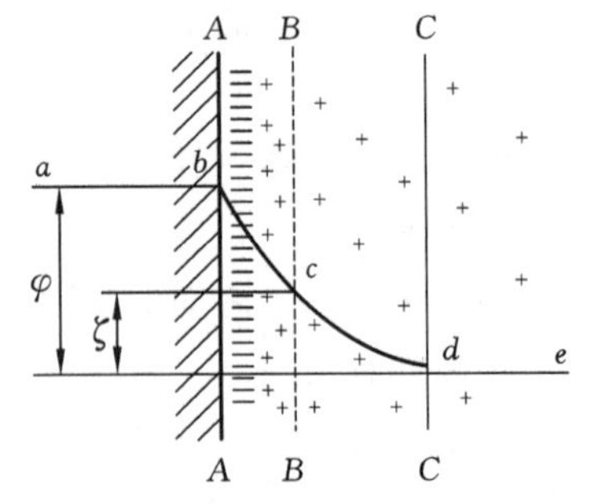

图 4-29　黏土表面扩散双电层示意

ζ 电位的高低受离子的电价和浓度影响。对于一个确定的黏土颗粒,其扩散层的总电量是一定的。当溶液中阳离子浓度增加时,会有更多阳离子进入吸附层,导致其厚度由原先的 d_1 压缩至 d_2,使扩散层变薄,ζ 电位也随之从 ζ_1 降低到 ζ_2,如图 4-30 所示。当阳离子浓度进一步增加,导致扩散层中的阳离子全部压缩至吸附层内,此时 P 点与 AB 面重合,ζ 电位降为零也即等电态。如果阳离子浓度进一步增加或者吸附力特别强,则会使吸附层中挤进过多的阳离子,从而改变 ζ 电位的符号,如图 4-30 中的 ζ_3 和 ζ_1、ζ_2 的符号相反。当溶液中存在高价阳离子或某些大的有机离子时,往往会出现这种 ζ 电位改变符号的现象。

根据静电学基本原理,可推导出 ζ 电位的表达式:

$$\zeta=\frac{4\pi\sigma d}{D} \tag{4-51}$$

式中,ζ 为电动电位,σ 为表面电荷密度,d 为双电层厚度,D 为介质的介电常数。

由上式可知,ζ 电位与黏土表面电荷密度和双电层厚度成正比,与介质的介电常数成反比。凡是会影响电荷密度、双电层厚度及介质介电常数的因素都会影响到 ζ 电位。

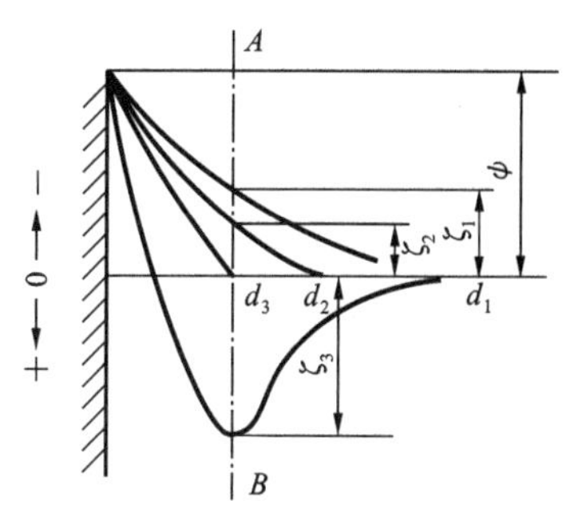

图 4-30 黏土的电动电位

4.4.5 黏土-水系统的胶体性能

1.泥浆的稳定性

泥浆的稳定性是指黏土胶粒在水中保持均匀分散而不发生聚集沉降的性质。在热力学上,泥浆属于不稳定系统,黏土胶粒有自动聚集成大颗粒而沉积的趋势。但在实际上,通过对泥浆影响因素的调节,泥浆往往可以在较长时间内保持稳定状态。这些影响因素主要有:

(1) 动力作用。泥浆的沉浆主要是由于重力的作用,因此当黏土胶粒的热运动能克服重力的吸引时,就有可能不发生沉降。①黏土分散度。分散度高,颗粒小,布朗运动剧烈,不易聚集和沉降。②黏土与水的密度差。密度差小,则浮力作用明显,不易沉降。③水的黏度。黏度大,黏土胶粒沉降受限。

(2) 溶剂化膜的作用。黏土胶核外吸附的水化膜是由水分子定向排列构成的。当黏土颗粒相互碰撞时,这些定向排列的水分子会受压变形,而胶核的电场作用则力图使水分子恢复原状,这使得水化膜表现出一定的弹性,阻止胶团间进一步接近,使黏土胶粒不易聚沉。

(3) 扩散双电层的作用。ζ 电位的高低对黏土胶体的稳定性有重要影响。ζ 电位较高,则黏土胶粒之间的斥力较大,抵消或削弱范德瓦耳斯引力,不容易聚沉。反之,当 ζ 电位降低时,则黏土胶粒之间的斥力较小,颗粒容易相互靠近,产生聚沉。瓦雷尔(W.E.Worrall)曾指出:一个稳定的泥浆浮液,黏土胶粒的 ζ 电位值大约必须在 −50 mV 以上。

由不同的阳离子所饱和的黏土的电动电位见图 4-31。从图中可以看出,黏土的 ζ 电位值与阳离子半径和电价有关。不同价阳离子饱和的黏土其 ζ 电位变化为:M^{+}-土>M^{2+}-土>M^{3+}-土(其中吸附 H_3O^{+} 为例外)。价态越低,ζ 电位越大。而对于同价离子饱和的黏土,则是随着离子半径增大,ζ 电位降低。这种变化规律主要由离子的水化度及它们与黏土的吸引力所决定。

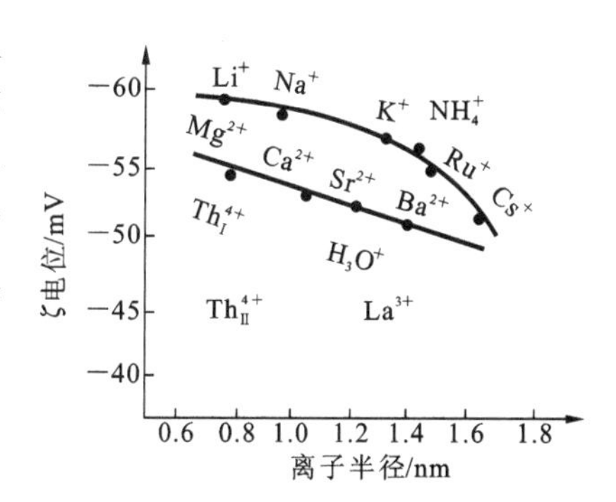

图 4-31 由不同的阳离子所饱和的黏土的 ζ 电位

一般黏土中都含有腐殖质,这些腐殖质都带有大量负电荷,可以起到加强黏土胶粒表面净负电荷的作用,并导致黏土 ζ 电位升高。例如河北唐山紫木节土(含有机质 1.53%)的 ζ 电位为 −53.75 mV,去除其有机质后 ζ 电位则变化至 −47.30 mV。

影响黏土 ζ 电位的因素还包括:电解质阴离子的作用、黏土矿物组成、黏土胶粒形状和大小、表面光滑程度等。

实验表明,当胶粒的 ζ 电位还未到达等电点前,就会出现明显的聚沉现象。此时的 ζ 电位称为临界电位,其绝对值一般为 25~30 mV。虽然此时双电层还存在,但此时胶粒之间的静电引力大于斥力,无法阻止它们的相互聚积,沉降就会发生。

2.泥浆的流动性

在无机非金属材料制造过程中，为了降低成本、提高效率，常常希望获得含水量低、流动性好的泥浆。泥浆流动性主要用黏度 η 来表征，η 越小，流动性越好。

在流变学中，根据外力作用下不同的流动形式，将物体的流动分为以下几种：

(1) 牛顿流动。在这类物体上加上剪切应力，物体即开始流动，其速率与剪切应力成正比，当应力消除后，变形不再复原。这种流动写成：

$$\sigma=\eta\frac{\mathrm{d}v}{\mathrm{d}x} \tag{4-52}$$

式中，σ 为剪切应力，η 为黏度，$\mathrm{d}v/\mathrm{d}x$ 为流体产生的剪切速度。

(2) 宾汉流动。其特点是应力必须大于阈值 f 后才开始流动，一旦流动后，其行为与牛顿型相同。这种流动可写成：

$$\sigma-f=\eta\frac{\mathrm{d}v}{\mathrm{d}x} \tag{4-53}$$

(3) 塑性流动。这类流动的特点与宾汉流动有一点相似，也是施加的剪切力必须超过某一阈值——屈服值以后才开始流动。但与宾汉流动不同之处是，当剪切力超过阈值不多时，剪切速度并不与剪切应力呈线性关系。直到剪切应力达到一定值，物料由紊流变成层流，才会转变成牛顿流动。

(4) 假塑性流动。这一类型的流动曲线类似于塑性流动，但它没有屈服值，且表观黏度随切变速率增加而减小。

(5) 膨胀流动。这一类型的流动曲线也没有屈服值，且表观黏度随切变速率增加而增大。属于这一类流动的一般是非塑性原料，如氧化铝、石英粉的浆料等。这些高浓度的细粒悬浮液在搅动时会变得比较黏稠，而停止搅动后又恢复原来的流动状态。

不同类型的流变曲线如图 4-32 所示。

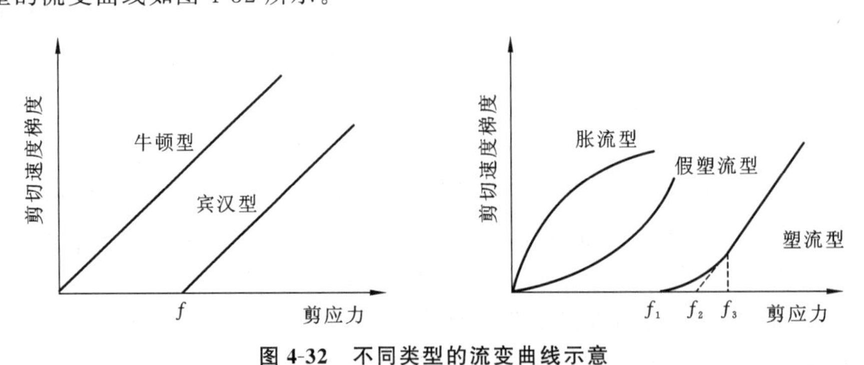

图 4-32　不同类型的流变曲线示意

泥浆通常属于塑性流动，如图 4-33 中 H-高岭土的流变曲线所示。

改善泥浆流动性的常见方法是在泥浆中加入适量的稀释剂(或减水剂)，如水玻璃、纯碱、纸浆废液、木质素磺酸钠等。在图 4-33 中，泥浆未加碱(曲线 1)显示高的黏度和屈服值，随着加入 NaOH 量增加，黏度和屈服值不断下降，得到曲线 2、3。之后随着 NaOH 量继续增加，黏度和屈服值又有所上升(曲线 4)。另外，当在泥浆中加入 $Ca(OH)_2$ 时，黏度和屈服值也会下降(曲线 5、6)，但效果没有 NaOH 明显。

图 4-34 中的泥浆稀释曲线，表示黏土在加水量不变时，泥浆黏度随电解质加入量增加的变化曲线。从图 4-34 可以看到，当 NaOH 加入量在 15～25 mmol/(100 g 土)时，泥浆黏度最低，此时黏土在水介质中分散性最好，这种现象称为泥浆的胶溶或泥浆稀释。继续增加 NaOH，泥浆黏度增大，表明黏土粒子相互聚集程度增大，此时称为泥浆的絮凝或泥浆增稠。从图 4-33 中也可发现，对于高岭土，Na_2SiO_3 的稀释效果更为显著。

图 4-33 和图 4-34 是生产与科研中经常用于表征泥浆流动性的曲线。

稀释剂的选择与泥浆的结构有关，泥浆的结构是影响其流动性的重要因素。黏土是表面带静电荷的片状颗粒，板面上始终带负电，而边棱则随着介质 pH 值的变化可能带负电也可能带正电。因此黏土片状颗粒在介质中，由于板面、边棱带同号或异号电荷，有可能产生如图 4-35 所示的六种结合方式。

在以上几种结合方式中，只有面-面排列能使泥浆黏度降低，而边-面或边-边结合方式都容易在泥浆内形成一定的三维连续结构，使流动阻力增大，屈服值提高。因此，泥浆胶溶过程实际上就是破坏其内部网状结构，使边-边、边-面结合转变成面-面排列。这种转变进行得越彻底，黏度降低就越显著。

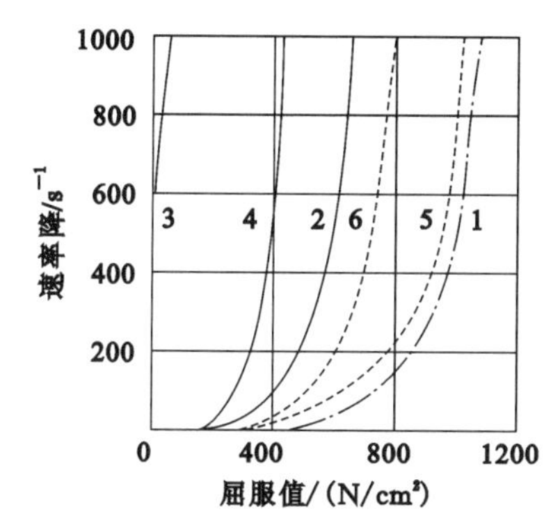

图 4-33 H-高岭土的流变曲线

1—未加碱；2—0.002 mol/L NaOH；3—0.02 mol/L NaOH；4—0.2 mol/L NaOH；5—0.002 mol/L $Ca(OH)_2$；6—0.02 mol/L $Ca(OH)_2$

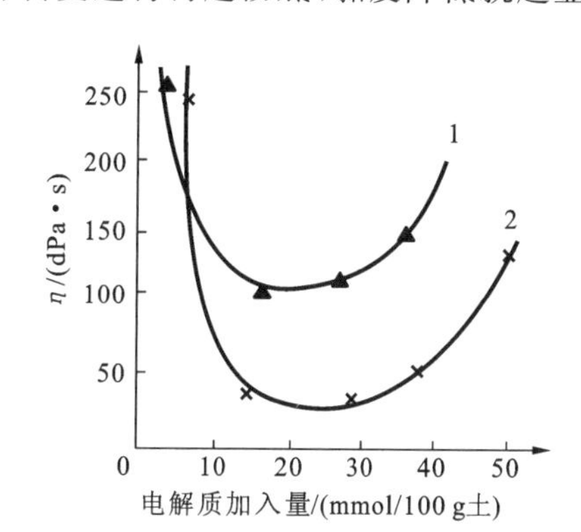

图 4-34 黏土泥浆稀释曲线

1—高岭土＋NaOH；2—高岭土＋Na_2SiO_3

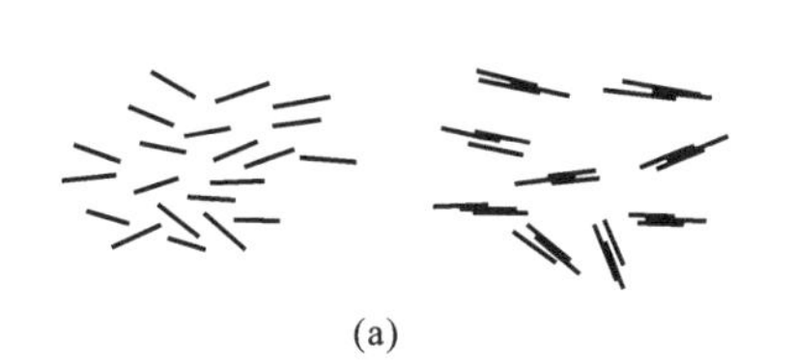

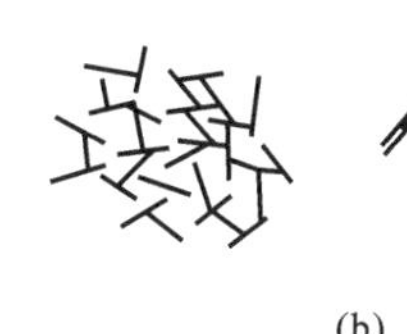
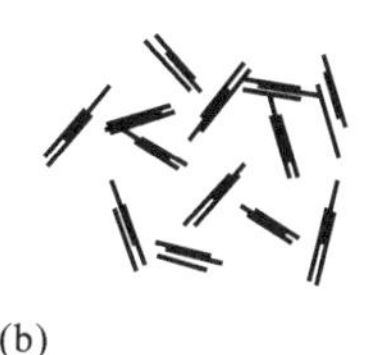

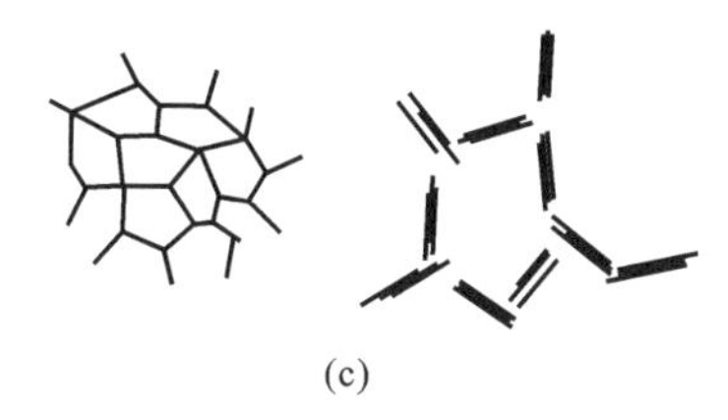

图 4-35 黏土片状颗粒在介质中的结合方式

(a) 面-面；(b) 边-面；(c) 边-边

为了使泥浆胶溶进行彻底，在稀释剂的选择上要注意以下几点：

① 介质呈碱性。黏土在酸性介质边棱带正电，会引起黏土边棱与带负电的板面之间强烈的静电吸引，从而结合成边-面或边-边结构。这种现象对于在酸性介质中成矿、带电主要由断键产生的高岭土等特别显著。在碱性介质中，黏土边棱和板面均带负电，从而消除边-面或边-边的静电力；同时黏土表面净负电荷增多，使黏土颗粒间静电斥力增大，为泥浆胶溶创造了条件。

② 必须存在一价碱金属阳离子。黏土胶粒在介质中充分分散需要黏土颗粒间有足够的静电斥力，这种排斥力可表示为：

$$f \propto \frac{\zeta^2}{k} \tag{4-54}$$

式中，f 为黏土胶粒间的排斥力，ζ 为电动电位，$1/k$ 为扩散层厚度。

自然界天然黏土一般以 Ca-黏土、Mg-黏土或 H-黏土形式存在，其表面吸附了大量 Ca^{2+}、Mg^{2+}、H^+ 等阳离子，这类黏土的 ζ 电位都比较低。由于钠盐价廉易得，所以稀释剂多采用含 Na^+ 的电解质，用一价阳离子 Na^+ 交换黏土中的 Ca^{2+}、Mg^{2+} 等，使之转变为 ζ 电位高及扩散层厚的 Na-黏土，有利于胶溶。

③ 阴离子的作用。Na 盐电解质对黏土胶溶效果受阴离子的影响，电解质的阴离子不同，其胶溶

效果也不一样。阴离子的作用可分为两方面：

一方面，阴离子与原土上吸附的 Ca^{2+}、Mg^{2+} 形成不可溶物或稳定的络合物，从而促进 Na^{+} 与 Ca^{2+}、Mg^{2+} 等离子的交换反应。

从阳离子交换顺序可知，在相同浓度下 Na^{+} 无法交换出 Ca^{2+}、Mg^{2+}，但此时如果钠盐中阴离子能与 Ca^{2+}、Mg^{2+} 形成溶解度很小的盐或稳定不分解的络合物，则能促进 Na^{+} 对 Ca^{2+}、Mg^{2+} 交换反应的进行。例如，$NaOH$、Na_2SiO_3 与 Ca^{2+} 交换反应如下：

$$\begin{gathered}\text{Ca-黏土} + 2NaOH \longrightarrow 2\text{Na-黏土} + Ca(OH)_2 \downarrow \\ \text{Ca-黏土} + Na_2SiO_3 \longrightarrow 2\text{Na-黏土} + CaSiO_3 \downarrow\end{gathered} \tag{4-55}$$

由于 $CaSiO_3$ 的溶解度比 $Ca(OH)_2$ 小得多，因此后一反应比前一反应进行得更彻底，因此降低黏度效果更好(图 4-34)。

另一方面，聚合阴离子在胶溶过程中具有特殊作用。在苏州高岭土中适量加入 10 种钠盐电解质后的 ζ 电位见表 4-2。虽然这些电解质的阴离子都能与 Ca^{2+}、Mg^{2+} 形成不同程度的沉淀或络合物，但仅四种含有聚合阴离子的钠盐(硅酸盐、磷酸盐和有机阴离子)能使苏州土的 ζ 电位值升到 -60 mV 以上。这是因为，这些聚合阴离子会吸附在黏土的边棱上，当黏土边棱带正电时，能有效地中和这些正电荷；当黏土边棱不带电时，又能够成为新的负电荷位置。结果导致黏土颗粒间原来的边-面、边-边结合转变为面-面排列，而原来的面-面排列颗粒间的斥力会进一步增加，因此使泥浆得到充分的胶溶。

表 4-2 苏州高岭土加入 10 种电解质后的 ζ 电位值

编号	电解质	ζ 电位/mV	编号	电解质	ζ 电位/mV
0	原土	−39.41	6	$NaCl$	−50.40
1	$NaOH$	−55.00	7	NaF	−45.50
2	Na_2SiO_3	−60.60	8	单宁酸钠盐	−87.60
3	Na_2CO_3	−50.40	9	蛋白质钠盐	−73.90
4	$(NaPO_3)_6$	−79.70	10	CH_3COONa	−43.00
5	$Na_2C_2O_4$	−48.30			

根据以上这些要求，在无机非金属材料生产中除采用硅酸钠、单宁酸钠盐作为胶溶剂外，还广泛采用多种有机或无机-有机复合胶溶剂如木质素磺酸钠、聚丙烯酸酯、芳香醛磺酸盐等，并获得较好的泥浆胶溶效果。

需要说明的是，泥浆胶溶是受多种因素影响的复杂过程，既与黏土本性(矿物组成、颗粒形状尺寸、结晶完整程度)有关，也与环境因素、操作工艺(温度、湿度、陈腐时间)等有关。因此在实际生产中，胶溶剂(稀释剂)种类和数量的确定不能仅凭理论推测，需要根据具体原料和操作条件并通过实验来决定。

3.泥浆的触变性

触变状态是泥浆介于稀释的流动状态和稠化的凝聚状态之间的一个中间状态。所谓触变，就是泥浆在静置时像凝固体一样不会流动，一经扰动、搅拌或摇动，又会重新获得流动性，如再静置又重新凝固。这样的过程可以不断重复。

泥浆具有触变性与泥浆胶体的结构有关。霍夫曼在多次实验的基础上，提出如图 4-36 所示的触变结构，并称这种结构为“纸牌结构”或“卡片结构”。这种结构的形成，是由于在未完全胶溶的黏土片状颗粒的活性边棱上尚残留少量正电荷未被完全中和，或是边棱上的负电荷不足以排斥板面负电荷，因此会形成某些边-面或边-边结合，构成疏松的三维网状空间架构，并将大量自由水包裹在网状空隙中，充满整个容器。由于只有一部分边-面吸引，另一部分仍保持边-面相斥，因此这种结构很不稳定，很容易在剪切应力下被破坏，使包裹的大量“自由水”释放，泥浆流动性又恢复。但是，由于部分边-面间的吸引作用始终存在，所以只要静止下来，三维网状架构又可重新建立。

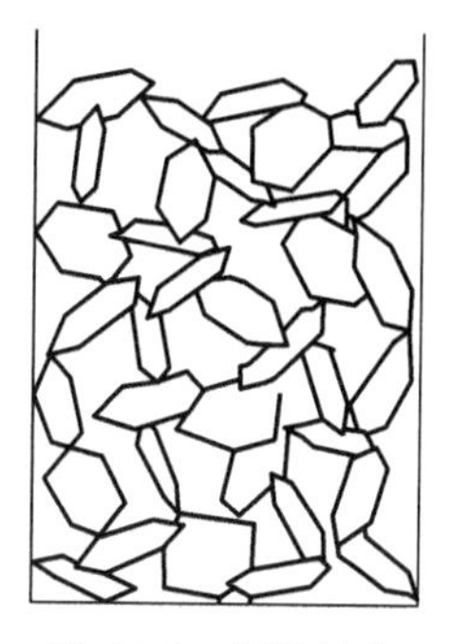

图 4-36　泥浆触变结构示意

黏土泥浆只有在一定条件下才表现出触变性，它与下列因素有关：

(1) 含水量。泥浆越稀，则黏土胶粒间距离越大，边-面间静电引力小，胶粒定向性弱，不易形成触变结构。

(2) 黏土矿物结构。黏土触变效应与矿物结构遇水膨胀有关。比如高岭石中，水分子只能吸附在颗粒表面或进入颗粒间，不易进入分子晶格中；而蒙脱石中，水分子不仅吸附在颗粒表面(或进入颗粒间)，也容易渗入晶格之中。因此，蒙脱石在外部条件变化时能吸收或释放的水量更大，比高岭石更易具有触变性。

(3) 颗粒大小与形状：颗粒越细，活性边、表面越多，易形成触变结构。当颗粒呈平板状、条状等不对称形状时，形成“卡片结构”所需要的胶粒数目较小，形成触变结构所需泥料浓度较小。

(4) 电解质种类与数量。触变效应与吸附的阳离子及吸附离子的水化密切相关。黏土吸附阳离子价数越小，或价数相同而离子半径越小者，触变效应越弱。当电解质加入量使黏土的 ζ 电位稍高于临界电位时，泥浆表现出最强的触变性。

(5) 温度。温度下降，质点热运动减弱，颗粒间容易黏附，触变易于产生。反之，温度升高，则不易产生触变。

4.黏土的可塑性

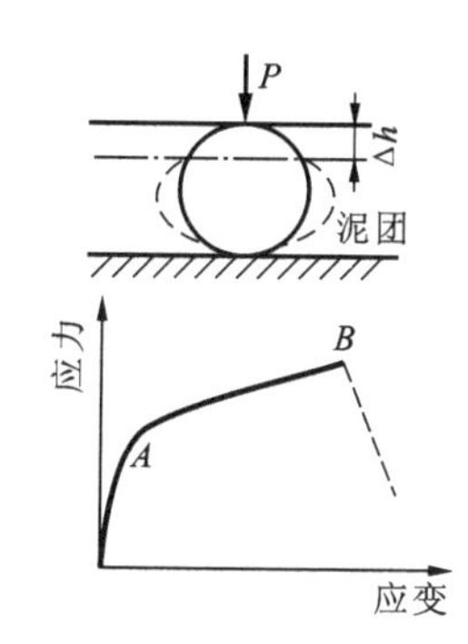

图 4-37　可塑性泥团的应力-应变图

塑性形变是指当外力移去后不能恢复的形变。可塑性是指物体在外力作用下，塑造成任何形状(不产生裂纹)，在外力去除后可保持该形状的性质。

将黏土和适量的水均匀混合，可制得可塑性泥团。可塑性泥团在加压受力过程中的形变如图 4-37 所示：当在泥团上施加小于 A 点的应力时，泥团仅发生微小变形，外力撤除后泥团能够恢复原状。这种变形称为弹性形变，服从胡克定律。当应力超过 A 点但不大于 B 点时，泥团会发生明显的变形，这种变形不可逆，属于塑性形变。当应力继续加大时，泥团出现裂纹，结构被破坏。

对于可塑性泥团，有两个参数很重要，一个是 A 点处的应力即泥团开始塑性形变的最低应力，称为屈服应力。一般要求屈服应力足够高，以防在偶然外力下发生形变。另一个是 B 点对应的最大变形量。该值越大，意味着在变形过程中越不容易出现裂纹。但这两个值不是孤立的，改善其中一个往往会导致另一个变差。通常，黏土可塑性可用泥团的屈服值乘以最大应变来表示。这个乘积越高，表示其成型能力越好。

黏土可塑泥团在外力下的塑性变化与泥团的结构有关。在泥团中，黏土颗粒之间同时存在吸力和斥力的作用。吸力主要有范德瓦耳斯力、局部边-面静电引力和毛细管力，斥力则是由带电黏土表面的离子间引起的静电斥力。塑性泥料中，黏土颗粒间的吸力与斥力处于平衡状态。

在泥团颗粒间的吸力中，毛细管力最重要。泥团中颗粒间会形成一层水膜，在水的表面张力作用下，颗粒被紧紧拉在一起。毛细管力越大，相对位移或使泥团变形的应力也越大，也即泥团的屈服值越高。

在前文式(4-37)中，我们已经知道毛细管力 $\Delta P=\dfrac{2\gamma\cos\theta}{r}$，与介质表面张力($\gamma$)成正比，而与毛细管半径($r$)成反比。因此毛细管直径越小，毛细管力越大。在黏土泥团中，水膜变薄，就相当于毛细管直径变小，因此毛细管力会增大。

影响泥团可塑性的因素很多，包括含水量、电解质、黏土颗粒大小和形状等。

1）含水量。可塑性发生在一定的水含量范围内。水量过少时，颗粒间水膜不能维持其连续性而中断，导致毛细管力下降，破坏了力的平衡，泥团出现裂纹而破坏；水量过多时，水膜太厚，致使颗粒间距离过大而无毛细管引力作用，塑性破坏，泥料由塑性状态过渡到流动状态，变成泥浆。

研究表明，黏土只在相当狭窄的含水量范围(18%～25%)内才显示可塑性。塑性最高时，颗粒周围的水膜厚度可能为 10 nm，约 30 个水分子层。

2）电解质。黏土吸附不同阳离子之后，颗粒之间吸引力和水膜厚度会发生改变，从而引起塑性变化。黏土泥团的塑性强弱次序与阳离子交换次序相同。因为交换能力强的阳离子，一方面颗粒表面水膜较厚，另一方面 ζ 电位低、颗粒间吸引力大。从电荷高低角度看，吸附三价离子黏土的可塑性＞吸附二价离子黏土的可塑性＞吸附一价离子黏土的可塑性。据测定，在相同含水量下，Na-土屈服值约为 70 kPa，Ca-土约为 490 kPa，Ca-土屈服值高于 Na-土。不过 H^+ 具有特殊性，H^+ 电荷密度高，与带负电荷的黏土颗粒间的吸引力最大，其可塑性也最强。

对于同价阳离子而言，离子半径越小，其表面电荷密度越大，水化能力越强，水化离子半径大，导致黏土胶团之间的 ζ 电位变高，吸引力减弱，可塑性变差。比如在一价阳离子中，黏土吸附 Li^+ 时的可塑性最低。

3）颗粒大小和形状

一般情况下，颗粒粗，颗粒间形成的毛细管半径大，颗粒间吸引力小，可塑性差；同时，颗粒粗，比表面积小，呈现最强可塑性时所需水分少。反之，颗粒小，颗粒间形成的毛细管半径也小，颗粒间吸引力大，可塑性强；同时，颗粒细，比表面积大，呈现最强可塑性时所需水分多。高岭石尺寸与可塑性的关系见表 4-3。

表 4-3　高岭石尺寸与可塑性的关系

平均粒径/μm	比表面积/(m^2/g)	最大可塑性/(N/m^2)	含水量(%)
0.135	71	10.2	34.9
0.28	38	8.2	32.3
0.45	27.1	7.6	28.3
0.55	17.5	6.25	25.0
0.65	7.92	4.4	21.6

不同形状颗粒的可塑性也不同。根据计算，与球形或立方体颗粒相比，相同体积的板状、短柱状颗粒的比表面积更大，且易形成面与面的接触，从而形成较细的毛细管，同时由于对称性低，移动阻力大，所以其可塑性也较强。

影响黏土可塑性的因素除以上因素外，还有黏土中腐殖质含量、介质表面张力、泥料陈腐、塑化剂添加、泥料真空处理等。

4.5　瘠性料的分散和塑化

现代工业的发展，对材料的性能提出了越来越高的要求，而黏土作为天然原料，虽然它在水介质中荷电性、水化性和可塑性较好，有利于材料的成型，但其成分波动大，对材料的性能影响较大。因而需要越来越多地使用化学试剂如氧化物等作为原料，以获得更为优异的机电性能。这些化学试剂通常可塑性都比较差,被称为瘠性料。瘠性料的悬浮和塑化是现代材料制备过程的重要方面。

在无机非金属材料生产中,常遇到的瘠性材料很多,包括各种氧化物、氮化物粉末、无机盐、水泥等。这些瘠性料性质各异,其悬浮条件和塑化条件也不一样。

4.5.1 瘠性料的分散

目前关于瘠性料泥浆的稳定分散机理主要有以下几种:

1.双电层(静电)稳定机理

双电层(静电)稳定机理源于 DLVO 理论。DLVO 理论是由 20 世纪中叶苏联的 Derjaguin、Landau 和荷兰的 Verwey、Overbeek 分别提出的憎液胶体稳定性理论。该理论认为,体系的稳定性是由颗粒间的范德瓦耳斯引力势能和双电层斥力势能的平衡来调控的。两颗粒间的作用势能可表示为:

$$V_T = V_A + V_R \tag{4-56}$$

式中,V_T 为两颗粒总势能,V_A 为范德瓦耳斯吸引势能,V_R 为双电层排斥势能。

图 4-38 是两颗粒相互作用势能示意图。当颗粒相互接近时,斥力势能和引力势能同时增大,但由于二者的增速不同,V_T 存在一个最大值和两个最小值。最大值即势垒,是颗粒聚集必须克服的活化能;而两个最小值为势阱,在第一最小值发生不可逆聚结,在第二最小值产生可逆的絮凝,通过搅拌可再次分散。

根据 DLVO 理论,通过控制表面电势能,增加能量势垒高度,可以获得稳定分散体系。即通过调节 pH 值和外加电解质等方法,增加颗粒表面电荷,提高 ζ 电位,使颗粒间产生足够大的静电斥力,彼此无法接近而稳定悬浮。

采用控制料浆 pH 值使泥浆悬浮的调控方法时,制备料浆所用的粉料一般都属于两性氧化物,如氧化铝、氧化铬、氧化铁等。它们在酸性或碱性介质中均能胶溶,在中性时反而絮凝。两性氧化物在酸性或碱性介质中,发生以下的离解过程:

$$\begin{aligned} &MOH = M^+ + OH^- \quad (\text{酸性介质中}) \\ &MOH = MO^- + H^+ \quad (\text{碱性介质中}) \end{aligned} \tag{4-57}$$

离解程度取决于介质的 pH 值。随着介质中 pH 值变化,胶粒 ζ 电位不断增大或减小,甚至发生正、负变化,从而引起胶粒表面吸力与斥力平衡的改变,最终导致这些氧化物泥浆胶溶或絮凝。

以 Al_2O_3 料浆为例。从图 4-39 可见,随着 pH 值的变化,料浆 ζ 电位不断变化,并在 pH=3 和 pH=12 时出现两次最大值:ζ 电位= +183 mV 和 ζ 电位= −70.4 mV。相应地,当 ζ 电位出现最大值时,料浆黏度最低。

Al_2O_3 料浆的 ζ 电位随着 pH 值而变化,与其表面结构的变化有关。

Al_2O_3 是两性物质,在 Al_2O_3 泥浆中加入酸(比如 HCl)时,会在 Al_2O_3 表面发生如下反应:

$$\begin{aligned} &Al_2O_3 + 6HCl \Longleftrightarrow 2AlCl_3 + 3H_2O \\ &AlCl_3 + H_2O \Longleftrightarrow AlCl_2OH + HCl \\ &AlCl_2OH + H_2O \Longleftrightarrow AlCl(OH)_2 + HCl \end{aligned} \tag{4-58}$$

这样,在水中会生成 H^+、$AlCl^{2+}$、$AlCl_2^+$ 和 Cl^-、OH^- 离子。然后,Al_2O_3 优先吸附含铝的 $AlCl^{2+}$、$AlCl_2^+$ 离子,形成带正电的胶核,再吸附 Cl^- 和 OH^-,形成吸附层和扩散层,从而成为具有双电层结构的胶团,如图 4-40(a)所示。当 HCl 浓度增加,pH 值降低时,水中的 Cl^- 增多,OH^- 减少,胶核吸附的主要负离子变成 Cl^-。由于 Cl^- 的水化能力比 OH^- 强,Cl^- 水化膜厚,因此能进入吸附层的 Cl^- 数量较少而留在扩散层的数量较多,造成胶粒正电荷升高、扩散层增厚,导致 ζ 电位升高,粒浆黏度降低。但当 pH 值继续降低时,大量 Cl^- 被挤进吸附层,致使胶粒正电荷减少、扩散层变薄,ζ 电位随之下降,料浆黏度升高。

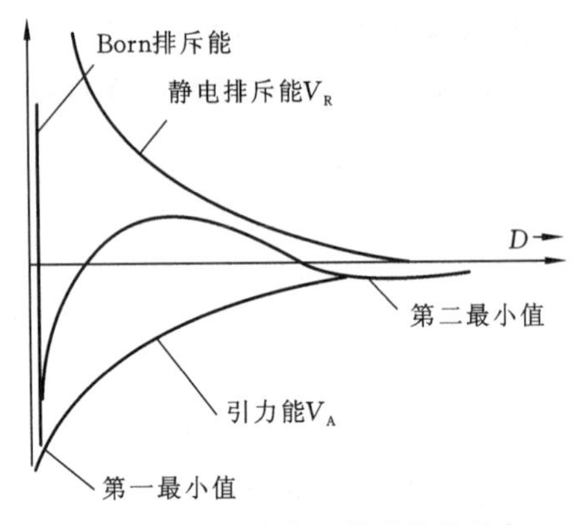

图 4-38 两颗粒相互作用势能示意

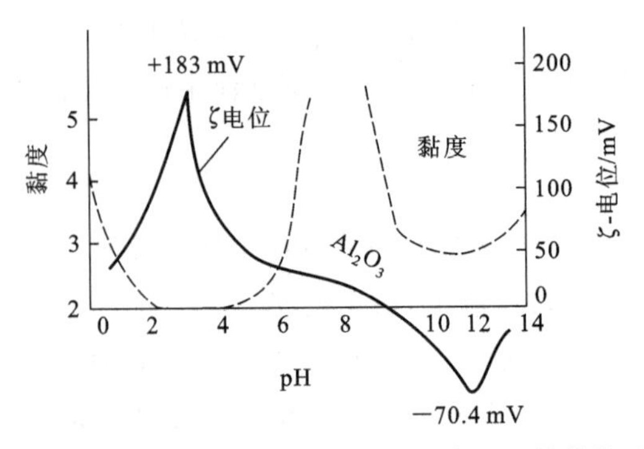

图 4-39 Al_2O_3 料浆黏度和 ζ 电位与 pH 值的关系

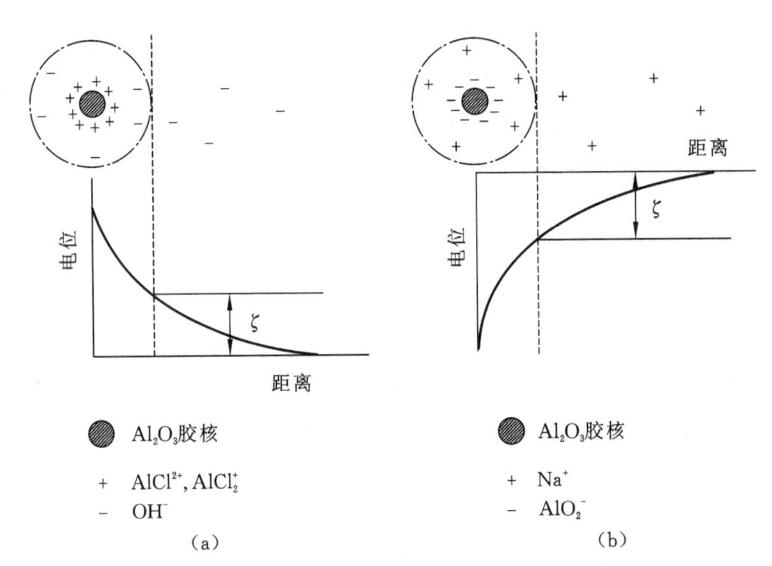

图 4-40 Al_2O_3 胶粒在不同 pH 下的双电层结构示意

当 Al_2O_3 泥浆中加入碱(比如 NaOH)时，Al_2O_3 呈酸性，其反应如下：

$$\begin{aligned} &Al_2O_3 + 2NaOH \Longleftrightarrow 2NaAlO_2 + H_2O \\ &NaAlO_2 \Longleftrightarrow Na^+ + AlO_2^- \end{aligned} \tag{4-59}$$

此时，Al_2O_3 优先吸附 AlO_2^-，使胶粒带负电，如图 5-40(b)所示，然后吸附 Na^+ 构成吸附层和扩散层，从而形成一个胶团。同样地，随着介质 pH 值变化，胶团的 ζ 电位也会升高或降低，导致料浆黏度变小和增大。

一些氧化物注浆时最适宜的 pH 值见表 4-4。

表 4-4 一些氧化物注浆时最适宜的 pH 值

原料	pH 值	原料	pH 值	原料	pH 值
氧化铝	3～4	氧化铍	4	氧化钍	<3.5
氧化铬	2～3	氧化铀	3.5	氧化锆	2.3

除了调节 pH 值，添加分子量小、离子带电量高的电解质也是一种改变 ζ 电位的方法，这些电解质包括柠檬酸盐、六偏磷酸钠、焦磷酸钠等。

2.空间位阻稳定机理

获得稳定分散体系的第二条途径就是在颗粒周围建立一个物质屏障，防止颗粒相互接近，这就是空间位阻稳定。其基本做法是：在浆料中添加高分子聚合物，聚合物分子的一端锚固吸附在固体颗粒表面，而溶剂化链在介质中充分伸展，形成位阻层，阻碍颗粒的碰撞聚集和重力沉降，如图 4-41 所示。

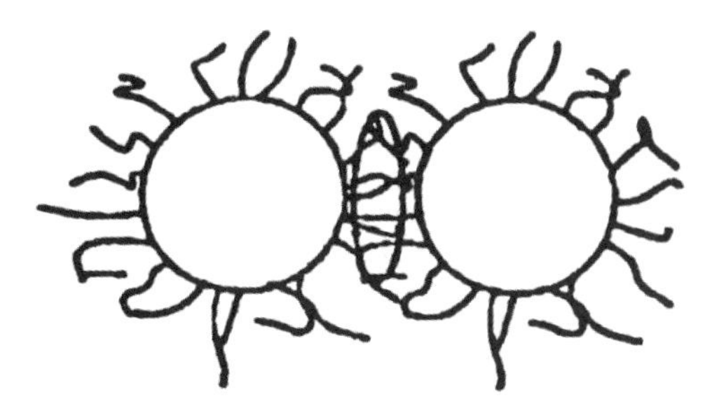

图 4-41 空间位阻稳定机理示意

聚合物分子要产生稳定的空间位阻效应，必须满足两个条件：一是锚固基团与颗粒的吸附力较强、在颗粒表面覆盖率较高；二是溶剂化链充分伸展，形成相当厚度的吸附位阻层。通常颗粒间距要保持大于 20 nm。

单纯空间位阻稳定的分散剂基本都是分子量大的非离子型聚合物，如阿拉伯树胶、明胶、羧甲基纤维素、鲱鱼油、聚乙烯醇、聚乙二醇等。

以 Al_2O_3 料浆为例。阿拉伯树胶对 Al_2O_3 料浆黏度的影响曲线见图 4-42。从图中可以看到，当阿拉伯树胶用量少时，料浆黏度有一个升高的过程，这是因为此时树胶量少，在一根树胶链上黏着较多 Al_2O_3 胶粒，引起重力沉降而聚沉，如图 4-43(a)所示。当继续增加树胶加入量时，每个 Al_2O_3 胶粒表面都可以附着多根树胶链，这些线性的树胶链在水中充分展开，阻止了 Al_2O_3 胶粒的碰撞靠近，聚沉就很难发生，从而提高了料浆的稳定性，如图 4-43(b)所示。

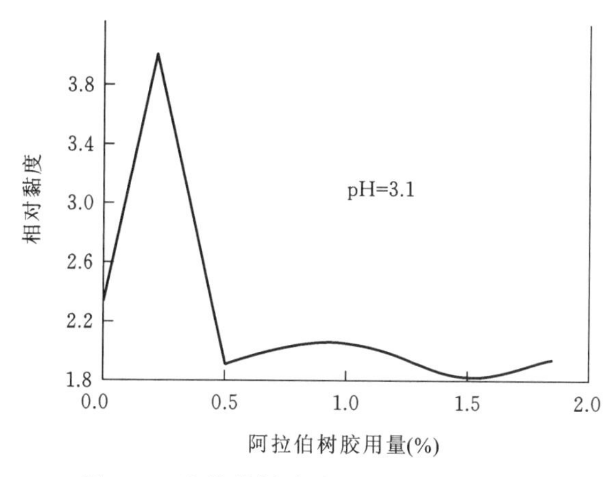

图 4-42 阿拉伯树胶对 Al_2O_3 料浆黏度的影响示意

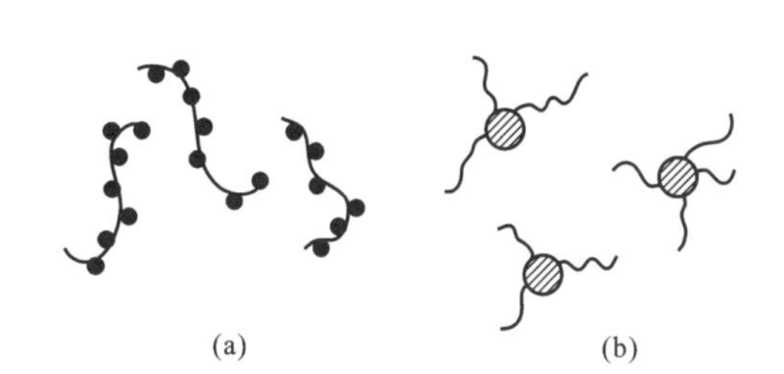

图 4-43 阿拉伯树胶对 Al_2O_3 胶体的聚沉和悬浮

(a) 聚沉；(b) 悬浮

3.静电位阻稳定机理

静电位阻稳定机理相当于静电稳定机理和空间位阻稳定机理的结合。当固体颗粒表面吸附了一层带电较强的聚合物分子层时，聚合物利用自身所带电荷排斥周围粒子，又利用位阻效应防止布朗运动的粒子靠近，产生复合稳定作用。颗粒间距离较远时，稳定作用以双电层产生的静电斥力为主；颗粒之间距离较近时，依靠空间位阻阻止颗粒靠近。

在配制高固含量料浆时，静电位阻作用是获得稳定料浆的最有效途径之一。常用静电位阻分散剂包括：分子量较小的聚丙烯酸胺、聚丙烯酸钠、海藻酸钠、海藻酸胺、木质磺酸钠、石油磺酸钠、水解丙烯酸胺等。以静电位阻机制稳定的料浆与 pH 值、分散剂含量等密切相关。通常，阴离子型分散剂在碱性条件下可改善料浆稳定性，而阳离子型分散剂则在酸性条件下起作用。

除以上 3 种主要的稳定机理之外，瘠性料泥浆的稳定分散机理还有竭尽稳定机理、范德瓦耳斯力屏蔽稳定机理、水化力稳定机理等等。

4.5.2 瘠性料的塑化

瘠性料塑化主要靠添加适量的塑化剂。根据应用场合不同，塑化剂可选择天然黏土矿物或有机高分子化合物。

黏土是天然塑化剂，价格低廉，但杂质含量较高，通常在制品性能要求不太高时采用。其中，最常用的黏土矿物是塑性强的膨润土。当在瘠性料中加入膨润土和水混合后，膨润土会分散成细小的胶体颗粒（粒径约零点几微米），均匀地分散在瘠性料间。由于膨润土自身的可塑性好，同时膨润土胶体颗粒水化能力强，有利于泥团中水膜连续介质相的稳定，水膜连续介质相不容易因为形变而被破坏，因此泥团的整体可塑性可得到改善。

在对制品性能要求较高时，瘠性料的塑化一般采用有机高分子塑化剂。常用的有聚乙烯醇（PVA）、羧甲基纤维素（CMC）、聚醋酸乙烯酯（PVAC）等。塑化机理主要是表面物理化学吸附，使瘠性料颗粒表面改性。

需要说明的是，虽然很多情况下，黏结剂、分散剂通常也可能起塑化剂的作用，但在一些制备工艺对塑性要求高的情况下，塑化剂往往需要单独加入，以获得更好的塑性。

习　题

1.名词解释：

表面与界面；范德瓦耳斯力；小角度晶界和大角度晶界；共格晶界和非共格晶界；晶界偏析；牢固结合水和松结合水；表面双电层；触变性；可塑性；静电位阻稳定机理

2.何谓表面能和表面张力？它们对于液态和固态物质二者有何差别？

3.固体表面的双电层是如何形成的？胶体系统中的双电层是如何形成的？

4.固体表面的几何结构是指什么？表面微裂纹是如何影响到材料的强度？

5.什么是固体的表面活性？为什么研磨可以提高固体表面活性？

6.什么是弯曲表面的附加压力？其正负是怎么划分的？

7.表面活性剂是如何对固体表面进行改性的？在采用热压铸成型工艺生产 Al_2O_3 陶瓷时，为了将 Al_2O_3 粉和石蜡均匀混合，为什么要用油酸作为表面活性剂？

8.黏土荷电性的产生机制有哪些？

9.黏土的离子交换顺序受哪几种因素影响？为什么蒙脱石的离子交换容量大于高岭石的？

10.泥浆的稳定性受哪些因素影响？一般 ζ 电位的绝对值在多少以上才能维持泥浆稳定？

11.黏土中结构水、结合水、自由水有什么区别？试分析结合水和自由水对泥浆流动性和可塑性的影响。

12.为了使泥浆胶溶进行彻底，在稀释剂的选择上要注意哪几点？

13.什么叫触变性？泥浆的触变性是什么造成的？

14.什么是可塑性？影响泥团可塑性的因素有哪些？

15.不同吸附阳离子对黏土的性能有很大影响。试指出黏土吸附下列不同离子后的性能变化规律（用箭头表示）：

$$H^+、Al^{3+}、Ba^{2+}、Sr^{2+}、Ca^{2+}、Mg^{2+}、NH_4^+、K^+、Na^+、Li^+$$

（1）离子置换能力；（2）黏土的 ζ 电位；（3）黏土的结合水；（4）泥浆的流动性；（5）泥浆的稳定性；（6）泥浆的触变性；（7）泥团的可塑性。

16.瘠性料的分散方式有哪些？在 Al_2O_3 浆料中，加入少量阿拉伯树胶会使浆料聚沉，而当阿拉伯树胶加入量较大时，则可起分散作用，为什么？

5 相平衡与相图

5.1 概述

相平衡是热力学在多相体系中的重要研究内容之一，主要研究多相系统中（多组分或单组分）相的平衡问题，包括相的个数、每相的组成、各相的相对含量等如何随着影响平衡的因素如温度、压力、组分的浓度等的变化而改变的规律。相平衡不需要把体系中的化学物质或相分离出来分别单独分析，而是从热力学角度综合考察各组分及各相间发生的各种化学的或物理化学的变化，判断系统在一定热力学条件下的趋向和最终状态，因此具有极大的普遍意义和实用价值，为预测材料的组成、性能以及设计材料制备工艺等提供了一个极其有用的工具。

5.1.1 相平衡基本概念

1）系统：热力学中将研究的那部分物质称为系统，也称物系。系统之外与体系发生相互作用的其他物质称为环境。

没有气相或虽有气相但其影响可忽略不计的系统称为凝聚系统。一般而言，大多数无机非金属材料系统都属于凝聚系统。但是，有些无机非金属材料系统中，气相不能忽略，则不能按一般凝聚系统处理。

2）组分：又称组元，指组成系统的独立化学组成物。在无机非金属材料中，通常将某一化合物例如氧化物看作是组分。需要注意的是，硅酸盐物质的化学式习惯上往往以氧化物形式表示，如硅酸二钙写成 $2CaO \cdot SiO_2(C_2S)$，分析时不能将其看成 CaO 和 SiO_2 两种氧化物。

3）相：指系统中物理和化学性质完全均匀的一部分，对于固体，则应有相同的晶体结构。此处“均匀”是指微观尺度上的均匀，不存在界面(interface)。一般生成的化合物或形成的固溶体，都可视为一个相；而机械混合物或不同晶型的同一物质（同质多晶），则由于混合物之间或不同晶型之间的界面无法消除，不能算是一个相。液相如硅酸盐高温熔体一般表现为单相；但如果发生液相分层，则熔体中有两相或多相。

4）平衡状态：指在给定的热力学条件下处于稳定状态的系统，系统的各种性质不随时间而变化。系统在热力学上的平衡有三种：非稳平衡（Ⅱ，unstable equilibrium）、亚稳平衡（Ⅲ，metastable equilibrium）和稳态平衡（Ⅰ，stable equilibrium），如图 5-1 所示。相平衡研究所指的平衡状态一般是指稳态平衡，即能量处于最低的状态，外界的能量扰动不会影响其平衡位置。当系统处于平衡态以外的其他任何状态时，它将自发地通过原子的重新排布而趋于平衡态。对于无机非金属材料系统，亚稳平衡也很重要。亚稳平衡在能量上并不处于最低位置，但外界扰动能量较小时不会改变其平衡位置，只有在较大的能

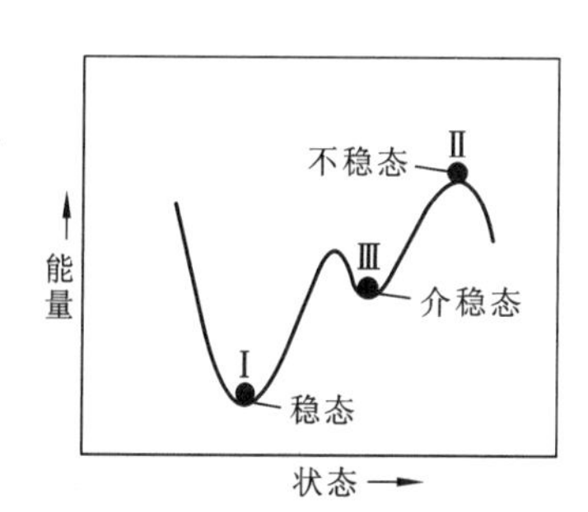

图 5-1 热力学系统中的几种平衡状态

量扰动下才可能离开其原有状态。

5）自由度：指平衡状态下，在不改变相的类型和数目时，可以独立变化的状态函数的数量。这些状态函数主要指组成（组分浓度）、温度和压力等。根据自由度可对系统进行分类：自由度为零的系统，被称为无变量系统（$f=0$）；自由度为 1 的系统，被称为单变量系统（$f=1$）；自由度为 2 的系统，被称为双变量系统（$f=2$）等。

6）相律：多相平衡系统中，自由度数（f）、独立组分数（C）、相数（P）和对系统平衡状态能够产生影响的环境因素（n）之间存在如下关系：

$$f=C-P+n \tag{5-1}$$

上式是吉布斯（W.Gibbs）于 1876 年导出的，反映了多相平衡系统最基本的规律，被称为相律。

一般情况下，环境因素只考虑温度和压力，因此相律可表示为：

$$f=C-P+2 \tag{5-2}$$

例如，对于纯固态的 NaCl，组分的数目和相的数目均为 1：

$$f=1-1+2=2 \tag{5-3}$$

因为独立变量数为 2，所以在保持固态的条件下，可改变温度与压力这两个变量。在 NaCl 的固、液态共存的情况下，$C=1$，$P=2$，因此

$$f=1-2+2=1 \tag{5-4}$$

即在此种情况下，若温度恒定，只可改变压力；反之，压力一定时，只可改变温度。

7）相图：相图又被称为平衡状态图，是形象化地描述在一定的组成、温度、压力下达到相平衡时，系统所处状态的几何图形。通过相图就可以把错综复杂的各相变化表示清楚，知道系统内共有哪些相、每一相的组成如何、各相之间的相对数量多少等，从而对科研和生产起一定的指导作用。

5.1.2 无机非金属系统相平衡的特点

1）凝聚系统是指不含气相或气相可以被忽略的系统。一般情况（压力不是太高）下，压力对凝聚系统中固-液相之间的平衡的影响可忽略不计，无机非金属材料系统通常属于难熔化合物，挥发性很小，因此都属于凝聚系统。此时环境变量只需考虑温度，即 $n=1$，此时相律的数学表达式为：

$$f= C-P+1 \tag{5-5}$$

2）理论上相图表示的是系统的热平衡状态，这个状态不会随时间发生变化。而在一定的热力学条件下，不同系统由于物质迁移方式不同，从原先的非平衡状态转变为平衡状态的时间则可能区别很大。无机非金属材料依靠离子键或共价键结合，质点间受邻近粒子的强烈束缚，其活动能力很小。即使处于高温熔融状态，熔体的黏度也很大，质点迁移速度有限。这样，无机非金属材料在一定条件下的高温物理化学过程中，达到热力学平衡状态所需的时间一般都比较长。而在实际工业生产时，由于要考虑成本和效率，往往没有足够的时间达到相图所示的平衡状态。因此，我们运用相图分析无机非金属材料的高温物理化学过程时，要在充分理解其普遍意义的基础上，具体情况具体分析，不能生搬硬套。

3）无机非金属材料相平衡时经常会出现介稳平衡。基于上节所述原因，无机非金属材料相转变的速度通常都比较慢。当外界环境温度变化速度不够慢时，原来的相常常会以一种介稳的相结构存在下来。比如，当 α-方石英从高温冷却时，如果冷却速度不是足够慢，则往往不会依次转变成稳定的 α-鳞石英、α-石英和 β-鳞石英，而是以介稳的 α-方石英存在，然后在更低的温度下转变为另一种介稳的 β-方石英。介稳态在热力学上处于能量较高的状态，理论上始终存在向稳定平衡态转变的可能，但在常温或低温下，实际的转变速度通常极其缓慢，因而很多介稳态材料事实上可以长期稳定地存在，比如大量使用的玻璃和四方氧化锆陶瓷。由于介稳平衡相在无机非金属材料中普遍存在，且很多介稳相具有重要的理论分析或应用价值，所以在研究相图时也常常需要将介稳相和稳定相一起分析。

5.2 单元系统相图

单元系统中仅有一个组元,$C=1$,$f=C-P+2=3-P$。由于系统中相数不可能少于一个,故系统的最大自由度为 2,即温度和压力。当温度和压力确定时,系统中平衡共存的相数及各相的形态,便可根据其相图确定。相图上的任意一点都表示系统的一定平衡状态,称之为"状态点"。

单元系统的 p-T 相图如图 5-2 所示。图中有固相 S、液相 L 和气相 G 三个单相区,单相区中的自由度为 2,这意味着在温度和压力条件各自独立变化时,各相均能稳定存在。处于每两单相区之间的三条曲线Ⅰ、Ⅱ、Ⅲ分别为熔化-凝固线(melting-solidification line)、蒸发-凝结线(vaporization-condensation line)和升华-凝结线(sublimation-condensation line)。在三条曲线上,相邻的两相共存,自由度为 1,表示温度或压力二者之中只有一个独立变量。三条曲线的交汇处 O 为三相点(triple point),此时固、液、气三相平衡共存,自由度为 0,温度和压力是恒定的。另外,曲线Ⅱ即蒸发-凝结线的端点为 B,称为临界点(critical point),表示在此点液相和气相合二为一。

在实际的单元相图中,在图 5-2 中曲线Ⅰ(熔化-凝固线)存在向左倾斜或向右倾斜两种类型。比如水的相图中,其熔化-凝固线是向左倾斜的,意味着随着压力的增大,冰的熔点下降。这类物质熔化时体积收缩,统称为水性物质,包括铋、镓、锗、三氯化铁等少数物质。绝大多数物质熔化时体积膨胀,其相图中的熔化-凝固线向右倾斜,即随着压力的增大,熔点上升。这类物质统称为硫性物质。

对于存在同质多晶转变的单元系统,其相图的一般形式如图 5-3 所示,图上有 5 条实线,将相图分成 4 个单相区:ABE——物质具有低温稳定的晶型Ⅰ的相区,$EBCF$——高温稳定的晶型Ⅱ的相区,FCD——液相区,$ABCD$——气相区。在单相区中,相数 $P=1$,自由度数 $f=3-P=2$,温度和压力均可自由改变。5 条实线代表系统中的二相平衡状态:BE 为晶型Ⅰ、Ⅱ的晶型转变线,CF 为晶型Ⅱ的熔融曲线,AB、BC 分别为晶型Ⅰ、Ⅱ的升华曲线,CD 为熔体的蒸气压曲线。在这些线上,相数 $P=2$,自由度数 $f=3-P=1$,温度和压力只有一个是独立可变的。B、C 两点代表系统中三相平衡的三相点:B 点为晶相Ⅰ、Ⅱ和气相三相平衡,C 点为晶相Ⅱ、熔体和气相三相平衡,在三相点,相数 $P=3$,自由度数 $f=3-P=0$,温度和压力恒定。

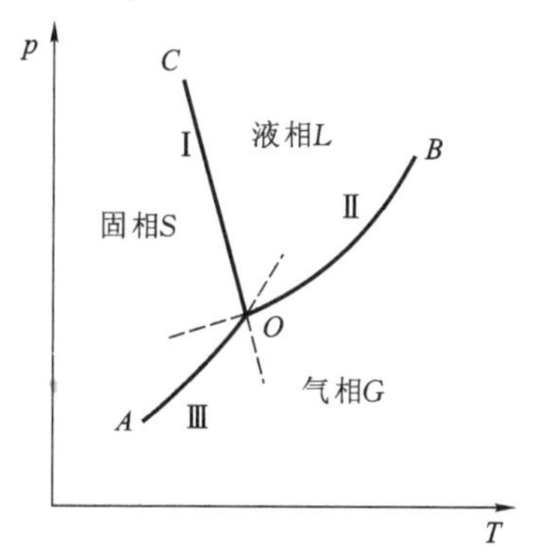

图 5-2 固相比热容大于液相比热容时两相平衡曲线相互位置

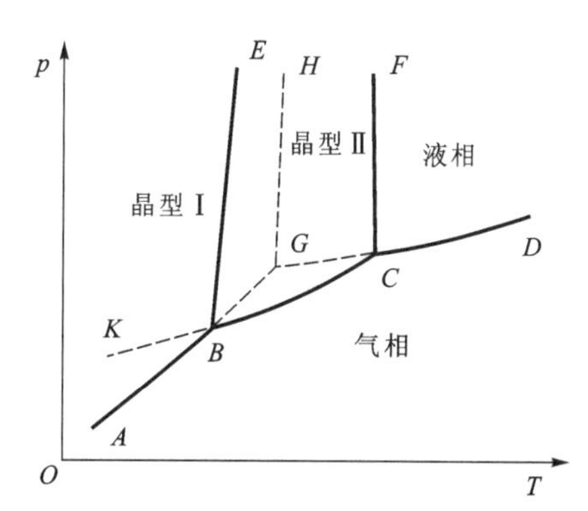

图 5-3 具有多晶转变的单元系统相图

图 5-3 中还有 4 条虚线,这些虚线用以划分系统中可能出现的介稳相区。如前所述,所谓介稳相又称亚稳相,是指在热力学上虽不是最稳定,但由于动力学上的障碍或阻力而实际上能"稳定"存在的相。KBE 是过冷晶型Ⅱ的介稳单相区,$EBGH$ 是过热晶型Ⅰ的介稳单相区,$HGCF$ 是过冷熔体的介稳单相区,ABK 和 BCG 是过冷蒸气的介稳单相区。4 条虚线代表两个介稳相平衡共存状态:KB 是过冷晶型Ⅱ的升华曲线,BG 和 GH 是过热晶型Ⅰ的升华曲线和熔融曲线,GC 是过冷熔体的蒸气

压曲线。G 点为介稳三相点，代表过热晶型Ⅰ、过冷熔体和气相三相介稳平衡状态。

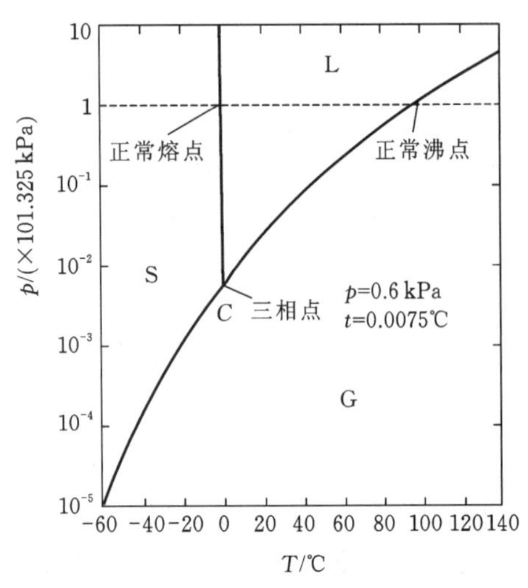

图 5-4 常压(和低压)下水的相图

5.2.1 水的相图

图 5-4 为常压(和低压)下水的相图。冰、水、水蒸气这三个单相是同一种组分，根据相律，其中任一单相中自由度为 2。这意味着在温度和压力条件各自独立变化时，各相均能稳定存在。水-冰、水-水蒸气、冰-水蒸气这任意二相组合共存时，自由度为 1，即在图中的各条曲线上，只有一个独立变量，或者是温度，或者是压力。在三相交汇处的 C 点，自由度为 0，即系统中的冰、水、汽的三相平衡共存时，温度和压力是恒定的。图中水的三相点处的温度为 0.0075 ℃、压力为0.6 kPa。

5.2.2 SiO_2 系统相图

SiO_2 是一种自然界中存储量非常丰富的物质，约占地壳总重量的 12%，在工业上应用极为广泛。SiO_2 具有复杂的多晶性，在常压和有矿化剂(或杂质)存在的条件下，SiO_2 能以七种晶相、一种液相和一种气相形式存在，它们之间在一定温度和压力下可以互相转变。SiO_2 相图如图 5-5 所示。需要说明的是，SiO_2 的饱和蒸气压极小，图 5-5 中的纵坐标是特意放大的，仅代表压力随温度变化的趋势。

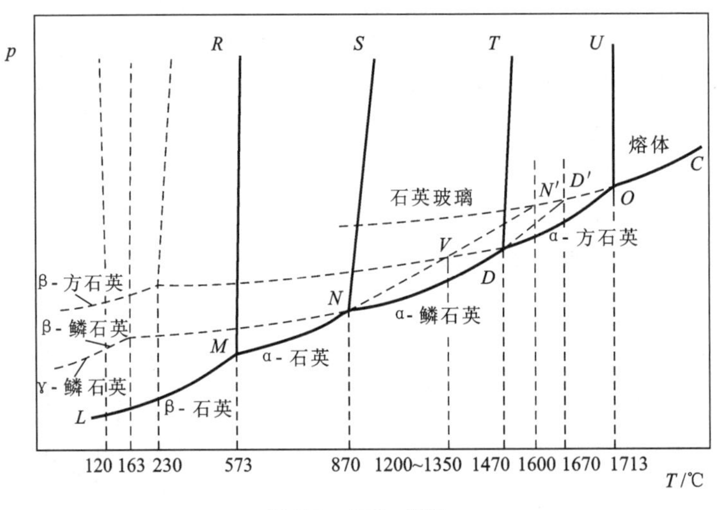

图 5-5 SiO_2 相图

图 5-5 中有 9 条实线，将相图分为 6 个热力学稳定态存在的单相区：β-石英(LMR)、α-石英($RMNS$)、α-鳞石英($SNDT$)、α-方石英($TDOU$)、SiO_2 高温熔体(UOC)及 SiO_2 蒸气($LMNDOC$)。各相区之间为二相平衡共存的界线。其中 RM、SN、TD 是晶型转变线，OU 为 α-方石英的熔点曲线，LM、MN、ND、DO 为不同晶型 SiO_2 的饱和蒸气压曲线，OC 为 SiO_2 熔体的蒸气压曲线。系统有 4 个三相点：M 点为 β-石英、α-石英、SiO_2 蒸气三相平衡共存，N 点为 α-石英、α-鳞石英、SiO_2 蒸气三相平衡共存，D 点为 α-鳞石英、α-方石英、SiO_2 蒸气三相平衡共存，O 点为 α-方石英、SiO_2 熔体、SiO_2 蒸气三相平衡共存。

图 5-5 中除了实线，还可以看到一组虚线，表明 SiO_2 相图中存在一系列介稳相区，这是由 SiO_2 中存在两种不同的晶型转变造成的。

(1) 一级变体间的转变。如 α-石英、α-鳞石英、α-方石英之间的晶型转变。各变体的结构差别较大，转变时化学键要打开并重新结合，形成新的结构，即发生重建性的转变，转变速度非常缓慢。要使转变加快，必须加入矿化剂。

(2) 二级变体间的转变。如 α-鳞石英、β-鳞石英、γ-鳞石英这种同系列中 α、β、γ 形态之间的转变，也称高低温型转变。各变体的结构差别较小，转变时不必打开结合键，只是原子的位置发生位移和 Si—O—Si 键角稍有变化，即发生位移性转变，故转变速度迅速，而且是可逆的。

由于存在上述情况，SiO_2在加热冷却时如果加热和冷却速度不同将会得到不同的结果。只要加热或冷却不是非常缓慢地平衡加热或冷却，则往往会产生一系列介稳状态。

由 SiO_2相图可见，忽略压力的影响，在 573 ℃以下，只有 β-石英是热力学稳定的变体。因此熔体极缓慢冷却时，经过了全部的一级变体之间的转变及 α-石英和 β-石英的转变，最后得到的是 β-石英。若熔融石英缓慢冷却至 1713 ℃转变成方石英后，再快速冷却，这样一级变体之间的转变来不及进行，一直冷却到 230 ℃由 α-方石英转变成 β-方石英，最后产物即是 β-方石英。若熔融石英极缓慢冷却，经过 α-方石英转变到 α-鳞石英后又再快速冷却，使之在 870 ℃时来不及转变成 α-石英，而是一直到 163 ℃转变成 β-鳞石英，最后在 120 ℃转变成 γ-鳞石英。反之在加热过程中，如 α-石英在 870 ℃应转变成 α-鳞石英，但若加热速度较快，则可能成为 α-石英的过热晶体，这种处于介稳态的 α-石英一直到 1600 ℃时熔融为过冷的 SiO_2熔体。因此 NN'实际上是过热 α-石英的饱和蒸气压曲线，反映了过热 α-石英与 SiO_2蒸气二相间的介稳平衡态。另外，如果加热速度慢，α-石英就会转变为 α-鳞石英，按平衡条件在 1470 ℃下 α-鳞石英就转变成 α-方石英；但若加热速度较快，也会过热，形成介稳的 α-鳞石英的过热晶体，在 1670 ℃熔融。

SiO_2在发生多晶转变时，由于其内部结构发生了变化，所以体积上也有一定的变化。其中，一级变体间的转变时体积变化较大(可达 15%～16%)，而二级变体间的转变时体积变化较小(为 0.2%～2.8%)。需要指出的是，重建性的转变体积变化虽较大，但由于转变速度慢、时间长，体积效应的矛盾就比较不突出。而发生位移性转变时体积变化虽小，但由于转变速度较快，如生产、使用时在升、降温过程中控制不当，往往易使制品开裂，成为影响产品质量或寿命的重要因素。这一点在硅酸盐材料制造和使用过程中应特别注意。

SiO_2相图在生产和科研上有重要的实用意义。

1) 指导硅质耐火材料的生产和使用

硅砖是常用于冶金炉、玻璃或陶瓷窑炉的砌筑材料，是以天然石英或砂岩为主要原料，成型后经高温烧制而成。如前所述，SiO_2在发生高低温型转变时会伴随体积变化，其中，方石英之间的体积变化最剧烈(2.8%)，石英次之(0.82%)，鳞石英最小(0.2%)。因此，在硅砖制备时，需要采取适当的措施，包括控制烧成温度、控制升降温速度、引入少量矿化剂等，以获得尽量多的鳞石英相和尽量少的方石英相，确保最终产品的稳定性。此外，由于硅砖中最后总会不可避免地残留有少量方石英晶体，所以在硅砖砌筑的新窑点火时，要制定合理的烘炉升温制度，以防砌砖炸裂。

类似的例子还有熔融石英坩埚。熔融石英坩埚是多晶硅铸锭的容器，具有热膨胀系数小、抗热震性能佳和耐化学侵蚀等优点。基于与硅砖烧成相似的考虑，熔融石英坩埚在制备过程中也需要有严格的烧结制度，尽量抑制熔融石英在降温时 α-方石英的析出，避免最后因为 α-方石英转变为 β-方石英而导致坩埚发生体积收缩而破坏。在铸锭时，熔融石英坩埚往往是一次性使用，以避免出现漏硅(坩埚破裂，硅液溢流)现象，影响产品的性能。

2) 指导石英压电晶体的制备

在 SiO_2 中，β-石英晶体具有良好的压电性能，可用于石英钟、谐振器、滤波器等的制备。

提拉法是生产单晶常用一种方法，其基本工艺是：将构成晶体的原料在高温下熔化，在熔体表面接籽晶提拉熔体，随着温度下降，逐渐凝固而生长出单晶体。但这种工艺直接生长得到的是没有压电

性的 α-方石英晶体。虽然通过快速冷却会转变成具有压电性的 β-方石英，但此过程会伴随较大的体积变化，样品很容易开裂。另外，β-方石英是亚稳相，热稳定性较差。因此，在实际中制备石英压电晶体并不会采用提拉法这种工艺，而是采用低温下水热合成直接获得具有压电性能、在常温下稳定存在的 β-石英，即将高压釜中晶体生长的温度保持在 300 ℃左右，这样获得的石英单晶一定是 β-石英，从而避免了由于相变产生体积变化而导致样品被破坏。

5.2.3 ZrO_2系统相图

ZrO_2是一种应用很广的重要无机非金属材料。其熔点很高，达到 2680 ℃，并具有良好的化学稳定性，因此可作为优秀的高温耐火材料以制备耐火砖和坩埚；同时，ZrO_2 具有高温导电性，是一种高温固体电解质，可用来制作氧敏传感器、高温发热元件以及高温燃料电池；另外，ZrO_2 经适当掺杂后具有极佳的常温力学性能，可用作磨球、刀具、手机背板等。

ZrO_2有三种晶型，常温下稳定的单斜相，温度升高到 1170 ℃会转变成四方相，2370 ℃转变成立方相，2680 ℃熔融。它们之间的转变关系如下：

$$\text{升温：单斜 } ZrO_2 \xrightarrow{1170\ ℃} \text{四方 } ZrO_2 \xrightarrow{2370\ ℃} \text{立方 } ZrO_2$$

$$\text{降温：单斜 } ZrO_2 \xleftarrow{1000\ ℃} \text{四方 } ZrO_2 \xleftarrow{2370\ ℃} \text{立方 } ZrO_2$$

ZrO_2系统相图如图 5-6 所示。相图分为 5 个热力学稳定态存在的单相区、7 条二相平衡共存的界线、3 个三相点。此外，还有 2 条虚线，表明当降温速度不是足够慢时，四方 ZrO_2和立方 ZrO_2都会以介稳态在低温下存在。

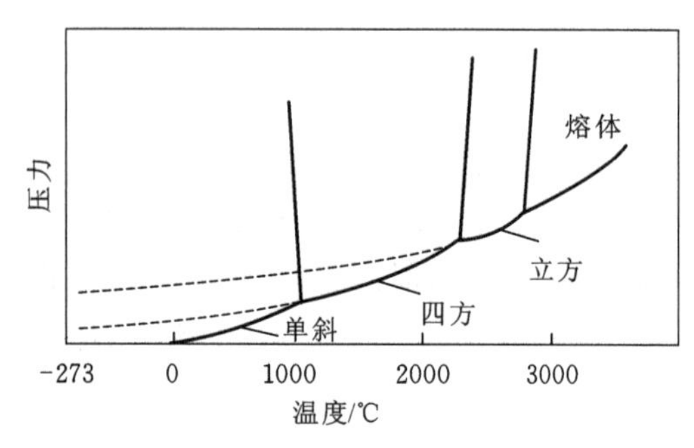

图 5-6 ZrO_2 系统相图

单斜 ZrO_2 和四方 ZrO_2 之间的相变是可逆的，速度很快，同时伴随着明显的体积效应和热效应，这可以从 ZrO_2 的 DTA 曲线和热膨胀曲线(图 5-7)中看到。注意：四方相向单斜相的转变温度大约是 1000 ℃，而不是单斜相向四方相转变时的1170 ℃，即升、降温时相变温度不同，存在温度滞后现象。

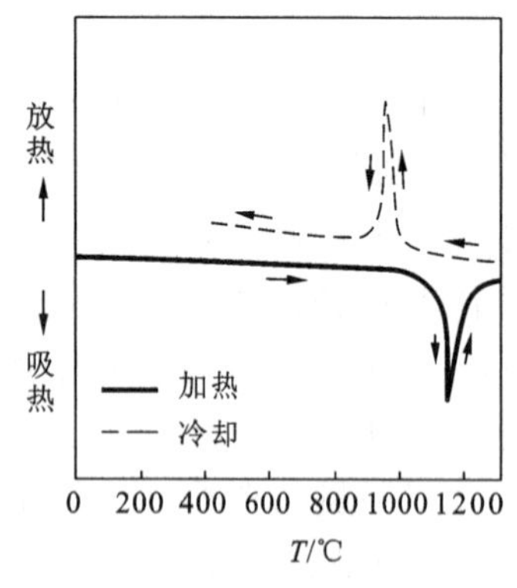

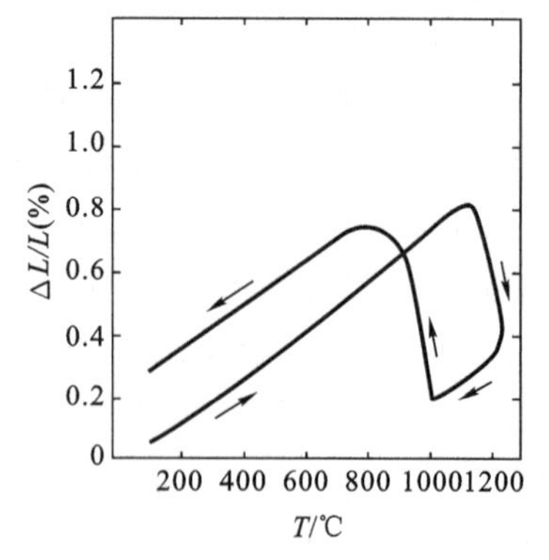

图 5-7 ZrO_2 的 DTA 曲线(左)和热膨胀曲线(右)

ZrO_2系统相图可用于指导 ZrO_2材料的制备。

由于 ZrO_2 晶型转变时伴有较大的体积变化，因此纯 ZrO_2 制品极易在加热或冷却时开裂。为了解决这一问题，最常见的方法就是在 ZrO_2 中引入其他组分(常见的包括 Y_2O_3、CaO、MgO、CeO_2 等)来抑制其相变。比如，在 ZrO_2 中掺入 3%(物质的量浓度)或 6%(物质的量浓度)Y_2O_3，ZrO_2 可以分别以四方相和立方相在低温或常温下以介稳态存在，这样在材料制备过程中，无论是加热还是冷却，都不会发生相变，从而有效地防止了制品被破坏。

另一方面,利用四方 ZrO_2 向单斜 ZrO_2 转变时的体积变化,可以改善材料的力学性能。当含有四方 ZrO_2 颗粒的材料在受到外力作用时,微裂纹尖端附近产生张应力,部分原先在原应力下保持稳定的四方相 ZrO_2 转变为单斜相,产生体积膨胀和剪切应变,从而对周围形成压应力,抵消外力所造成的张应力。同时,相变时裂纹尖端能量被吸收,使得裂纹不再扩展到前面的压应力区,裂纹停止扩展。这样,材料的断裂韧性和强度都可得到大幅提高。

5.3 二元系统相图

二元系统是具有两个独立组元($C=2$)的系统。根据相律 $f=C-P+2=4-P$,二元系统中最少相 $P_{min}=1$,最大自由度 $f_{max}=3$。在本节中,我们仅讨论与无机非金属材料体系相关的凝聚系统,故可以不考虑压力这一变数。对于二元凝聚系统,则有 $f=C-P+1=3-P$。当 $P_{min}=1$ 时,$f_{max}=2$;而当 $P_{max}=3$ 时,$f_{min}=0$。因此二元凝聚系统中,相数最多不超过3,自由度最大不超过2。自由度为2表明变数为温度、组成。

二元凝聚系统的相图可用平面坐标表示,即以图5-8所示的温度-组成图表示。其中温度为纵坐标,组成为横坐标,坐标两个端点分别代表两个纯组元,中间任意一点代表两组元的相对含量(可用任一组分浓度表示)。相图中的每一个点都与系统的一个状态相对应,称为状态点,该点即代表一定的组成,也代表一定的温度。图5-8中的 M 点表示处于 T_1 温度时的 B 含量为70%组成的配料。

在二元相图中,计算在一定条件下系统中平衡各相间的数量关系的规则是杠杆规则,杠杆规则是相图分析中一个重要的规则。

如图5-9所示,假设由 A 和 B 组成的原始混合物(或熔体)的组成为 M,在某一温度下,此混合物分为两个新相,新相的组成分别为 M_1 和 M_2,其中新相 M_1 质量为 G_1,新相 M_2 总质量为 G_2,则有:

$$\frac{G_2}{G_1}=\frac{MM_1}{M_2M} \tag{5-6}$$

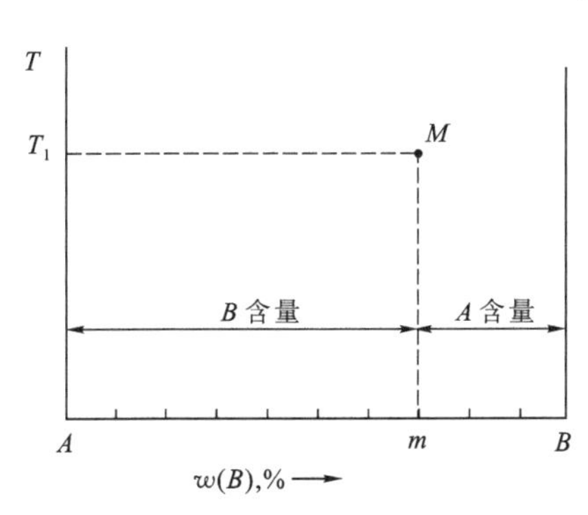

图5-8 二元系统的温度-组成图

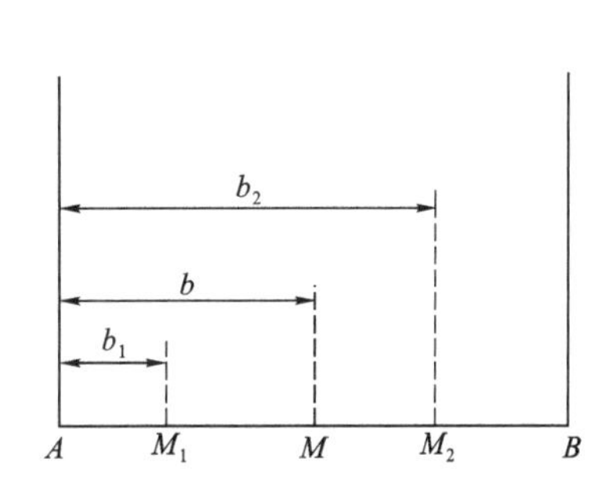

图5-9 杠杆规则示意

上式表明:如果一个相分解为两个相,则生成的两个相的数量与原始相的组成点到两个新生相的组成点之间的线段成反比,含量越多的相,其状态点到系统总状态点的距离越近。此关系式与力学上的杠杆很相似,故称为杠杆规则。

杠杆规则的推导如下:

若组成为 M 的原始混合物的总质量为 G,因变化前、后的总量不变,所以

$$G=G_1+G_2 \tag{5-7}$$

设原始混合物中 B 的质量含量为 $b\%$,新相 M_1 中 B 的含量为 $b_1\%$,新相 M_2 中 B 的含量为 $b_2\%$。则:

$$G \cdot b\% = G_1 \cdot b_1\% + G_2 \cdot b_2\% \tag{5-8}$$

将式(5-7)代入式(5-8)中，得

$$(G_1 + G_2) \cdot b\% = G_1 \cdot b_1\% + G_2 \cdot b_2\% \tag{5-9}$$

$$G_1(b - b_1) = G_2(b_2 - b) \tag{5-10}$$

从图 5-9 可知，$b_2 - b = M_2M$，$b - b_1 = MM_1$，所以式(5-10)可写成

$$\frac{G_2}{G_1} = \frac{MM_1}{M_2M} \tag{5-11}$$

两个新相 M_1 和 M_2 在系统中的含量分别为：

$$\frac{G_1}{G} = \frac{MM_2}{M_1M_2}, \frac{G_2}{G} = \frac{M_1M}{M_1M_2} \tag{5-12}$$

5.3.1　二元系统相图的基本类型

5.3.1.1　具有一个低共熔点的简单二元系统相图

这类系统的特点是：两个组分在液态时可以以任意比例互溶，形成单相溶液，但在固态时则完全不互溶，两个组分从液相分别结晶。两组分之间无化学反应，不生成新的化合物。这类系统的相图形式简单，如图 5-10 所示。

相图中的 a 点和 b 点分别是纯组分 A 和 B 的熔点。E 点是系统加热时熔融成液相(L)的最低温度，称为低共熔点。通过 E 点的水平线 GH 称为固相线，是不同组成的熔体结晶结束温度的连线。aE 线、bE 线称为液相线。液相线(aE 或 bE)实质上是一条饱和曲线，任何富 A(或富 B)的高温熔体冷却到 aE 线(或 bE 线)上温度，即开始对组分 A(或 B)饱和而析出 A(或 B)的晶体。E 点位于两条饱和曲线的交点，在该点液相同时对组分 A 和 B 饱和，这意味着在 E 点液相会同时析出 A 晶体和 B 晶体，此时系统中三相平衡，$f=0$，因此低共熔点 E 为此二元系统的一个无变量点。整个相图由液相线和固相线分成四个相区：液相线 aE、bE 以上为高温熔体的单相区 L，固相线 GH 以下为晶体 A 和晶体 B 组成的二相区($A+B$)，液相线与固相线之间是两个二相区，其中 aEG 为液相与组分 A 的晶体平衡共存的二相区($L+A$)，bEH 为液相与组分 B 的晶体平衡共存的二相区($L+B$)。

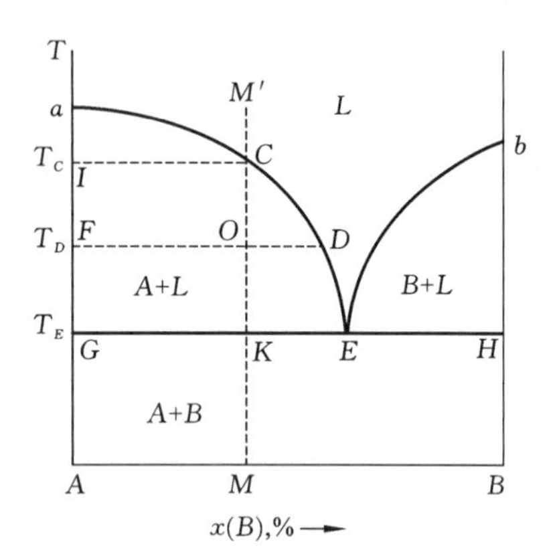

图 5-10　具有一个低共熔点的简单二元系统相图

下面以组成为 M 的熔体的平衡冷却析晶过程来说明由温度改变所导致的系统平衡状态的变化。

先将组成为 M 的二元混合物加热成为高温熔体后处于液相区内的 M'点，此时系统中只有单相存在，$P=1$，$f=2$。然后开始降温。由于系统组成已定，相应的状态点只能沿着等组成线($M'M$)变化。当熔体冷却到 T_C 温度时，液相对组分 A 饱和，开始析出 A 晶相($L \rightarrow A$)，系统从单相平衡状态进入二相平衡状态。由于析出的是纯 A，所以固相的状态点应在 I 点。根据相律，$P=2$，$f=1$，即为了保持这种二相平衡状态，在温度和液相组成二者之间只有一个是独立变量。由于液相一定是 A 的饱和溶液，所以温度继续下降时，液相组成将沿着 A 的饱和曲线 aE 从 C 点向 E 点变化。此过程中从液相中不断析出 A 晶体，使 A 晶体的量不断增加，但组成仍为纯 A，所以固相组成无变化。当温度降到 T_E 点时，液相组成到达 E 点，固相的状态点由 I 点到达 G 点。此时液相同时对晶相 A 和 B 饱和，将从液相中按 E 点组成中 A 和 B 的比例同时析出晶相 A 和 B($L_E \rightarrow A+B$)。此时，$P=3$，$f=0$，系统进入三相平衡状态，温度维持在 T_E 不变，液相组成在 E 点也不变。随着低共熔过程的不断进行，从 E 点液相中不断按比例析出晶体 A 和晶体 B，而液相量不断减少。由于有 B 晶相析出，固相

的组成不再停留在 G 点，而是由 G 点向 K 点变化。当最后一滴低共熔组成的液相析出后，液相消失，固相组成到达 K 点，与系统的状态点重合。系统从三相平衡状态回到二相平衡状态，$P=2$，$f=1$，系统温度又可继续下降。析晶产物为 A 和 B 两个晶相。若是加热过程，则和上述过程相反。

上述析晶过程中固、液相的变化途径可用下列式子表示：

$$\text{液相：}M \xrightarrow{L,f=2} C \xrightarrow{L \longrightarrow A,f=1} E\begin{pmatrix} L \longrightarrow A+B \\ f=0,L\ \text{消失} \end{pmatrix}$$

$$\text{固相：}I \xrightarrow{A} G \xrightarrow{A+B} K$$

对于析晶过程各组分的变化，还可作进一步的定量分析。

在分析之前，需要先分清系统组成点（简称系统点）、液相点、固相点的概念。系统组成点取决于系统的总组成，是由原始配料组成决定的。在加热或冷却过程中，系统的总组成不会改变，对于 M 配料而言，系统状态点必定在 $M'M$ 线上变化。而液相点、固相点则是处于同一平衡温度下液相组成和固相组成所对应的点。由于系统中的液相组成和固相组成是随温度不断变化的，因而液相点和固相点的位置也随之不断变化。对于 M 配料，随着温度的下降，固相点沿 $I \to F \to G \to K$ 的路线变化，而液相则沿 $M' \to C \to D \to E$ 的路线变化。在任一时刻，系统组成点、固相点和液相点三点总是处于同一条等温线上。以 T_D 温度下为例，系统组成点为 O，固相点为 F，液相点为 D，它们均在等温线 FD 上（FD 线称为结线，表示系统中平衡共存的两相相点的连线）。

对析晶过程中处于平衡状态的液固两相进行定量分析的主要工具是杠杆规则。根据杠杆规则，若系统中一个相分解成两个相，则生成的两个相的量与原始相的组成点到这两个新生相的组成点之间的距离成反比。例如，在 T_D 温度时：

$$\frac{\text{固相量}}{\text{液相量}}=\frac{OD}{OF}$$

$$\frac{\text{固相量}}{\text{固液总量(原始配料量)}}=\frac{OD}{FD}$$

$$\frac{\text{液相量}}{\text{固液总量(原始配料量)}}=\frac{OF}{FD}$$

从以上的分析可以看出，通过相图可以确定在冷却或加热过程中系统的状态变化。由于在系统的相变化中，常伴随着某一相分解为两个相或者由两个相生成一个新相的过程，运用杠杆规则就可根据已知条件来计算各相的组成及其相对数量。

5.3.1.2 生成一个化合物的二元系统相图

1）生成一个一致熔融化合物的二元系统相图

一致熔融化合物指的是在熔化时所产生的液相与化合物组成相同的稳定化合物。此类系统的典型相图如图 5-11 所示。在图 5-11 中，组分 A 和 B 生成一个一致熔融化合物 A_mB_n，M 点为其熔点。曲线 aE_1、bE_2 分别为组分 A、B 的液相线，E_1ME_2 为化合物 A_mB_n 的液相线。一致熔融化合物在相图上的特点是：其组成点位于相应的液相线的组成范围内，即 A_mB_n-M 连线直接与 E_1ME_2 相交，交点 M 为液相线上的温度最高点。整个相图可以看成是由 A_mB_n-M 连线划分成的两个具有一个低共熔点的简单二元系统相图：A-A_mB_n 分系统（低共熔点为 E_1）和 B-A_mB_n 分系统（低共熔点为 E_2）。在这两个分系统中，任一配料的析晶过程与具有一个低共熔点的简单二元系统相图完全相同，最终

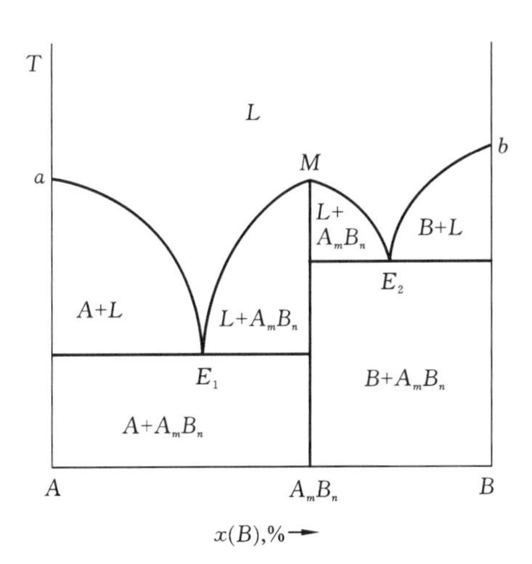

图 5-11 生成一个一致熔融化合物的二元系统相图

析晶产物分别为 A、A_mB_n 和 B、A_mB_n。若配料组成位于 A_mB_n-M 连线上，则最终产物为 A_mB_n。

硅灰石（$CaO \cdot SiO_2$）和铝酸钙（$CaO \cdot Al_2O_3$）系统中生成一个稳定的化合物——铝方柱石（$CaO \cdot Al_2O_3 \cdot SiO_2$），就属于这种类型的相图。

2）生成一个不一致熔融化合物的二元系统相图

不一致熔融化合物指的是加热至熔点以前就会分解的化合物，分解产物是一种晶相和液相，两者的组成与化合物组成皆不相同。此类系统的典型相图如图 5-12 所示。组分 A 和组分 B 生成的化合物 $C(A_mB_n)$ 加热到 T_P 温度就分解为 P 点对应的液相和 B 晶相，因此 $C(A_mB_n)$ 是一个不一致熔融化合物。

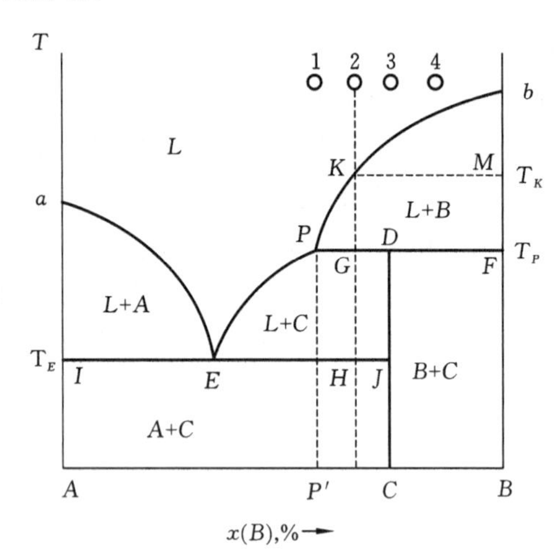

图 5-12　生成一个不一致熔融化合物的二元系统相图

图 5-12 中，aE 是组元 A 的液相线，bP 是组元 B 的液相线，PE 是化合物 C 的液相线。E、P 为无变量点。其中 E 为低共熔点，在 E 点发生如下相变化：$L_E \Longleftrightarrow A+C$；$P$ 点为转熔点（又称回吸点、反应点），在 P 点发生如下相变化：$L_P+B \Longleftrightarrow C$。$P$ 点和 E 点一样，处于三相平衡共存状态，$f=0$，系统温度恒定不变。但转熔点 P 位于与 P 点液相平衡的两个晶相 C 和 B 的状态点 D、F 的同一侧，这和低共熔点 E 是不同的。由此我们也可看出不一致熔融化合物在相图中的特点：化合物 C 的组成点位于其液相线 PE 的组成范围之外，即 CD 线偏于 PE 的一边而不与其直接相交。这类相图不能划分成两个简单的二元相图。

下面以图 5-12 熔体 2 为例分析说明结晶过程：

将熔体 2 冷却到 T_K 温度，熔体对 B 晶相饱和，开始析出 B 晶相。随后液相点沿液相线 KP 向 P 点变化，同时从液相中不断析出 B 晶体，固相点则从 M 点向 F 点变化。当冷却到转熔温度 T_P 时，发生 $L_P+B \longrightarrow C$ 的转熔过程，原先析出的 B 晶体重新溶入 L_P 液相（或称被液相回吸，其本质是与液相发生化学反应）而析出化合物 C。在转熔过程中，系统温度保持不变，液相组成保持在 P 点不变，但液相量和 B 晶相量不断减少，C 晶相量不断增加，因而固相点离开 F 点向 D 点移动。当固相点达到 D 点时，B 晶相耗尽，转熔过程结束。系统中只剩下液相和 C 晶相，根据相律 $P=2$，$f=1$，温度又可继续降低。随着温度的下降，液相将离开 P 点沿着液相线 PE 向 E 点变化，从液相中不断地析出 C 晶体，固相点则从 D 点向 J 点变化。当温度下降到低熔温度 T_E 后，从 E 点液相中将同时析出 A 晶体和 C 晶体。当最后一滴液相在 E 点消失时，固相点从 J 点到达 H 点，与系统点重合，析晶过程结束。最后的产物是 A 晶相和 C 晶相，两相的量可由 I、H、J 三点的相对位置计算。

上述析晶过程可用下式表示：

$$\text{液相：}2 \xrightarrow{L,f=2} K \xrightarrow{L \longrightarrow B,f=1} P\,(L_P+B \longrightarrow C,f=0) \xrightarrow{L \longrightarrow C,f=1} E\,(L_E \longrightarrow A+C,f=0)$$

$$\text{固相：}M \xrightarrow{B} F \xrightarrow{B+C} D \xrightarrow{C} J \xrightarrow{C+A} H$$

利用杠杆规则，可计算冷却结晶过程中各相的含量。例如，熔体 2 冷却到液相刚刚到达 P 点时，系统中两相平衡共存，各相的含量为：液相量/固相$_{(B)}$量$=FG/PG$。当 B 晶相被回吸完，转熔过程结束，液相组成要离开 P 点时，系统中平衡共存的液相和 C 晶相的含量为：液相量/固相$_{(C)}$量$=GD/PG$。最后的结晶产物 A 和 C 晶相的相对含量为：固相$_{(C)}$量/固相$_{(A)}$量$=IH/HJ$。

熔体 1 没有转熔过程，结晶终点在 E 点；熔体 3 在转熔过程中 P 点液相和 B 晶相同时耗尽；熔体 4 在转熔过程中液相先耗尽，二者的结晶终点不在 E 点而在 P 点。请读者自行分析比较。

3) 固相中有化合物生成与分解的二元系统相图

图 5-13(左)所示为在低共熔点以下的固相中有化合物生成与分解的二元系统相图。从液相中只能析出 A 晶相和 B 晶相，A 和 B 再通过固相反应形成化合物 A_mB_n。这类化合物只存在于某一温度范围(如 $T_1\sim T_2$)内。超出这个范围，化合物 A_mB_n 就分解为晶相 A 和 B。但是，由于在较低温度下固相反应的速度很慢，达到平衡状态需要的时间非常长，因而实际上系统往往处于 A、A_mB_n、B 三种晶体共存的非平衡状态。

若二元化合物在低共熔温度以下只是在高温(如 T_1)时要分解，而在低温时却是稳定的，则其相图便如图 5-13(右)所示。

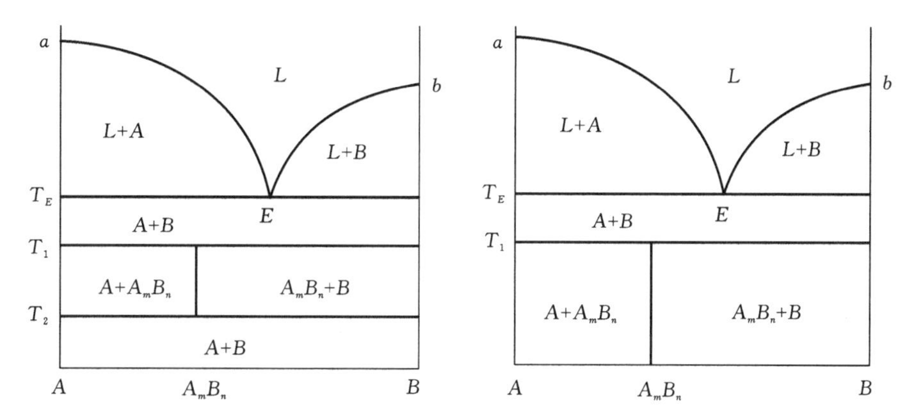

图 5-13 在低共熔点以下有化合物生成与分解的二元系统相图(左)和在低共熔温度以下只是在高温时分解的化合物的二元系统相图(右)

5.3.1.3 具有多晶转变的二元系统相图

当二元系统中某组元或化合物存在多晶转变时，在相图上就会出现一些新的界线，将该物质的不同晶型稳定存在的范围划分开来。根据晶型转变温度(T_P)与低共熔温度(T_E)的相对高低，这类相图可分为两种类型：

(1)$T_P<T_E$ 图 5-14 为此类型系统的典型相图。多晶转变是在固相中发生的，图中通过转变点 T_P 的水平线称为多晶转变等温线。在此线以上的相区，A 晶体以 α 形态存在，在此线以下的相区，则以 β 形态存在。在 T_P 等温线上进行的平衡过程为 $A_\alpha \Longleftrightarrow A_\beta$，此时 A_α、A_β、B 晶相共存，$P=3$，$f=0$，为无变量过程。

(2)$T_P>T_E$ 图 5-15 为此类型系统的典型相图，多晶转变是在有液相存在时进行的。在晶型转变温度 T_P 时，A_α 与 A_β 在转变点 P 上发生晶型转变。P 点为二元多晶转变点，在该点上三相平衡共存，$f=0$，所以二元多晶转变点也是无变量点。

图中熔体 M 的冷却结晶过程可用下式表示：

液相

$$M \xrightarrow{L,f=2} K \xrightarrow{L\longrightarrow A_\alpha,f=1} P\begin{pmatrix} A_\alpha \xrightarrow{L_P} A_\beta \\ f=0, A_\alpha \text{ 消失} \end{pmatrix} \xrightarrow{L\longrightarrow A_\beta,f=1} \begin{pmatrix} L_E \longrightarrow A_\beta + B \\ f=0, L \text{ 消失} \end{pmatrix}$$

固相

$$F \xrightarrow{A_\alpha} D \xrightarrow{A_\alpha+A_\beta} D \xrightarrow{A_\beta} G \xrightarrow{A_\alpha+B} R$$

多晶转变在硅酸盐系统中普遍存在。如在 CaO-SiO_2 二元系统中，CS、C_2S 和 SiO_2 都具有多晶转变。

5.3.1.4 形成连续固溶体的二元系统相图

溶质和溶剂能以任意比例相互溶解的固溶体被称为连续固溶体，这类系统的典型相图形式如图

5-16 所示。在图中，液相线 aL_2b 以上的相区是高温熔体的单相区，固相线 aS_3b 以下的相区是固溶体的单相区，处于固相线和液相之间的相区则是液相与固溶体平衡共存的二相区。这类相图的特点是没有二元无变量点，不会出现三相平衡状态。

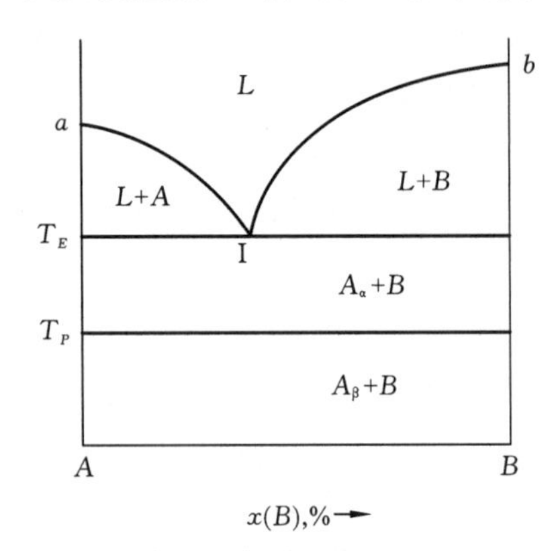

图 5-14　在低共熔点以下发生晶体相变的二元系统相图

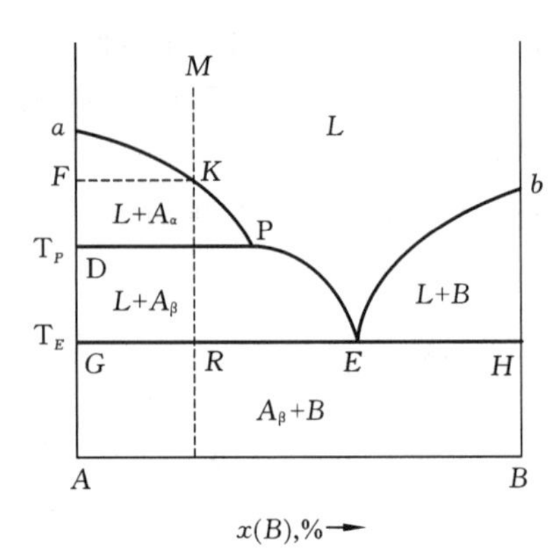

图 5-15　在低共熔点以上发生晶体相变的二元系统相图

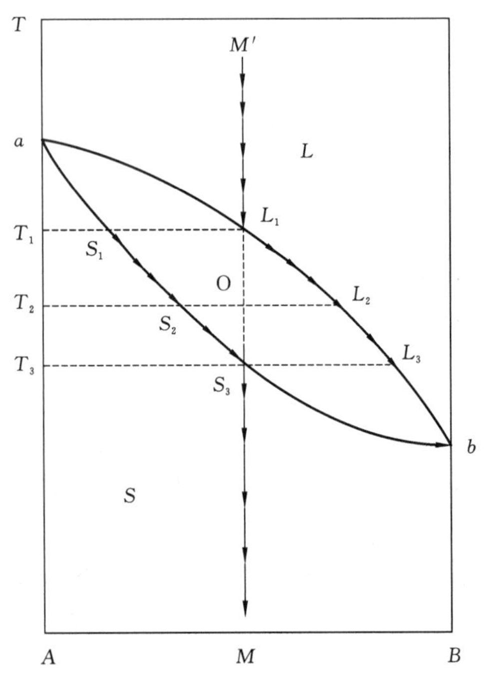

图 5-16　形成连续固溶体的二元系统相图

下面分析一下高温熔体 M' 的结晶过程。M' 冷却到 T_1 温度时开始析出组成为 S_1 的固溶体，随后液相组成沿液相线向 L_3 变化，固相组成则沿固相线向 S_3 变化。温度下降至 T_2 时，液相点和固相点分别到达 L_2 点和 S_2 点，系统点则在 $M'M$ 线上的 O 点。根据杠杆规则，此时液相量/固相量 $=OS_2/OL_2$。温度下降到 T_3 时，固相点 S_3 与系统点重合，意味着最后一滴液相在 L_3 消失，析晶过程结束，结晶产物是单相的固溶体 S。

由图中的 S_1L_1、S_2L_2 到 S_3L_3 的一系列结线的变化可以看到：在析晶过程中固溶体需时时调整组成以与液相保持平衡。由于固溶体是晶体，原子的扩散迁移很慢，组成不像液态溶液那样容易调节，故只要冷却过程不是足够缓慢，不平衡析晶很容易发生，即产生所谓的偏析现象。

从上述结线的变化还可以看到：系统中相互平衡的两相中，液相总是含有较多的低熔点组元，而固相则总含有较多的高熔点组元。利用这一特点，可以将熔体中的两组元分离。其方法如下：将熔体 M' 冷却至 T_2 温度，形成组成为 S_2 的固溶体和组成为 L_2 的液相。此时，S_2 中 A 组元的百分含量高于原熔体 M'，而 L_2 中 B 组元的百分含量高于原熔体 M'。将 L_2 分离出来，冷却至 T_3 温度，所获得的液相 L_3 中的 B 组元的百分含量又比 L_2 中更高。如此反复，则可获得纯度较高的 B 组元。另一方面，将 S_2 重新熔化，再冷却至 T_1 温度，可获得固溶体 S_1，其中 A 组分的百分含量高于 S_2，重复上述操作，则可获得纯度较高的 A 组元。这种方法称为分步结晶法，可用于某些材料的提纯。

分步结晶法精度较低，只适用于粗提纯。在生产中，利用 $C_S<C_L$，即杂质在固体中的浓度小于液相中的浓度，可以使结晶时固体中的一部分杂质被结晶面排斥出来而积累在熔体中，在界面附近形成一个杂质浓度较高的薄层(这个杂质浓度较高的薄层叫杂质富集层)，从而达到提纯的目的，这种方法叫区域熔融提纯。具体的做法如图 5-17 所示，将样品做成薄杆状，用一个加热环以极慢的速率沿

着杆状样品移动，从而形成一个窄的熔融区域。区域前面形成液体，而纯度更高的固体则在后面凝固出来。操作结束时，将杆状物一端凝固的杂质切去。为获得高纯度样品，经过几次重复操作，即可获得纯度很高的样品，可用于半导体硅单晶的提纯。但与分步结晶法相比，这种方法的效率较低。

连续固溶体相图中还有一些特殊的情况，比如有最高熔点和最低熔点的系统。图 5-18 是有最高熔点的连续固溶体相图，可以看成是由两个简单连续固溶体二元相图构成的。值得注意的是，相图中 A、B 二组元形成固溶体后熔点会升高，这对于设计和制备高温耐火材料是有利的。

镁橄榄石-铁橄榄石系统和硅酸盐工业重要原料之一的长石类矿物（例如钙长石 $CaO \cdot Al_2O_3 \cdot 2SiO_2$ 和钠长石 $Na_2O \cdot Al_2O_3 \cdot 6SiO_2$）都能形成连续固溶体。

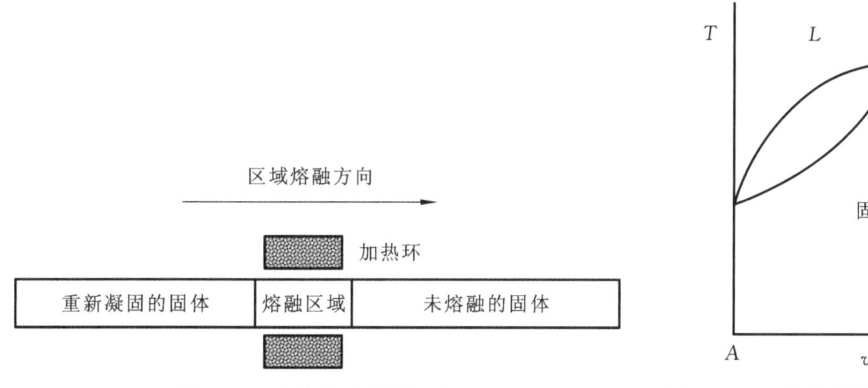

图 5-17　区域熔融提纯示意　　图 5-18　具有最高熔点的连续固溶体相图

5.3.1.5　形成有限固溶体的二元系统相图

溶质只能以一定的限度溶入溶剂，超过限度便会出现第二相，这种固溶体称为有限固溶体。在 A、B 二组元形成的有限固溶体系统中，以 $S_{A(B)}$ 表示 B 组分溶解在 A 晶体中所形成的固溶体，$S_{B(A)}$ 表示 A 组分溶解在 B 晶体所形成的固溶体。

根据无变量点性质的不同，这类相图可分为具有低共熔点的和具有转熔点的两种。

图 5-19 是具有一个低共熔点的有限固溶体的二元系统相图。aE、bE 分别为与固溶体 $S_{A(B)}$ 和 $S_{B(A)}$ 平衡的液相线，aC 和 bD 则为相应的固相线。E 点为低共熔点，该点发生如下相变化过程：$L_E \Longleftrightarrow S_{A(B)} + S_{B(A)}$。$C$ 点表示组分 B 在组分 A 中的最大固溶度，D 点表示组分 A 在组分 B 中的最大固溶度。CF 是固溶体 $S_{A(B)}$ 的溶解度曲线，DG 是固溶体 $S_{B(A)}$ 的溶解度曲线。从这两条溶解度曲线的走向可以看出，A、B 两个组元在固态互溶的溶解度是随着温度的下降而下降的。相图共分为 6 个相区，包括 3 个单相区和 3 个二相区。

在图 5-19 中，高温熔体 M' 冷却到 T_1 温度时，开始析出组成为 S_1 的 $S_{B(A)}$ 固溶体，随后液相组成沿液相线向 E 点变化，固相组成则沿固相线向 D 点变化。温度下降至 T_E 时，液相点到达 E 点，固相点到达 D 点，从 L_E 液相中同时析出组成为 C 的 $S_{A(B)}$ 和组成为 D 的 $S_{B(A)}$，此时系统三相共存，$P=3$，$f=0$，系统温度保持不变。随着液相不断向 $S_{A(B)}$ 和 $S_{B(A)}$ 转变，固相总组成点从 D 点不断向 H 点移动。最终当液相耗尽时，固相组成点与系统点 H 重合，结晶产物为 $S_{A(B)}$ 和 $S_{B(A)}$ 两种固溶体。温度继续下降，$S_{A(B)}$ 和 $S_{B(A)}$ 分别沿 CF 线和 DG 线变化。当温度到达 T_3 时，$S_{A(B)}$ 的组成为 Q，$S_{B(A)}$ 的组成为 N，二者的相对含量之比为 $S_{A(B)}/S_{B(A)}=ON/OQ$。

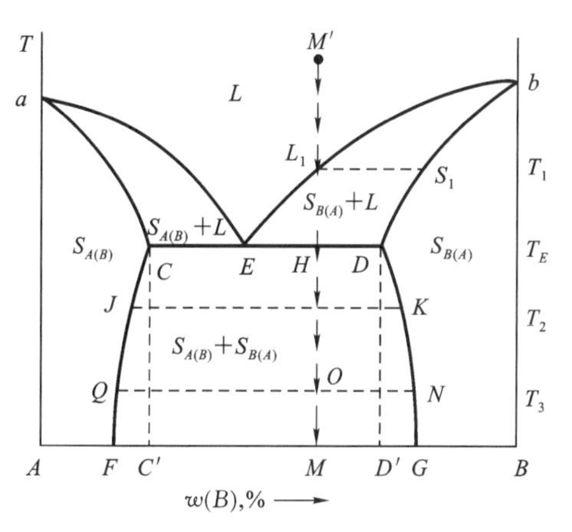

图 5-19　具有一个低共熔点的有限固溶体的二元系统相图

熔体 M' 的析晶过程可用液、固相点的变化表示如下：

液相点：$M' \xrightarrow{L, f=2} L_1 \xrightarrow{L \longrightarrow S_{B(A)}, f=1} E\begin{pmatrix} L_E \longrightarrow S_{A(B)} + S_{B(A)} \\ f=0 \end{pmatrix}$

固相点：$S_1 \xrightarrow{S_{B(A)}} D \xrightarrow{S_{B(A)} + S_{A(B)}} H$

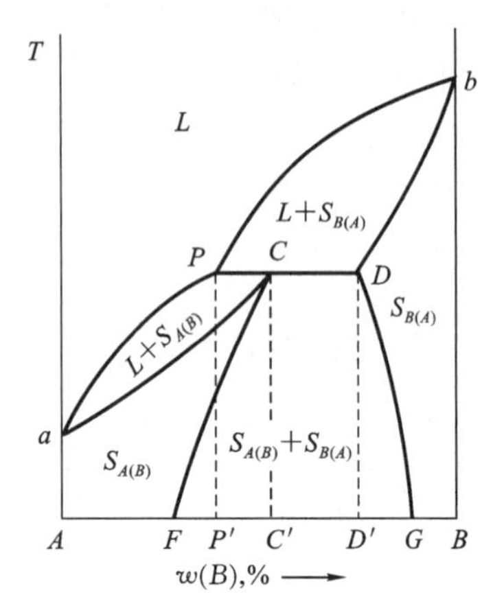

图 5-20 具有一个转熔点的有限固溶体的二元系统相图

图 5-20 是具有一个转熔点的有限固溶体的二元系统相图。固溶体 $S_{A(B)}$ 和 $S_{B(A)}$ 之间没有低共熔点，而是有一个转熔点 P。在 P 点发生如下的相变化过程：$L_E + S_{B(A)}(D) \Longleftrightarrow S_{A(B)}(C)$。

在此类相图中，组成在 P-D 之间的原始熔体冷却到 T_P 温度时都会发生上述的转熔过程，但组成在 C-D 之间的熔体在 P 点耗尽液相，析晶结束；组成在 P-C 之间的熔体则是 $S_{B(A)}$ 先耗尽，转熔结束后继续析晶过程，最后液相在 $S_{A(B)}$ 的液相线 aP 上的某一点耗尽，完成析晶过程。

5.3.1.6 具有液相分层的二元系统相图

前面所讨论的各类二元系统中，二组分在液相都是完全互溶的。但在某些实际系统中，这两个组分在液态时并不完全互溶，只能有限互溶。此时，由于密度不同，液相将分为两层，一层可视为组分 B 在组分 A 中的饱和溶液（$L_{A(B)}$），另一层则可视为组分 A 在组分 B 中的饱和溶液（$L_{B(A)}$）。系统处于两相平衡状态。

图 5-21 是这类相图的典型形式。其中 CKD 虚线围成的区域即是一个液相分层区。等温结线 L_1L_1'，L_2L_2'两端表示不同温度下互相平衡的两个液相的组成。温度升高，两层液相的溶解度都增大，因而其组成越来越接近，到达 K 点时，两层液相的组成已完全相同，分层现象消失，故 K 点是一个临界点，K 点的温度称为临界温度。而在 CKD 区域外，均为液相的单相区。除低共熔点 E 外，系统中还有一个无变量点 D，在 D 点发生的平衡过程为 $L_C \Longleftrightarrow L_D + A$，即冷却时从液相 L_C 中析出 A 晶相，同时液相 L_C 转变为液相 L_D；加热时过程反向进行。

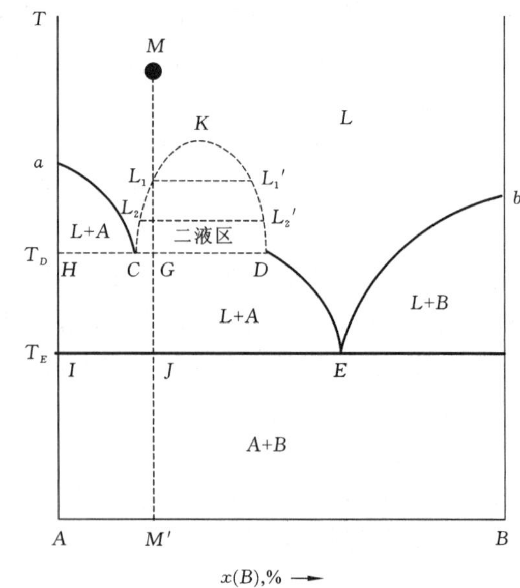

图 5-21 具有液相分层的二元系统相图

在图 5-21 中，当高温熔体 M 冷却到 L_1 点温度时，液相开始分层，第一滴组成为 L_1'的 $L_{B(A)}$ 液相出现，随后 $L_{A(B)}$ 液相沿 KC 线向 C 点变化，$L_{B(A)}$ 液相沿 KD 线向 D 点变化。冷却到 T_D 温度时，L_C 液相开始分解为 L_D 液相和 A 晶相，此时系统中三相平衡，$f=0$，系统的温度维持恒定，直到 L_C 耗尽。L_C 消失后，系统温度又可继续下降，液相组成从 D 点沿液相线 DE 向 E 点变化，在这个过程中不断地从液相中析出 A 晶相。当温度到达 T_E 时，液相在 E 点进行低共熔过程，从液相同时析出 A 和 B 晶相，直到析晶结束，析晶产物为 A 和 B 晶相。

熔体 M 的析晶过程可用液、固相点的变化表示如下：

液相点：

$$M \xrightarrow{L, f=2} \begin{cases} L_1 \xrightarrow{L_{A(B)}} C \\ L_1' \xrightarrow{L_{B(A)}} D\begin{pmatrix} L_C \longrightarrow L_D + A \\ f=0, L_C \text{ 消失} \end{pmatrix} \xrightarrow{L \longrightarrow A, f=1} E\begin{pmatrix} L \longrightarrow A + B \\ f=0, L \text{ 消失} \end{pmatrix} \end{cases}$$

固相点：

$$H \xrightarrow{A} H \xrightarrow{A} I \xrightarrow{A+B} J$$

利用杠杆规则可以计算二液区各平衡相的相对含量。例如，刚到 T_D 温度，A 晶相还未析出，系统中只有 L_C 和 L_D 两种液相时，这两种呈平衡的液相的相对含量为 $L_C/L_D=GD/GC$。当 L_C 液相消失，液相即将离开 D 点时，系统中 A 晶相与 L_D 液相平衡共存，此时 $L_D/A=HG/GD$。

液相分层现象在硅酸盐系统中十分普遍，二价金属氧化物与二氧化硅构成的二元系统（如 CaO-SiO_2 系统、FeO-SiO_2 系统等）均表现出不同程度的液相分层现象。

5.3.2　专业二元系统相图举例

在实际应用中，有许多专业相图都较复杂，一般分析时需按以下步骤将其分解为若干个由基本类型相图构成的分系统：(1)首先了解系统中是否有化合物及其性质，是否有固溶体和存在多晶转变等；(2)以一致熔融二元化合物的等组成线为分界线，把复杂系统分解为若干个简单的分二元系统；(3)分析各分系统中重要的点、线、区所反映的相平衡关系，分析熔体的冷却析晶过程或混合物的加热过程；(4)必要时可用杠杆规则计算各相的相对含量。

5.3.2.1　CaO-SiO_2 系统相图

CaO-SiO_2 系统中包含一些硅酸盐水泥的重要化合物及石灰质耐火材料、高炉矿渣中的某些化合物，因此其相图对硅酸盐水泥和石灰质耐火材料的生产、高炉矿渣的利用都有较大的指导作用。

从图 5-22 所示的相图可见，这个系统有四个化合物，其中硅灰石 CS(即 $CaO \cdot SiO_2$)和硅酸二钙 C_2S(即 $2CaO \cdot SiO_2$)是一致熔融化合物，硅钙石 C_3S_2(即 $3CaO \cdot 2SiO_2$)和硅酸三钙 C_3S(即 $3CaO \cdot SiO_2$)为不一致熔融化合物。

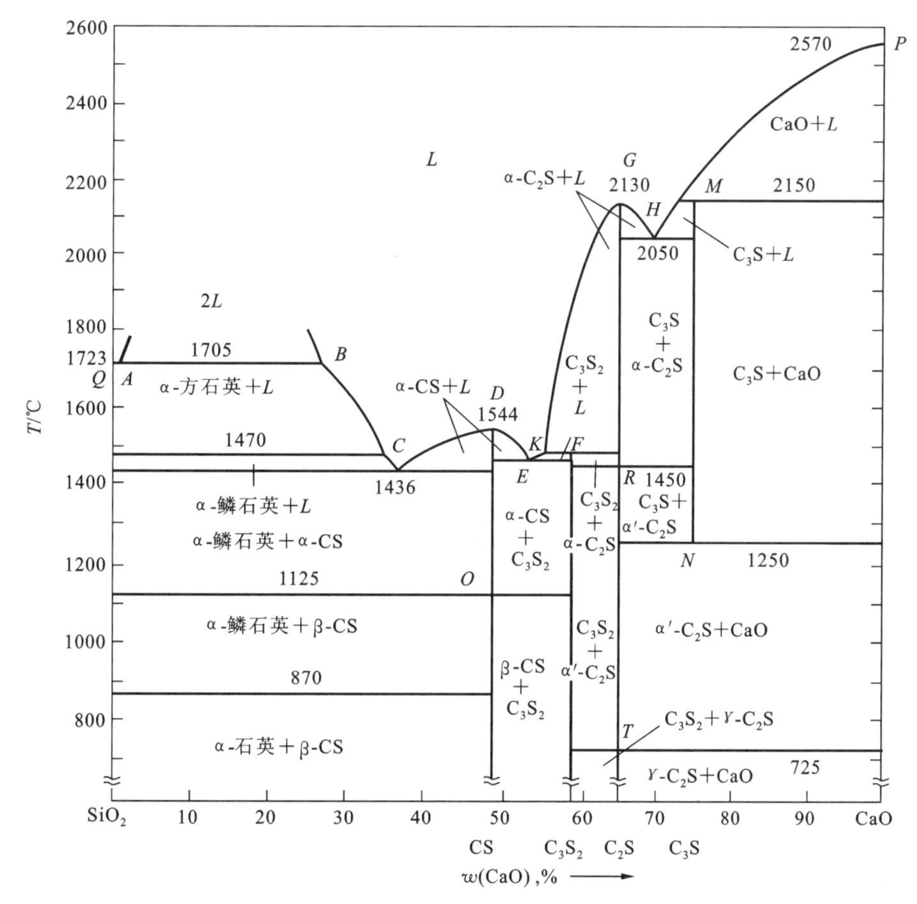

图 5-22　CaO-SiO_2 系统相图

SiO_2、CS 和 C_2S 都有多晶转变现象，所以在图中可以看到有一些晶型转变的等温线，在线上的温度为多晶转变温度。

各无变量点的性质列于表 5-1 中。

表 5-1　CaO-SiO_2 系统中的无变量点

图上点号	相间平衡	平衡性质	组成(%)		温度/℃
			$w(CaO)$	$w(SiO_2)$	
P	$CaO \Longleftrightarrow$ 熔体	熔化	100	0	2570
Q	$SiO_2 \Longleftrightarrow$ 熔体	熔化	0	100	1723
A	α-方石英＋液体 $B \Longleftrightarrow$ 液体 A	分解	0.6	99.4	1705
B	α-方石英＋液体 $B \Longleftrightarrow$ 液体 A	分解	28	72	1705
C	α-CS＋α-鳞石英 $\Longleftrightarrow$ 液体	低共熔	37	63	1436
D	α-CS $\Longleftrightarrow$ 液体	熔化	48.2	51.8	1544
E	α-CS＋$C_3S_2 \Longleftrightarrow$ 液体	低共熔	54.5	45.5	1460
F	$C_3S_2 \Longleftrightarrow$ α-C_2S＋液体	转熔	55.5	44.5	1464
G	α-$C_2S \Longleftrightarrow$ 液体	熔化	65	35	2130
H	α-C_2S＋$C_3S \Longleftrightarrow$ 液体	低共熔	67.5	32.5	2050
M	$C_3S \Longleftrightarrow CaO$＋液体	转熔	73.6	26.4	2150
N	α′-C_2S＋$CaO \Longleftrightarrow C_3S$	固相反应	73.6	26.4	1250
O	β-CS $\Longleftrightarrow$ α-CS	多晶转变	48.2	51.8	1125
R	α′-$C_2S \Longleftrightarrow$ α-C_2S	多晶转变	65	35	1450
T	γ-$C_2S \Longleftrightarrow$ α′-C_2S	多晶转变	65	35	725

以一致熔融化合物 CS 和 C_2S 为分界线，CaO-SiO_2 系统相图可划分为三个二元系统：SiO_2-CS 系统、CS-C_2S 系统和 C_2S-CaO 系统。

在相图左侧的 SiO_2-CS 分二元系统中，在富含 SiO_2 的一侧的 1705 ℃以上，有一个液相分层的二液区，两层液相中一层为富硅液相，另一层为富钙液相。当温度升高时，两液相的相互溶解度增加，成分更加接近(理论上温度足够高时，分层现象会消失)。低共熔点 C 的温度为 1436 ℃，所进行的平衡过程是 $L \Longleftrightarrow$ α-鳞石英＋α-CS。

从相图上还可看到，低共熔点 C 接近 CS 组成点，离 SiO_2 组成点很远。用杠杆规则可以算出，若向 SiO_2 中加入 1%(质量分数)的 CaO，在低共熔温度 1436 ℃下所产生的液相量为 $w(L)=\frac{1}{37}\times 100\%=2.7\%$(37 为低共熔点 C 处 CaO 的百分含量)。这表明在 SiO_2 中加入少量的 CaO 并加热至 1436 ℃时，所产生的液相量并不多。另一方面，由于液相线 BC 较为陡峭，温度继续升高时，增加的液相量也不会太多。因此，在硅砖生产中可以采取 CaO 作矿化剂而不会严重影响其耐火度。

在 CS-C_2S 这个分二元系统中，有一个不一致熔融化合物 C_3S_2，它常出现于高炉矿渣中，在自然界中则以硅钙石的形式存在。E 点是 CS 与 C_3S_2 的低共熔点，在 E 点上进行的平衡相转变过程是 $L \Longleftrightarrow C_3S_2$＋α-CS。$F$ 点是转熔点，在 F 点上发生 L＋α-$C_2S \Longleftrightarrow C_3S_2$ 的转熔过程。CS 具有 α 和 β 两种晶型，晶型转变的温度为 1125 ℃。

最右侧的 C_2S-CaO 分二元系统中有硅酸盐水泥的重要矿物 C_2S 和 C_3S。其中 C_3S 是不一致熔融化合物，仅于 2150～1250 ℃之间稳定存在。在 2150 ℃分解为液相和 CaO，在 1250 ℃分解为 α′-C_2S 和 CaO。不过，C_3S 在 1250 ℃的分解只有在靠近 1250 ℃温度的小范围内才会很快进行，温度更低时其分解几乎可以忽略不计，所以 C_3S 能在很长的时间内以介稳状态存在于常温下。这种介稳状态的 C_3S 内能较高，活性大，水化能力强，是保证硅酸盐水泥具有高度水硬活性的最重要的矿物成分。C_2S

是一致熔融化合物，具有α、α′、β、γ等多种晶型转变，其中β-C_2S也是硅酸盐水泥中含量高的一种水硬活性矿物(β-C_2S为介稳态，图5-22中未标出)。在生产中，为了保证水泥质量，应采取急冷措施，以缩短C_3S在1250 ℃附近的停留时间，尽量避免C_3S分解，使其以介稳态存在下来。同时，急冷对防止β-C_2S转化为γ-C_2S也有好处。

5.3.2.2　MgO-SiO_2系统

MgO-SiO_2系统与镁质陶瓷(如滑石瓷)及镁质耐火材料(如方镁石砖、镁橄榄石砖)的生产密切相关。

图5-23是MgO-SiO_2的二元系统相图。系统中有两个化合物：一个一致熔融化合物M_2S(Mg_2SiO_4，镁橄榄石)，其熔点高达1890 ℃；另一个不一致熔融化合物MS($MgSiO_3$，顽火辉石)，它在1557 ℃时分解成M_2S和D组成的液相。M_2S将整个系统分成MgO-M_2S和M_2S-SiO_2两个分系统。MgO-SiO_2系统相图中的无变量点见表5-2。

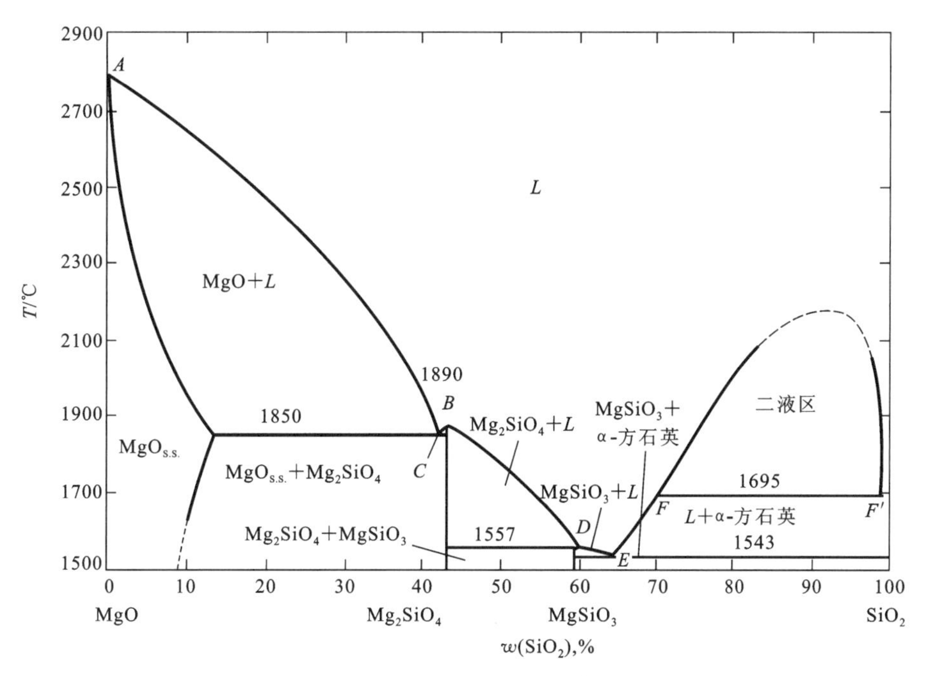

图5-23　MgO-SiO_2 **二元系统相图**

表5-2　MgO-SiO_2**系统相图中的无变量点**

符号	相间平衡	性质	温度/℃	组成(%)	
				$w(MgO)$	$w(SiO_2)$
A	液体 ⟺ MgO	熔化	2800	100	0
B	液体 ⟺ Mg_2SiO_4	熔化	1890	57.2	42.8
C	液体 ⟺ $MgO+Mg_2SiO_4$	低共熔	1850	～57.7	～42.3
D	液体＋Mg_2SiO_4 ⟺ $MgSiO_3$	转熔	1557	～38.5	～61.5
E	液体 ⟺ $MgSiO_3$＋α-方石英	低共熔	1543	～35.5	～64.5
F	液体F' ⟺ 液体F＋α-方石英	分解	1695	～30	70
F'	液体F' ⟺ 液体F＋α-方石英	分解	1695	～0.8	～99.2

MgO-M_2S分系统中，有一个溶有少量SiO_2的MgO有限固溶体单相区(相图中用下标$_{s.s.}$表示形成有限固溶体)，该固溶体与M_2S形成一个低共熔点C，低共熔温度为1850 ℃。

M_2S-SiO_2分系统中，有一个低共熔点 E 和一个转熔点 D，在富硅的液相部分出现液相分层。MS 存在多种晶型：低温下为稳定晶型顽火辉石，1260 ℃时转变为高温稳定的原顽火辉石。但在冷却时，原顽火辉石不易转变为顽火辉石，而以介稳相保存下来，或在 700 ℃以下转变为另一种介稳相斜顽火辉石，并伴随着 2.6％的体积收缩。

原顽火辉石是滑石瓷中的主要晶相，如果制品中发生向斜顽火辉石的晶型转变，会导致制品气孔率增大，机械强度下降，甚至产生开裂、粉化，因此在生产中要采取稳定措施(如添加稳定助剂等)防止这种晶型转变出现。

MgO-M_2S 分系统中液相线温度很高，而 M_2S-SiO_2 分系统中液相线温度低得多，因此，镁质耐火材料配料中 MgO 含量应高于 Mg_2S 中的 MgO 含量，以防止配料点落在 M_2S-SiO_2 分系统中，致使液相出现温度和全熔温度急剧下降，耐火度大大降低。基于同样的理由，在工业窑炉中，镁砖和硅砖不能同时使用，以避免硅砖中的 SiO_2 和镁砖中的 MgO 反应生成熔点更低的化合物并产生大量液相，破坏材料的耐火性能。

5.3.2.3　BaO-TiO_2 系统相图

BaO-TiO_2 系统对 $BaTiO_3$ 铁电晶体、铁电陶瓷及 $BaTi_4O_9$ 等微波介质陶瓷的制备有着重要的指导意义。

图 5-24 是 BaO-TiO_2 系统相图。该系统有两个一致熔融化合物：Ba_2TiO_4 和 $BaTiO_3$；有 3 个不一致熔融化合物：$BaTi_2O_5$、$BaTi_3O_7$ 和 $BaTi_4O_9$。整个系统可分为 BaO-Ba_2TiO_4、Ba_2TiO_4-$BaTiO_3$ 和 $BaTiO_3$-TiO_2 三个分系统。

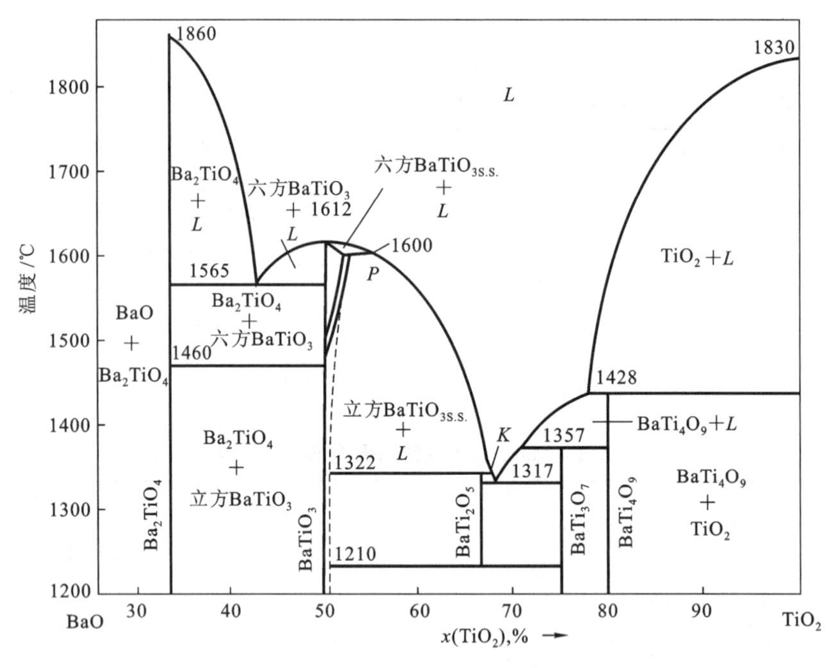

图 5-24　BaO-TiO_2 二元系统相图

$BaTiO_3$ 是 BaO-TiO_2 系统中最重要的化合物。$BaTiO_3$ 存在多晶转变，1460 ℃以上结晶出来的为六方相，降温至 1460 ℃转变为立方相，当温度下降到 130 ℃时，钛酸钡发生顺电-铁电相变，转变为四方相，在 5 ℃转变为正交相，当温度继续下降到－90 ℃以下时转变为三方相。整体而言，随着温度的下降，$BaTiO_3$ 晶体的对称性越来越低。在 130 ℃(即居里点)以上，钛酸钡表现出顺电性，在 130 ℃以下表现出铁电性。

BaO-TiO_2 系统相图可用于指导 $BaTiO_3$ 铁电晶体和铁电陶瓷的制备。

在采用提拉法制备 $BaTiO_3$ 铁电晶体时，如果将配料定在 n(BaO)∶n(TiO_2)＝1(即一致熔融的位置)，则生长出来的 $BaTiO_3$ 为六方相，在降温过程中要经过两次相变才能得到具有铁电性能的四方相，这容易导致晶体开裂。因此在实际操作时人们将配料点选择在 P、K 之间，这样在拉单晶时可直接得到立方相 $BaTiO_3$，减少一次降温过程中的相变。

在生产 $BaTiO_3$ 铁电陶瓷时，如果也将配料定在 $n(BaO):n(TiO_2)=1$，则可能由于混料不均等原因而导致部分区域 BaO 过量生成 Ba_2TiO_4。Ba_2TiO_4 具有吸潮性，会使瓷片膨胀而产生裂纹。因此，在选择配方时要使 TiO_2 稍过量，避免 Ba_2TiO_4 的生成。过量的 TiO_2 固溶在 $BaTiO_3$ 晶格中，不会影响其铁电性能。

在 $BaTiO_3$-TiO_2 分系统中，有一个比较重要的化合物 $BaTi_4O_9$。该化合物为不一致熔融化合物，在 1428 ℃会分解为 TiO_2 和液相。$BaTi_4O_9$ 具有优良的微波介电性能，可作为微波介质材料使用。另外，$BaTi_4O_9$ 也是一种催化剂材料。

5.3.2.4　MgO-Al_2O_3 系统相图

MgO-Al_2O_3 系统对 Al_2O_3、MgO、$MgAl_2O_4$ 陶瓷和耐火材料制品生产有着重要的指导意义。

图 5-25 是 MgO-Al_2O_3 系统相图。该系统中只有一个化合物镁铝尖晶石 MA(MgO·Al_2O_3)。它将相图分成具有低共熔点 E_1 的 MgO-MA 和低共熔点 E_2 的 MA-Al_2O_3 两个分系统。E_1 和 E_2 对应的温度都很高，分别为 1995 ℃和 1925 ℃。MgO、Al_2O_3 及 MA 之间都具有一定的互溶性，故各形成一个低共熔型的有限互溶体相图。从 $MA_{s.s.}$ 的溶解度曲线可以看到，温度对 Al_2O_3 在 MA 中的溶解度的影响明显大于对 MgO 在 MA 中的溶解度的影响。

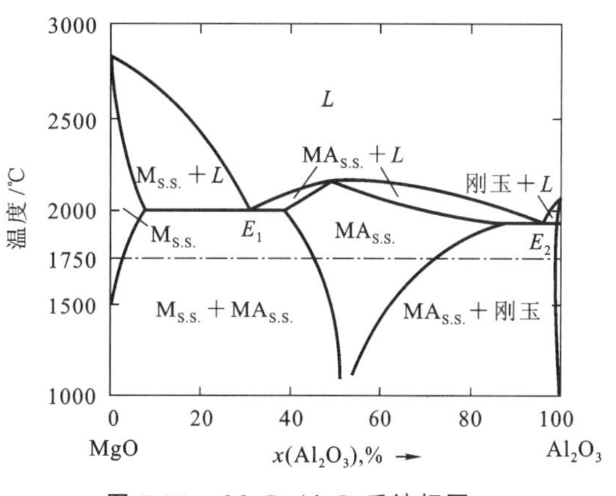

图 5-25　MgO-Al_2O_3 系统相图

由于低共熔点 E_1 和 E_2 所对应的温度很高，所以该系统中的材料都是很有价值的高温相材料。重要的是，固溶体的形成会使 Al_2O_3、MgO、MA 的耐火度进一步提高。比如，MgO 中加入少量 MA，会形成 MgO 固溶体，组成物开始熔融的温度比较低共熔点的温度明显提高。物系组成中的 Al_2O_3 为 5%时，开始熔融温度为 2500 ℃，比低共熔点 E_1 的温度高 500 ℃左右。此外，用 MA 作为方镁石(MgO)的陶瓷结合相，还有显著改善镁质制品的热稳定性的作用。利用上述特性，我国耐火材料工作者在 20 世纪 50 年代研制成功的冶金用镁铝砖碱性耐火材料，含 Al_2O_3 为 5%～10%，用于炼钢平炉炉顶等部位，取代较短缺的镁铬砖，效果明显。

本相图和透明陶瓷的制备也密切相关。

在高纯 Al_2O_3 粉料中添加 0.3%～0.5%的 MgO，在 H_2 气氛中 1750 ℃左右烧结，可以获得透明 Al_2O_3 陶瓷。在这种制备工艺中，添加 MgO 是为了控制晶界在烧结过程的移动速率，避免晶粒异常长大，使气孔更容易消除。从相图可知，这种透明 Al_2O_3 陶瓷是含 Mg^{2+} 离子的刚玉固溶体。当温度降低时，Mg^{2+} 在 Al_2O_3 中的固溶度下降，将会有 MA 尖晶石从固溶体刚玉中析出，如果 Mg^{2+} 添加量过多，析出的 MA 量过多，也会使制品失透。因此，控制 MgO 的添加量，使烧结过程中气孔尽量排出而降温过程中 MA 析出量尽量少，是获得透明 Al_2O_3 陶瓷的关键。

5.3.2.5　Al_2O_3-SiO_2 系统相图

Al_2O_3-SiO_2 系统相图也是无机非金属材料的基本相图之一，与很多陶瓷及耐火材料(包括硅砖、黏土砖、高铝砖、莫来石砖和刚玉砖等)的制备有着密切的关系。

在此二元相图中，只生成一个二元化合物 A_3S_2(莫来石)。但 Al_2O_3-SiO_2 系统相图却有多种形式，这是因为不同研究者对于 A_3S_2(莫来石)的性质有不同认识。有人认为 A_3S_2 是一致熔融化合物，有人则认为 A_3S_2 是不一致熔融化合物。造成这种认知差别的原因有二：一是硅酸盐液相黏度大，高温物理化学过程缓慢，不易达到平衡状态；二是不同研究者实验条件不同，所用原料纯度有所差别。现在一般认为，当使用高纯原料并在密闭环境中长时间保温下进行严格实验时，A_3S_2 为一致熔融化合物；而在一般工业生产时，由于原料不纯、环境开放等的影响，A_3S_2 表现为不一致熔融化合物。值得注意的是，这种对同一物质有不同认知的情况在硅酸盐体系相平衡研究中经常会发生。

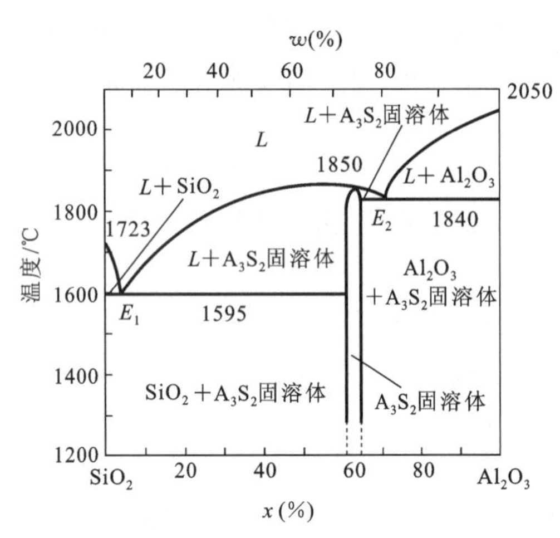

图 5-26　Al_2O_3-SiO_2 **二元系统相图**

图 5-26 是 A_3S_2 为一致熔融化合物时的 Al_2O_3-SiO_2 系统相图。以 A_3S_2 为界，可将 Al_2O_3-SiO_2 系统划分为两个分二元系统。在 A_3S_2-SiO_2 分二元系统中有一个低共熔点 E_1，相平衡关系为 $L_{E_1} \Longleftrightarrow SiO_2 + A_3S_2$；在 A_3S_2-Al_2O_3 系统有一个低共熔点 E_2，相平衡关系为 $L_{E_2} \Longleftrightarrow Al_2O_3 + A_3S_2$。$A_3S_2$ 中会固溶少量 Al_2O_3，在相图中形成一个很窄的 A_3S_2 固溶体单相区，其中，Al_2O_3 的摩尔分数在 60%～63%之间。

在左边的 A_3S_2-SiO_2 分系统中，低共熔点 E_1 对应的温度为 1595 ℃。由于 E_1 点靠近 SiO_2[该点对应 Al_2O_3 含量为 5.5%(质量分数)]，当在熔点为 1723 ℃的 SiO_2 中加入 1%(质量分数)的 Al_2O_3 并升温至 1595 ℃时，会产生 1∶5.5＝18.2%液相。显然，Al_2O_3 的加入使 SiO_2 耐火度大大降低。因此，在硅砖制造过程中，Al_2O_3 是极为有害的杂质组分，需要尽量减少其含量。同样，使用过程中，也应避免与黏土砖、高铝砖等含 Al_2O_3 的材料混用。但是，当 $x(Al_2O_3) > 5.5\%$（即在 E_1 点右边）时，随着 Al_2O_3 含量的增加，耐高温的莫来石晶相不断增多，液相线的温度不断提高，材料的耐火性能逐渐改善。Al_2O_3 从有害组分逐渐转变为能提高熔融温度的有益组分。

E_1E_2 是莫来石的液相线，根据 E_1E_2 线倾斜度可以判断液相量随温度变化的情况。在相图中，E_1E_2 线左边靠近低共熔点 E_1 的一段(1595～1700 ℃)比较陡，当系统温度上升至 1700 ℃之前时，液相量变化较小；右边靠边莫来石的一段(1700～1850 ℃)很平坦，当系统加热至 1700 ℃之上时，系统的液相量会迅速增多。根据杠杆规则，这种根据液相线的陡峭或平坦来判断温度上升时液相量增加的多少的做法是很容易理解的。

在 A_3S_2-Al_2O_3 分系统中，低共熔点 E_2 对应的温度达 1840 ℃，A_3S_2、Al_2O_3 的熔点也都很高，因此莫来石质及刚玉质耐火砖都是性能优良的耐火材料。

5.4　三元系统相图

三元系统有三个独立组分($C=3$)。三元凝聚系统相律的表达式为 $f=C-P+1=3-P+1=4-P$。当 $f=0$，$P=4$，即三元凝聚系统中可能存在的平衡共存的相数最多为 4 个。当 $P=1$，$f=3$ 时，系统的最大自由度为 3，这 3 个独立变量是温度和三组分中任意两个组分的浓度。由于有 3 个变量，无法继续用平面图形表示，所以三元系统相图采用立体的三方棱柱来表示。三棱柱的底面三角形表示三元系统的组成，棱柱的高表示温度。

5.4.1　三元系统组成表示方法

三元系统的组成通常是用等边三角形来表示，称为组成三角形、浓度三角形或吉布斯三角形，如图 5-27 所示。三角形的顶点分别表示 A、B、C 单组元及其浓度(浓度为 100%)。三角形的三条边分别代表 A-B、A-C、B-C 二元系统及两组分的相对含量。三角形内为 A-B-C 三元系统及 A、B、C 三组分的相对含量。其中，A、B、C 三组分的相对含量可以利用平行线法读出。如通过图中 M 点分别作平行于各底边的平行线，根据底边到各平行线的这段截距读出组成读数。如，对于 C 组分，可过 M 点作 AB 边的平行线，AC 边上的截距为 20%。同样，对于组分 A 可得 50%，对于组分 B 可得 30%。三组分之和应为 100%。

M 点的组成还可用双线法求得，即过 M 点引三角形两条边的平行线，根据它们在第三条边上的交点来确定。如图 5-28 所示，远离 A 顶点的一段代表 A 组元的含量，远离 B 顶点的一段代表 B 组元的含量，中间一段代表对面顶点 C 组元的含量。

在浓度三角形中，一个三元系统的组成点愈远离某个顶点，系统中该顶点组分的含量就越少，反之则越多。

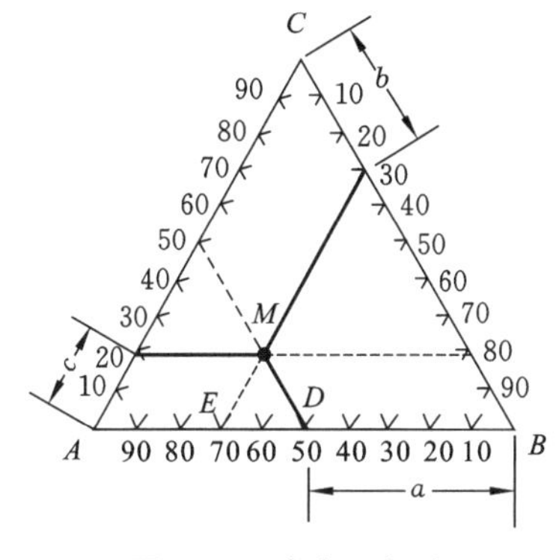

图 5-27　浓度三角形

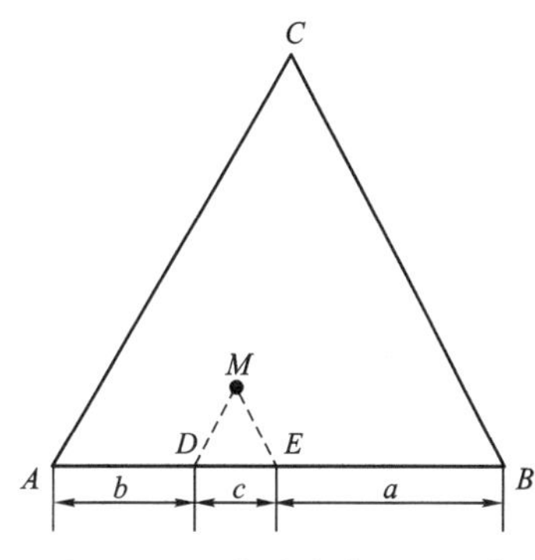

图 5-28　双线法确定三元组成

5.4.2　浓度三角形的性质

在浓度三角形内，以下几条规则是适用的。

1）等含量规则：平行于一条边的直线上所有各点的组成中含对面顶点组分的量相等。如图 5-29 所示 MN 线上的各点（如 P、Q、R）含 C 组分的量相等。

2）等比例规则：从浓度三角形某顶点向对边作射线，线上所有各点的组成中所含其他两个顶点组分的量的比例不变。图 5-30 中，通过顶点 C 向对边 AB 作射线 CD，CD 线上各点 A、B、C 三组分的含量皆不同，但 A 与 B 含量的比值是不变的，即 $AD : DB =$ 常量。如图所示的 O 点，其 A 与 B 含量的比值为 $MO : ON = AD : DB =$ 常量。

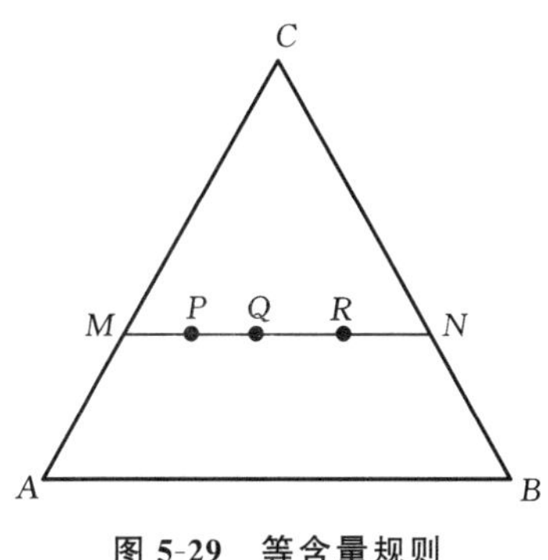

图 5-29　等含量规则

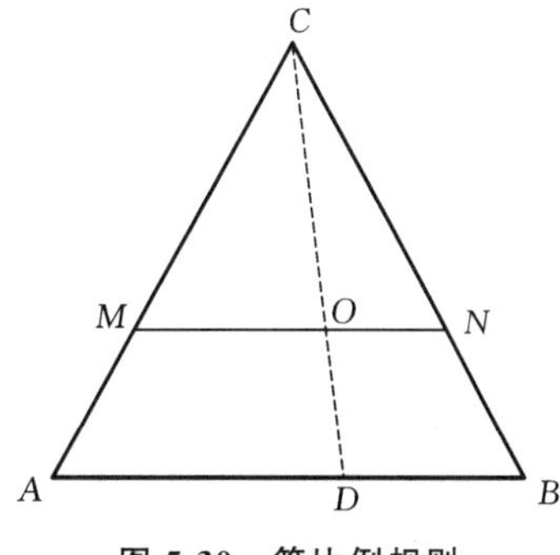

图 5-30　等比例规则

3）背向性规则：由等比例规则可以知道，在浓度三角形中若有一熔体在冷却时析出某一顶点所代表的组分，则液相中该顶点组分的含量不断减少，而其他两个顶点组分的含量之比保持不变，这时液相组成点必定沿着该顶点与熔体组成点的连线向背离该顶点的方向移动。这一推论被称为背向性规则。图 5-31 中，若从 N 点中析出 C 晶相，则液相中 C 晶相不断减少，而 A、B 的量的比例保持不变，液相必定沿着 CN 线向背离 C 的方向移动。这一规则在分析冷却结晶过程中液相的变化途径时非常重要。

4）杠杆规则：三元系统的杠杆规则与二元系统的基本相同，可表述为当两个组成已知的三元化合物（或相）转变成一个新化合物（或相）时，则新混合物（或相）的组成点必在两个原始化合物（或相）组成点的连线上，新相的组成点与两个原始化合物（或相）组成点之间的距离与两个原始化合物（或相）的质量成反比。图 5-32 中，设有两个三元化合物（或相）的组成为 M 和 N，其重量分别为 m 和 n，则生成的新化合物的组成点 P 一定落在 MN 连线上，且有 $MP : PN = n : m$。

根据上述杠杆规则也可以知道：当一相分解为两相时，这两相组成点必然分布在原始组成点的两侧，且三点在一条直线上。

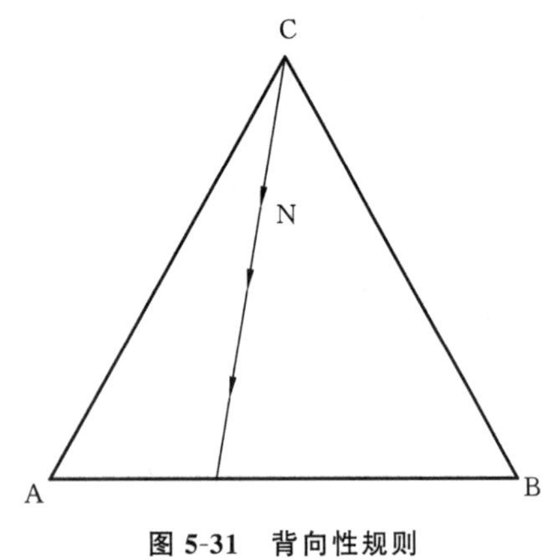

图 5-31　背向性规则

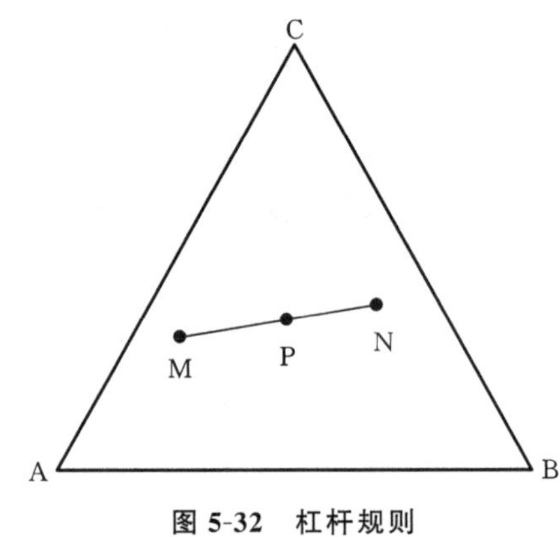

图 5-32　杠杆规则

5）重心规则：三元系统中最多可能四相并存，重心规则用于处理三元系统中四相平衡的问题。

假设三元系统中处于平衡的四相组成为 M、N、P、Q，这四个相点的相对位置可能存在下列三种配置方式：

① 重心位置：P 点位于 ΔMNQ 内部，如图 5-33(a)所示。如果 M、N、Q 混合在一起，要得到新相 P，可应用杠杆规则分两步进行：先用杠杆规则求出 M、N 的混合物组成点 S，S 相必在 MN 连线上，且在 M 和 N 之间；然后再将 Q 和 S 混合，得出总的组成点 P。即 $M+N=S$，$S+Q=P$，所以 $M+N+Q=P$。这表明 P 相可通过 M、N、Q 三相合成；反之，从 P 相可以分解出 M、N、Q 三相。

在以上变化过程中，P 点所处的位置被称为重心位置。

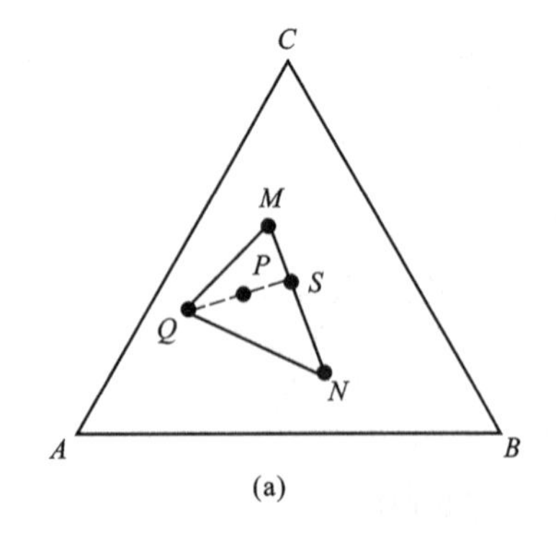

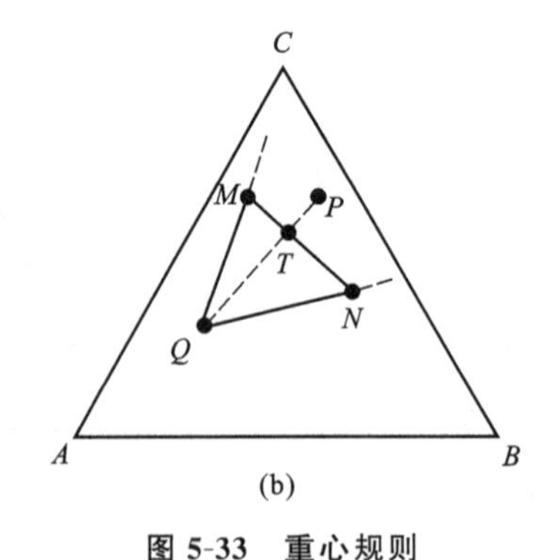

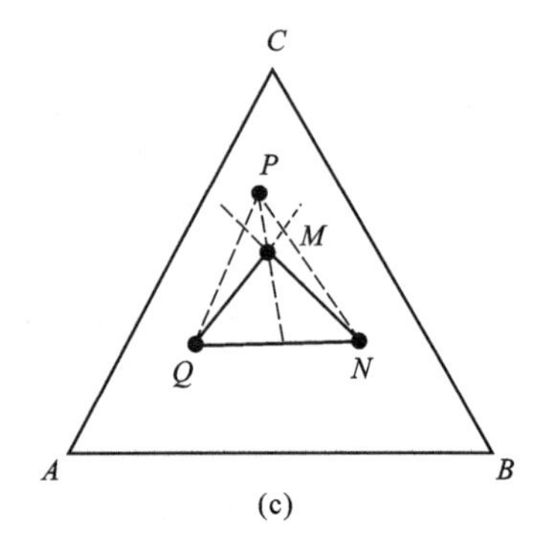

图 5-33　重心规则

(a)重心位置；(b)交叉位置；(c)共轭位置

② 交叉位置：若 P 点不在 ΔMNQ 内部，而是在某条边（如 MN）的外侧，并在另两条边（QM、QN）的延长线范围内，如图 5-33(b)所示。根据杠杆规则，有 $M+N=T$，$P+Q=T$，所以 $M+N=$

$P+Q$。即从 P 和 Q 二相可以合成 M 和 N 相，或反之，从 M、N 相可以合成 P、Q 相。

P 点所处的这种位置叫作交叉位置。

③ 共轭位置：若 P 点处于 ΔMNQ 某一角顶（如 M）的外侧，且在形成此角顶的两条边（QM、QN）的延长线范围内，如图 5-33(c)所示。连接 QP、NP，得 ΔPNQ，这样就有 $P+Q+N=M$，$P=M-Q-N$，即要得到组成点 P 的化合物，需要由 M 中取出一定量的化合物 $Q+N$；反之，化合物 P 分解时，要加入一定量的 $Q+N$ 才能得到 M。

P 点所处的这种位置叫作共轭位置。

在三元系统中，重心规则对判断无变量点的性质非常重要。

5.4.3 三元系统相图的基本类型

5.4.3.1 具有一个低共熔点的三元系统相图

这个系统的特点是各组分在液态时完全互溶，而在固相时完全不互溶，三组分各自从液相分别析晶，不生成化合物或形成固溶体，只有一个三元低共熔点，因而是一个最简单的三元系统。

1）立体状态图及平面投影图分析

这一系统的立体状态图如图 5-34 所示，是一个三方棱柱体，棱柱体的底面为系统组成的浓度三角形，高为温度。三棱柱的三条棱 AA'、BB'、CC' 分别表示三个纯组分 A、B、C 的状态，A'、B'、C' 是三个纯组分的熔点。三个侧面是三个简单的具有一个低共熔点的二元系统 A-B、B-C、C-A 的相图，E_1、E_2、E_3 为相应的二元低共熔点。

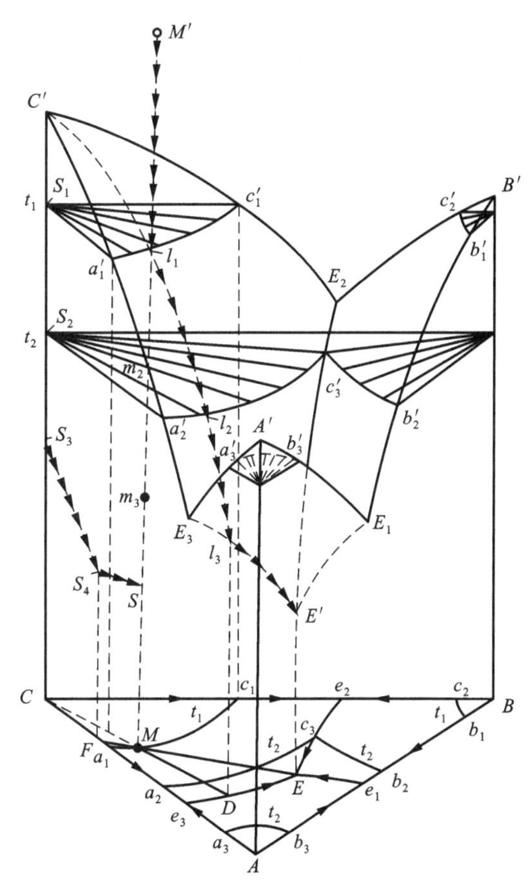

图 5-34 具有一个低共熔点的三元系统相图

二元系统中的液相线，在三元立体状态图中发展为液相面。如 $A'E_1E'E_3$ 液相面是从 A 组分在 A-B 二元系统中的液相线 $A'E_1$ 和在 A-C 二元系统中的液相线 $A'E_3$ 发展而成的。这是一个饱和曲面，任何富 A 的三元高温熔体冷却到该液面上的温度时便开始对 A 晶相饱和，析出 A 晶体。所以 $A'E_1E'E_3$ 液相面代表了液相和 A 晶相二相平衡状态，$P=2$，$f=2$。与此相似，$B'E_2E'E_1$、$C'E_3E'E_2$ 分别为 B、C 二组分的液相面。三个液相面的上部空间则是熔体的单相区。三个液相面两两相交得到的三条线 E_1E'、E_2E' 和 E_3E' 称为界线。界线上的液相同时对两种晶相饱和。如 E_1E' 任一点的液相都对 A、B 同时饱和，冷却时同时析出 A、B 晶体。因此界线上三相共存，$P=3$，$f=1$。三个液相面和三条界线相交的 E' 点是系统的三元低共熔点，在该点上液相同时对 A、B、C 相饱和，系统处于四相平衡共存状态，$P=4$，$f=1$。

三元系统的立体状态图不便于实际应用，因此通常将立体图向底面浓度三角形投影，形成平面图，如图 5-35 所示。三个初晶区Ⓐ、Ⓑ、Ⓒ为立体图上的三个液相面投影；三条界线 e_1E、e_2E、e_3E 是空间中三条界线的投影；e_1、e_2、e_3 分别为三个二元低共熔点 E_1、E_2、E_3 的投影，而低共熔点 E 则是空间状态图中的 E' 点的投影。投影图上各点、线、区中平衡共存的相数与自由度数和立体图上对应的点、线、面相同。

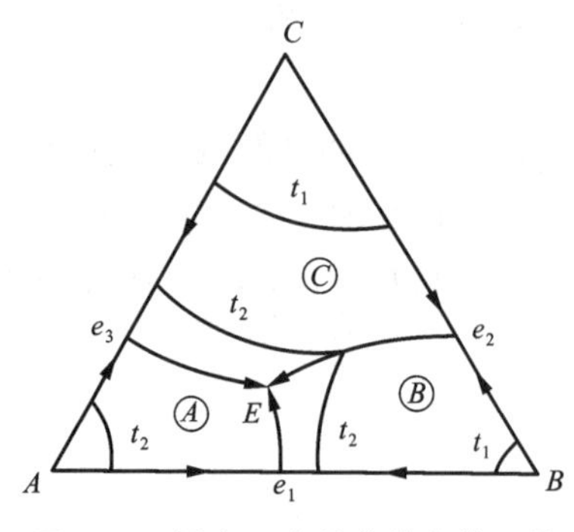

图 5-35　具有一个低共熔点的三元系统相图的平面投影图

为了在投影图上表示温度，通常采用以下方法表示：

(1) 将一些固定的点（如纯组分或化合物的熔点，二元和三元的无变量点等）的温度直接标在图上或另列表注明。

(2) 在界线上用箭头表示温度的下降方向。三角形边上的箭头则表示二元系统中液相线温度下降的方向。

(3) 在初晶区内，温度用等温线表示（类似于地图上的等高线）。即在立体图上每隔一定温度间隔作平行于浓度三角形底面的等温截面，这些等温截面与液相面相交得到许多等温线，然后将其投影到底面并在投影线上标出相应的温度值。如图 5-34 中的 $a'_1c'_1$，$a'_2c'_3$投影到底面便得到图 5-35 中的 t_1 和 t_2 线。显然，液相面愈陡，投影图上等温线便愈密。由于等温线使相图的图面变得复杂，所以有些相图中并不画出等温线。

2) 冷却析晶过程

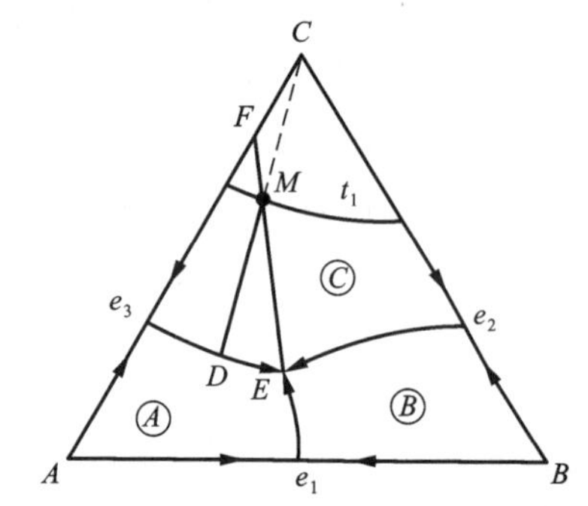

图 5-36　具有一个低共熔点的三元系统相图的结晶路线

现以 M 点组成的熔体为例，通过图 5-34 和图 5-36 相对照来讨论这类简单三元系统中的析晶过程。组成为 M 的高温熔体 M' 点位于 C 的初晶区内，在冷却到 C 的液相面以前，相图保持一个液相，液相点与系统点重合，在投影图上液相组成点位于 M 点不动。当熔体冷却到 t_1温度、与 $C'E_3E'E_2$液相面相交的 l_1点时，液相开始对 C 饱和，组分 C 的晶相开始析出，固液两相平衡共存，$P=2$，$f=2$。

系统温度继续下降，由于此时液相中的 A 和 B 的量的比例不变，根据背向规则，液相点只能沿着液相面 $C'E_3E'E_2$上的 l_1l_3 线，从 l_1变化到 l_3。所以在投影图上，液相组成沿着 CM 射线，向着离开 C 的方向移动到 D 点。这一过程中，系统中固相 C 的含量一直在增加，相应的固相状态点从 CC'棱上的 S_1变化到 S_3，但在投影图上，则固相组成在 C 点不变。

当析晶过程到达界线 E_3E'上的 l_3点，即投影图中界线 e_3E 上的 D 点时，由于此界线是组分 A 和 C 的液相面的界线，液相同时对 A、C 饱和，开始同时析出 A 晶相和 C 晶相。根据相律，$P=3$，$f=1$，故系统温度可再下降，而液相则沿着 E_3E' 界线向 E'点变化。在投影图上，则表现为液相组成沿着 DE 由 D 点向 E 点变化。由于有 A 晶相析出，相应的固相状态点将离开 CC'棱的 S_3点，沿着 $C'CAA'$二元侧面向 S_4点移动，在投影图上，则是固相组成点沿着 CA 边由 C 向 F 移动。由杠杆规则，液相组成点、固相组成点和系统的总组成点 M 应在同一条直线上，这样随着析晶过程的进行，杠杆以系统的总组成点 M 为支点旋转。

当系统温度继续下降，析晶过程到达三元低共熔点 E'即投影图中的 E 点时，晶体 C、A 和 B 将同时结晶析出，此时 $P=4$，$f=0$。温度将维持稳定，液相点也不变，但液相量在不断减少。同时，由于固相已是三种晶相的混合物，所以固相点离开 S_4 点，沿 S_4E'方向向三棱柱内部的 S 点移动。在投影图上，就是沿 FE 连线从 F 向 M 变化。当固相组成点与系统组成点 S（投影图中的 M）重合时，液相消失，析晶过程结束。最终的析晶产物是 A、B、C 三种晶相。析晶结束后，系统又处于三相平衡，温度可以继续下降。

上述析晶过程可用下式表示：

$$\text{液相点}:M \xrightarrow{L\longrightarrow C,\ f=2} D \xrightarrow{L\longrightarrow C+A,\ f=1} E\begin{pmatrix}L_E\longrightarrow C+A+B\\ f=0,\text{液体消失}\end{pmatrix}$$

$$\text{固相点}:C \xrightarrow{C} C \xrightarrow{C+A} F \xrightarrow{C+A+B} M$$

按照杠杆规则，系统组成点和液相点、固相点总是处于一条直线上，因此在冷却析晶过程中，尽管不断发生液、固相之间的相变化，液相组成和固相组成不断改变，但都可以根据液相点或固相点的位置反推另一相点的位置。同样，利用杠杆规则，也可以计算某一温度下系统中的液相量和固相量，如液相组成到达 D 点时，液相量/固相量 $=CM/MD$。

3）判读三元相图的几条重要规则

从上面的介绍我们可以看到，三元相图相对于二元相图要复杂得多。为了更好地分析三元相图特别是其析晶过程，我们在介绍其他类型三元相图前，先学习几条相关的重要规则。

（1）连线规则

连线规则用于判断界线温度下降方向。

在三元系统中，将一界线（或其延长线）与相应两个晶相组成点的连线（或其延长线）相交，其交点是该界线上的温度最高点，界线上的温度向离开该交点的方向下降。根据界线与连线位置的不同，可能出现如下 4 种情况：界线与相应连线直接相交、界线与相应连线的延长线相交、界线的延长线与相应的连线相交、界线的延长线与相应连线的延长线相交。无论哪种情况，交点都是温度最高点。图 5-37 给了界线与相应连线的 3 种相对位置，大家可以自己给出第 4 种相对位置。

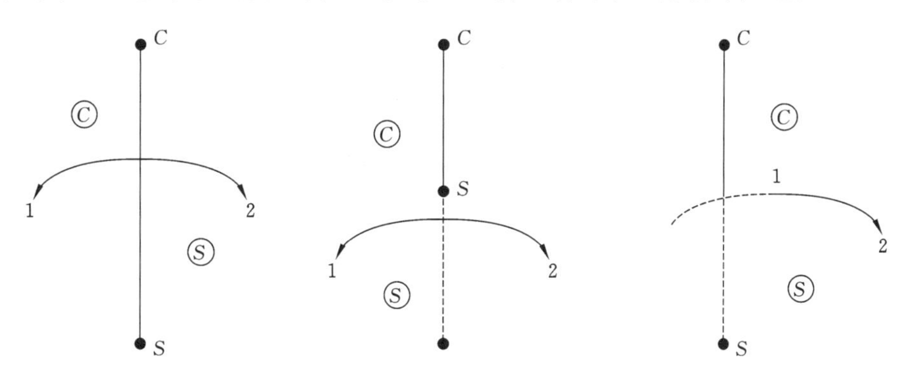

图 5-37　界线与相应连线的 3 种相对位置

（2）切线规则

切线规则用于判断三元相图上界线的性质。

如图 5-38 所示，将界线上某一点所作的切线与相应的两晶相组成点的连线相交，若交点在连线上，则表示界线上该点具有共熔性质；若交点在连线的延长线上，则表示界线上该点具有转熔性质，而且是远离交点的那个晶相被回吸。通常，在三元相图上，共熔界线的温度下降方向规定用单箭头表示，而转熔界线的温度下降方向则用双箭头表示。

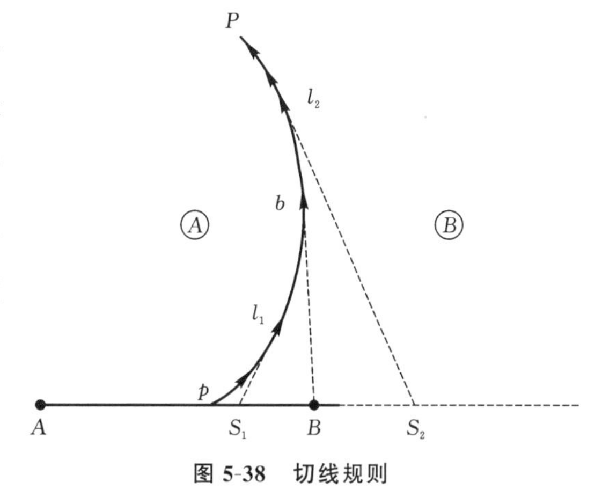

图 5-38　切线规则

（3）重心规则

重心规则用于判别无变量点的性质。

在分析复杂的三元系统相图时，首先要将相图划分为若干个小的三角形，称为副三角形或分三角形，每一个副三角形都可看成一个独立的最简单的三元系统。为了使划分出的副三角形有意义，即有相对应的三元无变量点，且相互之间不得重叠，一般有两个方法：一是将三元无变量点周围三个初晶区所对应的晶相的组成点连接起来，形成的三角形就是与该三元无变量点对应的副三角形（注意：多晶转变点和过渡点没有对应的副三角形）；二是将相邻两个初晶区所对应的晶相组成点相连接，不相邻的不连，即可划分出副三角形。

若无变量点处于相对应的副三角形内的重心位置，该无变量点为低共熔点；若无变量点处于相应的副三角形之外，则是转熔点。转熔点又分两种：在交叉位置的是单转熔点，在共轭位置的是双转熔点。在这里，所谓相对应的副三角形，是指与该无变量点处液相平衡的三个晶相的组成点连成的三角形。

对于无变量点的性质，除了重心规则，还可依据界线的温降方向判断。三元无变量点是三条界线的交汇点。当这三条界线的温降方向都指向该无变量点，则其为低共熔点，又称三升点；当三条界线中的两条温降方向指向该无变量点，则其为单转熔点，又称双升点；当三条界线中仅有一条温降方向指向该无变量点，则其为双转熔点，又称双降点。

(4) 三角形规则

三角形规则用于确定结晶产物和结晶终点。

原始熔体组成点所在三角形的三个顶点表示的物质即为其结晶产物；与这三个物质相应的初晶区所包围的三元无变量点是其结晶结束点。由此，也可以判断哪些物质能够同时获得，哪些是不可能的。

5.4.3.2　生成一个一致熔融二元化合物的三元系统相图

生成一个一致熔融二元化合物的三元系统相图的一般形式如图 5-39 所示。三元系统中的其中两个组分间生成的化合物为一致熔融二元化合物，其组成点处于浓度三角形相应的某条边上。图 5-39 中虚线表示的是立体状态图上 A-B 侧面的二元相图。A、B 组分间生成一个一致熔融化合物 S，其熔点为 S'，e_1'是 A 和 S 的低共熔点、e_2'是 B 和 S 的低共熔点。AB 边作为该二元相图的投影，这两个低共熔点分别以 e_1 和 e_2表示。另外，BC 和 AC 边表示两个最简单的二元系统，e_3和 e_4 分别表示二元低共熔点。

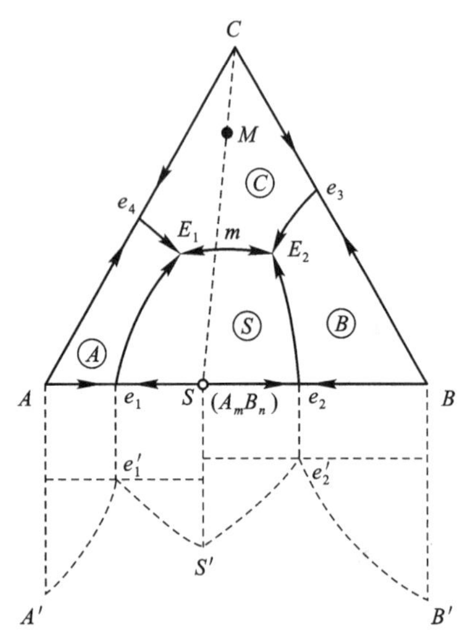

图 5-39　生成一个一致熔融二元化合物的三元系统相图

A-B 二元系统中的液相线 $e_1'S'e_2'$在 A-B-C 三元相图中发展一个 S 的液相面，其在底面的投影为Ⓢ初晶区。可以看到，化合物 S 的组成点位于其初晶区Ⓢ中，这是所有二元或三元一致熔融化合物在相图上的特点。此外，该三元相图中还有Ⓐ、Ⓑ、Ⓒ三个初晶区，这四个初晶区间有五条界线 e_1E_1、e_2E_2、e_3E_2、e_4E_1、E_1E_2，两个三元低共熔点 E_1 和 E_2，这两个低共熔点上发生的平衡过程分别为：$L_{E_1} \Longleftrightarrow A+S+C$，$L_{E_2} \Longleftrightarrow B+S+C$。由于 $P=4$，$f=0$，因此这两个点均为无变量点。

由于 S 和 C 都是稳定的化合物，因此 CS 连线实际上代表着以 C 和 S 为组元的具有一个低共熔点的二元系统，该低共熔点为 CS 与 E_1E_2 相交的 m 点。值得注意的是，根据连线规则，m 点又是界线 E_1E_2 上的温度最高点，因此 m 点称为鞍形点，又称范雷恩点。组成位于 CS 连线上的熔体(如 M)，最后析晶都在 m 点结束，析晶产物为 C 和 S 晶体。

CS 连线将 A-B-C 三元相图划分成两个副三角形△ASC 和△BSC，每个副三角形代表一个最简单的三元系统，E_1 和 E_2 都是三元低共熔点。根据三角形规则，如果原始配料点落在△ASC 中，液相必在 E_1点结束析晶，析晶产物为 A、S、C 晶体；如果原始配料点落在△BSC 中，液相必在 E_2点结束析晶，析晶产物为 B、S、C 晶体。

5.4.3.3　生成一个一致熔融三元化合物的三元系统相图

生成一个一致熔融三元化合物的三元系统相图的一般形式如图 5-40 所示。图中 A、B、C 三组分间生成了一个三元化合物 S，其组成点位于其初晶区内，因而是一个一致熔融化合物。

相图的特点：整个系统被三根连线 AS，BS 和 CS 分成三个简单的三元系统。

连线 AS、BS 和 CS 都代表一个真正的二元系统，m_1、m_2 和 m_3 分别为其二元低共熔点（鞍形点）。

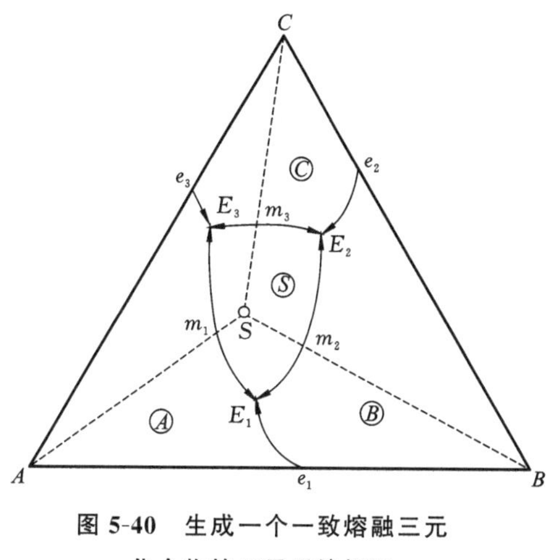

图 5-40 生成一个一致熔融三元化合物的三元系统相图

5.4.3.4 生成一个不一致熔融二元化合物的三元系统相图

1）相图简介

生成一个不一致熔融二元化合物的三元系统相图的一般形式如图 5-41 所示。A、B 组分间生成一个不一致熔化合物 $S(A_mB_n)$。下方虚线表示的是该系统立体状态图上 A-B 侧面的二元系统相图（具有一个不一致熔融化合物的二元系统相图），AB 边为其在底面的投影。e'_1p' 是化合物 S 的液相线，这条液相线在三元系统中发展成为化合物 S 的初晶区Ⓢ。请注意，化合物 S 的组成点不在其初晶区内，这是所有不一致熔融二元或三元化合物在相图上的特点。

本系统具有四个初晶区、五条界线和两个三元无变量点。初晶区Ⓐ、Ⓢ的界线 e_1E 是从二元低共熔点 e_1 发展而成的，界线 e_1E 上任一点切线都交于相应连线 AS 上，冷却时将从液相中同时析出 A 和 S 晶相，根据切线规则，e_1E 是一条共熔界线。而初晶区Ⓑ、Ⓢ的界线 pP 是从二元转熔点 p 发展而来，pP 线上的任一点切线都相交于相应连线 BS 的延长线上，冷却时此界线上的液相将回吸 B 晶体而析出 S 晶体，根据切线规则，pP 是一条转熔线。另外，无变量点 E 点周围的三个初晶区是Ⓐ、Ⓢ、Ⓒ，E 点位于这三个晶相组成的副三角形△ASC 的重心位置，根据重心规则，$L_E \Longleftrightarrow A+S+C$，所以 E 点是个三元低共熔点；而无变量点 P 点周围是Ⓑ、Ⓢ、Ⓒ三个初晶区，P 点处于所对应的副三角形△BSC 外交叉位置，因此 $L_P+B \Longleftrightarrow S+C$，所以 P 点是个转熔点，即 B 晶体被回吸，析出 C 和 S 晶体。一般而言，当只有一种晶相被转熔时，称为单转熔点；当两个晶相被回吸，析出第三种晶相时，就称为双转熔点。

由于 S 是一个高温分解的不稳定化合物，因此，连线 CS 不代表一个真正的二元系统，不能将 A-B-C 三元系统分成两个三元分系统。

2）冷却析晶过程

图 5-42 是图 5-41 中富 B 部分的放大图。图上共列出四个配料点，下面我们以这几个配料点为例讨论这类相图中的冷却析晶或加热熔融过程。

① 熔体 1　组成点在△BSC 内，根据三角形规则，该熔体一定在与△BSC 相应的无变量点 P 结晶结束，其结晶产物为 B、S、C 三种晶体。由于熔体 1 位于 B 的初晶区内，因此当冷却到析晶温度时，首先析出 B 晶相，此时固相组成点在 B 点。接着，液相组成沿着 $B1$ 射线向背离 B 的方向移动，同时从液相中不断析出 B 晶相。当液相组成到达共熔界线 e_2P 上的 a 点时，从液相中同时析出 B 和 C 两种晶相，此时 $P=3$，$f=1$。系统温度继续下降，液相组成则沿着 e_2P 线逐渐向 P 点变化。相应地，固相组成离开 B 点沿 BC 边向 C 点方向移动。当液相组成到达 P 点时，固相点到达 $P1$ 延长线与 BC 的交点 b 点。液相在 P 点进行转熔过程，回吸原来析出的 B 晶相，析出 S 和 C 晶相，即 $L+B \longrightarrow S+C$。此时四相共存，$f=0$。系统温度不变，液相组成也在 P 点不变，但液相量不断减少。由于 S 晶相的不断加入，固相组成点不再停留在 BC 边上，而沿着 $b1$ 线向△BSC 内的 1 点变化。当固相组成到达 1 点、与原始熔体的组成点重合时，液相在 P 点消失，转熔过程结束，整个析晶过程也结束。最后的析晶产物为 B、S、C 三种晶相。

$$1 \xrightarrow{L\longrightarrow B,\ f=2} a \xrightarrow{L\longrightarrow B+C,\ f=1} P\begin{pmatrix} L+B\longrightarrow S+C \\ f=0,L\ \text{消失} \end{pmatrix}$$

$$B \xrightarrow{B} B \xrightarrow{B+C} b \xrightarrow{B+C+S} 1$$

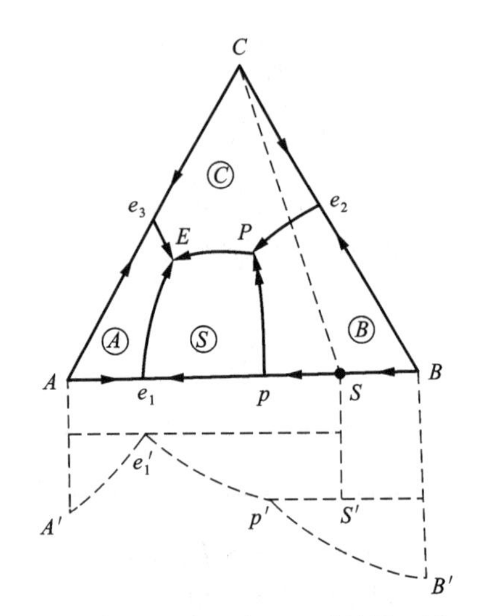

图 5-41　生成一个不一致熔融二元化合物的三元系统相图

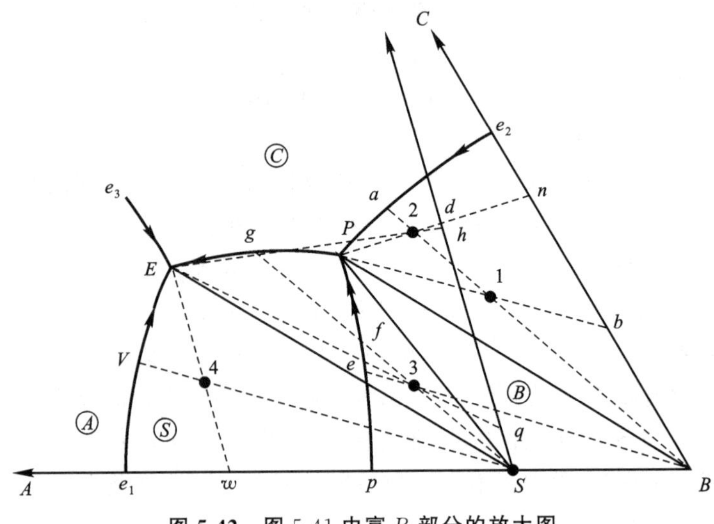

图 5-42　图 5-41 中富 B 部分的放大图

② 熔体 2　组成点在△ASC 内，所以析晶在 E 点结束，结晶产物为 A、S、C 三种晶体。由于熔体 2 也位于 B 的初晶区内，因此当冷却到析晶温度时，同样先析出 B 晶相，然后液相组成沿着 $B2$ 射线向背离 B 的方向移动，同时从液相中不断析出 B 晶相，在此过程中，固相组成点在 B 点不变。当液相组成到达 a 点时，从液相中同时析出 B、C 两种晶相。温度继续下降，液相组成开始沿着 e_2P 线逐渐向 P 点变化，而固相组成离开 B 点沿 BC 边向 C 点方向移动。当液相组成刚到 P 点时，固相组成到达 BC 边上的 n 点。在 P 点，发生 $L_P+B \longrightarrow S+C$ 的转熔过程，此时 $P=3$，$f=0$，温度恒定，液相组成不变，但液相量在减少，固相组成则沿 $n2$ 线向 2 点移动。当固相组成到达 CS 连线上的 d 点时，系统中的 B 晶相被全部回吸耗尽，但此时系统中的液相并未耗尽（液相组成为 P，液相量/固相量$=d2/P2$），系统为三相平衡共存，$f=1$，因此转熔过程结束，而析晶过程还没有结束。温度继续下降，液相点离开 P 点沿 PE 界线向 E 点移动。PE 是一条共熔界线，因此从液相中不断地析出 S 晶相和 C 晶相，固相点则相应地在 SC 连线上移动。当系统温度降低到 T_E，液相组成移动到 E 点时，固相点到达 CS 线上的 h 点。E 点为低共熔点，液相开始同时析出 A、S、C 三种晶体，$L_P \longrightarrow A+S+C$，此时 $P=4$，$f=0$，系统温度和液相组成都保持不变，而固相点则因为 A 的析出而离开 SC 连线向△ASC 内部移动。当最后液相消失时，固相组成由 h 点到达 2 点，与系统点重合，析晶结束。结晶产物为 A、S、C 三种晶体。

上述析晶过程可用下列表达式表示：

液相：

$$2 \xrightarrow{L \longrightarrow B,\ f=2} a \xrightarrow{L \longrightarrow B+C,\ f=1} P\begin{pmatrix} L+B \longrightarrow S+C,\ f=0 \\ B\ \text{消失，转熔结束} \end{pmatrix} \xrightarrow{L \longrightarrow S+C,\ f=1} E\begin{pmatrix} L \longrightarrow S+C+A \\ f=0,\ L\ \text{消失} \end{pmatrix}$$

固相：

$$B \xrightarrow{B} B \xrightarrow{B+C} n \xrightarrow{S+B+C} d \xrightarrow{S+C} h \xrightarrow{S+A+C} 2$$

③ 熔体 3　组成点也在△ASC 内，结晶产物和结晶结束点与熔体 2 相同，但二者的结晶路径却有很大不同。

熔体 3 冷却时，首先析出的是 B 晶相，然后液相沿 $B3$ 射线背离 B 方向移动。当液相组成到达 pP 界线上的 e 点时，发生转熔过程 $L+B \longrightarrow S$，液相回吸已析出的 B 晶相，生成 S 晶相，此时 $P=3$，$f=1$。温度继续下降，液相组成在 pP 界线上由 e 点向 P 变化，相应地，固相组成由 B 点沿着 BS 连线向 S 点移动。当液相组成到达 f 点时，固相组成到达 S 点，这意味着系统中的 B 晶相已完全回吸耗尽。此时系统中只有液相与 S 晶相存在，$P=2$，$f=2$，液相点不能再沿着三相平衡共存的 pP 界线变化，而是从 f 点开始，沿 $S3$ 射线背离 S 方向移动，进入 S 的初晶区Ⓢ，即发生所谓的“穿相区”现象。在整个“穿相区”过程中，固相点在 S 点不变，但 S 晶相的量在不断增加。当液相点到达界线 EP 上的 g 点时，液相开始同时析出 S 晶相和 C 晶相，$P=3$，$f=1$。系统温度继续降低时，液相点将沿 PE 界线向 E 点移动，固相点则离开 S 点沿 SC 连线向 C 方向移动。当系统温度降低到 T_E、液相点到达 E 点时，固相点到达 q 点。在 E 点，液相同时析出 A、S、C 三种晶体，$L_P \longrightarrow A+S+C$，此时 $P=4$，$f=0$，系统温度和液相组成都保持不变，固相点则离开 q 点沿 $q3$ 线向 3 点移动。最后，当固相点到达 3 点与系统点重合时，液相消失，析晶结束，析晶产物为 A、S、C 晶体。

上述析晶过程可用下列表达式表示：

液相：

$$3 \xrightarrow{L \longrightarrow B,\, f=2} e \xrightarrow{L+B \longrightarrow S,\, f=1} f\,(B\ 消失) \xrightarrow{L \longrightarrow S,\, f=2} g \xrightarrow{L \longrightarrow S+C,\, f=1} \left(\begin{matrix} L \longrightarrow S+C+A \\ f=0,L\ 消失 \end{matrix}\right)$$

固相：

$$B \xrightarrow{B} B \xrightarrow{B+S} S \xrightarrow{S} S \xrightarrow{S+C} q \xrightarrow{S+A+C} 3$$

④ 配料 4　上面讨论的都是平衡析晶过程。对于配料 4，我们分析其平衡加热过程。

配料 4 处于△ASC 内，其高温熔体平衡析晶终点是 E 点，因而配料的温度加热至 T_E 时，A、S、C 晶体都开始熔融，生成组成为 E 的液相，即 $A+S+C \longrightarrow L$。由于四相平衡，$P=4$，$f=0$，液相点保持在 E 点不变，固相点则沿 $E4$ 连线朝背离 E 点方向移动。当固相点到达 AB 边上的 w 点时，固相中的 C 晶体完全熔融耗尽，系统中 $P=3$，$f=1$，系统温度可以继续上升。由于残留的晶相是 A 和 S，液相点只能沿与 A、S 晶相平衡的 e_1E 界线向温升方向的 e_1 点移动。e_1E 是一条共熔界线，升温时 A 和 S 不断共熔，生成液相，即 $A+S \longrightarrow L$，同时固相点则相应地在 AS 边上移动。当液相点到达 V 点，固相组成从 w 点沿 AS 线变化到 S 点，表明固相中的 A 晶体也全部熔融，系统进入液相与 S 晶体的二相平衡状态，$f=2$。温度继续升高时，液相点进入 S 的初晶区Ⓢ，从 V 点向 4 点移动。在这过程中，固相点在 S 处不变，但 S 晶相不断减少。当温度升至 T_4 时，液相点与系统点（原始配料点）重合，S 晶体熔完耗尽，系统进入高温熔体的单相平衡状态。从以上分析可以看出，加热过程中固液相组成的变化途径，恰好和熔体的冷却析晶过程相反。

固相：

$$4 \xrightarrow{A+S+C \longrightarrow L,\, f=0} w\,(C\ 消失) \xrightarrow{A+S \longrightarrow L,\, f=1} S\,(A\ 消失) \xrightarrow{S \longrightarrow L,\, f=2} S\ 消失$$

液相：

$$E \longrightarrow E \longrightarrow V \longrightarrow 4$$

5.4.3.5　生成一个不一致熔融三元化合物的三元系统相图

生成一个不一致熔融三元化合物的三元系统相图分两种，如图 5-43 所示。在这两种相图中，A、B、C 组分间都生成一个不一致熔融三元化合物 S，其组成点在初晶区Ⓢ之外。不同的是，图 5-43（左）中，P 是单转熔点，在该点发生下列转熔过程：$L_P+A \Longleftrightarrow B+S$；图 5-43（右）中，$R$ 是双转熔点，在该点发生下列转熔过程：$L_R+A+B \Longleftrightarrow S$。

本系统有四个初晶区、六条界线和三个三元无变量点。在图 5-43（左）中，比较特殊的是 PE_1 界线，该线靠近 P 点处为转熔性质，靠近 E_1 点时变为共熔性质，因而该界线上既有双箭头，又有单箭头。在图 5-43（右）中，E_3R 和 E_2R 两条界线也是由转熔线性质变为共熔性质。两图中其余的界线均为共熔线。

5.4.3.6　生成一个高温分解的二元化合物的三元系统相图

图 5-44 是这类系统相图的典型形式。图中，A、B 组分间生成一个高温分解的化合物 S，其分解

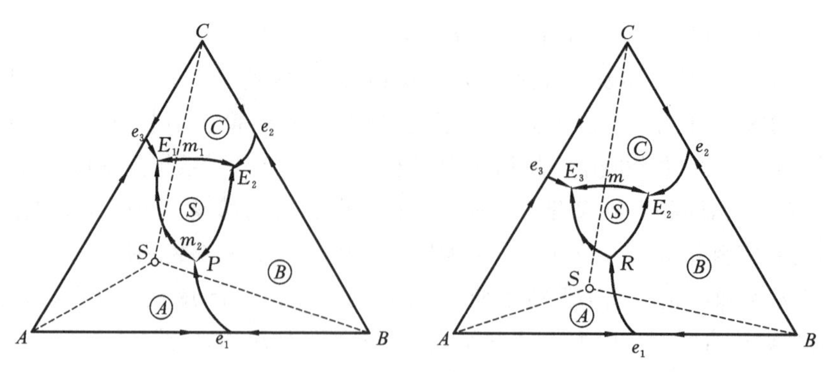

图 5-43　生成一个不一致熔融三元化合物的三元系统相图

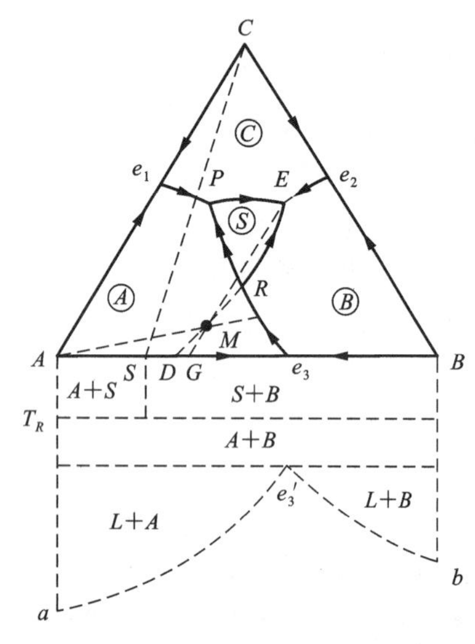

图 5-44　形成一个高温分解的二元化合物的三元系统相图

温度为 T_R，低于 A、B 二组分的低共熔温度 e'_3，因而无法直接从 A、B 二元的液相线 ae'_3 及 be'_3 析出。但在三元系统中，当液相面温度下降至 T_R 温度以下时，就有可能从液相中直接析出 S 晶相，这时就会在相图中出现 S 的初晶区Ⓢ。

该相图的特点是：系统有 P、E、R 三个三元无变量点，却只有与 P、E 两点相应的副三角形△ASC 和△BSC，而 R 点周围的初晶区Ⓐ、Ⓢ、Ⓑ所对应的晶相组成点 A、S、B 在一条直线上，不能形成相应的副三角形。因此，根据三角形规则，P、E 是系统中配料可能的析晶结束点，而 R 点则不是。R 点是一个双转熔点，$P=4$，$f=0$。在 R 点发生变化，即 $A+B \xleftrightarrow{L} S$，即 A、B 晶体反应形成化合物 S（降温时）或化合物 S 分解成 A、B 晶体（升温时）。这类无变量点称为过渡点。在 R 点进行的转熔过程中，液相仅起反应介质的作用，其自身组成和数量都不发生变化，这一点可以从下面熔体 M 的冷却析晶过程中清楚地看到：

液相：

$$M \xrightarrow{L\longrightarrow A,\,f=2} a \xrightarrow{L\longrightarrow A+B,\,f=1} R\left(\begin{matrix} A+B \xrightarrow{L} S \\ f=0,A\ \text{消失} \end{matrix}\right) \xrightarrow{L\longrightarrow B+S,\,f=1} E\left(\begin{matrix} L\longrightarrow B+S+C \\ f=0,L\ \text{消失} \end{matrix}\right)$$

固相：

$$A \xrightarrow{A} A \xrightarrow{A+B} D \xrightarrow{A+B+S} D \xrightarrow{S+B} G \xrightarrow{S+B+C} M$$

5.4.3.7　生成一个低温分解的二元化合物的三元系统相图

这类系统相图的典型形式如图 5-45 所示。图中，A、B 组分间生成一个化合物 S，S 在温度高于 T_P 时是稳定的，可以直接从 A、B 二元熔体析出获得，因此其初晶区Ⓢ与 AB 边相接。但当温度低于 T_P 时，S 会分解成 A、B 两种晶相。无变量点 P 同样是一个过渡点，没有对应的副三角形。S 点相平衡关系是 $S \xLeftrightarrow{L} A+B$，$P=4$，$f=0$，即同样是 A、B 晶体反应形成化合物 S（升温时）或化合物 S 分解成 A、B 晶体（降温时），液相只起介质作用。

从上面的介绍中，可以得知判断过渡点的方法，即：如果无变量点周围三个初晶区所对应的晶相组成点在一条直线上，无变量点没有对应的副三角形，该无变量点就是过渡点。

5.4.3.8　具有多晶转变的三元系统相图

图 5-46 是一个简单的具有一个低共熔点的三元系统相图，但其中组分 A 存在两种晶型。高温下的晶型是 α 型，在温度下降至 t_n 处时转变为低温的 β 晶型，而在温度上升时则会发生相反的过程，即 $A_\alpha \Longleftrightarrow A_\beta$。从相图上可以看到，三元相图中的晶型转变点都处于一条等温线上，该等温线所表示

的温度即为晶型转变温度。熔体冷却时，若经过这条线，只有当 A_α 全部转变成 A_β 后，液相点才会离开此线进入 A_β 的初晶区。

根据多晶转变温度和二元、三元低共熔温度的相对高低，这类相图可以出现多种不同的结构。

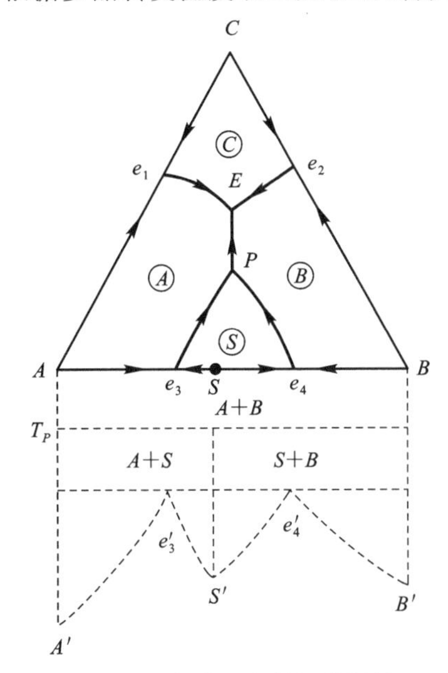

图 5-45　生成一个低温分解的二元化合物的三元系统相图

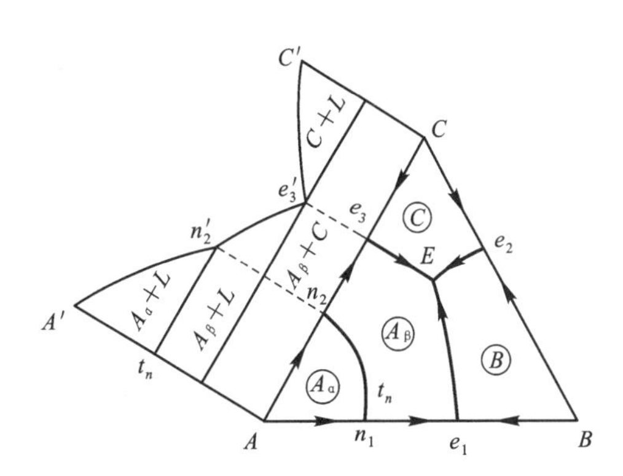

图 5-46　具有多晶转变的三元系统相图

5.4.3.9　形成一个二元连续固溶体的三元系统相图

A-B-C 三元系统中，A-B 二组元间能形成二元连续固溶体 S_{AB}、而 B-C、A-C 则为形成低共熔点的简单二元系统。这类系统相图如图 5-47 所示。从图中可以看到，该相图有两个液相面，$E'_1C'E'_2$ 是组元 C 的初晶面，$E'_1A'B'E'_2$ 是固溶体 S_{AB} 的初晶面，两个初晶面之间有一条界线 $E'_1E'_2$。该相图的特点是没有三元无变量点。

图 5-48 是该相图的平面投影图。我们以图中 M_1 和 M_2 两个配料点为例讨论这类相图中的冷却析晶过程。

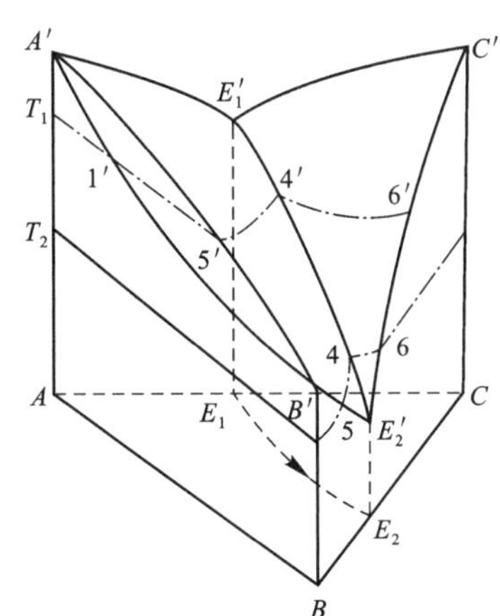

图 5-47　形成一个二元连续固溶体的三元系统相图

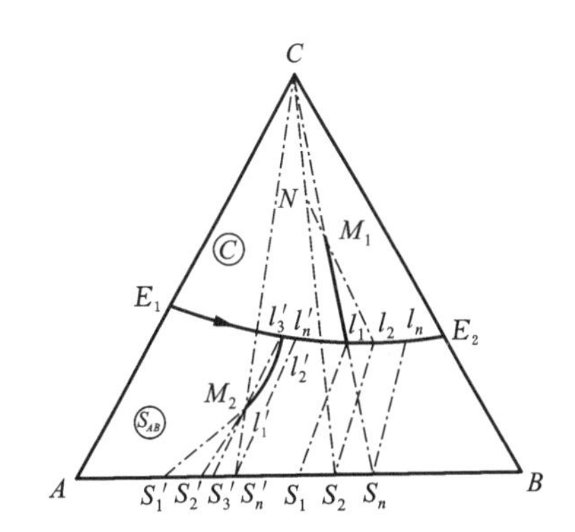

图 5-48　生成一种二元连续固溶体的三元系统相图

M_1 组成点位于 C 的初晶区中，冷却时首先析出 C 晶相。根据背向规则，液相点随后会沿 CM_1 射线背离 C 方向移动，同时从液相中不断析出 C 晶相。当液相点到达 E_1E_2 界线上的 l_1 点时，液相中同

时析出 C 晶相和组成为 S_1 的固溶体，此时系统中三相共存，$f=1$。温度继续下降，液相点沿 E_1E_2 界线由 $l_1, l_2, \cdots$ 向 l_n 移动，而析出固溶体的组成点相应地由 $S_1, S_2, \cdots$ 向 S_n 移动。由于固溶体 S 的析出，而固相点离开 C 顶点进入浓度三角形内。在这一过程中，固相点的移动受两个条件决定：一是固相点是在固相 C 和固溶体 S 的连线上，二是固相点在液相点 L 和系统点 M_1 的连线（延长线）上，即固相点在 CS 连线和 lM_1 延长线的交点上，分析 S 和 L 的移动就可确定固相点的移动。例如，当液相点变化到 l_2 时，相应的固溶体为 S_2，CS_2 连线与 l_2M_1 延长线相交于 N 点，该点就是和液相点 l_2 对应的固相点。根据杠杆规则，此时液相量/固相量 $=NM_1/M_1l_2$。当液相点移动到 l_n 时，固溶体组成移到 S_n 点，此时 CS_n 连线与 l_nM_1 正好相交于 M_1 点，也即固相点与系统点重合，析晶结束。

M_2 组成点位于固溶体的初晶区中，冷却时首先析出 S'_1 固溶体。之后，随着温度下降，液相点沿 $l'_1l'_2l'_3$ 曲线移动，析出的固溶体相应为 S'_1、S'_2、S'_3。当液相点移动到 E_1E_2 线上的 l'_3 时，晶相 C 和固溶体 S'_3 共同析出。当液相点移动到 l'_n 时，固溶体为 S'_n，此时 CS'_n 连线与 l'_nM_2 正好相交于 M_2 点，也即固相点与系统点重合，析晶结束。需要指出的是，此时固溶体的析晶过程是由实验来确定的，也就是说不同温度下的液相点 L 和固溶体组成点 S 之间的连线是由实验来确定的，不能用几何规则来判断的。

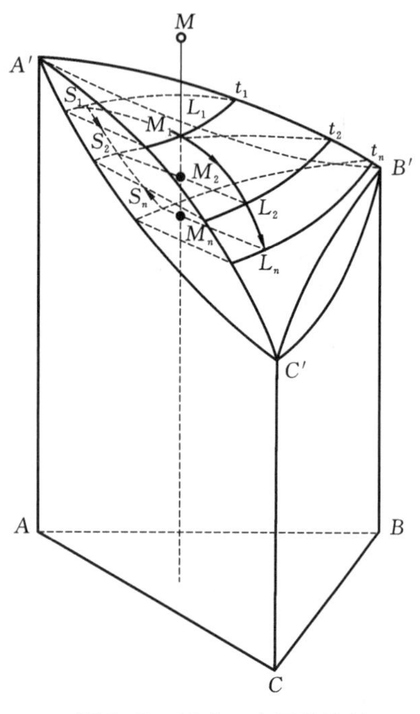

图 5-49　形成一个三元连续固溶体的三元系统相图

5.4.3.10　形成一个三元连续固溶体的三元系统相图

A-B-C 三元系统中，A-B、B-C、A-C 均能形成二元连续固溶体 S_{AB}、S_{BC}、S_{AC}，A、B、C 也能形成三元连续固溶体 S_{ABC}，其系统相图如图 5-49 所示。

图 5-49 中，A'、B'、C' 分别为纯组元 A、B、C 的熔点。以 A'、B'、C' 为顶点有两个曲面，向上弯曲的为液相面，向下弯曲的为固相面。液相面之上为单相熔体，固相面之下为单相固溶体，而液相面与固相面之间为固、液两相平衡共存区。相图中没有界线，也没有三元无变量点。

当组成为 M 的熔体冷却至液相面的 M_1 点时，开始析出固溶体 S_1。之后液相点沿 $L_1L_2L_n$ 移动，固相组成点沿 $S_1S_2S_n$ 移动，当固相点移动至固相面上的 M_n 点时，析晶结束。整个析晶过程中的固液相的相对数量可用杠杆规则计算。和上节已分析过的图 5-48 中的 M_2 组成点一样，在这类相图中，液相点和固相点的移动轨迹（即 $L_1L_2L_n$ 和 $S_1S_2S_n$）是由具体实验确定的，无法用几何规律来确定。

5.4.3.11　具有液相分层的三元系统相图

在前述的二元系统中，当两组元出现液相分层时，在相图上可以看到一个二液区。在三元系统中，如果其中的两组分具有液相分层现象，那该二液区在相图上就会扩展成一个立体区域。

图 5-50 是 A-B 二元系统具有液相分层的三元系统相图的平面投影图，阴影区域为二液区，$L_1L'_1$，$L_iL'_i$，$L_mL'_m$，$\cdots$ 为连接一定温度下平衡的两个液相的结线。在冷却过程中，液相点经过二液区时液相就会分成结线两端组成的两个液相。

以 M 配料点的析晶过程为例：当组成为 M 的熔体冷却时，首先析出 A 晶相，液相点沿 AM 的延长线方向移动。当液相点到达二液区的边界 L_1 点时，开始分层为组成为 L_1 和 L'_1 的两个液相。温度继

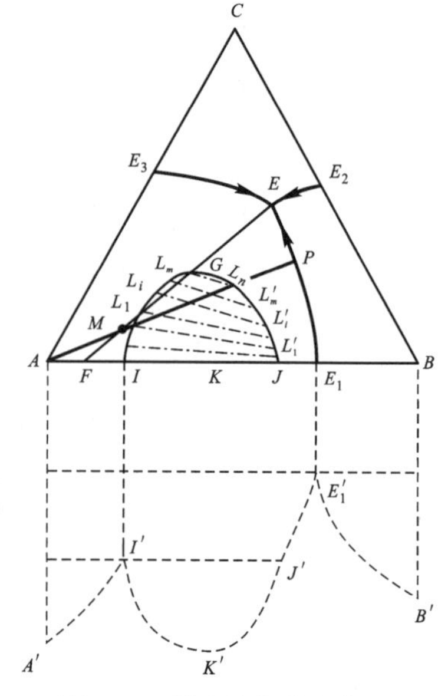

图 5-50　具有液相分层的三元系统相图的平面投影图

续下降，液相点继续沿 AM 的延长线方向移动，而实际存在的两个液相则分别沿着 L_1，L_i，L_m，…和 L'_1，L'_i，L'_m，…变化。在这一过程中，两个液相的相对含量可用杠杆规则计算。当液相点移动到 L_n 时，分层现象消失。继续冷却，液相点离开二液区，继续析晶。其后的析晶过程，与普通的具有一个低共熔点的三元系统相图中的析晶过程相似。整个析晶过程如下所示：

液相：

$$M \xrightarrow{L \longrightarrow A, f=2} L_1 \xrightarrow{L \longrightarrow A+L_1, f=2} L_1 \xrightarrow{L \longrightarrow A+L_i+L'_i, f=1} L_n$$

$$\xrightarrow{L \longrightarrow A+L_n, f=2} L_n \xrightarrow{L \longrightarrow A, f=2} P \xrightarrow{L \longrightarrow A+B, f=1} E\begin{pmatrix} L \longrightarrow A+B+C \\ f=0, L \text{ 消失} \end{pmatrix}$$

固相：

$$A \xrightarrow{A} A \xrightarrow{A} A \xrightarrow{A+B} F \xrightarrow{A+B+C} M$$

5.4.4　专业三元系统相图举例

专业三元系统相图在实际生产和科研中应用广泛，但这些相图一般都比较复杂，需要先分解成若干个简单的分系统，并依照前面介绍的二元和三元系统相图的基本类型和规则，才能有效地展开分析。一般地，专业三元系统的分析可分为以下步骤：(1)了解系统中化合物的组成点和在初晶区的位置，判断它们的性质。(2)正确划分副三角形，使相图简化。(3)根据连线规则判断界线的温度走向，并用箭头标出；用切线规则判断界线是共熔性质还是转熔性质，确定相平衡关系；共熔界线上用单箭头、转熔界线上用双箭头标出温度下降方向，以示界线性质不同。(4)根据三元无变量点与对应的副三角形的位置判断无变量点是低共熔点、双升点还是双降点，确定三元无变量点上的相平衡关系。(5)在以上工作基础上，分析冷却析晶过程或加热过程，用杠杆规则计算各相含量。

在分析冷却析晶过程时，有两种情况需要注意判断初晶相：

(1) 系统组成点位于界线上。若为共熔线，则熔体冷却时初晶相为界线两侧初晶区对应的晶相；若为转熔线，则由于析晶时不发生转熔而析出单一晶相，液相组成直接进入单相区(某一晶体的初晶区)，并按背向规则变化。

(2) 系统组成点位于无变量点上。若无变量点为三元低共熔点，则熔体析晶是共同析出三组元的固相；若为单转熔点，则熔体析晶时在无变量点不发生四相无变量过程，也不发生转熔，而是液相组成沿某一界线变化析晶(参见前一条)；若为双转熔点，则熔体析晶时在无变量点不发生四相无变量过程，也不发生转熔，也不沿界线变化，而是析出单一固相，此时液相组成点进入单相区并按背向规则变化。

5.4.4.1　CaO-Al_2O_3-SiO_2 系统相图

CaO-Al_2O_3-SiO_2 系统是无机非金属材料的重要系统之一，很多重要的硅酸盐制品，包括水泥、耐火材料、陶瓷都与之相关。

图 5-51 是 CaO-Al_2O_3-SiO_2 系统相图。该系统中有 15 个化合物，其中有 3 个纯组分，即 CaO、Al_2O_3 和 SiO_2。另有 10 个二元化合物和 2 个三元化合物，这 12 个化合物的组成和熔点如表 5-3 所示。这 15 个化合物在相图上都有自己相应的初晶区。

表 5-3　CaO-Al_2O_3-SiO_2 **系统中化合物的性质**

一致熔融化合物		不一致熔融化合物	
化合物	熔点/℃	化合物	熔点/℃
$CaO \cdot SiO_2$(硅灰石)	1544	$3CaO \cdot 2SiO_2$	1464
$2CaO \cdot SiO_2$	2130	$3CaO \cdot Al_2O_3$	1539

续表5-3

一致熔融化合物		不一致熔融化合物	
$12CaO \cdot 7Al_2O_3$	1392	$CaO \cdot Al_2O_3$	1600
$3Al_2O_3 \cdot 2SiO_2$(莫来石)	1850	$CaO \cdot 2Al_2O_3$	1762
$CaO \cdot Al_2O_3 \cdot 2SiO_2$(钙长石)	1553	$CaO \cdot 6Al_2O_3$	1830
$2CaO \cdot Al_2O_3 \cdot SiO_2$(铝方柱石)	1584	$3CaO \cdot SiO_2$	2150

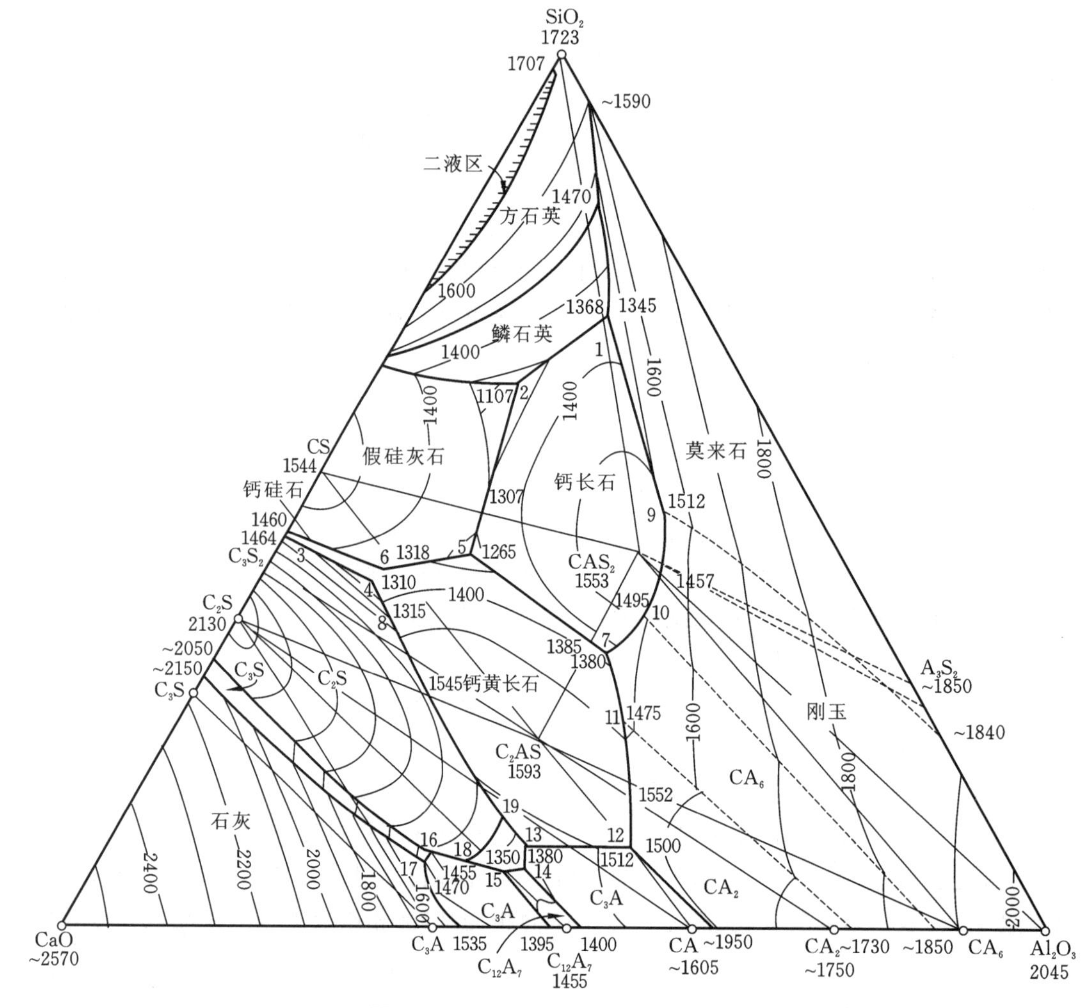

图 5-51　$CaO-Al_2O_3-SiO_2$ 系统相图

图 5-51 中有 15 个三元无变量点,其性质如表 5-4 所示。有 28 条界线,其温降方向及性质都在图中标示。

表 5-4　$CaO-Al_2O_3-SiO_2$ 系统中三元无变量点的性质

标号	相平衡关系	平衡性质	平衡温度/℃	化学组成(%)		
				$w(CaO)$	$w(Al_2O_3)$	$w(SiO_2)$
1	$L \rightleftharpoons$ 鳞石英 $+CAS_2+A_3S_2$	低共熔点	1345	9.8	19.8	70.4
2	$L \rightleftharpoons$ 鳞石英 $+C_3S_2+\alpha\text{-}CS$	低共熔点	1170	23.3	14.7	62.0
3	$C_3S+L \rightleftharpoons C_3A+\alpha\text{-}CS$	单转熔点	1455	58.3	33.0	8.7
4	$\alpha'\text{-}C_2S+L \rightleftharpoons C_3S_2+C_2AS$	单转熔点	1315	48.2	11.9	39.9

续表5-4

标号	相平衡关系	平衡性质	平衡温度/℃	化学组成(%)		
				$w(CaO)$	$w(Al_2O_3)$	$w(SiO_2)$
5	$L \rightleftharpoons CAS_2+C_2AS+\alpha\text{-}CS$	低共熔点	1265	38.0	20.0	42.0
6	$L \rightleftharpoons C_2AS+C_3S_2+\alpha\text{-}CS$	低共熔点	1310	47.2	11.8	41.0
7	$L \rightleftharpoons CAS_2+C_2AS+CA_6$	低共熔点	1380	29.2	39.0	31.8
8	$CaO+L \rightleftharpoons C_3S+C_3A$	单转熔点	1470	59.7	32.8	7.5
9	$Al_2O_3+L \rightleftharpoons CAS_2+A_3S_2$	单转熔点	1512	15.6	36.5	47.9
10	$Al_2O_3+L \rightleftharpoons CA_6+CAS_2$	单转熔点	1495	23.0	41.0	36.0
11	$C_2A+L \rightleftharpoons C_2AS+CA_6$	单转熔点	1475	31.2	44.5	24.3
12	$L \rightleftharpoons C_2AS+CA+CA_2$	低共熔点	1500	37.5	53.2	9.3
13	$C_2AS+L \rightleftharpoons \alpha'\text{-}C_2S+CA$	单转熔点	1380	48.3	42.0	9.7
14	$L \rightleftharpoons \alpha'\text{-}C_2S+CA+C_{12}A_7$	低共熔点	1335	49.5	43.7	6.8
15	$L \rightleftharpoons \alpha'\text{-}C_2S+C_3A+C_{12}A_7$	低共熔点	1335	52.0	41.2	6.8

下面,我们对 $CaO\text{-}Al_2O_3\text{-}SiO_2$ 系统相图中的富钙部分也即是高钙区进行讨论分析,这部分相图对硅酸盐水泥的生产有重要意义。

$CaO\text{-}Al_2O_3\text{-}SiO_2$ 系统高钙区部分 $CaO\text{-}C_2S\text{-}C_{12}A_7$ 相图如图 5-52 所示。这部分有 5 个化合物,包括 CaO、C_3S、C_2S、C_3A、$C_{12}A_7$,其中 C_3S、C_2S、C_3A 是硅酸盐水泥中的主要矿物。有 3 个副三角形,即△$CaO\text{-}C_3S\text{-}C_3A$、△$C_3S\text{-}C_2S\text{-}C_3A$、△$C_3A\text{-}C_2S\text{-}C_{12}A_7$,分别对应着 3 个无变量点为 H(1470 ℃)、K(1455 ℃)、F(1335 ℃),H 和 K 为双升点,F 为低共熔点(表 5-5 中 8、13、15 点)。另外,相关的初晶区有 6 个,这 6 个初晶区间形成 7 条界线,其中有两条界线比较复杂:一条是 CaO 和 C_3S 初晶区的界线。温度下降时,这条界线在 Z 点由转熔性质转变为共熔性质,两段的相平衡关系分别为 $L+CaO \rightleftharpoons C_3S$ 和 $L \rightleftharpoons CaO+C_3S$。另一条是 C_3S 和 C_2S 初晶区的界线。温度下降时,这条界线在 Y 点由共熔性质转变为转熔性质,两段的相平衡关系分别为 $L \rightleftharpoons C_2S+C_3S$ 和 $L+C_2S \rightleftharpoons C_3S$。另外的 5 条界线中,CaO 和 C_3A 初晶区界线为转熔性质,其余的为共熔性质。

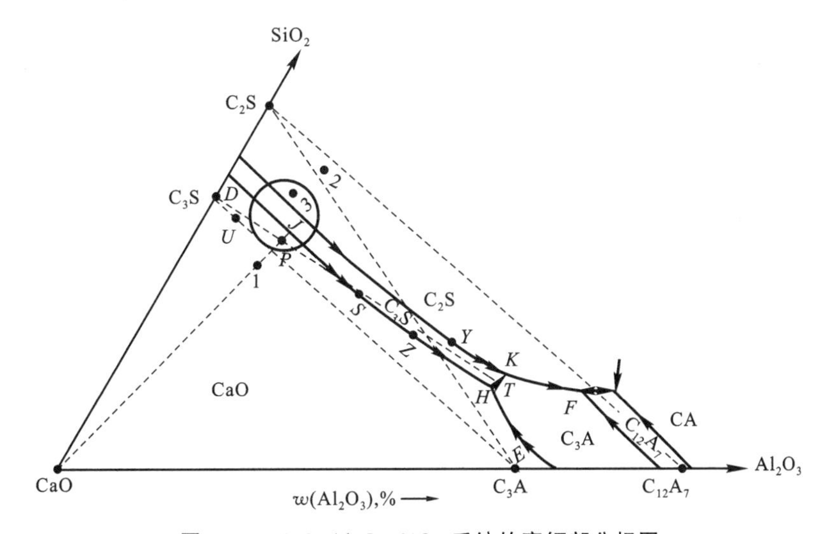

图 5-52 $CaO\text{-}Al_2O_3\text{-}SiO_2$ 系统的富钙部分相图

下面分析图 5-52 中熔体的析晶过程。

熔体 P 位于△$C_3S\text{-}C_2S\text{-}C_3A$ 中,析晶在无变量点 K 处结束,产物为 C_3S、C_2S 和 C_3A。

熔体 P 位于 CaO 的初晶区内，冷却时首先析出 CaO 晶体，液相点沿 CaO-P 连线向远离 CaO 的方向移动。当到达 CaO 和 C_3S 初晶区界线 DH 上的 J 点时，发生转熔过程 $L+CaO \longrightarrow C_3S$，液相点开始沿 DH 线向 S 方向移动，固相点则相应地离开 CaO 点，沿 CaO-C_3S 连线向 C_3S 点移动。当液相点到达 S 点时，固相点到达 C_3S 点，CaO 全部回吸完毕，系统中只剩液相 L 和 C_3S 晶相平衡共存。温度继续下降时，析晶出现穿晶区现象，即液相点会沿 D-P-S 延长线方向移动，穿过 C_3S 的初晶区，并不断析出 C_3S 晶体，而固相点则在 C_3S 组成点不动。当液相点到过 C_3S 和 C_3A 初晶区的界线 HK 上的 T 点时，发生低共熔过程 $L \longrightarrow C_3S+C_3A$，液相点开始沿界线 HK 由 T 向 K 点移动。相应地，固相点离开 C_3S 点，沿 C_3S-C_3A 连线向 C_3A 方向移动。当固相点移动到 U 点时，液相点到达 K 点，开始进行单转熔过程 $L+C_3S \longrightarrow C_2S+C_3A$。由于 C_2S 的析出，固相点离开 C_3S-C_3A 连线进入△C_3S-C_2S-C_3A 中向 P 点移动。当固相点到达 P 点与系统点重合时，液相在 K 点消失，析晶结束。

液相：

$$P \xrightarrow{L \longrightarrow CaO,\, f=2} J \xrightarrow{L+CaO \longrightarrow C_3S,\, f=1} S \xrightarrow{L \longrightarrow C_3S,\, f=2} T$$

$$\xrightarrow{L \longrightarrow C_3S+C_3A,\, f=1} K \begin{pmatrix} L+C_3S \longrightarrow C_2S+C_3A \\ f=0, L \text{ 消失} \end{pmatrix}$$

固相：

$$CaO \xrightarrow{CaO} CaO \xrightarrow{CaO+C_3S} C_3S \xrightarrow{C_3S} C_3S \xrightarrow{C_3S+C_3A} U \xrightarrow{C_3S+C_2S+C_3A} P$$

从上面的讨论中我们可以看到，专业相图虽然复杂，但利用之前基本类型相图中学过的相关知识，就可以对其析晶过程进行较系统的分析。

组成 3 的熔体也在△C_3S-C_2S-C_3A 中，析晶过程在无变量点 K 处结束，析晶产物为 C_3S、C_2S 和 C_3A。

组成 2 的熔体位于△C_2S-$C_{12}A_7$-C_3A 中，析晶过程在无变量点 F 处结束，析晶产物为 C_2S、$C_{12}A_7$ 和 C_3A。

组成 1 的熔体位于△C_3S-CaO-C_3A 中，析晶过程在无变量点 H 处结束，析晶产物为 C_3S、CaO 和 C_3A。

具体的析晶过程大家可以自行分析。

CaO-C_2S-$C_{12}A_7$ 系统相图对硅酸盐水泥实际生产的指导意义，可以从配料选择、烧成和冷却工艺的控制几方面加以讨论。

1）配料

硅酸盐水泥熟料中主要含有 C_3S、C_2S、C_3A 和 C_4AF 四种矿物，相应的组成氧化物为 CaO、Al_2O_3、SiO_2、Fe_2O_3。其中 Fe_2O_3 含量较低，可计入 Al_2O_3 中一并考虑，C_4AF 则相应地计入 C_3A，这样，就可以用 CaO-Al_2O_3-SiO_2 三元系统相图表示硅酸盐水泥的配料组成。

根据三角形规则，如果配料点选在△C_3S-CaO-C_3A 中（如配料 1），析晶产物为 C_3S、CaO 和 C_3A，那么无论我们对烧成过程如何控制，都很难避免所得的水泥熟料中过多的游离 CaO 存在，造成水泥安定性不良。如果配料点选在△C_2S-$C_{12}A_7$-C_3A 中（如配料 2），析晶产物为 C_2S、$C_{12}A_7$ 和 C_3A，所得的水泥熟料中缺少 C_3S，却出现了较多的 $C_{12}A_7$。C_3S 是保证水泥具有高度水硬活性的最重要的成分，而 $C_{12}A_7$ 的水硬性很小，是硅酸盐水泥中不希望有的成分。因此，硅酸盐水泥的配料点一般都选在△C_3S-C_2S-C_3A 中，析晶产物为 C_3S、C_2S 和 C_3A，都是水泥熟料中重要的成分。在实际生产中，还要考虑熟料中各种矿物组成含量及烧成过程中液相量等要求，配料范围会控制在△C_3S-C_2S-C_3A 中靠近 C_3S-C_2S 边的小圆圈中（如配料 3、P）。

2）烧成

前面分析的析晶过程，是将物料加热到 2000 ℃左右完全熔融后缓慢冷却、在完全相平衡状态下进行的。但是，从能耗、设备要求、时间及成本等方面来考虑，在大规模生产中这样做是不现实的。因此，在实际生产中，硅酸盐水泥熟料的制备采用的是部分熔融（高温液相量约占30%）的烧结法工艺。在这种工艺中，熟料矿物的形成主要依靠配料组分之间的固相反应，液相的主要作用不是析晶，而是加速固相反应进行。以图5-52中配料 P 为例，它位于△C_3S-C_2S-C_3A 中，但是 C_3S 很难在纯固相反应中生成，在加热过程中首先生成的是反应速度较快的 C_2S、$C_{12}A_7$、C_3A。接着，在这三种晶相的低共熔点 F 发生反应，即 $C_{12}A_7+C_2S+C_3A \longrightarrow L$，开始出现液相（$T_F=1335$ ℃，由于配料中还有少量杂质的存在，在实际生产中液相出现的温度可进一步降至1200 ℃左右）。当 $C_{12}A_7$ 完全熔融后，液相点便沿 FK 界线向 K 点移动，在这一过程中，C_2S、C_3A 不断熔融，液相量不断增加。另一方面，由于液相的形成，原本很难进行的反应 $C_2S+CaO \longrightarrow C_3S$ 的速率大大提高，促进了熟料中主要矿物 C_3S 的大量生成。最终，可以在较低的温度下获得水泥熟料所需的 C_3S、C_2S、C_3A 等矿物组分。

3）冷却

烧成后的水泥熟料中液相量可达20%～30%，之后开始冷却过程。缓慢、平衡的冷却是不可行的，因为这不但时间成本很高，还会导致 C_3S 分解及 β-C_2S 发生晶型转变。在实际生产工艺上，都是采取快速、非平衡的冷却制度。在这种情况下过程会非常复杂，一般进行理论分析时，可分急冷和液相独立析晶两种情况。

（1）急冷。冷却速度很快，液相来不及析晶便固化为玻璃相。

（2）独立析晶。当冷却速度不是很慢（液相析晶过程可以平衡进行），也不是很快（液相失去析晶能力，全部转变为玻璃相）时，则往往会发生独立析晶现象。所谓独立析晶，通常是在转熔过程中发生的一种特殊现象：由于冷却速度较快，液相来不及与原先析出的晶体反应完成转熔过程，便会单独析晶出来。以图5-52中的 P 配料点为例，当液相在 K 点进行 $L+C_3S \longrightarrow C_2S+C_3A$ 的不平衡转熔过程时，C_3S 往往被析出的 C_2S 和 C_3A 所包裹，无法与液相接触，即出现所谓的"包晶"现象，如图5-53所示。此时回吸过程就会中断，C_3S 被完全屏蔽，系统中好像只有液相、C_2S 相和 C_3A 三相，因此自由度 $f=1$，液相将如同一个原始配料高温熔体离开 K 点进行独立的析晶过程，沿着 KF 界线向 F 点移动，并不断析出 C_2S 和 C_3A。在 F 点进行低共熔过程，析出 C_2S、C_3A 和 $C_{12}A_7$。这样，最终产物中可能有4个晶相存在，即除了 C_3S、C_2S、C_3A，还可能出现 $C_{12}A_7$ 晶相。当然这种液相独立析晶也不一定会进行到底，这样熟料中还可能残留部分玻璃相。

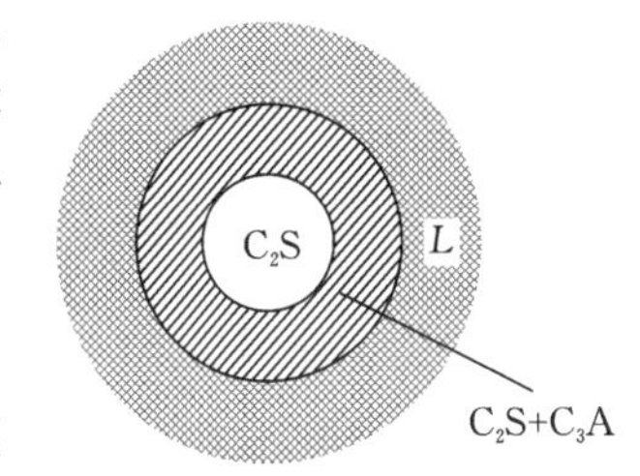

图5-53　"包晶"现象示意

5.4.4.2　K_2O-Al_2O_3-SiO_2 系统相图

K_2O-Al_2O_3-SiO_2 系统相图对长石质陶瓷的生产及釉料、玻璃等无机非金属材料的制备都有重要的指导意义。

图5-54为 K_2O-Al_2O_3-SiO_2 系统相图。由于 K_2O 在高温下易挥发等，目前对本系统的研究还不全面、充分。图5-54中仅给出 SiO_2 含量在30%以上的部分相图。

图5-54中的 K_2O-Al_2O_3-SiO_2 系统中有5个二元化合物和4个三元化合物。4个三元化合物中，K_2O 含量和 Al_2O_3 含量的比值相同，分别为钾长石 KAS_6、白榴石 KAS_4、钾霞石 KAS_2 和化合物KAS。它们的组成都在 SiO_2-$K_2O \cdot Al_2O_3$ 直线上。其中，钾长石是一种重要的熔剂性矿物，在1150 ℃的较低温度下会分解成白榴石和大量的富硅液相（液相含量为50%），所以常常在陶瓷工业中作为助熔剂使用，可促进陶瓷的烧结。各化合物的性质如表5-5所示。

表5-5　K_2O-Al_2O_3-SiO_2 系统中化合物的性质

化合物	性质	熔点或分解点	化合物	性质	熔点或分解点
四硅酸钾 $K_2O \cdot 4SiO_2$（KS_4）	一致熔融	765 ℃	白榴石 $K_2O \cdot Al_2O_3 \cdot 4SiO_2$（$KAS_4$）	一致熔融	1686 ℃

续表5-5

化合物	性质	熔点或分解点	化合物	性质	熔点或分解点
二硅酸钾 $K_2O \cdot 2SiO_2(KS_2)$	一致熔融	1045 ℃	钾霞石 $K_2O \cdot Al_2O_3 \cdot 2SiO_2(KAS_2)$	一致熔融	1800 ℃
偏硅酸钾 $K_2O \cdot SiO_2(KS)$	一致熔融	976 ℃	钾铝硅酸盐 $K_2O \cdot Al_2O_3 \cdot SiO_2(KAS)$	尚未确定	
莫来石 $3Al_2O_3 \cdot 2SiO_2(A_3S_2)$	一致熔融	1850 ℃	偏铝酸钾 $K_2O \cdot Al_2O_3(KA)$	尚未确定	
钾长石 $K_2O \cdot Al_2O_3 \cdot 6SiO_2(KAS_6)$	不一致熔融	1150 ℃（分解）			

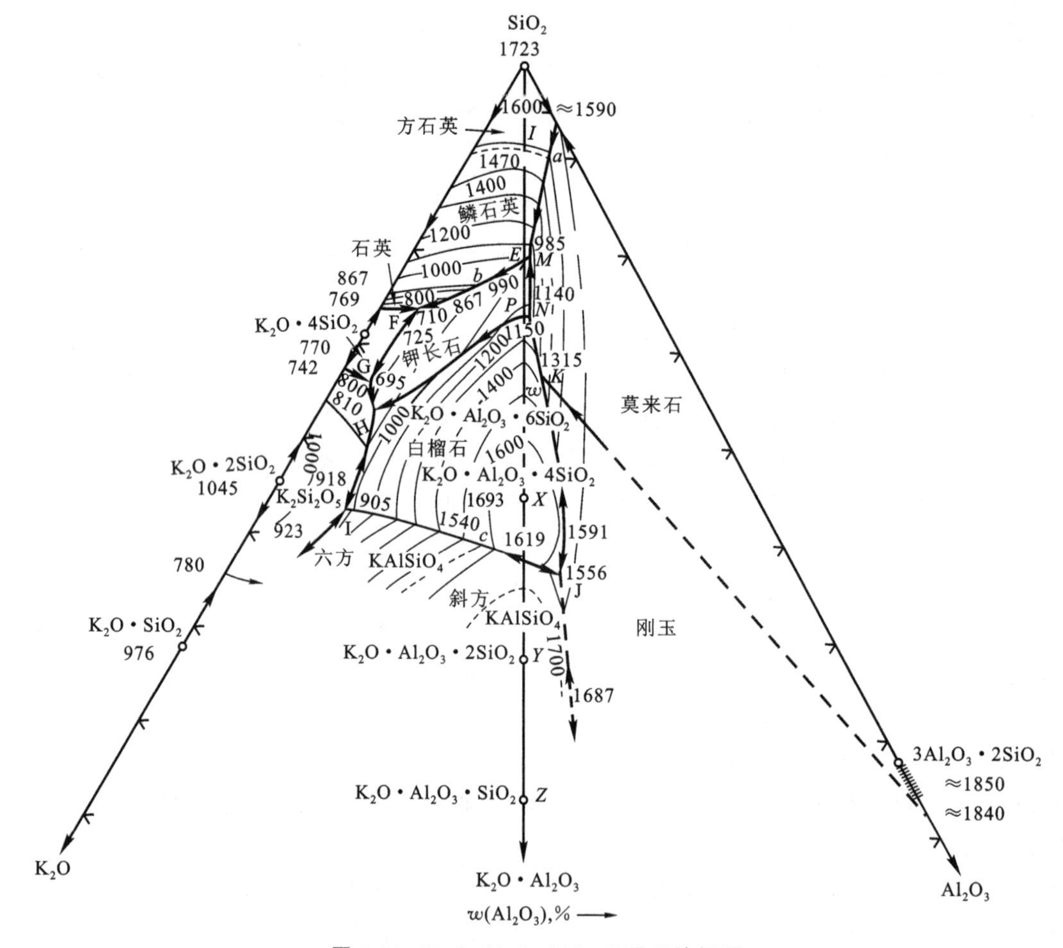

图 5-54　K_2O-Al_2O_3-SiO_2 三元系统相图

相图上已经确定有 11 个三元无变量点，除 3 个三元多晶转变点外，其余 8 个三元无变量点均有对应的副三角形。

在图 5-54 中，M 点处于莫来石、鳞石英和钾长石三个初晶区的交点，是三元无变量点，按重心规则，这是一个低共熔点(985 ℃)。左侧的 E 点是鳞石英和钾长石初晶相界线与相应组分连线的交点，是该界线的温度最高点，同时是鳞石英与钾长石的低共熔点(990 ℃，二元无变量点)。E 点下方的 P 点(1150 ℃)是钾长石和白榴石初晶区界线与相应组分连线的交点，该界线是一条转熔线，P 点是钾长石的转熔点，$L + KAS_4 \rightleftharpoons KAS_6$。相图中其余界线均为共熔线。

本系统相图与长石瓷(日用瓷、卫生瓷、电瓷、艺术瓷、化学瓷等)生产密切相关。为了使长石瓷具有足够的机械强度、良好的热稳定性及一定的半透明度，瓷体中必须有一定数量的莫来石晶相和足够的玻璃相。其中，莫来石形成瓷体骨架，保证其机械强度和热稳定性，玻璃相填充在瓷体的空隙中，使瓷体气孔率降低并具有半透明性。一般长石瓷都是采用黏土（高岭土）、长石和石英为原料。其中，高岭土的主要矿物组成是高岭石（$Al_2O_3 \cdot 2SiO_2 \cdot 2H_2O$），煅烧脱水后化学组成为 $Al_2O_3 \cdot 2SiO_2$，称偏高岭石或烧高岭石。用以上三种原料配制的陶瓷坯料组成点处于图 5-55 所示相图中$\triangle QWD$ 区域内，因此$\triangle QWD$ 常被称为配料三角形，而$\triangle QWm$ 则常被称为产物三角形，表明烧成制品中晶相为莫来石、石英和长石。图中的 D 点为烧高岭石的组成点，该点不是相图上固有的一个二元化合物组成点，而是一个用以表示配料中一种原料组成的附加辅助点。

图 5-55 中，配料$\triangle QWD$ 内 1—8 线表示一系列配料组成。由于 1—8 平行于 QW 边，根据等含量规则，该线上的配料中含等量的烧高岭石（50%）和不同量的长石（0%～50%）和石英（50%～0%）。从产物$\triangle QWm$ 来看，1—8 线配料所获产品中，莫来石量相等，即产品中的莫来石量取决于配料中的高岭土量。当以高岭土、长石和石英或以高岭土和长石配料，加热到 985 ℃时会产生组成为 M 的液相。由低共熔点 M 画线通过上述配料点至产物$\triangle QWm$ 的 Qm 边上，根据配料点线段两边的长度比例，可算出在 M 点最多能形成的液相量与晶相量的比例，及此时低共熔物相平衡的晶相组成。

从图 5-54 中我们可以看到，从相图上可以看出，从 M 点（985 ℃）起的附近区域，温度急剧上升，等温线密集。其中 1000 ℃到 1400 ℃的等温线十分接近，说明液相面很陡，处于这一区域的配料加热到 M 点形成一定量的液相后随着温度升高，其液相量变化不大。另外，由于 M 点及附近所得熔体中 SiO_2 含量高，液相黏度大，结晶困难。因此，我们可以根据不同原料组成点在低共熔点处最终形成的液相量大致估计瓷体中最终玻璃相的量。液相量越大，瓷体中玻璃相的含量越高。从图 5-55 看，组成 1—5 时，瓷体主要成分应为莫来石、石英和玻璃；组成 6 的主要成分为莫来石和玻璃；而组成 7—8 的主要成分则应为莫来石、长石和玻璃。当然，以上推测是基于相平衡分析，而实际生产则一般为非平衡过程，因此最后成分会存在一些差别。

值得注意的是，液相量随温度变化不大对于陶瓷的实际生产是比较友好的，即烧成温度范围较宽。所谓烧结温度范围，是指瓷件在烧到性能符合要求时所允许的温度波动范围，烧结温度范围宽，则工艺上容易控制。

不同的长石瓷，一般会根据性能的不同需求合理地选择配料点。图 5-56 所示为常见长石瓷料的配料范围。

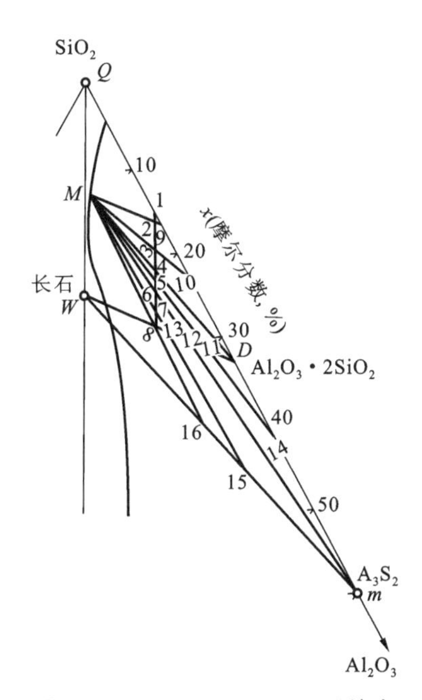

图 5-55　K_2O-Al_2O_3-SiO_2 系统中配料三角形与产物三角形

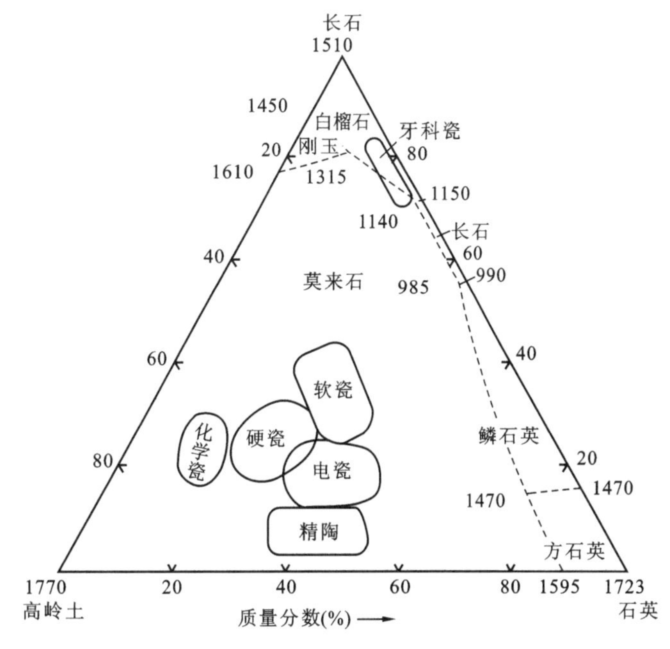

图 5-56　以高岭土、长石和石英为原料的瓷料配方范围

5.4.4.3 $MgO-Al_2O_3-SiO_2$系统相图

$MgO-Al_2O_3-SiO_2$ 系统对高级耐火材料(如镁砖、尖晶石砖、镁橄榄石砖等)、介质陶瓷(如滑石瓷、堇青石瓷、镁橄榄石瓷和尖晶石瓷等)及微晶玻璃的制备都有重要意义。

$MgO-Al_2O_3-SiO_2$系统相图如图 5-57 所示。该系统中有 4 个二元化合物 MS(原顽火辉石)、M_2S(镁橄榄石)、MA(尖晶石)、A_3S_2(莫来石)和 2 个三元化合物 $M_2A_2S_5$(堇青石)、$M_4A_5S_2$(假蓝宝石)。各化合物的性质如表 5-6 所示。每个化合物都有自己的初晶区。注意:假蓝宝石初晶区很小,且离其组成点很远(其组成点 $4MgO \cdot 5Al_2O_3 \cdot 2SiO_2$ 在相图右下方尖晶石的初晶区中)。

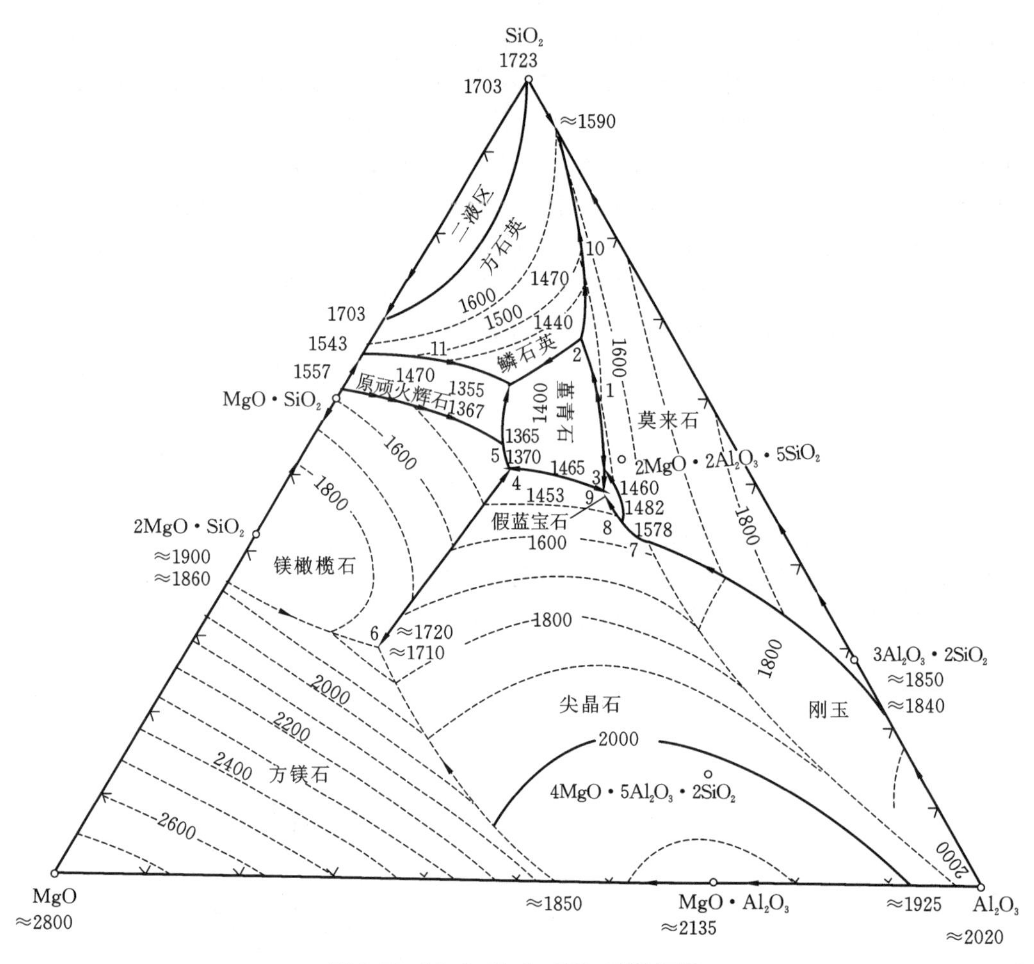

图 5-57 $MgO-Al_2O_3-SiO_2$ 系统相图

表 5-6 $MgO-Al_2O_3-SiO_2$系统中化合物的性质

一致熔融化合物		不一致熔融化合物	
化合物	熔点/℃	化合物	分解温度/℃
$MgO \cdot Al_2O_3$(MA,尖晶石)	2135	$MgO \cdot SiO_2$(MS,原顽火辉石)	1557
$2MgO \cdot SiO_2$(M_2S,镁橄榄石)	1890	$4MgO \cdot 5Al_2O_3 \cdot 2SiO_2$($M_4A_5S_2$,假蓝宝石)	1482
$3Al_2O_3 \cdot 2SiO_2$(A_3S_2,莫来石)	1850	$2MgO \cdot 2Al_2O_3 \cdot 5SiO_2$($M_2A_2S_5$,堇青石)	1465

整个相图共有 9 个无变量点(表 5-7)。相应地,可将相图划分成 9 个副三角形。

表 5-7　MgO-Al_2O_3-SiO_2 系统的三元无变量点的性质

图上点号	相平衡关系	性质	平衡温度/℃	组成(%)		
				$w(MgO)$	$w(Al_2O_3)$	$w(SiO_2)$
1	液 $\Longleftrightarrow$ MS+S+$M_2A_2S_5$	低共熔点	1355	20.5	17.5	62
2	A_3S_2+液 $\Longleftrightarrow$ S+$M_2A_2S_5$	双升点	1440	9.5	22.5	68
3	A_3S_2+液 $\Longleftrightarrow$ $M_2A_2S_5$+$M_4A_5S_2$	双升点	1460	16.5	34.5	49
4	MA+液 $\Longleftrightarrow$ $M_2A_2S_5$+M_2S	双升点	1370	26	23	51
5	液 $\Longleftrightarrow$ $M_2A_2S_5$+M_2S+MS	低共熔点	1365	25	21	54
6	液 $\Longleftrightarrow$ M_2S+MA+M	低共熔点	~1710	51.5	20	28.5
7	A+液 $\Longleftrightarrow$ MA+A_3S_2	双升点	1578	15	42	43
8	MA+A_3S_2+液 $\Longleftrightarrow$ $M_4A_5S_2$	双降点	1482	17	37	46
9	$M_4A_5S_2$+液 $\Longleftrightarrow$ $M_2A_2S_5$+MA	双升点	1453	17.5	33.5	49

镁质瓷是以滑石和黏土为主要原料烧成的介质陶瓷，包括滑石瓷、堇青石瓷、镁橄榄石瓷等，这类陶瓷介电常数小、介电损耗低，在信息领域应用广泛。在 MgO-Al_2O_3-SiO_2 系统相图中，镁质瓷的配料点都在副△SiO_2-MS-$M_2A_2S_5$ 中，并集中于烧高岭土（偏高岭土 $Al_2O_3 \cdot 2SiO_2$）和烧滑石（偏滑石 $3MgO \cdot 4SiO_2$）连线上或附近区域，如图 5-58 所示。其中，滑石瓷的主要晶相是原顽火辉石，其配料为滑石加少量黏土，配料点靠近△SiO_2-MS-$M_2A_2S_5$ 中的 MS 顶角；如果提高配料中的黏土比例，配料点向 $M_2A_2S_5$ 一侧移动，可制得热膨胀系数非常小的堇青石瓷；如果在滑石瓷配料中加入 MgO，使配料点接近 MS 和 M_2S 初晶区的界线（如图中的 P 点），则可制成 $\tan\delta$（介质损耗角正切值）更小的低损耗滑石瓷。当 MgO 添加量较多，配料点到达 M_2S 组成点附近时，则可制得以镁橄榄石为主晶相的镁橄榄瓷。

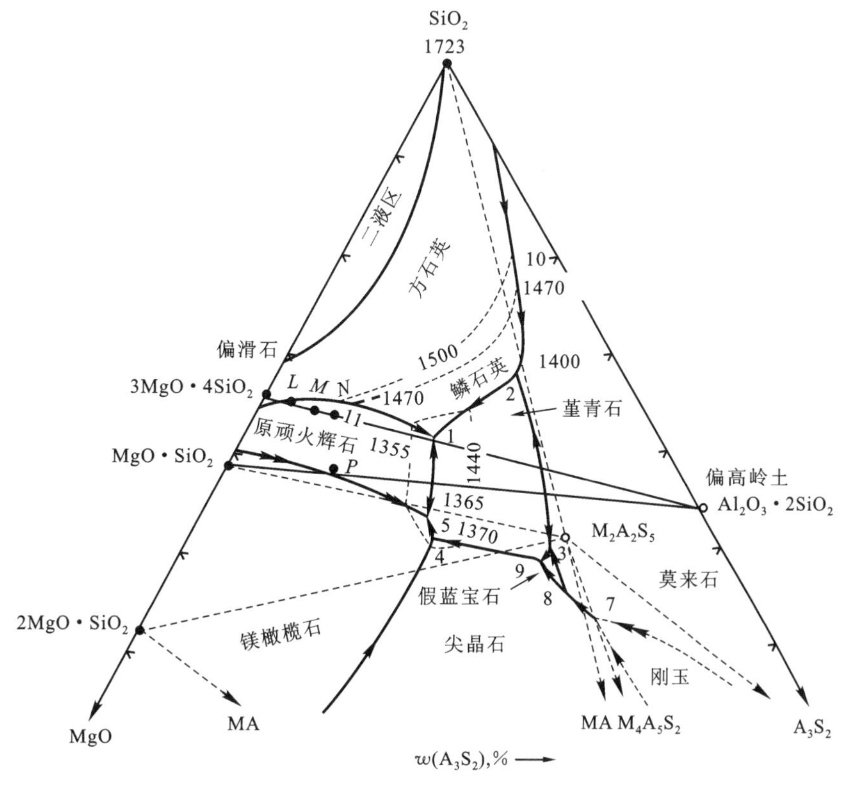

图 5-58　MgO-Al_2O_3-SiO_2 系统高硅部分相图

从 MgO-Al_2O_3-SiO_2 系统相图上，可以分析镁质瓷的烧结特性。

滑石瓷烧结时，一般坯体中出现35%的液相就可充分烧结（玻化），而液相量达到45%时坯体就会过烧变形。从图5-58上看，滑石瓷的配料点在副△SiO_2-MS-$M_2A_2S_5$中，对应的无变量点为点1。平衡加热时，坯体将在1355 ℃出现液相，当$M_2A_2S_5$相完全熔融时，液相量最大。假如滑石瓷的配料点为偏滑石加5%、10%和15%的偏高岭石（相当于图5-58中的L、M、N点），根据表5-7中点1的对应组成可以求出在1355 ℃的最大液相量大约分别为13%、26%和39%。之后温度继续升高，液相点沿SiO_2和MS初晶区的界线移动，固相点则在SiO_2-MS边上变化。利用杠杆规则可求出对应于液相量为35%和45%时的温度。如：L点配料这两个液相量对应的温度分别为1460 ℃和1490 ℃，温度范围为30 ℃；M点配料这两个液相量对应的温度分别为1390 ℃和1430 ℃，温度范围为40 ℃；而N点配料在1355 ℃低共熔融点时液相量已达39%，温度稍微上升就超出45%的上限。从以上分析可以看到，滑石瓷的烧成温度范围非常窄。利用同样的方法，我们可以分析出，低损耗滑石瓷、堇青石瓷的烧成温度范围也很窄。因此在实际生产中，这些陶瓷中常需要加入适当的助剂（如长石），扩大其烧成温度范围，或者对烧结温度进行更加精确的控制。

本系统中，MgO、Al_2O_3、SiO_2及一些二元化合物的熔点都很高，可用于制备优质耐火材料。但是，从相图中可看到，本系统中的三元低共熔点温度为1355 ℃，这样的温度显然不能说是耐火的，因此在制备耐火材料时必须避免三元混合物的出现。比如，镁质耐火材料和铝硅质耐火材料不应相互接触，以免降低它们出现液相的温度。

由MgO-Al_2O_3-SiO_2系统得到的玻璃，其组成大多靠近于MS、$M_2A_2S_5$、SiO_2三相低共熔点处，升温时要到1355 ℃才出现液相，所以这种玻璃的熔制温度较高。由于Mg^{2+}场强较大，所以析晶倾向也较强，当有TiO_2、ZrO_2之类晶核剂存在时，能制得性能优良的微晶玻璃。

5.4.4.4　Na_2O-CaO-SiO_2系统

Na_2O-CaO-SiO_2系统与大多数玻璃如平板玻璃、器皿玻璃等的生产密切相关。

图5-59是该系统SiO_2含量在50%以上的富硅部分NS-CS-SiO_2的相图。该部分共有4个二元化合物和4个三元化合物，这些化合物的性质如表5-8所示。一共有9个初晶区，包括SiO_2的初晶区和表5-8中8个化合物的初晶区。在SiO_2初晶区中有2条等温线，分别表示方石英/鳞石英和鳞石英/石英之间的晶型转变，CS初晶区中有2条等温线，表示α-CS/β-CS之间的晶型转变。

表5-8　NS-CS-SiO_2系统中化合物的性质

一致熔融化合物		不一致熔融化合物	
化合物	熔点/℃	化合物	熔点/℃
$Na_2O·SiO_2$(NS)	1088	$2Na_2O·CaO·3SiO_2$(N_2CS_3)	1141
$Na_2O·2SiO_2$(NS_2)	874	$Na_2O·3CaO·6SiO_2$(NC_3S_6)	1047
$CaO·SiO_2$(CS)	1540	$3Na_2O·8SiO_2$(N_3S_8)	793
$Na_2O·2CaO·3SiO_2$(NC_2S_3)	1284	$Na_2O·CaO·5SiO_2$(NCS_5)	827

NS-CS-SiO_2系统中共有12个三元无变量点，其中P、T、S为多晶转变点，无对应的副三角形，其他9个无变量点都有各自对应的副三角形。这12个无变量点的性质如表5-9所示。

表5-9　NS-CS-SiO_2系统中三元无变量点的性质

标号	相平衡关系	平衡性质	平衡温度/℃	化学组成(%)		
				$w(Na_2O)$	$w(CaO)$	$w(SiO_2)$
K	$L \Longleftrightarrow NS+NS_2+N_2CS_3$	低共熔点	821	37.5	1.8	60.7
L	$L+NC_2S_3 \Longleftrightarrow NS_2+N_2CS_3$	单转熔点	827	36.6	2.0	61.4

续表5-9

标号	相平衡关系	平衡性质	平衡温度/℃	化学组成(%)		
				$w(Na_2O)$	$w(CaO)$	$w(SiO_2)$
I	$L+NC_2S_3 \Longleftrightarrow NS_2+NC_3S_6$	单转熔点	785	25.4	5.4	69.2
J	$L+NC_2S_3 \Longleftrightarrow NS_2+NCS_5$	单转熔点	785	25.0	5.4	69.6
U	$L \Longleftrightarrow NS_2+N_3S_8+NCS_5$	低共熔点	755	24.4	3.6	72.0
V	$L \Longleftrightarrow N_3S_8+NCS_5+S$(石英)	低共熔点	755	22.0	3.8	74.2
H	$L+S+NC_3S_6 \Longleftrightarrow NCS_5$	双转熔点	827	19.0	6.8	74.2
P	α-鳞石英 $\Longleftrightarrow$ α-石英	多晶转变点	870	18.7	7.0	74.3
Q	$L+\beta\text{-}CS \Longleftrightarrow S+NC_3S_6$	单转熔点	1035	13.7	12.9	73.4
R	$L+\beta\text{-}CS \Longleftrightarrow NC_2S_3+NC_3S_6$	单转熔点	1035	19.0	14.5	66.5
T	$\alpha\text{-}CS \Longleftrightarrow \beta\text{-}CS$($L$+α-鳞石英为介质)	多晶转变点	1110	14.4	15.6	73.0
S	$\alpha\text{-}CS \Longleftrightarrow \beta\text{-}CS$($L+NC_2S_3$ 为介质)	多晶转变点	1110	17.7	16.5	62.8

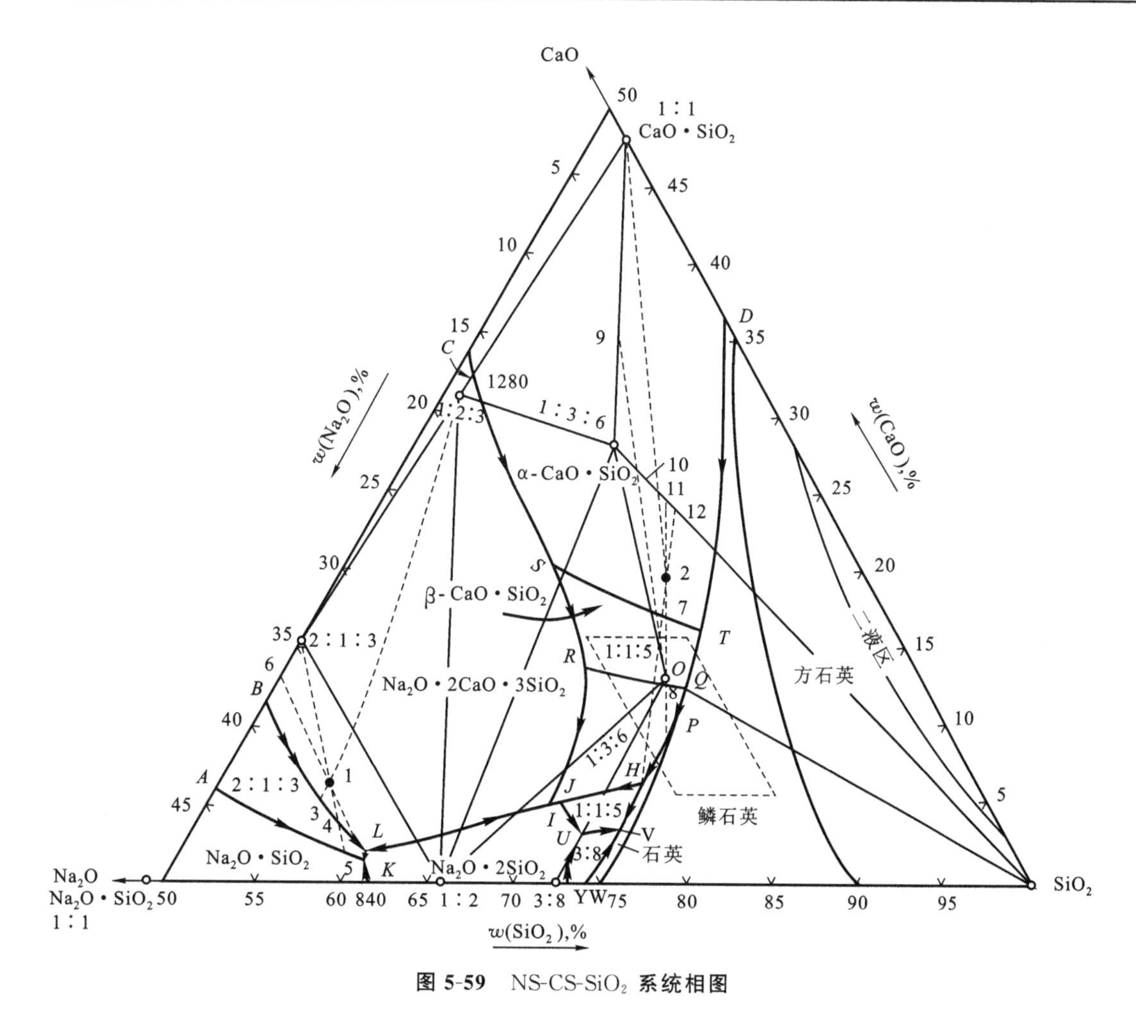

图 5-59 $NS\text{-}CS\text{-}SiO_2$ 系统相图

下面我们分析一下图 5-59 中组成位于点 1 和点 2 的两个熔体的冷却析晶过程。熔体 1 位于 $\triangle NS\text{-}NS_2\text{-}N_2CS_3$ 中，平衡析晶产物为 NS、NS_2、N_2CS_3 三种晶相。冷却时，首先析出 NC_2S_3 晶相(熔体 1 在 NC_2S_3 的初晶区内)。根据背向性规则，液相点沿 NC_2S_3 组成点和点 1 连线的延长线方向移动，当移动到 BL 界线上的点 3 时，发生转熔过程 $L+NC_2S_3 \longrightarrow N_2CS_3$，并开始沿 BL 界线向 L 方向移动；与此同时，固相点由 NC_2S_3 组成点向 N_2CS_3 组成点移动。当液相点到达点 4 时，NC_2S_3 回吸完毕，固相点到达 N_2CS_3 组成点。继续冷却时，液相点沿 N_2CS_3 组成点和点 4 连线的延长线方向移动，离开 BL 界线，进入 N_2CS_3 初晶区，并不断析出 N_2CS_3 晶体。当液相点到达 AK 界线的点 5 时，发生共熔过程 $L \longrightarrow N_2CS_3+NS$，$N_2CS_3$ 和 NS 晶相同时析出。温度继续下降，液相点沿 AK 界线移动到 K 点，最后在 K 点发生低共熔析晶，即 $L \Longleftrightarrow NS+NS_2+N_2CS_3$，并结束整个析晶过程。整个析晶过程如下式所示：

液相：

$$1 \xrightarrow{L \longrightarrow NC_2S_3,\ f=2} 3 \xrightarrow{L+NC_2S_3 \longrightarrow N_2CS_3,\ f=1} 4 \xrightarrow{L \longrightarrow N_2CS_3,\ f=2} 5$$

$$\xrightarrow{L \longrightarrow N_2CS_3+NS,\ f=1} K\begin{pmatrix} L \longrightarrow N_2CS+NS+NS_2 \\ f=0,L\ \text{消失} \end{pmatrix}$$

固相：

$$NC_2S_3 \xrightarrow{NC_2S_3} NC_2S_3 \xrightarrow{NC_2S_3+N_2CS_3} N_2CS_3 \xrightarrow{N_2CS_3}$$

$$N_2CS_3 \xrightarrow{N_2CS_3+NS} 6 \xrightarrow{N_2CS_3+NS+NS_2} 1$$

熔体 2 的析晶过程如下式所示：

液相：

$$2 \xrightarrow{L \longrightarrow \alpha\text{-CS},\ f=2} 7 \xrightarrow{L \longrightarrow \beta\text{-CS},\ f=2} 8 \xrightarrow{L+\beta\text{-CS} \longrightarrow NC_3S_6,\ f=1} Q\begin{pmatrix} L+\beta\text{-CS} \longrightarrow NC_3S_6+S \\ f=0,\beta\text{-CS}\ \text{消失} \end{pmatrix}$$

$$\xrightarrow{L \longrightarrow NC_3S_6+S,\ f=1} P\begin{pmatrix} \alpha\text{-鳞石英} \longrightarrow \alpha\text{-石英} \\ f=0,\text{鳞石英消失} \end{pmatrix} \xrightarrow{L \longrightarrow NC_3S_6+\alpha\text{-石英},\ f=1}$$

$$H\begin{pmatrix} L+S+NC_3S_6 \longrightarrow NCS_5 \\ f=0,L\ \text{消失} \end{pmatrix}$$

固相：

$$CS \xrightarrow{\alpha\text{-CS}} CS \xrightarrow{\beta\text{-CS}} CS \xrightarrow{\beta\text{-CS}+NC_3S_6} 9 \xrightarrow{\beta\text{-CS}+NC_3S_6+S} 10 \xrightarrow{NC_3S_6+\alpha\text{-鳞石英}}$$

$$11 \xrightarrow{\alpha\text{-鳞石英}+\alpha\text{-石英}+NC_3S_6} 11 \xrightarrow{\alpha\text{-石英}+NC_3S_6} 12 \xrightarrow{\alpha\text{-石英}+NC_3S_6+NCS_5} 2$$

Na_2O-CaO-SiO_2 系统相图可以应用到钠钙硅玻璃的制备上。玻璃的一般制备工艺，是将各种原料按设定的组成混合，在高温下完全熔化成玻璃液，快速冷却获得所需的玻璃制品。相图的作用之一是帮助人们选择玻璃的组成。从相图上看，选择组成位于低共熔点的熔体最有利于玻璃的制备。这是因为：(1)玻璃液的熔制过程能耗很大，选择低共熔点的组成可以在较低的温度下获得玻璃液，对节能、环保有利；(2)更重要的是可以避免析晶。玻璃是一种非晶均质材料，如果出现析晶，玻璃的均一性就会被破坏，其透光性、机械强度和热稳定性都会受到影响。而大量的实验结果表明，不同组成的熔体析晶能力是不一样的。组成在低共熔点或界线的熔体中，有几种晶体同时析出的趋势，它们会相互干扰，从而抑制了每种晶体的析出。因此，组成在低共熔点的熔体的析晶能力<组成在界线的熔体的析晶能力<组成在初晶区的熔体的析晶能力。当然，在实际生产中选择玻璃组成时，还要综合考虑其他的工艺和性能要求，因此实用的钠钙硅玻璃化学组成一般不会选择在低共熔点 V 或 K，而是选择在下列范围内：$w(Na_2O)=12\%\sim18\%$，$w(CaO)=6\%\sim16\%$，$w(SiO_2)=68\%\sim82\%$(即图 5-59 中用虚线画出的平行四边形区域内)。

Na_2O-CaO-SiO_2 系统相图的另一个作用是帮助分析玻璃失透。研究表明，析晶能力最小的钠钙硅玻璃配料组成位于 PQ 界线附近[$w(Na_2O)+w(CaO)=26\%$，$w(SiO_2)=74\%$]，如果组成点偏离界线进入某个初晶区，则容易析晶，产生失透结石。从图 5-59 中可以看到，如果配料中 SiO_2 量增加，

组成点就会进入 SiO_2 初晶区，容易析出鳞石英或方石英晶体；如果配料中 CaO 量或 Na_2O 量增加，则容易析出硅灰石(CS)或失透石(NC_3S_6)晶体。因此，通过分析失透结石，就可以发现失透的原因，并作出适当的改进。

从 $CaO\text{-}Al_2O_3\text{-}SiO_2$ 系统、$MgO\text{-}Al_2O_3\text{-}SiO_2$系统以及 $Na_2O\text{-}CaO\text{-}SiO_2$ 系统相图的分析中我们可以看到，相图对于人们研究和生产是有一定指导意义的。比如通过相图，可以设计适当的配料点的位置，设定相应的加热或冷却温度，分析液相量的多少和制品中的相组成，还可以推测过程变化的方向及限度。但是需要注意的是，所有对相图进行的研读和讨论，都是在平衡条件下，而实际生产中的加热和冷却过程都是非平衡过程。加热或冷却的速度、在某一温度下的保温时间不尽相同，会出现种种不平衡现象。另外，配合料中常含有其他杂质成分，因此实际情况会与相图上指示的热力学平衡态有所区别。

5.5 相图的测定

相图是由相点、界线和相区组成。相图测定是要确定相图中相区的组成、相点和界线的位置。相图的测定方法可以分为动态法和静态法。动态法是在改变温度或压力时测定材料的性能，从而测出相界。其原理是当从一个相区穿过相界进入另一个相区时，由于相组成发生了变化，材料体系在相界上的物理和化学性能会发生变化，测定这种变化，就可以确定相界。静态法是在固定的温度和压力条件下测定某一种材料系统中相的组成，以便确定相图中的相区。

5.5.1 动态法

动态法包括热分析法、差热分析法、热膨胀法、电导法等。

5.5.1.1 *步冷曲线法*

步冷曲线法是最常用的一种热分析法，是通过测量系统冷却过程中的温度-时间曲线来判断相变温度。先将样品加热至完全高温下的平衡状态，再均匀冷却。当环境其他条件不变时，样品冷却过程中如果无相变发生，则其温度-时间曲线是光滑连续的；如果有相变发生，由于相变伴随的热效应，曲线会出现折点或水平段，根据折点或水平段出现的温度，可以确定相变温度。

图 5-60 是用步冷曲线测定一个具有低共熔点的二元相图的示意图。

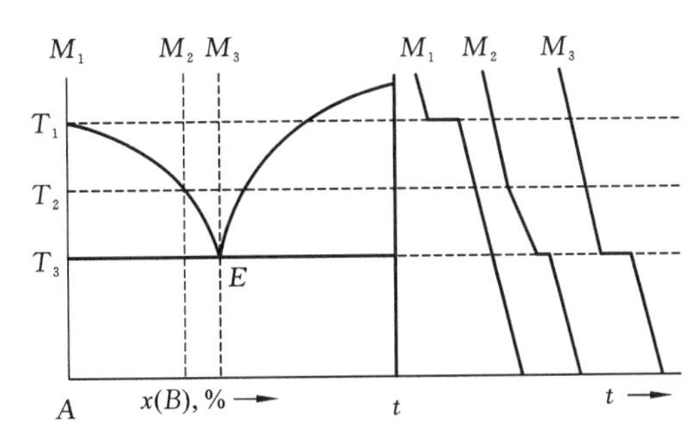

图 5-60 步冷曲线测定一个具有低共熔点的二元相图的示意

在图 5-60 右侧，有不同组分的 M_1、M_2、M_3 三种熔体。其中，M_1 是由纯 A 晶体组成。可以看到，当温度下降至 T_1(即晶体 A 的熔点温度)时，会析出 A 晶体而放出热量，这些热量正好补偿了体系向外释放的热量，因此温度不变，步冷曲线上出现一条水平线段。M_2 是 $A\text{-}B$ 二元系统中的富 A 熔体，温度降至 T_2 时，首先析出 A 晶相，步冷曲线出现转折，降温速度变缓(相变放热部分补偿系统散热)；当温度继续下降至 T_3(就是低共熔温度)，A、B 两晶相同时析出，体系温度恒定(相变放热正好补偿系统散热),步冷曲线出现一段水平平台;在 A、B 两相完全析出后系统温度才继续下降。M_3 的组成正好位于 A-B 二元系统的低共熔点上,步冷曲线和 M_1 点相似,但水平平台出现温度为 T_3。如果 A-B 二元系统形成固溶体,步冷曲线不会出现水平平台,只出现两个转折点,其斜率发生两次微小变化。

以温度为纵坐标,组成为横坐标,将各组成的步冷曲线上的结晶开始温度、转熔温度和结晶终了温度分别连接起来,就可得到该系统的相图(图 5-60 左侧)。增加组成点,可提高相图的精度。

5.5.1.2　差热分析法

为了提高热分析的精确度,19 世纪末人们提出了差热分析法,就是以测量参比物和样品之间的温差来表示样品的热性能。随着信息技术的发展,差热分析法现在已发展成为热化学测量中的一种主要方法。

图 5-61 是差热分析法的原理图,在待测定样品旁放置一热容量相近惰性参照样品(一般采用高温煅烧过的 α-Al_2O_3 作为标准试样),用冷端相互连接的两副相同的热电偶测量出这两个样品之间的温度差,信号通过电子线路放大后记录下来,并作出差热曲线(DTA 曲线)。在升温过程中,若检测试样无热效应产生,则试样与标样之间无温差,DTA 曲线为平直形状;若检测试样发生相变,产生热效应,则两样品之间出现温差,根据热效应的正负,DTA 曲线将出现吸热峰和放热峰等不同形状。根据 DTA 曲线上吸热峰和放热峰出现的位置,可以判断试样中相变发生的温度。

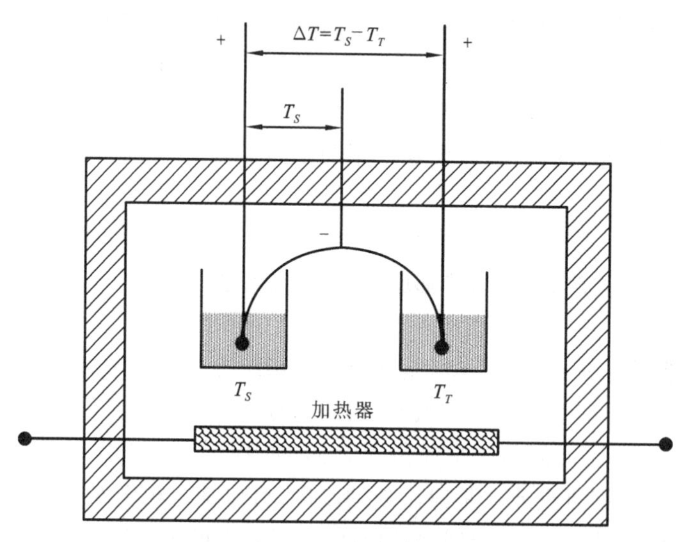

图 5-61　差热分析法原理图

用差热分析法进行测试时,要控制适当的升温速度,以便让信号尽可能准确、完整地反映在 DTA 曲线上。

5.5.1.3　热膨胀法

材料在相变过程中,体积(或长度)会发生跃变。如果在变温过程中测量样品的几何尺寸变化的膨胀曲线,就可以通过曲线上的突变点来判断相变的温度。通过测定一系列不同组成的试样的膨胀曲线,可在相图上找到一系列相应的组成-温度点,从而测定相图。

热膨胀法研究相平衡时,升温和降温要慢,以避免出现过冷或过热现象。

热膨胀法测定固态相变效果较好,是早期用于相图测定的方法之一。近年来,热膨胀仪有很多改进。如采用差动变压器,分辨率能达大约 1 μm;采用激光干涉法,则可能测出 0.02 μm 的位移。因此将来该方法在相图的测定中会发挥更大的作用。

5.5.2　静态法

静态法即所谓退火淬冷法(annealing and quenching techniques),是将试样加热至某一温度下保温并达到平衡，然后将试样迅速投入水浴（油浴或汞浴）中淬冷，使高温平衡状态下的组织结构因来不及变化而保存下来。再用金相、X射线及电导法等技术进行研究，以便测定相界和相区中相的组成。静态法适用于测定相变速度较为缓慢的体系。一些硅酸盐和硼酸盐熔体的黏度较大，结晶较慢，它们的相区分布也可用此方法测定。

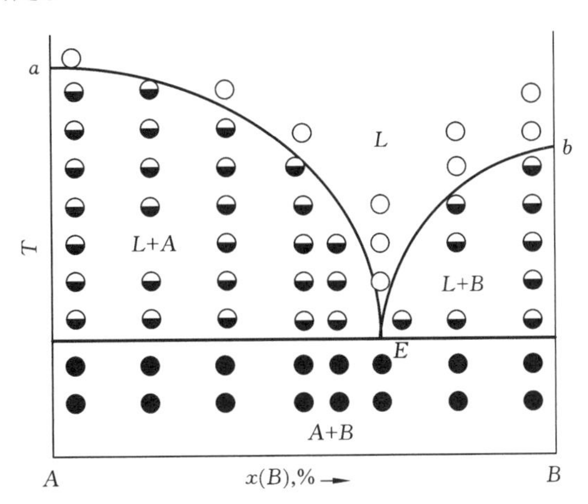

图 5-62 用淬冷法测定 *A-B* 二元相图的示意

图5-62是用淬冷法测定*A-B*二元相图的示意图，图中每个小圆代表一个淬冷试样。对这些试样进行物相分析，纯玻璃相以○表示，纯*A*、*B*晶相以●表示，晶相与玻璃相共存以◒表示。将这些小圆标记在组成-温度坐标中对应的状态点上，在●和◒之间可画出固相线，在○和◒之间可画出液相线，这样就可得到该*A-B*二元相图。显然，淬冷法测定相图的精确度与试样的多少直接相关，只有淬冷试样的组成之间和温度之间的间隔足够小，才能获得较准确的相图。由此可见，采用淬冷法测定相图的工作量非常大。

淬冷法测定相图有几个关键因素：(1)试样纯度和均匀性要高，因此要尽量采用高纯原料。(2)确保系统达到测定温度下的平衡状态，这要求保温时间足够长。一般地，如果将保温时间延长后，淬冷试样中的相组成不发生变化，可认为已经达到平衡，否则需要进一步延长保温时间。(3)样品要尽量少，淬冷速度足够快，确保试样的高温平衡状态能保存下来，避免在冷却过程中发生变化。近年来，快速发展的高温X射线衍射仪、高温显微镜等测试设备可直接在高温下对试样进行分析，对淬冷法是一种很好的补充和检验。

习　　题

1.名词解释：

相；组元；独立组元数；自由度；相图；相平衡；凝聚系统；介稳平衡；无变量点；一级变体间转变；二级变体间转变；一致熔融化合物；不一致熔融化合物；杠杆规则；共熔界线；转熔界线；等含量规则；背向规则；连线规则；切线规则；重心规则；三角形规则；低共熔点；分步结晶；单转熔点；双转熔点；液相独立析晶

2.什么是吉布斯相律？什么是凝聚态的吉布斯相律？

3.什么是水型物质？什么是硫型物质？

4.硅砖是一种耐火材料，其主要成分为SiO_2。请说明硅砖中为何希望鳞石英含量越多越好，方石英含量越少越好？实际生产中可采取什么措施？

5.什么是连线规则和切线规则？它们的作用分别是什么？

6.什么是步冷法和淬冷法？哪种方法更适用于硅酸盐材料？

7.(a)相图上的不同熔体组成对析晶有什么不同的影响？(b)相图上等温线的稀疏和密集分别意味着什么？(c)研究相平衡的方法有哪两类，各有什么优缺点？

8.在CaO-SiO_2相图和Al_2O_3-SiO_2系统中，SiO_2的液相线都很陡，但为什么在硅砖生产中可掺入少量CaO做矿化剂而不会降低其耐火度，而同时却要严格防止 Al_2O_3 的混入？

9.不一致熔融化合物在二元系统相图上的特点是什么？形成连续固溶体的二元系统相图有什么特点？

10.如何根据液相线的倾斜程度来判断液相量随温度变化的情况？试根据杠杆规则予以解释。

11.比较各种三元无变量点(低共熔点、单转熔点、双转熔点、过渡点和多晶转变点)的特点，写出它们的平衡关系。

12.Na_2O-CaO-SiO_2 系统相图对于钠钙硅玻璃的生产具有重要意义。在选择玻璃的组成时，应选择位于低共熔点、界线上还是初晶区内的组分？为什么？

13.在下面左边相图中，(a)指出虚线 *KCD* 包围的区域是什么区？该区有什么特点？(b)相图上的无变量点有哪些？(c)试分析组成点 *M* 熔体的冷却结晶路程(需分别写出液相点和固相点的变化)。

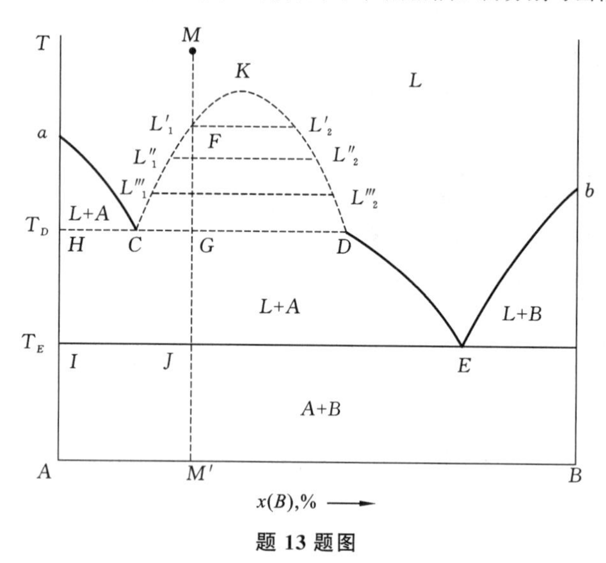

题 13 题图

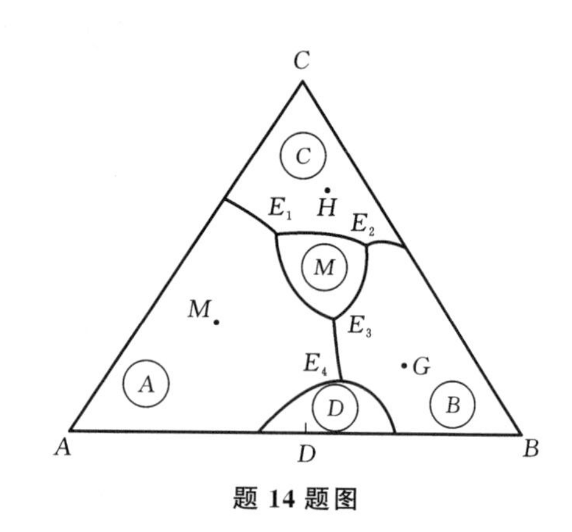

题 14 题图

14.请在上面右侧相图中画出：(1)相应的副三角形；(2)确定各条界线的温度下降方向和性质(以单箭头或双箭头表示)；(3)指明化合物 *D*、*M* 的性质；(4)确定各三元无变量点的性质及写出相平衡关系；(5)写出组成为 *G* 和 *H* 的熔体的冷却结晶路线。

15.右图是最简单的三元系统相图的投影图，图中等温线从高温到低温依次是 t_5、t_4、t_3、t_2、t_1，试根据此图回答：

(1) *A*、*B*、*C* 三个组元的熔点的高低是如何排列的？

(2) 哪个液相面最陡峭，哪个液相面最平坦？

(3) 组成为 $w(A)=65\%$、$w(B)=15\%$、$w(C)=20\%$ 的熔体在什么温度下开始析晶？析晶过程是怎么样的？

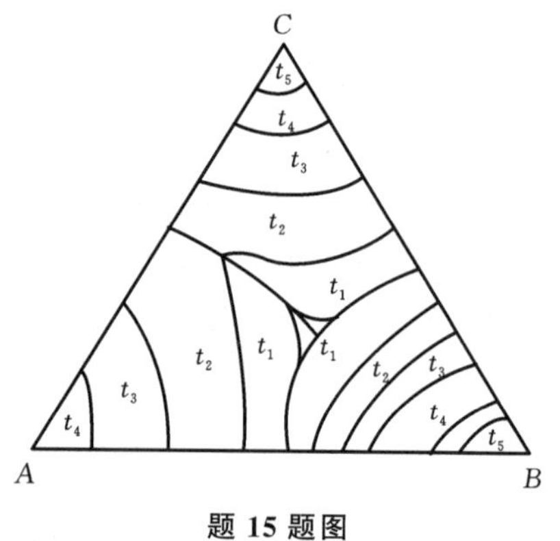

题 15 题图

16.下面左图是生成一致熔融二元化合物(*BC*)的三元系统投影图。设有组成为 $w(A)=35\%$、$w(B)=35\%$、$w(C)=30\%$ 的熔体，试确定其在图中的位置。冷却时该熔体在哪个温度下开始析出晶体？

17.下面右图是一个三元相图 *A*-*B*-*C*，在△*ABC* 内有 D_1、D_2、D_3、D_4 四个化合物。

(1) 试说明这四个化合物的性质；

(2) 试分析 *E*、*F*、*G*、*H* 点的性质，并写出发生的相变；

(3) 试分析点 1、2、3 的配料点从高温冷却到低温的平衡析晶过程。

18.根据下方左图回答下列问题：

(1) 说明化合物 S_1、S_2 的性质。

(2) 在图中划分副三角形，并用箭头表示各界线的温降方向和性质。

(3) 试指出各无变量点的性质，并写出各点的平衡关系。

(4) 写出 1、3 组成的熔体的冷却析晶过程。

(5) 试计算熔体 1 结晶结束时的各相百分含量，如果在第三次结晶过程开始前将其急冷(液相凝固成玻璃相)，各相的百分含量又如何(用线段表示即可)。

(6) 加热组成 2 的三元混合物,将于哪一点温度开始出现液相?在该温度下生成的最大液相量是多少?在什么温度下完全熔融?试写出其加热过程。

19.下方右图为 CaO-Al_2O_3-SiO_2 系统的富钙部分相图,对生产硅酸盐水泥有一定的参考价值。试:(a)画出有意义的副三角形;(b)用单、双箭头表示界线的性质;(c)说明 F、H 两个化合物的性质和写出相应的相平衡式;(d)分析 $M^{\#}$ 熔体的冷却平衡结晶过程并写出相变式;(e)说明硅酸盐水泥熟料落在虚线圆圈内的理由。

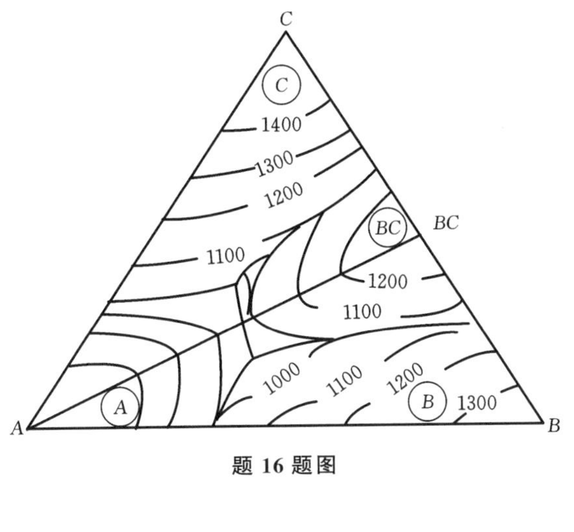

题 16 题图

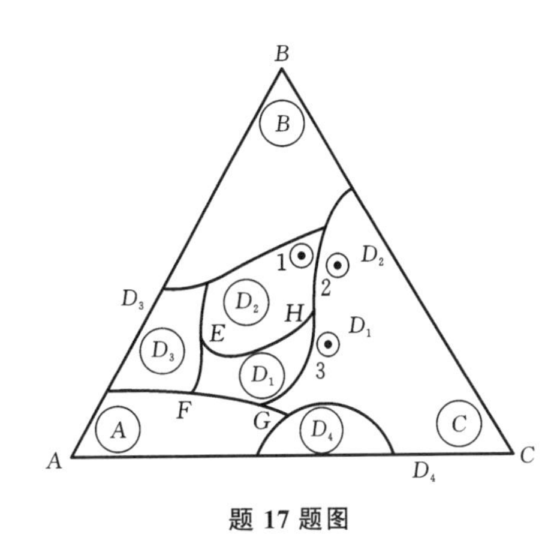

题 17 题图

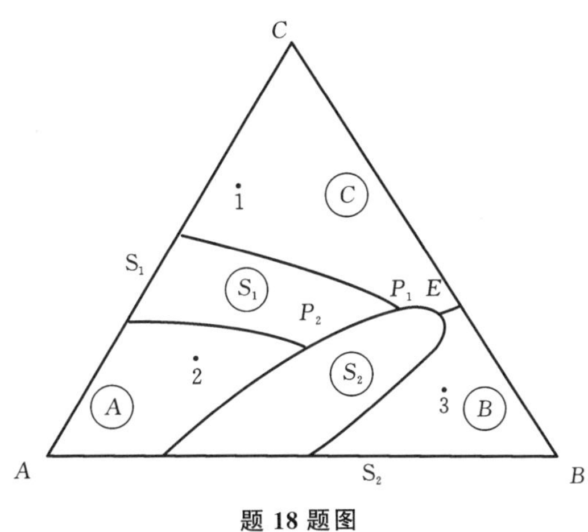

题 18 题图

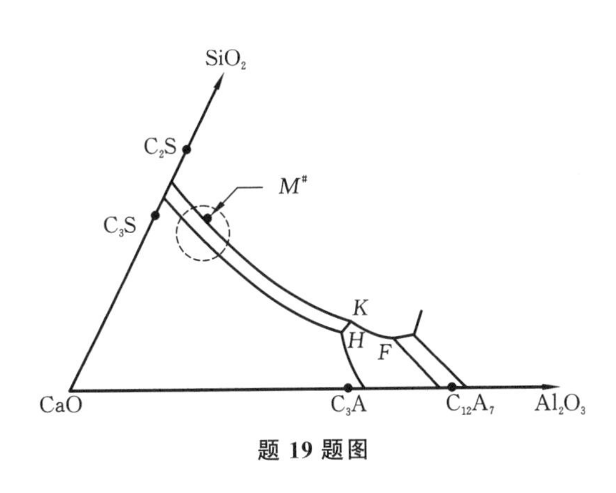

题 19 题图

6 固体中的扩散

6.1 概述

在装满水的杯子底部放置一些咖啡颗粒，观察咖啡溶解过程中杯中溶液的颜色变化。一开始，咖啡的颜色集中在底部附近；一段时间后，它会向上穿透几厘米；最后，整杯水会均匀着色。实现这个颜色变化的物质运动的过程是扩散，扩散是物质内质点运动的基本形式。当温度高于绝对零度时，物体中的质点总在不停地做热运动，由于热运动而导致的质点定向迁移，就是扩散。最常见的扩散是由于物体中存在局部浓度梯度，物质由高浓度向低浓度扩散，称为化学扩散或互扩散。但即使在一个无化学成分差异的系统中，同种粒子由于热运动也可以在固体中迁移，如铜、铁原子分别在其晶体中的迁移，这就是所谓的自扩散。

扩散的本质是质点无规则的布朗运动。固体中的扩散和流体（气体或液体）中的扩散存在明显的不同。流体中质点相互作用较弱，质点的迁移是完全随机地向三维空间的任意方向发生。同时由于流体密度低，质点迁移的自由程较大，扩散的速率也较大。比如在气体中，扩散速率为厘米/秒级；在液体中，扩散速率通常为毫米/秒级。而在固体中，质点的扩散与流体中存在很大不同。一是固体中的扩散是一个相当缓慢的过程。由于固体中的质点均束缚在三维周期性势阱（图 6-1）中，相互间作用力强，其迁移时要从热涨落中获得足够的能量才有机会跃出势阱，如图 6-1 所示的质点每一步迁移都需要获得高于 ΔG 的能量。因此固体中扩散速度远低于流体中的，一般只有在较高温度下扩散才进行明显。而随着温度的降低，扩散速率显著降低。比如金属熔化温度附近，典型速率约为微米/秒级；接近熔化温度的一半，会下降到纳米/秒级。二是固体中质点迁移还会受到固体结构的影响。在晶体中，原子或离子按照一定方式形成具有一定对称性和周期性的结构，会限制质点迁移的方向和自由程。例如图 6-1 所示的处于平面点阵间隙位的原子，其可能的迁移方向只有四个，而迁移的自由程则相当于晶格常数大小。这表明晶体中质点的扩散往往是各向异性的。当然，对于非晶态或玻璃态这种各向同性的固体，质点扩散在各个方向通常是相同的，与气体和液体中的扩散类似。

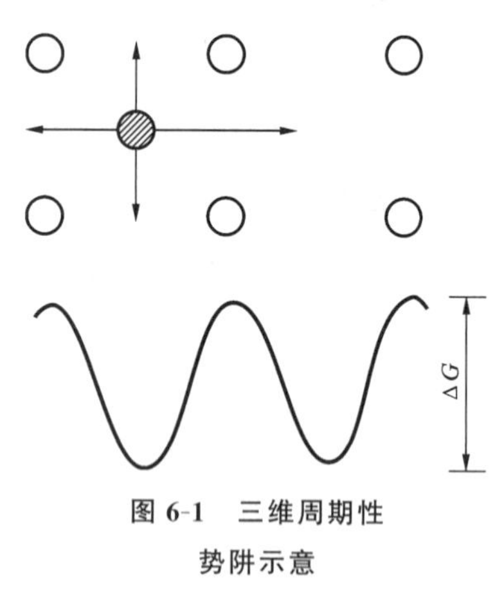

图 6-1　三维周期性势阱示意

扩散是材料中物质运动最基本的过程之一，对于材料制备、分析具有重要意义。首先，了解固体中扩散过程的机制，可以深入理解固体的结构，如晶格中缺陷的本质和浓度；其次，材料制备中很多重要的物理化学过程，如固相反应、烧结、分相、析晶、固溶体的形成等，都和扩散过程密切相关，通过对扩散的分析，可以更好地认识这些物理化学过程。另外，材料的性质，如离子晶体的导电等也和扩散密切相关，通过控制扩散，可以对材料进行有效的设计和控制。

6.2　菲克定律及其应用举例

6.2.1　菲克第一定律和第二定律

对于扩散的研究可以从宏观和微观两个角度展开。虽然固体中的扩散和流体中的扩散有很大不同，但从宏观统计的角度看，这两种情况下的扩散都可以看成大量质点的流动。1855年德国物理学家A.菲克(Adolf Fick)在大量的实验和研究的基础上，对在浓度场作用下物质的扩散作了定量的描述，提出了研究物质扩散的菲克第一和第二定律。

菲克第一定律认为，若扩散介质中存在着扩散物质的浓度差，在此浓度差的推动下会产生沿浓度减小方向的定向扩散。当扩散为浓度不随时间而变化的稳定扩散时，在单位时间 dt 内，通过垂直于扩散方向的单位横截面 dS 面积的质点数目(即扩散通量)J 与沿扩散方向的浓度梯度成正比。沿 x 方向的扩散通量可表达为：

$$J_x = -D\frac{dC}{dx} \tag{6-1}$$

这就是菲克第一扩散定律。式中，J_x 为沿 x 方向的扩散通量[质点数目/(m^2 · s)]，D 是扩散系数(m^2/s)，C 为扩散物质的浓度(质点数目/m^3)，x 为扩散方向的距离(m)。方程中的负号表示扩散物质的质点从浓度高处向浓度低处扩散，即逆浓度梯度的方向扩散。

值得注意的是，式(6-1)是唯象的关系式，它适用于扩散系统的任一位置和扩散过程的任一时刻，不涉及扩散系统内部原子运动的微观过程。而扩散系数 D 反映的是扩散系统的特性，并不仅仅取决于某一种组元的特性。

扩散过程中空间任意一点的浓度不随时间变化的一类扩散，称为稳定扩散；扩散过程中空间任意一点的浓度会随时间变化的一类扩散，称为不稳定扩散。菲克第一定律作为质点定量描述的基本方程，既适用于稳定扩散，也适用于不稳定扩散，但式(6-1)用于不稳定扩散时并不方便。为了便于在不稳定扩散中求出 $C(x,t)$，菲克从物质的平衡关系出发，建立了菲克第二定律。

考虑图6-2所示的一维扩散中浓度变化的情况。虽然 C、x 之间通常不是线性关系，但当 x_1 和 x_2 之间距离极小时，二者之间可被视为线性关系，因此有：

$$J_{x_2} - J_{x_1} = \Delta x\frac{dJ}{dx} \tag{6-2}$$

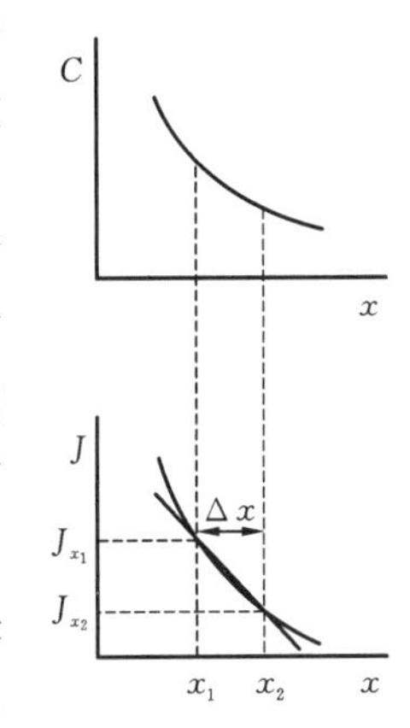

图6-2　一维扩散中浓度变化

其中，其中 dJ/dx 是 J 在 $x_1 \leqslant x \leqslant x_2$ 间的梯度。

由于 $J_{x_1} \neq J_{x_2}$，扩散物质会在 $x = x_1$ 和 $x = x_2$ 之间出现累积。在垂直于扩散方向的横截面单位面积、单位时间内物质的累积量为 $J_{x_1} - J_{x_2}$。这个累积量也等于 x_1、x_2 之间体积 Δx 在单位时间内的浓度增加量，即：

$$J_{x_1} - J_{x_2} = \Delta x\frac{dC}{dt} \tag{6-3}$$

将式(6-2)代入式(6-3)中，得：

$$\frac{dC}{dt} = -\frac{dJ}{dx} \tag{6-4}$$

将式(6-1)代入，得：

$$\frac{dC}{dt} = \frac{d}{dx}\left(D\frac{dC}{dx}\right) \tag{6-5}$$

上式就是一维扩散条件下的菲克第二定律。当扩散系数 D 和浓度无关，如在化学均匀系统中示踪原子的扩散或在理想固溶体中的扩散时，上式可写成：

$$\frac{dC}{dt}=D\frac{d^2C}{dx^2} \tag{6-6}$$

对于三维的空间扩散，式(6-6)可写成：

$$\frac{\partial C}{\partial t}=D\left(\frac{\partial^2 C}{\partial x^2}+\frac{\partial^2 C}{\partial y^2}+\frac{\partial^2 C}{\partial z^2}\right) \tag{6-7}$$

或

$$\frac{\partial C}{\partial t}=\frac{D}{r}\left[\frac{\partial}{\partial r}\left(r\frac{\partial C}{\partial r}\right)\right] \tag{6-8}$$

或

$$\frac{\partial C}{\partial t}=\frac{D}{r^2}\times\frac{\partial}{\partial r}\left(r^2\frac{\partial C}{\partial r}\right) \tag{6-9}$$

式(6-7)、式(6-8)、式(6-9)分别是直角坐标系、柱坐标系和球坐标系下的菲克第二定律。

6.2.2　菲克扩散定律应用举例

6.2.2.1　稳定扩散

在稳定扩散系统中，对于任一体积元，在任一时刻流入的物质量与流出的物质量相等，任一点的浓度不随时间变化，$\partial C/\partial t=0$。

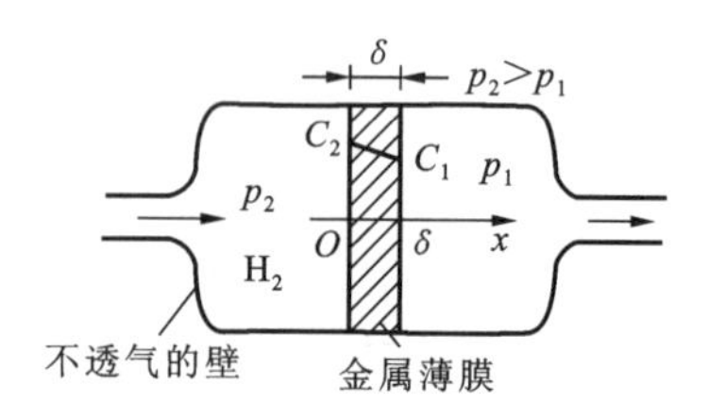

图 6-3　氢气通过金属膜的扩散示意

考虑如图 6-3 所示的氢气通过一金属膜时的扩散问题。图中，金属膜的厚度为 δ，金属膜两边供气和抽气同时进行，供气方保持较高的恒定压力 p_2，抽气方保持较低的恒定压力 p_1。扩散进行一定时间后，金属膜中会建立起稳定的浓度分布。取 x 轴与膜面垂直，其方向即为氢气扩散的方向。

氢气的扩散包括氢气在金属膜表面吸附、氢分子分解成原子、氢原子在金属膜中的扩散、最后在膜的另一表面重新转变成氢分子并离开表面等过程。

达到稳定扩散时的边界条件为：

$$\begin{cases} C\Big|_{x=0}=C_2 \\ C\Big|_{x=\delta}=C_1 \end{cases} \tag{6-10}$$

C_1、C_2 可由热解反应 $H_2 \longrightarrow H+H$ 的平衡常数 K 确定：

$$K=\frac{产物活度积}{反应物活度积}$$

设氢原子的浓度为 C，则

$$K=\frac{C\times C}{p}=\frac{C^2}{p}$$
$$C=\sqrt{Kp}=S\sqrt{p} \tag{6-11}$$

式中，S 为西弗尔特(Sievert)定律常数，其物理意义为空间压力 $p=1$ MPa 时金属表面的溶解度。从式(6-11)可以看到，金属表面气体的溶解度与所处空间压力的平方根成正比。因此，式(6-10)可写成：

$$\begin{cases} C\Big|_{x=0} = S\sqrt{p_2} \\ C\Big|_{x=\delta} = S\sqrt{p_1} \end{cases} \tag{6-12}$$

由于是稳定扩散，所以有：

$$\frac{\mathrm{d}C}{\mathrm{d}t} = D\frac{\mathrm{d}^2 C}{\mathrm{d}x^2} = 0$$

$$\frac{\mathrm{d}C}{\mathrm{d}x} = a（a \text{ 为常数}）$$

对上式积分，得

$$C = ax + b \tag{6-13}$$

式(6-13)表明，金属膜中氢原子的浓度成线性分布，其中常数 a、b 由边界条件式(6-12)决定：

$$a = \frac{C_1 - C_2}{\delta} = \frac{S}{\delta}(\sqrt{p_1} - \sqrt{p_2})$$

$$b = C_2 = S\sqrt{p_2}$$

将 a、b 值代入式(6-13)中，得

$$C(x) = \frac{S}{\delta}(\sqrt{p_1} - \sqrt{p_2})x + S\sqrt{p_2} \tag{6-14}$$

单位时间内通过面积为 A 的金属膜的氢气量为：

$$\frac{\mathrm{d}m}{\mathrm{d}t} = JA = -DA\frac{\mathrm{d}C}{\mathrm{d}x} = -DAa = -DA\frac{S}{\delta}(\sqrt{p_1} - \sqrt{p_2}) \tag{6-15}$$

引入金属的透气率 P 表示单位厚度、单位面积金属在单位压差下透过的气体流量，即：

$$P = DS \tag{6-16}$$

式中，D 为扩散系数，S 为气体在金属中的溶解度。

将式(6-16)代入式(6-15)中，得：

$$J = -\frac{P}{\delta}(\sqrt{p_1} - \sqrt{p_2}) \tag{6-17}$$

上式表明，保持 p_1、p_2 恒定，则通过金属膜的通量 J 为常数。

6.2.2.2 不稳定扩散

不稳定扩散方程的解，只能根据扩散过程的初始和边界条件而定，条件不同，方程的解也不同。在不稳定扩散中，有两种典型的边界条件。

(1)整个扩散过程中扩散物质在晶体表面的浓度 C_0 保持不变。在恒定蒸气压下，气相物质向晶体内部的扩散就属于这类扩散。以一维扩散为例，当扩散系数 D 为常数(与浓度、组分无关)、温度 T 不变时，菲克第二定律方程即式(6-6)的边界条件为：

$$\begin{aligned} &t = 0 \text{ 时}, x \geqslant 0, C(x,t) = 0 \\ &t > 0 \text{ 时}, C(0,t) = C_0 \end{aligned} \tag{6-18}$$

引入玻耳兹曼变换，令：

$$\lambda = \frac{x}{\sqrt{t}} \tag{6-19}$$

代入式(6-6)的两边，则有：

$$\begin{aligned} &\frac{\partial C}{\partial t} = \frac{\partial C}{\partial \lambda} \cdot \frac{\partial \lambda}{\partial t} = -\frac{\partial C}{\partial \lambda} \cdot \frac{\lambda}{2t} \\ &\frac{\partial^2 C}{\partial x^2} = \frac{\partial^2 C}{\partial \lambda^2}\left(\frac{\partial \lambda}{\partial x}\right)^2 + \frac{\partial C}{\partial \lambda}\left(\frac{\partial^2 \lambda}{\partial x^2}\right) = \frac{1}{t}\frac{\mathrm{d}^2 C}{\mathrm{d}\lambda^2} \end{aligned} \tag{6-20}$$

这样，式(6-6)就变成一个常微分方程：

$$-\lambda \frac{\mathrm{d}C}{\mathrm{d}\lambda}=2D\frac{\mathrm{d}^2C}{\mathrm{d}\lambda^2} \tag{6-21}$$

解此方程，得：

$$C(x,t)=A\int \mathrm{e}^{-\lambda^2/4D}\mathrm{d}\lambda+B \tag{6-22}$$

令

$$\beta=\frac{\lambda}{2\sqrt{D}}=\frac{x}{2}\sqrt{Dt} \tag{6-23}$$

则式(6-22)可写成：

$$C(x,t)=A'\int_0^{\beta}\mathrm{e}^{-\beta^2}\mathrm{d}\beta+B \tag{6-24}$$

引入高斯误差方程：

$$\mathrm{erf}(\beta)=\frac{2}{\sqrt{\pi}}\int_0^{\beta}\exp(-\beta^2)\mathrm{d}\beta \tag{6-25}$$

$$\mathrm{erf}(\infty)=\frac{\sqrt{\pi}}{2} \tag{6-26}$$

根据式(6-22)、式(6-24)和式(6-26)，考虑初始和边界条件，可得：

$$A'=-C_0\frac{2}{\sqrt{\pi}},B=C_0 \tag{6-27}$$

将式(6-27)代入式(6-24)中，则有：

$$C(x,t)=C_0\left(1-\frac{2}{\sqrt{\pi}}\int_0^{\beta}\mathrm{e}^{-\beta^2}\mathrm{d}\beta\right)=C_0[1-\mathrm{erf}(\beta)]=C_0\mathrm{erfc}(\beta) \tag{6-28}$$

上式中，余误差函数 $\mathrm{erfc}(\beta)=1-\mathrm{erf}(\beta)$。

这样，式(6-24)可表示为：

$$C(x,t)=C_0\mathrm{erfc}(\beta)=C_0\mathrm{erfc}\left(\frac{x}{2\sqrt{Dt}}\right) \tag{6-29}$$

上式即为扩散物质在晶体表面的浓度 C_0 保持不变时浓度变化的方程。依此方程，可得到扩散物质在晶体内部的浓度与时间及位置的变化关系，如图 6-4 所示。

在实验中，如果测得 $C(x,t)$，则可获得扩散深度 x 与时间 t 的近似关系：

$$x=2\mathrm{erfc}^{-1}\frac{C(x,t)}{C_0}\sqrt{Dt}=K\sqrt{Dt} \tag{6-30}$$

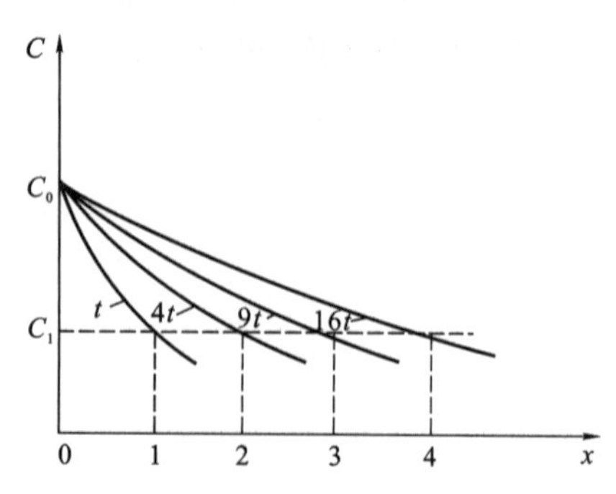

图 6-4　扩散物质在晶体内部的浓度与时间及位置的变化关系

由式(6-30)可知，x 与 $t^{1/2}$ 成正比，这意味着当 C_0 不变时，扩散增加一倍深度，需要延长四倍的时间。这一关系对于芯片生产时结深的控制有重要意义。

(2) 定量扩散物质 Q 由晶体表面向内部扩散，如图 6-5(a)所示。银陶瓷试样表面的银向试样内部扩散、半导体硅片表面的硼或磷向硅片内扩散等都属于此类扩散。定量扩散物质由晶体表面向内部扩散的边界条件为：

$$t=0\text{ 时},C\Big|_{x=0}=\infty,C\Big|_{x\neq 0}=0$$

$$t>0\text{ 时},C\Big|_{x=\pm\infty}=0$$

满足上述边界条件的式(6-6)的解为：

$$C(x,t)=\frac{M}{2\sqrt{\pi Dt}}\exp\left(-\frac{x^2}{4Dt}\right) \tag{6-31}$$

此解称为高斯解，其中，M 为扩散物质的总量。图 6-5(b)所示为不同时间 t 后扩散物质在两边晶体内部的分布曲线。

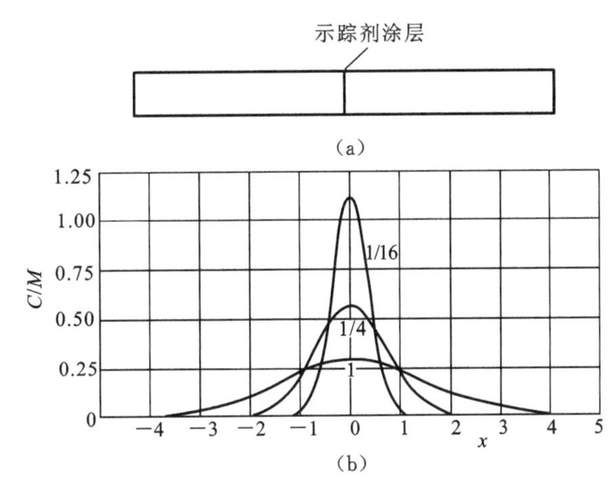

图 6-5　定量扩散物质 Q 由晶体表面向内部一维不稳定扩散示意

如果扩散物质只是向一侧晶体内扩散($x>0$ 方向)，则相应的高斯解为：

$$C(x,t)=\frac{M}{\sqrt{\pi Dt}}\exp\left(-\frac{x^2}{4Dt}\right) \tag{6-32}$$

式(6-31)可用于测定材料中的扩散系数。将一定量放射性示踪剂涂于固体试样的端面上，在一定温度下退火处理后，测量不同深度示踪剂原子的浓度，将式(6-31)两边取对数：

$$\ln C(x,t)=\ln\frac{M}{2\sqrt{\pi Dt}}-\frac{x^2}{4Dt} \tag{6-33}$$

用 $\ln(x,t)$-x^2 作图，可得一直线，其斜率为 $-\frac{1}{4Dt}$，截距为 $\ln\frac{M}{2\sqrt{\pi Dt}}$。由此可求得扩散系数 D，如图 6-6 所示。

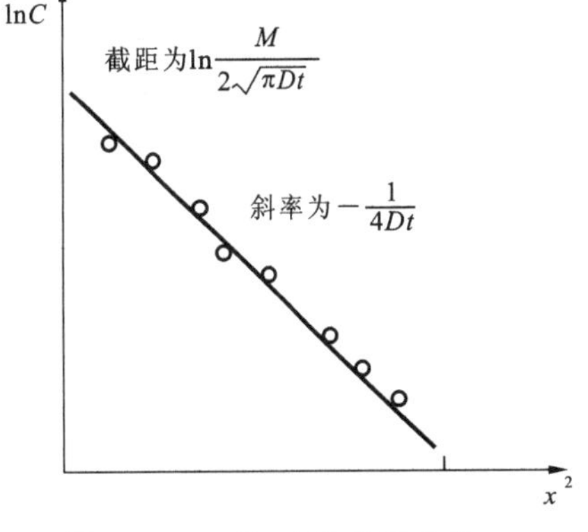

图 6-6　$\ln C$ 和 x^2 的关系曲线

6.3　晶体中的扩散

6.3.1　随机行走扩散

如前所述，从微观的角度看，扩散的本质是原子或分子的无规则、随机的布朗运动。对于原子或离子的固相扩散，这种运动可看作扩散质点不断地从平衡位置随机跃迁到另一个平衡位置的过程。描述这种随机跃迁的最简单和基本的扩散模型就是随机行走模型(random walk)。

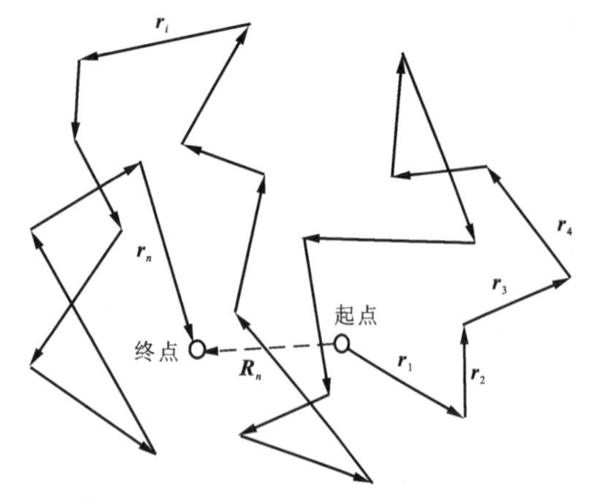

图 6-7 质点随机行走轨迹与净位移示意

如图 6-7 所示，假设一个质点无序地向任意方向跃迁，每次跃迁位移矢量为 $\boldsymbol{r}_i(i=1,2,3,\cdots)$，则经过 n 次跃迁后，质点总的位移 $\boldsymbol{R}_n$ 为各次跃迁位移 $\boldsymbol{r}_i$ 的矢量和：

$$\boldsymbol{R}_n=\boldsymbol{r}_1+\boldsymbol{r}_2+\cdots+\boldsymbol{r}_i+\cdots+\boldsymbol{r}_n=\sum_1^n\boldsymbol{r}_i \tag{6-34}$$

将上式求点积，则：

$$\boldsymbol{R}_n^2=\boldsymbol{R}_n\cdot\boldsymbol{R}_n=\sum_{i=1}^n\boldsymbol{r}_i^2+2\sum_{j=1}^{n-1}\sum_{i=1}^{n-j}\boldsymbol{r}_j\cdot\boldsymbol{r}_{j+i} \tag{6-35}$$

对于不相关随机游走（uncorrelated random walk），即当每次跃迁与前一次跃迁无关时，上式的第二项之值为 0，因此：

$$\boldsymbol{R}_n^2=\sum_{i=1}^n\boldsymbol{r}_i^2 \tag{6-36}$$

由于晶体结构的周期性，只考虑最邻近的跃迁，则每次跃迁的距离相等，即：

$$|\boldsymbol{r}_i|=r$$

因此，

$$\begin{aligned}\overline{R}_n^2&=nr^2\\ \overline{R}_n&=\sqrt{n}r\end{aligned} \tag{6-37}$$

式中，$\overline{R}_n$ 表示原子扩散的平均距离。

从上式可以看到，原子扩散的平均距离与原子跃迁的次数的平方根成正比。假设原子的跃迁频率为 Γ，则在时间 t 内跃迁次数 $n=\Gamma t$。因此：

$$\overline{R}_n^2=\Gamma tr^2 \tag{6-38}$$

上式的重要性在于，它建立了扩散宏观量方均位移 $\overline{R}_n^2$ 和微观量原子跃迁频率 Γ、跃迁距离 r 之间的关系。

6.3.2 菲克定律的微观形式

如前所述，菲克定律描述的是质点扩散的宏观行为，是一种唯象的理论，它将除浓度外的所有影响扩散的因素放在扩散系数 D 中，但却未能赋予其明确的物理意义。

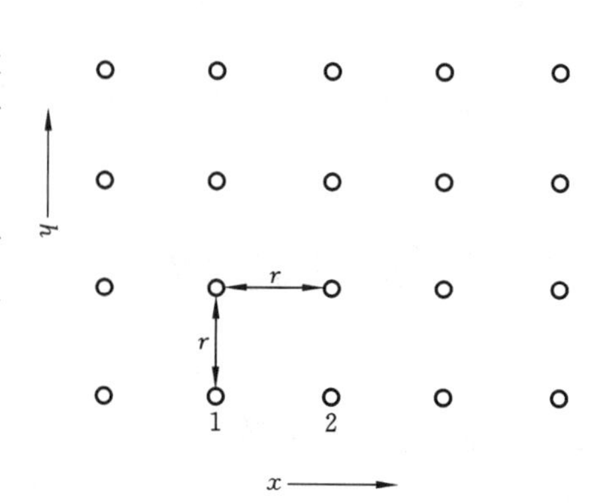

图 6-8 一维扩散的微观平面模型

1905 年，爱因斯坦采用随机行走模型研究质点的布朗运动，并利用统计的方法得到扩散方程，将宏观扩散系数 D 和扩散质点的微观运动联系在一起，从而确定了其物理含义。

图 6-8 是一维扩散的微观平面模型。在图中所示的简单立方格子中，设放射性同位素示踪剂在单位时间内从一个位置迁移到相邻位置，跃迁的频率为 Γ，迁移自由程为 r，考虑在 x 方向上距离为 r 的 1 和 2 的两个晶面，晶面上单位面积中的示踪剂面密度分别为 n_1 和 n_2。

若晶体各向同性，质点可同时沿三维空间方向跃迁且概率相等，则在单位时间内从 1 面迁移至 2 面的放射性原子数目为(1/6)$n_1\Gamma$,而从2面迁移至1面的放射性原子数目为(1/6)$n_2\Gamma$,因此1面向2面的扩散通量J为:

$$J=\frac{1}{6}(n_1-n_2)\Gamma \tag{6-39}$$

单位体积中示踪剂浓度可写为:

$$C_1=\frac{n_1}{r},C_2=\frac{n_2}{r} \tag{6-40}$$

通常情况下,扩散质点在原子间距离的范围内浓度很小。因此,将$C(x,t)$按泰勒级数展开,并忽略高阶项,可得:

$$C_1-C_2=-r\frac{\mathrm{d}C}{\mathrm{d}x} \tag{6-41}$$

将式(6-39)、式(6-40)、式(6-41)合并,得:

$$J=-\frac{1}{6}\Gamma r^2\frac{\mathrm{d}C}{\mathrm{d}x} \tag{6-42}$$

比较菲克第一定律的式(6-1),可以得出:

$$D=\frac{1}{6}\Gamma r^2 \tag{6-43}$$

上式就是爱因斯坦(Einstein)扩散方程。从上式可以明确地看出扩散系数的物理意义,即在扩散介质中,做无规则布朗运动的大量质点的扩散系数取决于质点的有效跃迁频率和迁移自由行程平方的乘积。后面的分析我们将看到,对于不同的晶体结构和不同的扩散机制,Γ和r有不同的数值。因此,扩散系数是既反映扩散介质微观结构,又反映质点扩散机构的一个物性参数。

6.3.3 无序扩散和自扩散

无序扩散是在不存在化学梯度时质点的扩散,相应的扩散系数被称为无序扩散系数(D_r)。无序扩散可以看成是一种随机行走扩散,可用3.1节中的数学模型描述,D_r用式(6-43)表示。

假设扩散质点可能的跃迁频率为ν,扩散组元(扩散机构)的浓度为N_d,每个组元周围可供跃迁的质点数为A,则质点成功的跃迁频率Γ为:

$$\Gamma=N_d\nu A \tag{6-44}$$

将上式代入式(6-43),得:

$$D_r=\frac{1}{6}N_d\nu Ar^2$$

对于面心立方结构的晶体,假如扩散是通过位于面心位置的空位进行,顶角的原子向空位跃迁,则

$$A=12,r=\frac{\sqrt{2}}{2}a_0 \tag{6-45}$$

式中,a_0为晶格尺寸。因此,

$$D_r=\frac{1}{6}N_d\nu Ar^2=a_0^2N_d\nu \tag{6-46}$$

引入晶体结构几何因子α,上式可改写为一般形式:

$$D_r=\alpha a_0^2N_d\nu \tag{6-47}$$

对于面心立方结构,$\alpha=1$。

在晶体中,无序扩散系数D_r通常等于自扩散系数D_s,后者描述了在无化学位梯度时原子的扩散过程。

如果质点的移动不是完全随机的,而是在某种程度上受到前次跃迁的路径的影响,那么扩散的速

度就会发生变化。比如,当示踪原子通过空位扩散的机制进行时,只有当其和空位相邻时才能移动且只能跃迁至空位,不存在其他跃迁的可能性。而当示踪原子进行一次跃迁后,下一次跃迁就有可能只是回到空位。只有当空位已经迁移到其他的相邻位置时,示踪原子才能跃迁到新位置。显然,示踪原子的扩散会受到约束。当经过同样多次跃迁后,示踪原子的均方位移会小于空位的均方位移。在这种情况下,为了准确表示示踪原子的扩散系数,原来随机扩散的表达式需乘以一相关因子 f:

$$D^{*}=fD_{r} \tag{6-48}$$

相关系数 f 与晶体的结构和扩散的机制相关。一些晶体的相关因子见表 6-1。

表 6-1　一些晶体的相关因子

扩散方式	晶体结构	相关因子 f
空位扩散	金刚石	0.50
	α-Al_2O_3 // a 轴	0.50
	α-Al_2O_3 // c 轴	0.65
间隙扩散	金刚石	0.73
	NaCl	0.33
	CaF_2	0.40

6.3.4　扩散机构

在前面的介绍中,我们已经知道晶体中的扩散都是基于原子的随机跃迁。但是,和气体分子真正的随机行走扩散不同,晶体中原子的迁移过程是会受到晶格的限制。晶格的结构、尺寸、缺陷都会影响到原子可能迁移的具体方式和路径。这种具体的迁移方式和路径就是晶体中的扩散机构。在晶体中,基本的扩散机构包括直接易位扩散、环形易位扩散、间隙扩散、空位扩散等。

1) 直接易位扩散:相邻两个质点直接交换位置而进行的扩散称为直接易位扩散,如图 6-9 所示。在这种交换中,两个原子同时运动,这需要在紧密堆积的晶格间产生一个很大的扭曲、跃过一个高活化势垒才能使原子通过,因此整个过程在能量上是不利的。这种机制在 20 世纪 30 年代被提出,但 40 年代经亨廷顿(Huntington)等人理论计算后证实,至少在紧密堆积的结构中,直接交换不是一种可能的机制。

2) 环形易位扩散:这是由美国冶金学家杰弗里斯(Jeffries)早在 20 世纪 20 年代提出并在 20 世纪 50 年代得到甄纳(Zener)的倡导的一种扩散机制。扩散环机制可看作一组原子(3 个或更多)集体旋转一个原子的距离(图 6-10),所需的晶格畸变不如直接交换时大,具有较低的活化能,但增加了原子集体运动的量,这使得这种更复杂的机制不太可能适用于大多数晶体物质。

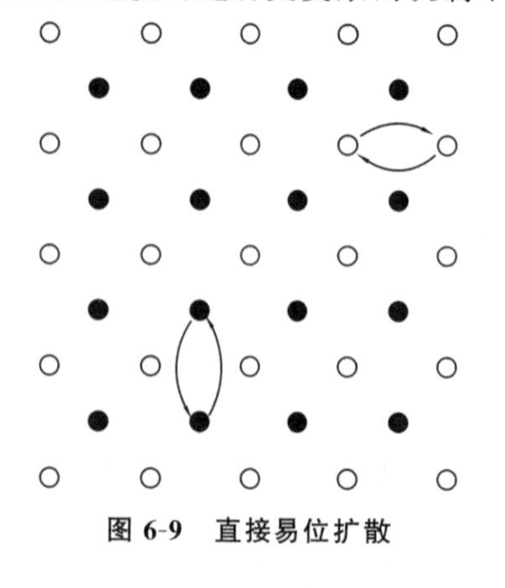

图 6-9　直接易位扩散

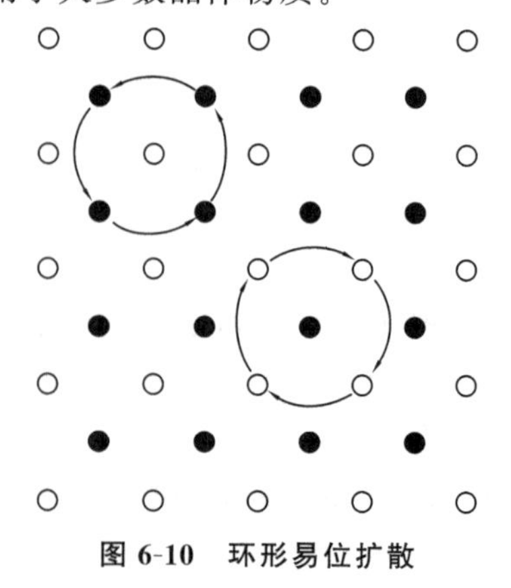

图 6-10　环形易位扩散

3）间隙扩散：质点沿着晶格间隙迁移而进行的扩散称为间隙扩散（图 6-11）。质点从一个间隙位置开始，到达最大晶格应变发生的鞍点构型，并再次在相邻的间隙位置沉降。在鞍点构型中，相邻的基体原子必须分开，才能让溶质原子通过。当跳跃完成时，基体原子没有永久位移。从概念上讲，这是最简单的扩散机制。这一机制与氢、碳、氮、氧等外来小原子在金属和其他材料中的扩散有关。这些小原子作为溶质比溶剂原子小得多，它们结合在主体晶格的间隙位置，从而形成间隙固溶体，在进行间隙扩散时，不会使溶剂原子从正常的晶格位发生很大的位移。

间隙原子可发生扩散的另一种机制是从间隙位置跃迁到结点位置，并将结点位置上的质点撞离结点位置而成为新的间隙质点。这种扩散方式被称为准间隙扩散或间隙子扩散（图 6-12）。

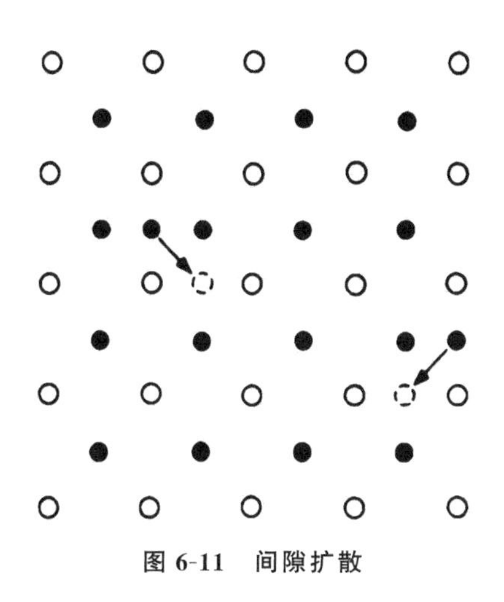

图 6-11　间隙扩散

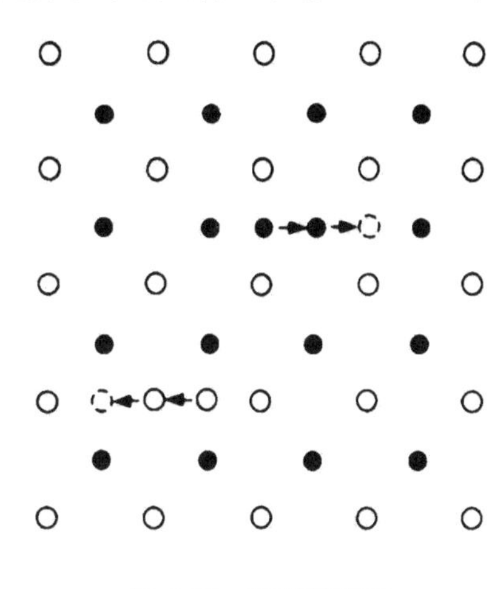

图 6-12　准间隙扩散

4）空位扩散：当晶体中存在空位时，周边格点上的原子或离子就可能跳入空位，通过与不时出现在其附近的空位进行一系列的交换，原子可以实现在晶体中迁移，这种质点通过空位作为媒介进行的扩散称为空位扩散（图 6-13）。空位扩散通常被认为是一种间接扩散，质点的扩散方向是空位扩散方向的逆方向。与直接易位交换或环交换的收缩相比，原子向相邻的密排晶格中空位运动所受的约束要小得多。同时，由于空位的普遍存在，空位机制成为大多数晶体中主要的扩散机制。

值得说明的是，在某些条件下，两种或多种扩散机制可以存在。比如，在极高纯度的半导体材料中，由于空位浓度极低，间隙（或准间隙）扩散可同时发挥作用。而在陶瓷材料的晶界扩散中，空位扩散、间隙扩散甚至环形易位扩散也可能同时存在。这种双重或多重扩散机制会导致一系列复杂的扩散现象的产生。

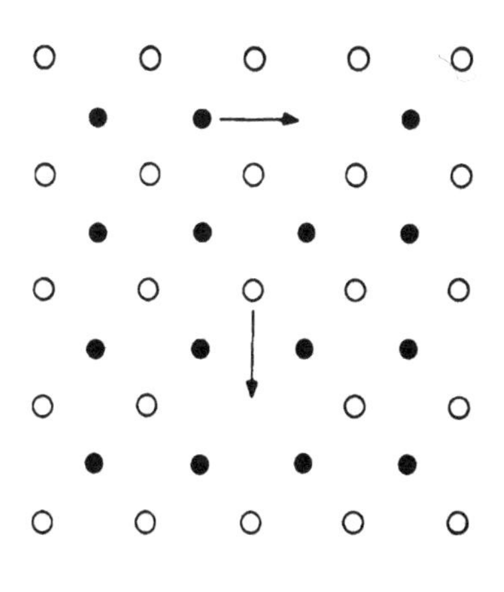

图 6-13　空位扩散

6.3.5　不同扩散机制下的扩散系数

如前所述，晶体中的质点受相互间较强的结合力的束缚，只有当获得足以跃迁能垒 ΔG^* 的能量时，跃迁才能成功，扩散得以进行（图 6-1）。ΔG^* 称为扩散自由焓。根据绝对反应速度理论，在一定温度下，单位时间内质点成功跃迁的次数，即跃迁频率 ν，等于原子振动的频率 ν_0 乘以成功跃迁的概率，即：

$$\nu=\nu_0\exp\left(-\frac{\Delta G^*}{RT}\right)=\nu_0\exp\left(\frac{\Delta S^*}{R}\right)\exp\left(-\frac{\Delta H^*}{RT}\right) \tag{6-49}$$

以无序扩散为基础，可建立不同扩散机制与相应扩散系数之间的关系。

6.3.5.1　简单氧化物的空位扩散

考虑空位来源于晶体结构中本征热缺陷(Schottkey 缺陷)，则式(6-34)中的 N_d 可表示为：

$$N_d = \exp\left(-\frac{\Delta G_f}{2RT}\right) = \exp\left(\frac{\Delta S_f}{2R}\right)\exp\left(-\frac{\Delta H_f}{2RT}\right) \tag{6-50}$$

式中，ΔG_f、ΔS_f、ΔH_f 分别为 Schottkey 空位的形成自由焓、形成熵和形成能。

将式(6-49)、式(6-50)代入式(6-47)中，得：

$$D_r = \alpha a_0^2 \nu_0 \exp\left(\frac{\frac{\Delta S_f}{2} + \Delta S^*}{R}\right)\exp\left(-\frac{\frac{\Delta H_f}{2} + \Delta H^*}{RT}\right) \tag{6-51}$$

用一般式表示：

$$D = D_0 \exp\left(-\frac{Q}{RT}\right) \tag{6-52}$$

式中，D_0 为非温度显函数项，称为频率因子；Q 为扩散活化能：

$$D_0 = \alpha a_0^2 \nu_0 \exp\left(\frac{\frac{\Delta S_f}{2} + \Delta S^*}{R}\right)$$

$$Q = \frac{\Delta H_f}{2} + \Delta H^*$$

由于空位是由本征热缺陷产生的，故上述扩散系数被称为本征扩散系数。

在实际的晶体材料中，除了热缺陷会产生空位，不等价杂质离子的固溶也会引入空位。例如，在 LiCl 晶体中引入 $CaCl_2$ 时，会导致 Li 空位的产生：

$$CaCl_2 \xrightarrow{LiCl} Ca_{Li}^{\cdot} + V_{Li}' + 2Cl_{Cl} \tag{6-53}$$

因此，在实际的晶体中，总空位浓度 $N_d = N_\nu + N_i$。其中，N_ν 和 N_i 分别为本征空位浓度和杂质空位浓度。这样，扩散系数就应该表示为：

$$D_r = \alpha a_0^2 \nu_0 (N_\nu + N_i)\exp\left(\frac{\Delta S^*}{R}\right)\exp\left(-\frac{\Delta H^*}{RT}\right) \tag{6-54}$$

当温度足够高时，晶体中源自本征缺陷的空位浓度 $N_\nu \gg N_i$，扩散为本征缺陷所控制，式(6-54)将还原成式(6-52)。当温度足够低时，晶体中源自本征缺陷的空位浓度 $N_\nu \ll N_i$，式(6-54)就变为：

$$D_r = \alpha a_0^2 \nu_0 N_i \exp\left(\frac{\Delta S^*}{R}\right)\exp\left(-\frac{\Delta H^*}{RT}\right) \tag{6-55}$$

此时，由于空位为引进的不等价杂质所控制，扩散系数被称为非本征扩散系数。相应的频率因子和扩散活化能为：

$$D_r = \alpha a_0^2 \nu_0 N_i \exp\left(\frac{\Delta S^*}{R}\right)$$

$$Q = \Delta H^*$$

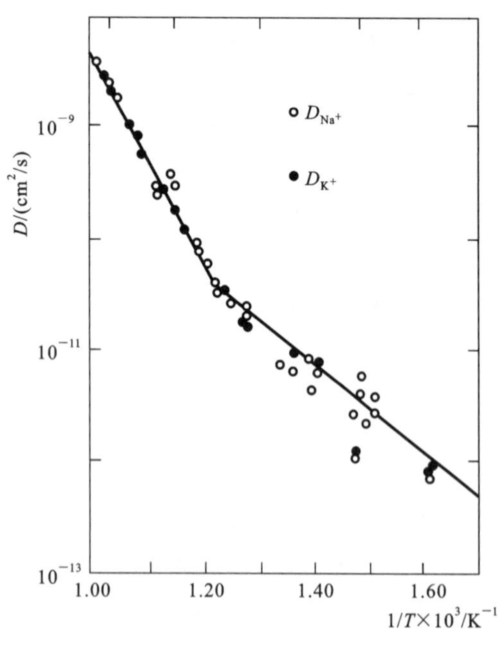

图 6-14　NaCl 晶体中 Na^+ 的自扩散系数和温度的关系曲线

图 6-14 所示是含微量 $CaCl_2$ 的 NaCl 晶体中，Na^+ 的自扩散系数 D 和温度 T 的关系曲线。曲线明显从中间折为两段。曲线高温区斜率较大，为本征扩散，扩散活化能较大；低温区斜率较小，为非本征扩散，扩散活化能较小。

6.3.5.2 非化学计量化合物的空位扩散

除了上述不等价掺杂的晶体，非本征扩散也可发生在非化学计量氧化物晶体中。例如，在 FeO、NiO、CoO、MnO 等过渡金属元素氧化物晶体中，金属离子的价态常常会由于环境气氛的变化而发生改变，导致结构中出现阳离子空位或阴离子空位，并使扩散系数发生变化。在这类氧化物中，典型的非化学计量空位形成可分为如下两种情况。

1）阳离子空位型。由于环境中氧分压升高，部分二价金属离子变成三价金属离子，并形成相应的空位：

$$2M_M+\frac{1}{2}O_2(g)=\!=\!=O_O+V_M''+2M_M^{\cdot} \tag{6-56}$$

式中，M 为 Fe、Ni、Co、Mn 等金属元素。

当式(6-56)表示的缺陷反应达到平衡时，有：

$$K_P=\frac{[V_M''][M_M^{\cdot}]^2}{p_{O_2}^{1/2}}=\exp\left(-\frac{\Delta G_0}{RT}\right) \tag{6-57}$$

上式中，K_P 为平衡常数，ΔG_0 为反应自由焓。

由于

$$[M_M^{\cdot}]=2[V_M'']$$

故

$$[V_M'']=\left(\frac{1}{4}\right)^{1/3}\cdot p_{O_2}^{1/6}\exp\left(-\frac{\Delta G_0}{3RT}\right) \tag{6-58}$$

将式(6-58)代入式(6-54)的空位项，则得到非化学计量空位对金属离子空位扩散系数的贡献：

$$D_M=\left(\frac{1}{4}\right)^{1/3}\alpha a_0^2\nu_0 p_{O_2}^{1/6}\exp\left(\frac{\Delta S^*+\frac{\Delta S_0}{3}}{R}\right)\exp\left(-\frac{\Delta H^*+\frac{\Delta H_0}{3}}{RT}\right) \tag{6-59}$$

从式(6-59)可以看出，当温度不变时，空位扩散系数 D_M 与氧分压的 1/6 次方成正比。图 6-15 为实验测得氧分压和 CoO 中 Co^{2+} 空位扩散系数的关系曲线，其直线斜率为 1/6。这说明理论分析与实验结果是一致的。

2）氧离子空位型。环境中氧分压降低，会导致氧空位的产生。以 ZrO_2 为例，高温氧分压的降低将导致如下缺陷反应发生：

$$O_O=\!=\!=\frac{1}{2}O_2(g)+V_O^{\cdot\cdot}+2e' \tag{6-60}$$

因此

$$[V_O'']=\left(\frac{1}{4}\right)^{-1/3}\cdot p_{O_2}^{-1/6}\exp\left(-\frac{\Delta G_0}{3RT}\right) \tag{6-61}$$

非化学计量空位对氧离子的空位扩散系数贡献为：

$$D_O=\left(\frac{1}{4}\right)^{-1/3}\alpha a_0^2\nu_0 p_{O_2}^{-1/6}\exp\left(\frac{\Delta S^*+\frac{\Delta S_0}{3}}{R}\right)\exp\left(-\frac{\Delta H^*+\frac{\Delta H_0}{3}}{RT}\right) \tag{6-62}$$

比较式(6-62)和式(6-59)可以看出，对于非化学计量氧化物，氧分压 p_{O_2} 的增加将有利于金属离子的扩散而不利于氧离子的扩散。

图 6-16 是非化学计量氧化物的扩散系数和温度关系曲线。曲线分三段：高温段为本征空位支配，中温段受非化学计量空位支配，低温段受杂质空位控制。

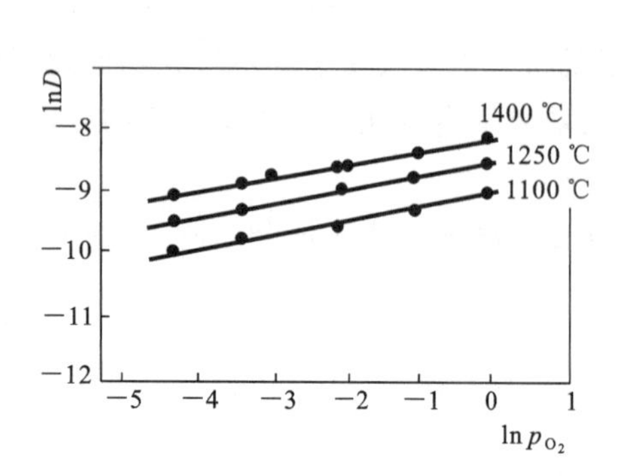

图 6-15　氧分压对 CoO 中 Co^{2+} 空位扩散系数的影响

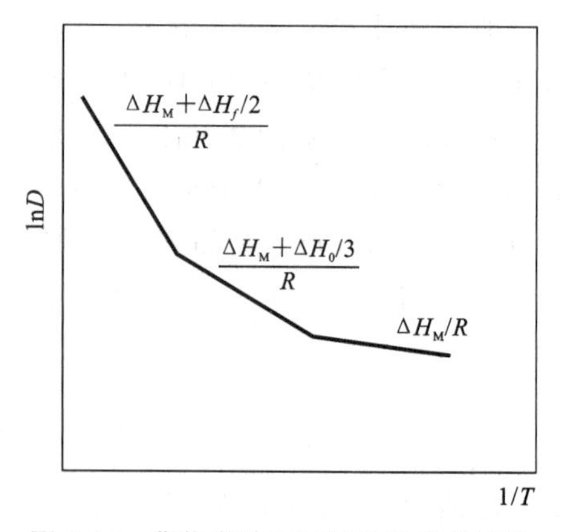

图 6-16　非化学计量氧化物的扩散系数与温度关系曲线

6.3.5.3　间隙扩散

当扩散以间隙机制进行时，可以看作一种特殊的空位扩散来处理。由于晶体中间隙原子浓度一般都很低，所以对于任一间隙原子，其邻近的间隙位都是空的，因此可供间隙原子跃迁的位置的概率近似等于 1(即 $N_d\approx1$)。这样，间隙扩散系数可表示为：

$$D_r=\alpha a_0^2\nu_0\exp\left(\frac{\Delta S^*}{R}\right)\exp\left(-\frac{\Delta H^*}{RT}\right) \tag{6-63}$$

由于间隙扩散不需要缺陷作为介质，不涉及缺陷浓度项和缺陷形成能，间隙原子不需要等待缺陷的跃迁，因此通过直接间隙机制迁移的原子的扩散系数往往相当高。

6.4　扩散的热力学分析和互扩散

我们已经知道，扩散是大量扩散质点无规则布朗运动(非质点定向运动)的必然结果，但引发扩散的原因则可能有很多，最常见的是系统中存在浓度梯度。但即使体系中不存在浓度梯度，质点也可能由于某种力场的作用(如温度梯度)而出现定向物质流。特殊情况下，甚至可能出现质点从低浓度向高浓度扩散的现象。从普适的热力学理论角度出发，所有这些扩散产生的可能原因都可归于一种，就是化学位的变化，即化学位梯度是扩散的根本推动力。在化学位梯度的推动下，物质从高化学位流向低化学位。所有影响扩散的外场(电场、磁场、应力场等)都可统一于化学位梯度之中。只有当化学位梯度为零时，系统扩散方可达到平衡。

下面就从化学位梯度概念出发，建立扩散系数的热力学关系。

设 μ_1、μ_2 分别表示多元系统中距离为 δx 的任意两点 1 和 2 的化学位，$\mu_1>\mu_2$。则当 1 mol i 组分从 1 点扩散到 2 点时，系统自由焓的变化可表示成如下泰勒级数：

$$\Delta G=\mu_1-\mu_2=\frac{\partial\mu}{\partial x}\delta x+\frac{\partial^2\mu}{\partial x^2}\times\frac{\delta x^2}{2!}+\cdots \tag{6-64}$$

取一级近似，则有：

$$\Delta G=\mu_1-\mu_2=\frac{\partial\mu}{\partial x}\delta x \tag{6-65}$$

上式中，$\partial\mu/\partial x$ 为化学位梯度，将 $\partial\mu/\partial x$ 定义为作用于 1 mol 物质的有效推动力。这样，作用在 i 组元的 1 个粒子上的扩散系数推动力 f_i 以及在 f_i 作用下的粒子平均迁移速度 v_i 分别为：

$$f_i=-\frac{1}{N_A}\frac{\partial\mu_i}{\partial x},v_i=-\frac{B_i}{N_0}\times\frac{\partial\mu_i}{\partial x} \tag{6-66}$$

式中，负号表示作用力与化学梯度方向相反，N_A为阿伏伽德罗常数，μ_i 为 i 组元的化学位。B_i为在单位作用力（$f_i=1$）作用下的平均迁移速度，称为绝对迁移率。

若 i 组元的粒子浓度为 C_i，则扩散通量 J_i 为：

$$J_i=-C_i\frac{B_i}{N_0}\frac{\partial\mu_i}{\partial x} \tag{6-67}$$

在恒温、恒压下：

$$\mu_i=\mu_{i0}+RT\ln a_i=\mu_{i0}+RT\ln\gamma_i C_i \tag{6-68}$$

式中，μ_{i0}为 i 组分折合到 1 mol 纯物质的自由焓，a_i为 i 组元的活度，γ_i为 i 组元的活度系数。

代入式(6-67)，得：

$$J_i=-C_i\frac{B_i}{N_0}RT\frac{\partial}{\partial x}(\ln\gamma_i+\ln C_i)=-BkT\left(1+\frac{\partial\ln\gamma_i}{\partial\ln C_i}\right)\frac{\partial C_i}{\partial x} \tag{6-69}$$

与菲克第一定律比较得：

$$D_i=B_ikT\left(1+\frac{\partial\gamma_i}{\partial\ln C_i}\right) \tag{6-70}$$

式中，$(1+\partial\ln\gamma_i/\partial\ln N_i)$称为扩散系数的热力学因子。

式(6-70)为扩散系数的一般热力学关系，称为能斯特-爱因斯坦(Nernst-Einstein)公式，它表明扩散系数直接和绝对迁移率 B_i成正比。

对于理想溶液，$\gamma_i=1$，热力学因子也等于 1，则：

$$D_i=D_i^*=B_ikT \tag{6-71}$$

对于非理想溶液：

$$D_i=D_i^*\left(1+\frac{\partial\gamma_i}{\partial\ln C_i}\right) \tag{6-72}$$

式中，D_i为 i 组分在多元系统中的分扩散系数(亦称偏扩散系数)；D_i^* 为 i 组分在多元系统中的自扩散系数。显然，二者只有在理想系统中才相等。

对于非理想混合体系存在两种情况：(1)$(1+\partial\ln\gamma_i/\partial\ln C_i)>0$，此时 $D_i>0$，称为正常扩散，在这种情况下物质将从高浓度处流向低浓度处，扩散的结果使溶质趋于均匀化。(2)$(1+\partial\ln\gamma_i/\partial\ln C_i)<0$，此时 $D_i<0$，称为反常扩散或逆扩散。在这种情况下，物质将从低浓度处流向高浓度处，扩散结果使溶质偏聚或分相。逆扩散在无机非金属材料领域中并不少见，比如固溶体中的有序-无序相变，玻璃在旋节区(spinodal range)分相以及陶瓷材料中某些质点通过扩散在晶界上富集等过程都与质点的逆扩散相关。

在菲克定律中，扩散系数 D 反映的是扩散系统的特性，并不仅仅取决于某一种组元的特性。但从上面的分析可知，在几种离子同时扩散的多元系统中，各种离子的浓度梯度或化学位梯度可能不同，其扩散系数也可能不一样。因此在用菲克定律描述多元系统的扩散问题时，D 的含义也会有所变化。例如，CoO 和 NiO 在高温相互作用时，Co^{2+} 会扩散到 NiO 晶格中，同时 Ni^{2+} 也会扩散到 CoO 晶格中。如果在简单的固定坐标下用菲克定律求解它们的扩散通量 J，则：

$$J_{Co^{2+}}=-\widetilde{D}\frac{dC_{Co^{2+}}}{dx},J_{Ni^{2+}}=-\widetilde{D}\frac{dC_{Ni^{2+}}}{dx} \tag{6-73}$$

式中，$\widetilde{D}$ 为互扩散系数，它并不是 Co^{2+} 或 Ni^{2+} 的自扩散系数或分扩散系数，而是系统中存在化学位梯度时的扩散系数，也称有效扩散系数、化学互扩散系数、综合扩散系数等。

例如，对于 CoO 和 NiO 在高温时的相互扩散过程，由于这两者能形成固溶体(Co,Ni)O，Co^{2+} 和

Ni^{2+}的扩散会固定在氧离子基质中，其互扩散系数为：

$$\widetilde{D}=D_{Ni}N_{Co}+D_{Co}N_{Ni} \tag{6-74}$$

根据吉布斯-杜亥姆方程，对于二元系统的两组分，有：

$$\frac{\partial \ln \gamma_1}{\partial \ln C_1}=\frac{\partial \ln \gamma_2}{\partial \ln C_2} \tag{6-75}$$

利用式(6-72)和式(6-75)，得：

$$\widetilde{D}=(D_{Ni}^{*}N_{Co}+D_{Co}^{*}N_{Ni})\left(1+\frac{\partial \ln \gamma_{Co}}{\partial \ln N_{Co}}\right) \tag{6-76}$$

式中，N_{Co}、N_{Ni}分别为Co^{2+}、Ni^{2+}的摩尔分数，D_{Co}^{*}、D_{Ni}^{*}为Co^{2+}、Ni^{2+}的自扩散系数。

由于此固溶体近似于理想溶液，故有：

$$\widetilde{D}=N_{Co}D_{Ni}^{*}+(1-N_{Co})D_{Co}^{*} \tag{6-77}$$

按式(6-77)计算的 D 值和实测值的比较见图 6-17，从图中可以看到，式(6-77)关系与实测结果是良好一致的。几种特定组成的氧化物的互扩散系数见图 6-18。

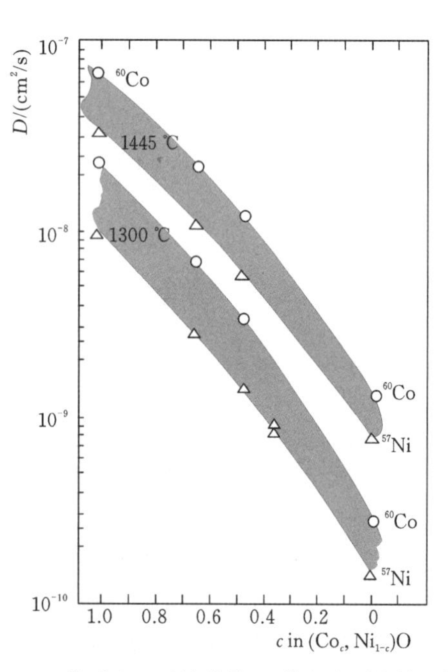

图 6-17 按式(6-77)计算的 D 值和实测值的比较

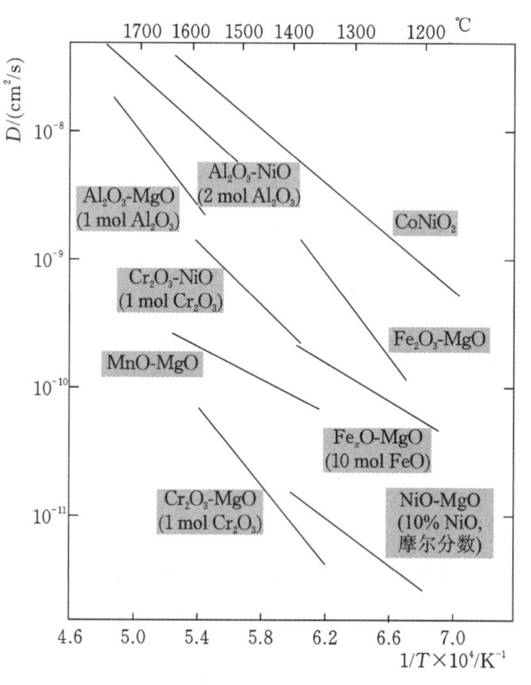

图 6-18 几种特定组成的氧化物的互扩散系数

6.5 扩散系数的影响因素

扩散系数是决定扩散速度的重要参量。影响扩散系数的因素很多，可分为内在因素和外在因素两大类：内在因素有固溶体类型，扩散物质及扩散介质的性质与结构，结构缺陷（如表面、晶界、位错等）；外在因素包括温度、压力、气氛等。

6.5.1 扩散物质性质的影响

在大多数情况下，扩散原子（或离子）和介质原子（或离子）并不相同，它们之间的性质（如原子半径、电价等）都可能存在一些差异，这会导致扩散介质附近的应力场发生畸变，使空位更容易形成、扩散活化能降低，有利于扩散的进行。扩散原子与介质原子间性质差异越大，引起应力场的畸变越剧烈，扩散系数也越大。表 6-2 中列出若干金属原子在铅中的扩散系数，可以看出，扩散元素原子的原子半径与铅相差越大、在铅中的溶解度越小，扩散系数越大。

表 6-2 若干金属原子在铅中的扩散系数

扩散元素	原子半径/Å	在铅中的溶解度极限（原子数之比，%）	扩散元素的熔化温度/℃	扩散系数/（cm^2/s）
Au	1.44	0.05	1063	4.6×10^{-5}
Ti	1.71	79	303	3.6×10^{-10}
Pb（自扩散）	1.74	100	327	7×10^{-11}
Bi	1.82	35	271	4.4×10^{-10}
Ag	1.44	0.12	960	9.1×10^{-8}
Cd	1.52	1.7	321	2×10^{-9}
Sn	1.58	2.9	232	1.6×10^{-10}
Sb	1.61	3.5	630	6.4×10^{-10}

6.5.2 扩散介质的影响

化学键性质和强度不同的扩散介质，其扩散系数也不相同。比如空位扩散时，质点需要挤开通路上的原子（或离子），才能顺利完成迁移。原子（或离子）间的化学键强度越大，质点挤开它们所需能量也越大，所需扩散活化能 Q 也越高。由于化学键强度越大的物质，其熔点 T_m 也往往越高，因此对于空位扩散的难易，常常可以通过材料的熔点 T_m 高低进行粗略的判断。

在共价键晶体中，成键的方向性和饱和性，往往使扩散受到限制。最明显的就是，共价键晶体的自扩散活化能通常高于熔点相近的金属的活化能。例如，虽然 Ag 和 Ge 的熔点仅相差几度，但 Ag 的活化能却只有 184 kJ/mol，而 Ge 的自扩散活化能达到 289 kJ/mol。

扩散介质的晶体结构也会对扩散产生明显影响。通常结构越紧密，扩散越困难，扩散系数越小；反之亦然。当扩散介质形成的晶体单位晶胞原子数较多、紧密度较大时，扩散系数一般比较低。例如，同一温度下，锌在 β-黄铜（体心立方结构，单位晶胞原子数较少，紧密度较小）中的扩散系数大于在 α-黄铜（面心立方结构，晶胞原子数较多、紧密度较大）中。

杂质的引入会改变介质的结构，从而影响到扩散系数。杂质的影响主要有两个方面：一方面，可能导致晶格畸变和空位的出现；另一方面也可能使扩散原子（或离子）附加上键力。前者会使扩散系数增大，而后者则会使扩散系数减小。一般而言，当掺入的杂质不与扩散介质形成化合物时，扩散会因晶格畸变、活化能降低而加速；如果杂质与扩散介质形成化合物，则会导致活化能提高，扩散减慢。选择适当的杂质来调整扩散系数是人们改善扩散的主要途径。

当形成固溶体时，固溶体的类型也会影响到扩散系数。一般而言，间隙型固溶体比置换型固溶体更容易扩散。其原因是：置换型固溶体通过空位机构扩散时，首先要形成空位，而间隙型固溶体则已处于间隙位置，因此前者的活化能更高。

6.5.3 结构缺陷的影响

前面讨论的扩散都是质点（原子或离子）通过晶格的扩散，也称为体积扩散。但实际上，无机非金属材料中通常都存在大量的结构缺陷，如各种界面、位错等。研究表明，这些地方的扩散系数都比较大。

以晶界上的扩散为例。如果是空位扩散机构，由于晶界上化学键饱和程度远低于晶体内，空位形成能和质点的迁移活化能都远低于晶体内，因此扩散系数会大大提高。更重要的是，其他一些在一般条件下在晶体内很难激发的扩散机构也会发挥起作用。比如，在体积扩散时，间隙扩散或准间隙扩散等通常只有当扩散原子很小时才能起主导作用，但在晶界扩散时却很容易出现，并和空位扩散发挥着同样重要的作用；也有人认为，环形扩散在晶界扩散中可能会出现。这样，在多种扩散机构的共同作用下，晶界扩散总的扩散系数会远远高于体积扩散。图 6-19 是富含 O^{18} 的气相与 Al_2O_3 单晶和多晶进行氧扩散的实验结果。其中 D_O-M 和 D_O-S 分别为氧离子在多晶 Al_2O_3 和单晶 Al_2O_3 中的扩散系数，可以看出前者明显高于后者，这表明晶界的存在使扩散得到加强。图 6-20 是微米 ZrO_2 陶瓷（m-ZrO_2）和纳米 ZrO_2 陶瓷（n-ZrO_2）的体积扩散系数 D_v 和晶界扩散系数 D_{gb} 的比较。可以看到，纳米 ZrO_2 陶瓷的 D_{gb} 比 D_v 大 3～4 个数量级，而另一方面，纳米 ZrO_2 陶瓷和微米 ZrO_2 陶瓷的 D_v 并无明显区别。

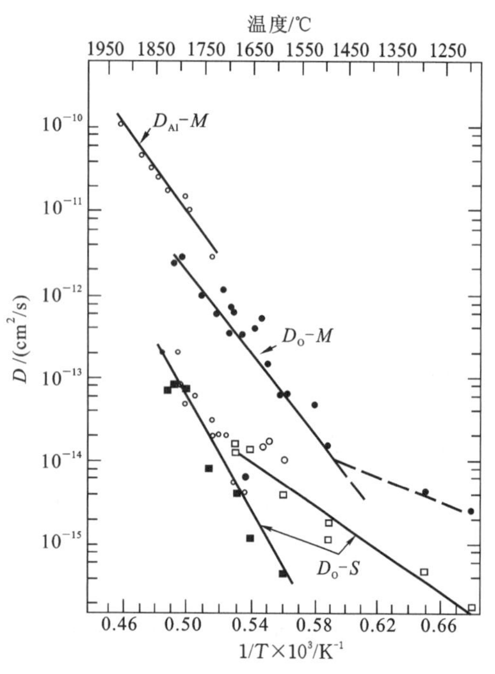

图 6-19　O^{2-} 和 Al^{3+} 在氧化铝单晶和多晶中的自扩散系数

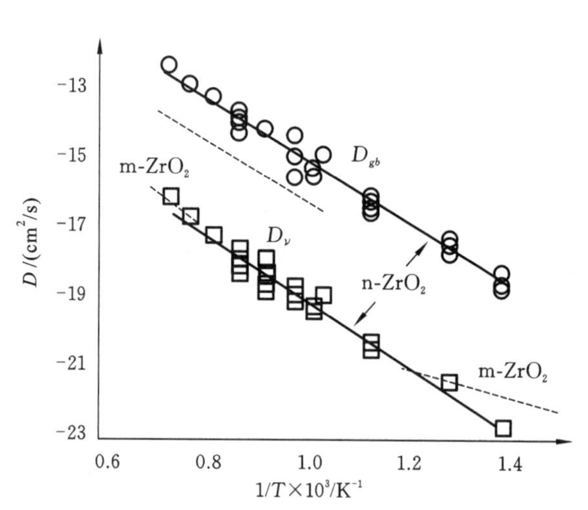

图 6-20　微米和纳米 ZrO_2 陶瓷的体积扩散系数和晶界扩散系数的比较

有研究表明，有些氧化物晶体的晶界对离子的扩散具有选择性增强作用。比如：Fe_2O_3、CoO、$SrTiO_3$ 中，晶界有增强 O^{2-} 扩散的作用，而 BeO、UO_2、Cu_2O、(Zr,Ca)O_2 中则无此效应；另一方面，UO_2、(Zr,Ca)O_2 中，晶界有增强正离子扩散的作用，而 Al_2O_3、Fe_2O_3、NiO 和 BeO 中则没有。这种晶界对离子扩散的选择性增强作用和晶界区域内电荷分布密切相关，和晶界电荷符号相同的离子的扩散会优先得到加强。

材料的表面（或晶面）可以看成晶界的一种极端情况，由于大量未饱和的悬挂键存在，所处能量状态比晶界更高，扩散激活能更低，因此表面扩散系数也更大。

通常表面扩散活化能 Q_s、晶界扩散活化能 Q_{gb} 和晶格扩散活化能 Q_v 之间存在以下近似关系：

$$Q_s\approx0.5Q_{gb}\approx0.25Q_v \tag{6-78}$$

相应地，

$$D_s : D_{gb} : D_v = 10^{-7} : 10^{-10} : 10^{-14} \tag{6-79}$$

式中，D_s、D_{gb}、D_v 分别为表面扩散系数、晶界扩散系数和晶格扩散系数。

由于表面扩散、晶界扩散和位错扩散的扩散系数大，往往会成为原子扩散的快速通道，它们被称为短路扩散。图 6-21 是不同温度下晶界扩散和体积扩散的比较，可以看到，当温度较低时，短路扩散起主要作用，而体积扩散则在温度较高时占主导地位。需要注意的是，高温下体积扩散占优，并不意味着高温下体积扩散比晶界扩散更快，只是更多的原子参与体积扩散而已。

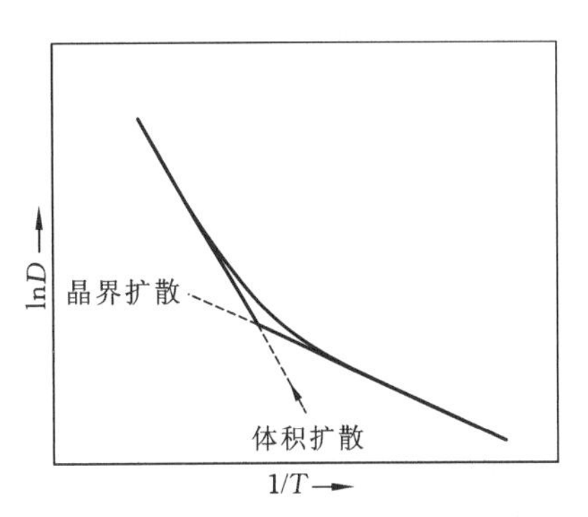

图 6-21 不同温度下晶界扩散和体积扩散的比较

在全面考虑晶内、晶界和表面的扩散之后，多晶材料（如陶瓷）扩散的典型浓度分布曲线可分为三段，如图 6-22 所示。

在接近原始表面部位，示踪剂的分布呈现体扩散的性质，并在图像中呈现典型的钟形。此时，平均示踪剂的浓度很高，以至于无法从周围的晶体基体中区分出扩展的缺陷。随着扩散向更深处进行，示踪剂平均浓度下降，扩展缺陷开始显现出比周围晶体更高的示踪浓度水平。在此区域，浓度-距离分布曲线将呈线性，并且与沿着位错和晶界的短路扩散相关。这里可分为二段：斜率大的线段是由位错和晶界双方造成，斜率较小的线段是由扩散系数最大的晶界造成。

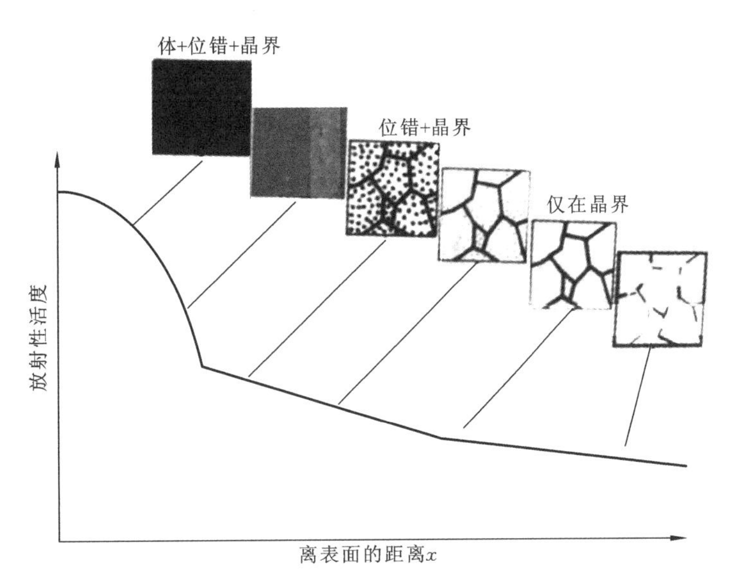

图 6-22 多晶固体中体相、晶界和位错扩散的浓度分布图

6.5.4 玻璃中的扩散

不同价态的离子在玻璃中的扩散有很大的不同。一价离子如碱金属离子及 H^+、Ag^+ 等尺寸较小，受 Si—O 网络中的静电引力也较小，在玻璃中速度最快，而碱土金属、过渡金属等二价离子的扩散速度就慢很多，氧离子及其他高价离子（如 Al^{3+}、Si^{4+}、B^{3+} 等）则即使在高温下扩散系数也很小。相比之下，H_2、He 等气体原子不仅半径小，而且由于电中性不受静电引力作用，很容易在玻璃网络中的孔洞穿过，因此它们的扩散系数最大。图 6-23 是不同温度下 Na^+、Ca^{2+} 和 Si^{4+} 在硅酸盐玻璃中的扩散系数的比较，其中 Na^+ 扩散系数曲线在中间出现转折，这应与玻璃在反常区间的结构变化相关。

总的说来，玻璃材料由于其结构较为疏松，扩散系数一般比相同组成的晶体材料要大几个数量级。和晶体类似，对于不同的玻璃，物质的扩散系数也随着其结构紧密度而变化。例如，氦原子在石英玻璃中的扩散远比在钠钙玻璃中容易，因为后者比前者结构更为紧密。另外，玻璃的扩散系数受热历史影响较明显。急冷的玻璃网络结构较疏密，其扩散系数一般高于同组成充分退火的玻璃的扩散系数。

值得注意的是，虽然玻璃中的扩散和晶体中一样，都是质点通过跃过能垒而移动，但该能垒与晶体相比明显缺乏规律性（图 6-24）。因此对玻璃的扩散机制进行分析的难度较大。

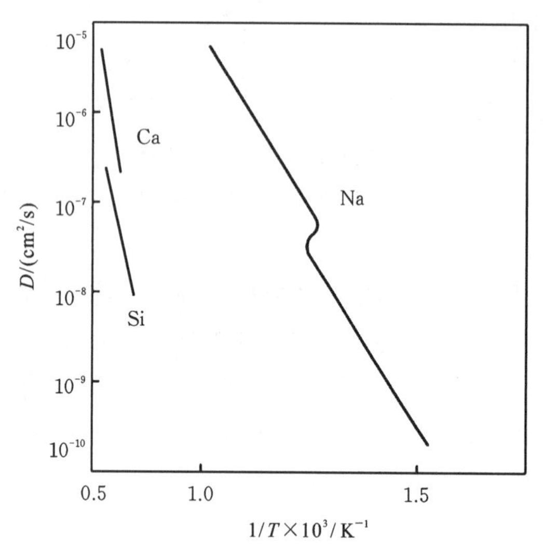

图 6-23　不同温度下 Na^+、Ca^{2+} 和 Si^{4+} 在硅酸盐玻璃中的扩散系数

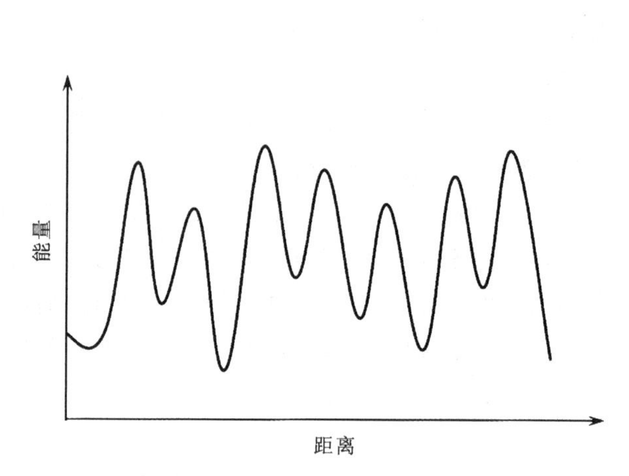

图 6-24　玻璃中三维周期性势阱示意

6.5.5　温度、气氛、压力的影响

正如前面所说，在固体中原子或离子的迁移实质是一个热激活过程，温度对扩散的影响具有特别重要的意义。扩散系数对温度依赖性一般（但并非绝对）是服从式（6-39）表达的阿伦尼乌斯公式：

$$D=D_0\exp\left(-\frac{Q}{RT}\right) \tag{6-80}$$

从数学关系上可以看到，扩散系数与温度 T 呈指数关系，温度越高，扩散系数越大。同时扩散活化能 Q 值越大，温度对扩散系数的影响越显著。图6-25给出了一些常见氧化物中参与构成氧化物的阳离子或阴离子的扩散系数随温度的变化关系。

不过对于大多数实用晶体材料，温度和扩散系数之间并不是简单的 $\ln D$-$1/T$ 直线关系（如图 6-25 所示），更常见的是如图 6-21 或图 6-14 所示的在不同温度区间出现不同斜率的直线段，这是由于杂质或气氛而导致活化能随温度变化。另外，如前所述，不同升、降温速度等热过程的不同也可导致物质的结构发生变化，从而使扩散系数发生改变。

气氛对扩散系数的影响主要也是通过影响扩散介质的结构而产生的。最常见的如前所述，气氛变化导致结构中出现阳离子空位或阴离子空位，并使扩散系数发生变化。

压力对扩散系数也有影响，主要是因为压力会导致材料的体积发生变化。但是，无机非金属材料的硬度很大，通常条件下体积变化很小，因此压力的影响可忽略不计。但随着近年来各种高温高压设备的不断发展和普及，压力对扩散系数的影响也日益受人关注。图 6-26 是 ^{198}Au 在 Au 单晶中的扩散系数。可以看到，在温度不变的条件下，随着压力的增大，扩散系数不断下降。

常见的扩散系数的通用符号和名词名义见表 6-3。

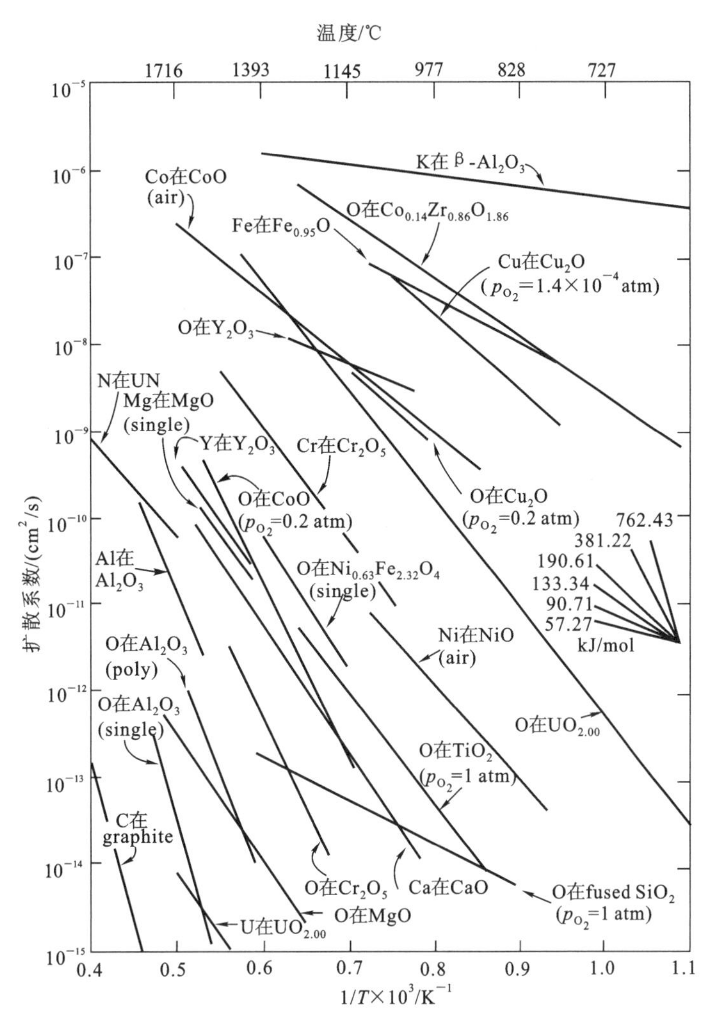

图 6-25　扩散系数与温度的关系

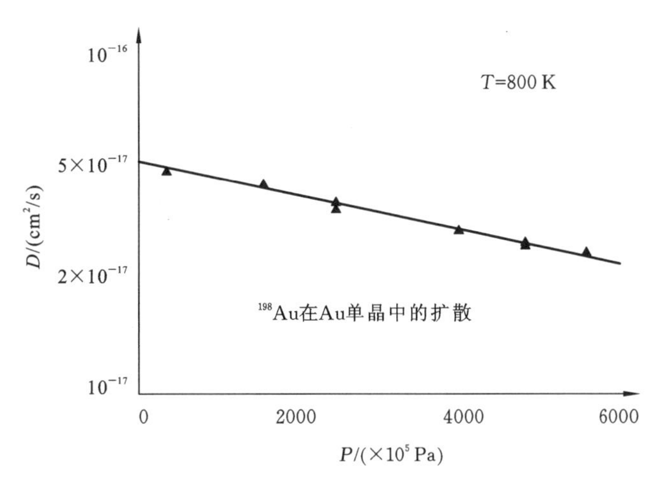

图 6-26　^{198}Au 在 Au 单晶中的扩散系数

表 6-3　扩散系数的通用符号和名词名义

晶体内部原子的扩散	无序扩散	D_r	不存在化学位梯度时质点的迁移过程
	自扩散	D^*	不存在化学位梯度时原子的迁移过程
	示踪扩散	D^T	示踪原子在无化学位梯度时的扩散
	晶格扩散	D_v	在晶体内或晶格内部的任何扩散过程
	本征扩散	D_{in}	晶体中由热缺陷运动所引起的质点迁移过程
	分扩散	D_i	多元系统中 i 组元在化学位梯度下的扩散
	互扩散	$\widetilde{D}$	存在化学位梯度时的扩散
区域扩散	晶界扩散	D_g	沿晶界发生的扩散
	界面扩散	D_b	沿界面发生的扩散
	表面扩散	D_s	沿表面发生的扩散
	位错扩散	D_d	沿位错管发生的扩散
缺陷扩散	空位扩散	—	空位跃迁至空位，原子反向迁入空位
	间隙扩散	—	间隙原子在点阵间隙中迁移
	非本征扩散	D_{ex}	由不等价杂质引起的缺陷而产生的扩散

习　　题

1.名词解释：

稳态扩散和非稳态扩散；本征扩散和非本征扩散；自扩散和互扩散；空位机构和间隙机构

2.什么是扩散？扩散的本质是什么？晶体中的扩散有什么特点？

3.试写出菲克第一定律和菲克第二定律。请根据菲克第一定律的微观形式说明扩散系数的物理意义。

4.扩散的推动力是什么？扩散是否总是从高浓度向低浓度进行？试举例说明。

5.固体中的基本扩散机构有哪些？哪种扩散机构最不可能在实际上存在？

6.为什么间隙扩散的扩散系数往往很高？

7.已知 MgO 中肖特基缺陷的形成能为 627 kJ/mol 左右，如果想让 Mg^{2+} 的扩散直到 MgO 熔点(2800 ℃)都是非本征扩散，请估计加入三价杂质离子的浓度应不低于多少？

8.NaCl、MgO、CaO 均为 NaCl 结构，在各晶体中阳离子的自扩散系数活化能从小到大依次为 $Na^+ < Ca^{2+} < Mg^{2+}$，试解释产生这种差异的可能原因。

9.在同样的环境条件下，Na^+ 在石英晶体和石英玻璃中的扩散系数哪个更快？为什么？

10.晶体的价键和结构对扩散有什么影响？

11.Pb(铅)和 Au(金)原子哪种在铅晶体中的扩散系数大？为什么？

12.为什么在离子晶体中，阴离子的扩散系数一般都小于阳离子的扩散系数？

13.ZrO_2 材料在高温下容易产生氧空位，试问当氧分压降低时，O^{2-} 的扩散系数会如何变化？Zr^{4+} 的扩散系数会改变吗？

14.在氧化物 MO 中掺入微量 R_2O 后，M^{2+} 的扩散增强。试问：M^{2+} 是通过何种缺陷发生扩散？要抑制 M^{2+} 的扩散应采取何种措施？为什么？

15.试从结构和能量的观点解释为什么 $D_{表面} > D_{晶界} > D_{晶内}$。

16.简述温度、气氛和压力对扩散系数的影响。

7 固相反应

7.1 概述

固相反应是无机非金属材料高温过程中一个普遍存在的物理化学现象，是传统硅酸盐材料和新型无机非金属材料生产中广泛存在的基础反应。但是，由于固相反应较难进行，长期以来人们对其认识非常有限。对固相反应进行理论研究最早开始于1912年，那年Hedvall发表了关于CoO和ZnO粉末固相反应的论文，让人们认识到化学反应可以在没有液相存在的条件下发生。随后，在20世纪30—40年代，泰曼研究了CaO、MgO、PbO和CuO与WO_3的反应。他分别让两种氧化物的晶面彼此接触并加热，发现在接触界面上生成着色的钨酸盐化合物，其厚度x与反应时间t呈对数关系($x=K\ln t+C$)，泰曼确认固态物质间可以直接进行反应。由此，固相反应的系统研究开始逐渐展开。

对于固相反应的精准定义，现在尚不十分确定。泰曼早期认为：固态物质间的反应是直接进行的，气相或液相没有或不起重要作用；但后来的实验发现许多固相反应的实际速度远比泰曼理论计算的结果要快，且有些反应(如MoO_3和$CaCO_3$等)即使反应物之间不直接接触仍可能较强烈地进行。因此，金斯特林格等指出气相或液相也可能对固相反应起重要作用，固相反应除固体间反应外，也包括有气相、液相参与的反应。所以金属氧化、盐类的热分解、黏土矿物的脱水反应以及煤的干馏等反应均属于固相反应。现在，人们一般将只有固体与固体间的反应称为狭义上的固相反应，而将凡是反应物中有固体物质直接参与的反应称为广义上的固相反应。

固相反应从不同角度观察，可以有不同的分类。比如：

根据固相反应发生需要的温度，将固相化学反应分为三类：反应温度低于100 ℃的低热固相反应(也称为室温/近室温固相反应)、反应温度介于100～600 ℃之间的中温固相反应、反应温度高于600 ℃的高温固相反应。

按参加反应的物质状态可分为：纯固相反应，即没有液相和气相参加的反应；有液相参加的反应，如反应物熔化、两反应物生成低共熔物、反应物与产物生成低共熔物；有气相参加的反应，如反应物升华、反应物分解成气体产物。

按反应性质可分为：氧化反应、还原反应、置换反应、转变反应、分解反应等。

按反应机理可分为：扩散控制的固相反应、化学反应速率控制的固相反应等。

这些分类分别从不同角度反映了固相反应的不同特征，也表明不同的固相反应之间存在明显的差异。但是，所有的固相反应都有一些共同的特点：

1) 固相反应一般都是由相界面上的化学反应和固相内的物质迁移两个过程构成。固相反应是多相反应，反应一般首先发生在两种组分的界面上，随后是反应物通过产物层进行扩散迁移，使反应得以继续。

2) 由于固体在低温时化学性质一般不活泼，固相反应通常需在高温下进行。但固相反应开始温度远低于反应物的熔点或系统的低共熔温度，通常相当于一种反应物开始呈现显著扩散作用的温度，此温度称为泰曼温度或烧结温度 T_s，不同物质的泰曼温度 T_s 与其熔点 T_m 之间存在着一定的关系，例如，对于金属，$T_s \approx (0.3 \sim 0.4) T_m$；盐类，$T_s \approx 0.57 T_m$；硅酸盐，$T_s \approx (0.8 \sim 0.9) T_m$。另外，当反应物之一有多晶转变时，则转变温度通常也是反应开始明显进行时的温度。这一规律被称为海得华定律。

3）由于反应发生在非均相系统，因而传热和传质过程都对反应速率有重要影响。伴随着反应的进行，反应物和产物的物理化学性质将会变化，并且导致固体内部温度和反应物浓度分布及其物性的变化，这都可能对传热、传质和化学反应过程产生影响。

7.2 固相反应热力学

根据热力学基本公式：

$$\Delta G = -S\mathrm{d}T + V\mathrm{d}P + \sum \mu_i \mathrm{d}n_i \tag{7-1}$$

由于固相反应一般都在等温等压下进行，因此上式可成：

$$\Delta G = \sum \mu_i \mathrm{d}n_i \tag{7-2}$$

其中，$\mu_i = \mu_i^0(T, P) + RT\ln x_i$，$x_i$ 为各组分浓度。

对于纯凝聚相（纯固体或纯液体），$x_i = 1$，因此，$\mu_i = \mu_i^0$。在等温等压条件下，若反应物的化学势大于产物化学势的总和，则反应向右进行。

设参加反应的 N 种物质中有 n 种是气体，其余的是纯凝聚相（纯固体或纯液体），且气体的压强不大（被视为理想气体），则当固相反应发生时：

$$\begin{aligned}\Delta G &= \sum_{i=1}^{N} v_i\mu_i = \sum_{i=1}^{n} v_i\mu_i(\mathrm{g}) + \sum_{i=n+1}^{N} v_i\mu_i(\mathrm{c}) \\ &= \sum_{i=1}^{n} v_i\left[\mu_i^0(\mathrm{g}) + RT\ln\frac{P_i}{P^0}\right] + \sum_{i=n+1}^{N} v_i\mu_i^0(\mathrm{c}) \\ &= \sum_{i=1}^{N} v_i\mu_i^0 + RT\ln\left[\prod_{i=1}^{n}\left(\frac{P_i}{P^0}\right)^{v_i}\right]\end{aligned} \tag{7-3}$$

其中，第二项为体系的混合自由能，v_i 为计量系数。

体系自由能在反应过程中的变化如图 7-1 所示。对纯固-固相反应来说，由于 $\mu_i = \mu_i^0$，不存在混合自由能这一项，因此，自由能将沿 $R \longrightarrow P$ 直线下降，直至反应完全。对气相和液相存在的反应来说，混合自由能的存在将使反应体系在 N 点达到平衡。当然，如果反应过程中生成了固溶体，则又另当别论。

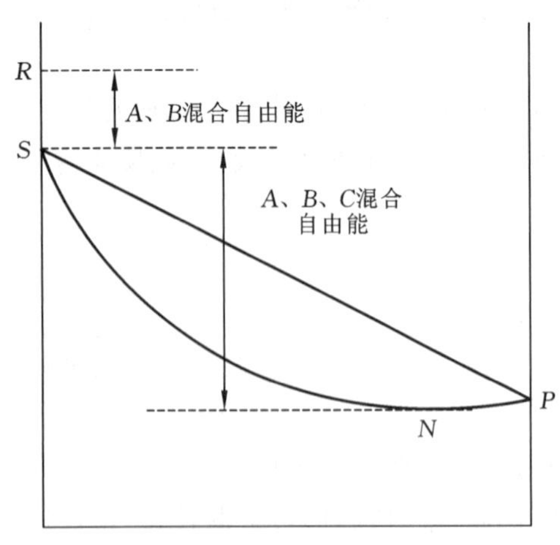

图 7-1 体系自由能在反应过程中的变化

从上式可以看到，当反应中有气态物质参与时，会对 ΔG 产生影响。如果这些气体组分都作为产物逸出，其分压会变小，因而反应一旦开始，则 $\Delta G < 0$ 可一直维持到所有反应物都消耗掉。

一切实际可以进行的纯固相反应，其反应几乎总是放热的，这一规律性的现象称为范特荷夫规则。此规则的热力学基础是因为对纯固相反应而言，反应的熵变 ΔS 往往很小，以致趋近于零，所以反应自由焓变化 $\Delta G \approx \Delta H$，而纯固相反应发生的热力学必要条件是 $\Delta G < 0$，因此只有 $\Delta H < 0$（即放热）的反应才能发生。

7.3　固相反应动力学

固相反应动力学主要研究固相反应的速率、机理。其目的是通过反应机理的研究，发现有关反应随时间变化的规律。固相反应有很多种，对于不同的反应，乃至同一反应的不同阶段，其动力学关系也往往不同。因此，在研究、分析其机理时，要根据实际情况加以判断和区别。

7.3.1　固相反应一般动力学关系

固相反应是多相反应，整个反应过程通常可分解为若干个环节，每个环节为一个简单的物理化学过程，如化学反应、扩散、结晶、熔融、升华等。显然，所有这些环节都会对整个反应的速度产生影响，而速度最慢的那个环节，则对整体反应速率有着决定性影响。

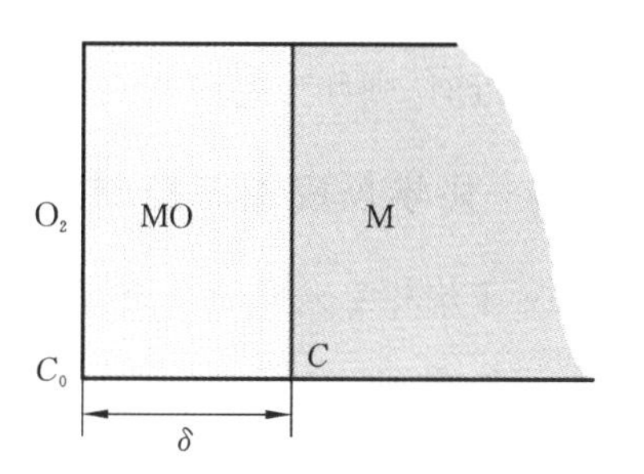

图 7-2　金属氧化反应过程示意

下面我们以金属氧化过程为例，定量分析固相反应总速度与各环节速度的关系。该反应的模式如图 7-2 所示，相应的反应方程式为：

$$M(s)+\frac{1}{2}O_2(g)\longrightarrow MO(s) \tag{7-4}$$

图 7-2 所示为反应已经经过一段时间，在金属 M 表面已形成一层厚度为 δ 的产物层 MO。接下来的反应可分为两个环节：氧气 O_2 通过产物层 MO 扩散到 M-MO 界面和氧化在 M-MO 界面的金属 M。根据化学反应动力学一般原理和菲克第一定律，单位面积界面上金属氧化速率 V_R 和氧气扩散速率 V_D 分别为：

$$\begin{aligned} V_R &= KC \\ V_D &= D\left.\frac{\mathrm{d}C}{\mathrm{d}x}\right|_{x=\delta} \end{aligned} \tag{7-5}$$

式中，K 为化学反应速率常数，C 为界面处氧气浓度，D 为 O_2 通过产物层的扩散系数。

当整个反应过程达到稳定时，氧化速率 V_R 和氧气扩散速率 V_D 相等，即整体反应速率 $V=V_R=V_D$：

$$KC=D\left.\frac{\mathrm{d}C}{\mathrm{d}x}\right|_{x=\delta}=D\,\frac{C_0-C}{\delta} \tag{7-6}$$

界面氧浓度为：

$$C=\frac{C_0}{1+\dfrac{K\delta}{D}} \tag{7-7}$$

故

$$\frac{1}{V}=\frac{1}{KC_0}+\frac{1}{\dfrac{DC_0}{\delta}} \tag{7-8}$$

从上式可以看出：在由扩散和化学反应两个环节构成的固相反应中，其整体反应速率的倒数等于扩散最大速率倒数和化学反应最大速率倒数之和。类似地，对于有更多环节串联而成的固相反应，其整体速率的倒数等于所有环节的最大速率倒数之和，而固相反应的总速率则是：

$$V=\frac{1}{\dfrac{1}{V_{1\max}}+\dfrac{1}{V_{2\max}}+\dfrac{1}{V_{3\max}}+\cdots+\dfrac{1}{V_{n\max}}} \tag{7-9}$$

式中，$V_{1\max}$，$V_{2\max}$，…，$V_{n\max}$为构成反应过程各环节（如扩散、化学反应、结晶、熔融、升华等）的最大可能速率。

从上式可以看出，虽然各环节的最大可能速率都会对总的固相反应速率 V 产生影响，但如果某一环节的速率远远小于其他环节，则 V 主要受该环节控制。例如，当固相反应各环节中物质扩散速率较其他各环节都慢得多时，总的反应速率将完全受控于扩散速率，其他环节的影响可忽略不计。对于其他情况也可以依此类推。

一般地，固相反应都包括相界面上的化学反应和固相内的物质迁移两个过程。当扩散速度远大于化学反应速度时，说明化学反应速率控制此固相反应过程，称为化学动力学范围；当扩散速度远小于化学反应速度时，说明扩散速率控制此固相反应过程，称为扩散范围；当扩散速度和化学反应速度比较接近时，则称为过渡范围。

7.3.2　化学反应速率控制的过程

对于均相二元反应系统，若化学反应依反应式 $mA+nB \longrightarrow mAnB$ 进行，则化学反应速率的一般表达式为：

$$V_R=KC_A^m C_B^n \tag{7-10}$$

式中，C_A、C_B为反应物 A、B 的浓度，K 为反应速率常数。当反应过程中只有一个反应物的浓度是可变时，上式可简化为：

$$V_R=K_n C^n \tag{7-11}$$

但是，固相反应为多相反应，如果直接引用上式、以浓度来描述其反应速率，会存在很大的偏差。在固相反应中，化学反应是依靠反应物之间的直接接触，通过接触面进行反应的，所以化学反应速率除与反应物量的变化有关系外，还与反应物间接触面积的大小有关。用 X 表示 t 时间内形成的产物或反应物的固相消耗量，则反应速率可用 $\mathrm{d}X/\mathrm{d}t$ 表示。如果反应物开始的量为 C，在某一段时间后反应物残存量为$(C-X)$。固相反应速率与$(C-X)$及接触面积 A 成正比，即：

$$\frac{\mathrm{d}X}{\mathrm{d}t}=KA(C-X) \tag{7-12}$$

引入转化率 G 的概念，$G=X/C$，即参与反应的一种反应物在反应过程中已完成反应的体积分数。则固相化学反应一般方程式可写成：

$$\frac{\mathrm{d}G}{\mathrm{d}t}=K'A(1-G)^n \tag{7-13}$$

式中，n 为反应级数，K'为反应速率常数，A 为反应截面面积。

考虑一级反应，则动力学方程式为：

$$\frac{\mathrm{d}G}{\mathrm{d}t}=K'A(1-G) \tag{7-14}$$

在固相反应中所用原料多为颗粒状，大小不一，形状复杂。随着反应的进行，G 不断变化，反应物接触面积 A 也不断发生变化，因此要正确求解接触面积及其变化很困难。为简便起见，设反应物颗粒为球形，颗粒半径为 R_0，则经 t 时间反应后，颗粒外层 x 厚度已完成反应，则转化率 G 为：

$$G=\frac{R_0^3-(R_0-x)^3}{R_0^3}=1-\left(1-\frac{x}{R_0}\right)^3 \tag{7-15}$$

$$\frac{\mathrm{d}G}{\mathrm{d}t}=4K\pi R_0^2(1-G)^{\frac{2}{3}}\cdot(1-G)=K_1(1-G)^{\frac{5}{3}} \tag{7-16}$$

若反应截面在反应过程中不变（如金属平板的氧化过程），则有：

$$\frac{\mathrm{d}G}{\mathrm{d}t}=K_1'(1-G) \tag{7-17}$$

对式(7-16)和式(7-17)分别积分，并考虑到初始条件$t=0$，$G=0$，可得：

$$F(G)=(1-G)^{-\frac{2}{3}}-1=K_1 t \\ F'(G)=\ln(1-G)=-K'_1 t \tag{7-18}$$

上两式表示反应截面分别假设为球形和平板模型时，固相转化率或反应速率与时间的函数关系。

图7-3所示为NaCl参与时，粒度$R_0=0.036$ mm的SiO_2和Na_2CO_3反应生成$Na_2O\cdot SiO_2$和CO_2的动力学实验结果，反应温度为740 ℃。该反应为一级化学反应，由于反应物颗粒足够细，并加入NaCl作溶剂，使过程的扩散阻力很小，反应速率受化学动力学过程控制。从图7-3可以看到，实验结果完全符合式(7-18)。

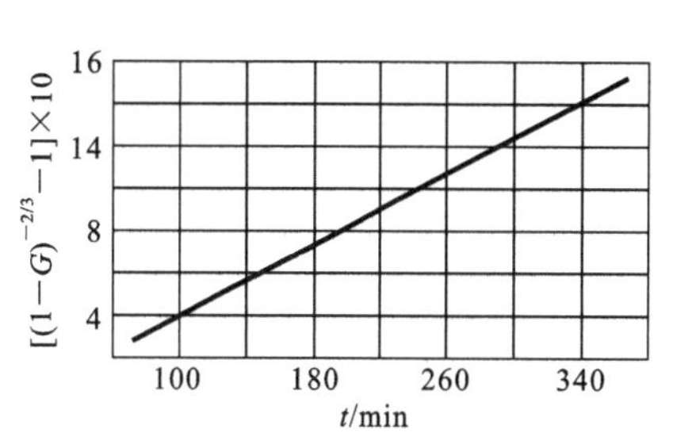

图7-3　在NaCl参与下$Na_2CO_3+SiO_2\longrightarrow Na_2O\cdot SiO_2+CO_2$反应动力学曲线

7.3.3　扩散控制的过程

一般情况下，固相反应都伴随着物质的迁移。当反应进行一段时间后，反应产物层增厚，扩散速率减慢，反应速率就会转由扩散速率控制。扩散层截面的变化不同，扩散控制的反应动力学方程也不一样。

7.3.3.1　杨德尔动力学方程

杨德尔(Jander)方程首先假设扩散层为一平板。其模型如图7-4所示，设反应物A和B相互接触反应并扩散，形成厚度为x的平板层产物AB，随后A质点通过AB层扩散到B-AB界面继续反应，如果界面上的反应速率远大于扩散速率，则过程受扩散控制。经dt时间，A质点通过AB层单位截面的量为dm，根据菲克第一定律：

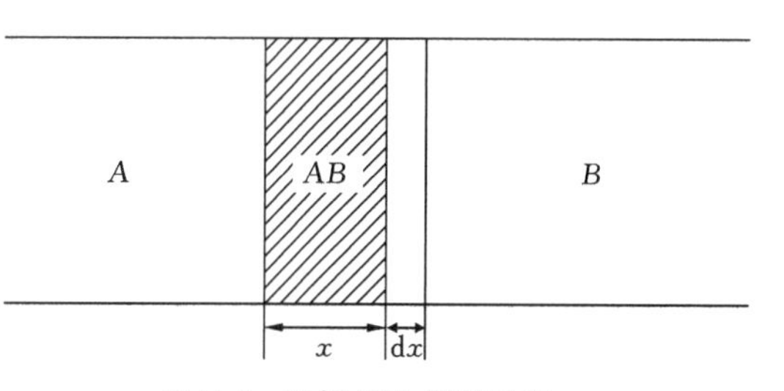

图7-4　平板扩散模型示意

$$\frac{\mathrm{d}m}{\mathrm{d}t}=D\frac{\mathrm{d}C}{\mathrm{d}x} \tag{7-19}$$

其中，D为A的扩散系数，C为A在扩散层的浓度。

在反应进行的任一时刻，反应界面B-AB处A的浓度为零，而界面A-AB处A的浓度为C_0，由于该扩散为稳定扩散，因此有：

$$\frac{\mathrm{d}m}{\mathrm{d}t}=D\frac{C_0}{x} \tag{7-20}$$

考虑到通过AB层单位截面的量dm与AB层厚度增加量dx成正比，故有：

$$\frac{\mathrm{d}x}{\mathrm{d}t}=KD\frac{C_0}{x} \tag{7-21}$$

式中，K为比例常数。对上式积分，得：

$$x^2=2KDC_0 t=K' t \tag{7-22}$$

式中，K'为比例常数。上式说明，在平板模式下，反应产物层厚度与时间的2次方根成正比，产物层厚度的增长是随时间按抛物线规律变化的，所以上式常被称为抛物线速度方程式。

在实际情况下，固相反应常常发生在粉状物料之间，因此杨德尔对抛物线速度方程作了修正，采用“球体模型”导出的扩散控制的动力学关系，如图7-5所示。杨德尔假定：(1)反应物是半径为R_0的等径球体；(2)反应物A是扩散相，即A组分总是包围着B的颗粒，且A、B与产物是完全接触，反应自球表面向中心进行。这样，反应物颗粒初始体积V、未反应部分的体积V_1及产物的体积V_2分

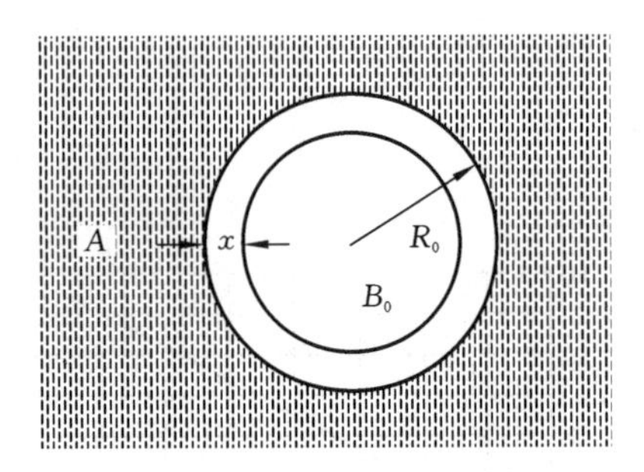

图 7-5　球形扩散模型示意

别为：

$$V=\frac{4}{3}\pi R_0^3$$

$$V_1=\frac{4}{3}\pi(R_0-x)^3 \tag{7-23}$$

$$V_2=\frac{4}{3}\pi[R_0^3-(R_0-x)^3]$$

设转化程度为 G，则：

$$G=\frac{V_2}{V}=\frac{R_0^3-(R_0-x)^3}{R_0^3}=1-\left(1-\frac{x}{R_0}\right)^3 \tag{7-24}$$

$$\frac{x^2}{R_0^2}=[1-(1-G)^{\frac{1}{3}}]^2 \tag{7-25}$$

将上式代入抛物线速度方程(7-22)中，得：

$$x^2=R_0^2\ [1-(1-G)^{\frac{1}{3}}]^2=K't \tag{7-26}$$

或者

$$F_J(G)=[1-(1-G)^{\frac{1}{3}}]^2=\frac{K'}{R_0^2}t=K_1t \tag{7-27}$$

上式称为杨德尔方程的积分式，式中，$F_J(G)$与 t 为直线关系，直线的斜率 K_1被称为杨德尔扩散速度方程式的常数。

对上式进行微分，可得杨德尔方程的微分式：

$$\frac{\mathrm{d}G}{\mathrm{d}t}=K_2\frac{(1-G)^{2/3}}{1-(1-G)^{1/3}} \tag{7-28}$$

式中，K_2为比例常数。

较长时间以来，杨德尔方程作为一个较经典的固相反应动力学方程被广泛接受，其正确性也在许多固相反应的实例中得到验证。图 7-6 和图 7-7 分别为反应 $BaCO_3+SiO_2 \longrightarrow BaSiO_3+CO_2$ 和 $ZnO+Fe_2O_3 \longrightarrow ZnFe_2O_4$ 的 $F_J(G)$-t 的关系曲线。显然，在不同温度下，这两个反应过程都能很好地与杨德尔方程相吻合。

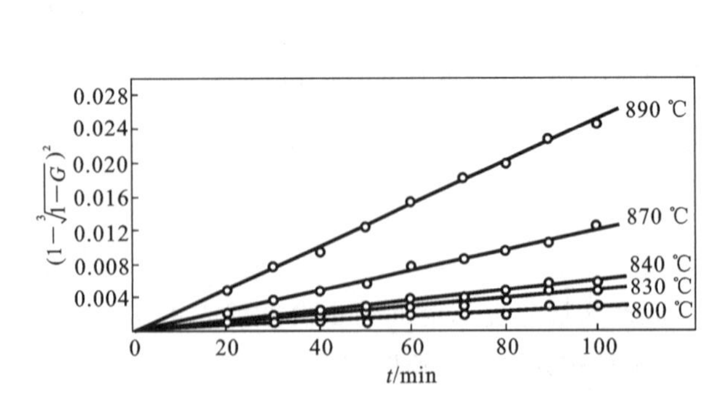

图 7-6　不同温度下 $BaCO_3+SiO_2 \longrightarrow BaSiO_3+CO_2$ 的反应（按杨德尔方程）

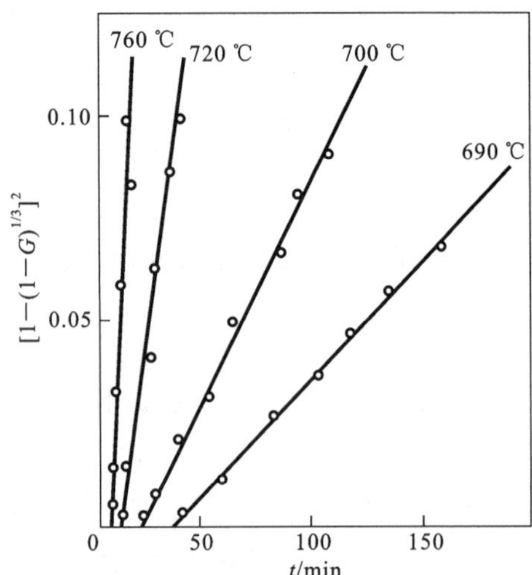

图 7-7　不同温度下 $ZnO+Fe_2O_3 \longrightarrow ZnFe_2O_4$ 的反应

但是，更深入的研究表明，很多固相反应在反应初期($G<0.5$)都基本符合杨德尔方程，但之后则

偏差越来越大。其主要原因是:杨德尔方程采用了球体模型,产物层 AB 与 B 组分的接触界面是一个球面,其面积随着反应的进行会不断变化,但在计算产物层厚度 x 时,却直接代入以平板模型为基础建立的抛物线速度方程,实际上保留了接触界面面积不变的假设。在反应初期,界面面积变化很小,所以杨德尔方程与实验结果能较好地吻合,但到反应中期、后期,界面面积会缩小很多,杨德尔方程的计算结果与实验结果就会出现很大偏差。

7.3.3.2 金斯特林格动力学方程式

金斯特林格(Ginsterflinger)针对杨德尔方程只适用于反应程度不大的情况进行了修正。他考虑到实际上反应开始后生成的产物层是一个球壳而不是一个平板,提出如图 7-8 所示的反应模型。当 A 和 B 反应生成 AB 时,设反应物 A 为扩散组分,A 可以借助表面扩散或气相扩散而布满 B 的表面。当产物层生成后,A 必须通过产物层扩散到 B-AB 的界面上才能与 B 反应。A 在产物层的扩散速率远小于与 B 反应的速率,A 一到 B-AB 界面上就立即生成 AB。因此,物质 A 在 A-AB 界面上的浓度 C_0 为一常数,在 AB-B 界面上为零。整个固相反应由通过产物层的扩散所控制。

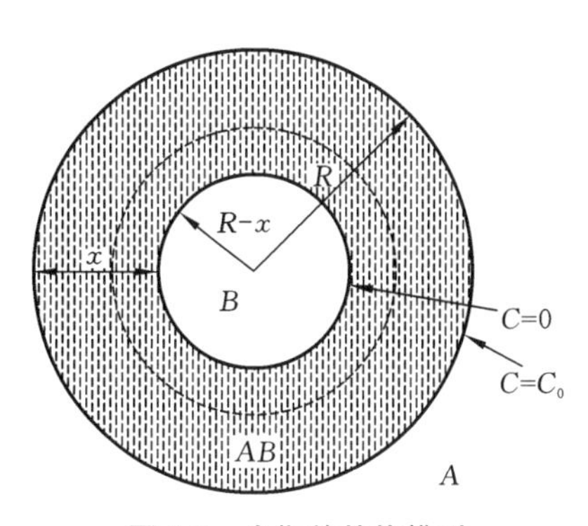

图 7-8 金斯特林格模型

根据这个反应模型,可推导出产物层厚度与时间的关系为:

$$x^2\left(1-\frac{2}{3}\cdot\frac{x}{R}\right)=2K_3t \tag{7-29}$$

可见,当产物层厚度很小时,即 $x \ll R$ 时,上式就变成了杨德尔的抛物线方程。

将球形颗粒转换率关系式(7-15)代入上式,整理后可得出以转换率 G 表示的金斯特林格动力学方程的积分和微分表达式:

$$F_G(G)=1-\frac{2}{3}G-(1-G)^{\frac{2}{3}}=K_4t \tag{7-30}$$

$$\frac{\mathrm{d}G}{\mathrm{d}t}=K_4'\frac{(1-G)^{1/3}}{1-(1-G)^{1/3}} \tag{7-31}$$

式中,$K_4'=K_4/3$,均为金斯特林格扩散方程速度常数。

实验结果表明,与杨德尔方程相比,金斯特林格扩散方程适用于反应程度更大的情况。表 7-1 所示为 820 ℃下 Na_2CO_3 和 SiO_2 的固相反应,SiO_2 转化率 G 在 0.2458 到 0.6156 区间内,根据金斯特林格扩散方程拟合出速度常数 K_G,根据杨德尔扩散方程拟合出速度常数 K_J,比较 K_G 和 K_J,可以看到,前者恒等于 1.83,后者则随着反应时间的延长,从 1.81 增加到 2.25,这表明金斯特林格扩散方程有更强的适应性。

表 7-1 820 ℃下 Na_2CO_3 和 SiO_2 的固相反应

时间/min	SiO_2 转化率 G	$K_G/\times10^4$	$K_J/\times10^4$
41.5	0.2458	1.83	1.81
49.0	0.2666	1.83	1.96
77.0	0.3280	1.83	2.00
99.5	0.3685	1.83	2.02
168.0	0.4640	1.83	2.10
193.0	0.4920	1.83	2.12
222.0	0.5196	1.83	2.14

续表7-1

时间/min	SiO_2 转化率 G	$K_G/\times10^4$	$K_J/\times10^4$
263.5	0.5600	1.83	2.18
296.0	0.5876	1.83	2.20
312.0	0.6010	1.83	2.24
332.0	0.6156	1.83	2.25

然而，金斯特林格方程并非对所有扩散控制的固相反应都适用。从以上的推导可以看出，杨德尔方程和金斯特林格方程均以稳定扩散为基本假设，它们之间所不同的仅在于几何模型。因此，不同的颗粒形状的反应物必然对应着不同形式的动力学方程，例如，对于半径为 R 的圆柱状颗粒，当反应物沿圆柱表面形成的产物层在扩散的过程起控制作用时，其反应动力学过程依轴对称稳定扩散模型推得的动力学方程式为：

$$F'_G(G)=(1-G)\ln(1-G)+G=K_5t \tag{7-32}$$

此外，金斯特林格方程中没有考虑反应物与生成物密度不同所带来的体积效应，因此只有在产物体积密度与反应物的接近时，应用才比较准确。

7.3.3.3　卡特尔动力学方程式

卡特尔(Carter)等在考虑到球形颗粒反应面积的变化以及反应产物与反应物之间体积密度的变化等问题的基础上，提出了另一个反应模型，如图 7-9 所示。该模型设想一个半径为 R_0 的 B 组分的球，在整个球的表面上与另一组分 A 反应，进一步反应将受到扩散控制。令 R_x 为组分 B 在反应某一时刻的半径，当反应度 G 从 0 变到 1 时，R_x 必须从 R_0 减小到 0。R_e 为当 $G=1$ 时，反应产物球的半径。R_y 是未反应的 B 组分加上反应产物的球体在反应进行到某一时刻的半径。反应的结果是，R_y 必须从 R_0 变到 R_e。最后用 Z 表示消耗一个单位体积的组分 B 所生成的产物的体积，即等价体积比。

根据该模型，卡特尔推导出如下动力学方程式：

$$F_C(G)=[1+(Z-1)G]^{\frac{2}{3}}+(Z-1)(1-G)^{\frac{2}{3}}=Z+2(1-Z)K_6t \tag{7-33}$$

根据卡特尔方程，$F_C(G)$ 与 t 应呈直线关系。

一些实验结果表明，卡特尔方程即使到固相反应后期，依然有较高的准确性。卡特尔动力学方程式处理的镍球氧化过程见图 7-10，从图中可以看出反应进行到 100%时方程依然能与实验结果很好地吻合。

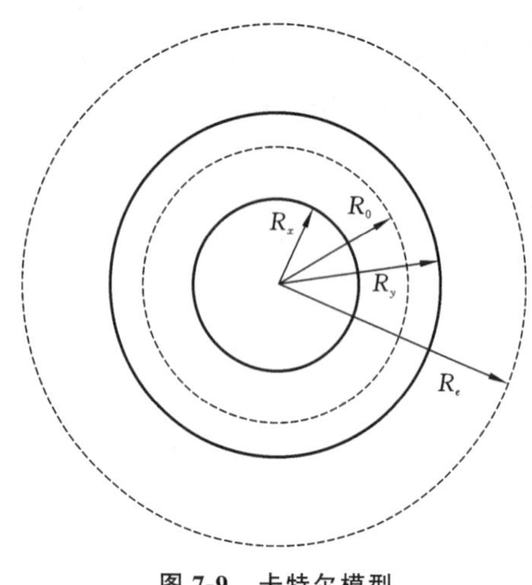

图 7-9　卡特尔模型

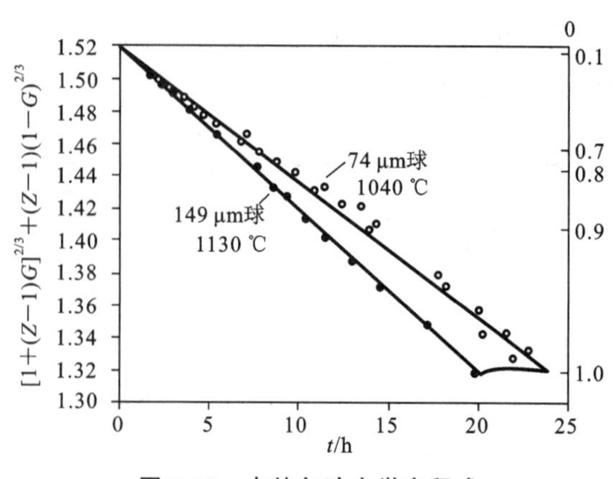

图 7-10　卡特尔动力学方程式处理的镍球氧化过程

7.4　常见的固相反应介绍

作为无机非金属材料生产中所涉及的一种基本过程现象，固相反应有很多类型。不同类型的固相反应，其历程和机理也存在差异。

7.4.1　加成反应

加成反应是固相反应的一个重要类型，其一般形式是 $A+B \longrightarrow C$。其中，A、B 可为任意元素或化合物，若化合物 C 不溶于 A 或 B 任一相，则在 A、B 两层间形成产物层 C。若 C 与 A 或 B 之间形成部分或完全互溶，则在初始反应中生成一个或两个新相。若 A 与 B 形成成分连续变化产物，则在反应物间可能形成几个新相。

尖晶石的生成反应，就是加成反应的典型代表。

若 MgO 和 Al_2O_3的单晶或烧结体接触，加热到 1400 ℃左右时，就会在二者的界面上发生化学反应，形成层状 $MgAl_2O_4$尖晶石。研究表明，尖晶石形成是由两种正离子逆向经过两种氧化物界面扩散所决定，氧离子则不参与扩散迁移过程，如图 7-11 所示。

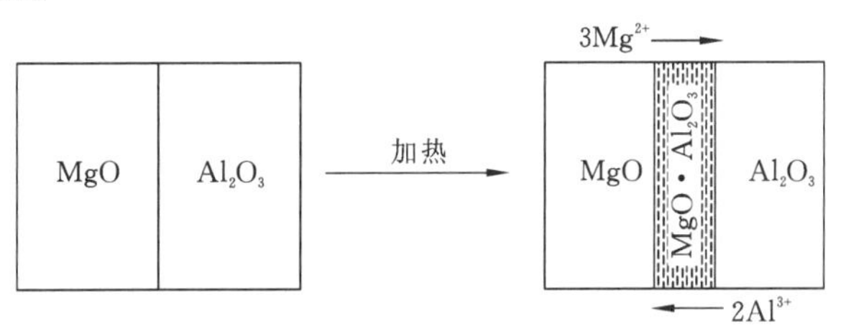

图 7-11　$MgO+Al_2O_3$ **生成尖晶石示意**

在 $MgO/MgAl_2O_4$界面发生如下反应：

$$2Al^{3+}+4MgO = MgAl_2O_4+3Mg^{2+} \tag{7-34}$$

在 $Al_2O_3/MgAl_2O_4$界面发生如下反应：

$$3Mg^{2+}+4Al_2O_3 = 3MgAl_2O_4+2Al^{3+} \tag{7-35}$$

为保持电中性，从左到右扩散的正电荷数目与从右向左扩散的正电荷数相等，因此，每向右扩散 3 个 Mg^{2+}，必有 2 个 Al^{3+} 向左扩散(同时伴随一个空位从 Al_2O_3晶粒扩散到 MgO 晶粒)。当反应产物中间层形成之后，反应物离子在其中的扩散便成为控制速度的一个因素，进一步的反应将依赖于反应物通过产物层的扩散而得以进行。此时反应速度不仅受限于化学反应本身，新相晶格缺陷调整速率、晶粒生长速率以及反应体系中物质和能量的输送速率都将影响着反应速度。

在固相反应中，有时反应不是一步完成，而是经由不同的中间产物才最终完成，这通常被称为连续反应。例如 CaO 和 SiO_2的反应，尽管配料的物质的量比为 1∶1，但反应首先形成 C_2S，C_3S_2 等中间产物，最终才转变为 CS。其反应顺序和量的变化如图 7-12 所示。

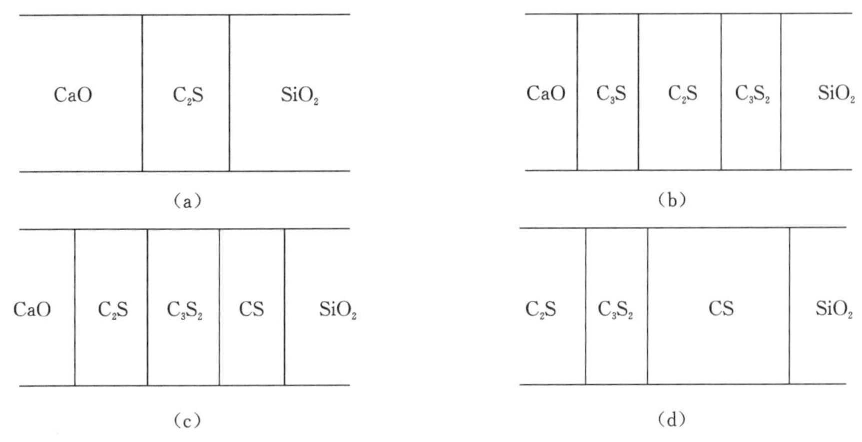

图 7-12　CaO **和** SiO_2 **反应示意**

7.4.2　热分解反应

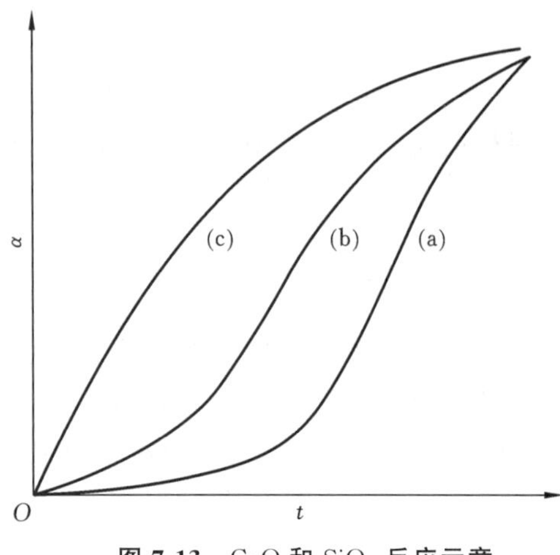

图 7-13　CaO 和 SiO_2 反应示意

碳酸盐、醋酸盐、硝酸盐、氢氧化物等在加热至高温后，固相会分解产生气体。这种现象被称为热分解反应。

固体的热分解反应，一般多始于表面、晶界等的缺陷处。最初生成物形成小的核，随后核长大。在一定温度下保温，热分解的反应率 α 和时间 t 的关系会出现如图 7-13 所示的几种情况。在(a)的反应初期，反应非常微弱；经过了诱导期后，分解反应开始进行，像 $NiC_2O_4 \cdot 2H_2O$ 就是如此反应的。(b)是热分解反应的基本类型，称为 S 形曲线。最初阶段，在固相的各部分形成产物的新核，新核成长时反应界面也增大，反应加速；一段时间后，核之间开始接触，反应速率慢慢减缓，像 Co_3O_4、$MgCO_3$ 等物质的分解就是此种类型。此反应的速率关系式常可以下式表达：

$$\alpha = 1 - \exp(-at^l) \tag{7-36}$$

式中，a、l 为物质和温度所确定的常数。

(c)的情况下反应速率随时间慢慢降低。初期在颗粒的表面形成许多产物的新核，并逐步向内部生长，在此过程中，反应界面逐渐减小，反应速率逐渐下降。反应过程可用下式表示：

$$1-(1-\alpha)^{\frac{1}{n}} = k\frac{t}{r_0} \tag{7-37}$$

式中，k 为速度常数，r_0 为粒子的初期半径，对球状颗粒 $n=3$，对圆柱形颗粒 $n=2$。$CaCO_3$ 和 $Mg(OH)_2$ 等物质的分解属这种类型。后者情况下，反应动力学是一次反应，即：

$$\frac{d\alpha}{dt} = k(1-\alpha) \tag{7-38}$$

微粒的脱水与分解属此种类型。

7.4.3　蒸发反应

蒸发反应是指固体反应物在加热过程中直接汽化的过程。

很多无机非金属材料，在高温过程中都会发生蒸发反应。如钠硅玻璃中的 Na_2O，铅玻璃中的 PbO，PZT[$Pb(Zr,Ti)O_3$]陶瓷中的 PbO，$ZnAl_2O_4$ 陶瓷中的 ZnO，CaO 稳定 ZrO_2 陶瓷中的 CaO 等在高温下都会产生蒸发现象。整个蒸发反应的速率取决于分解反应速率、固相内的蒸发组分的扩散速率及蒸发成分脱离表面向气相扩散的速率。一般条件下，气相中蒸发成分的扩散速率较大，对蒸发速率无明显影响。当蒸发反应进行时，材料中所有组分同时蒸发，固相表面组成不会随时间变化；但很多情况下，蒸发反应进行时材料中的某一种或某几种组分蒸发，所以会导致固相表面组成随时间变化而变化，这种情况下，可能会使控制整个蒸发反应速率的条件发生改变。

如从 $MgO \cdot nAl_2O_3$ 中蒸发出 MgO，最初由分解反应速率控制，当固相表面覆盖了致密的 Al_2O_3 后，整个反应速率转由扩散过程控制。此过程的蒸发量随时间的变化如图 7-14 所示。

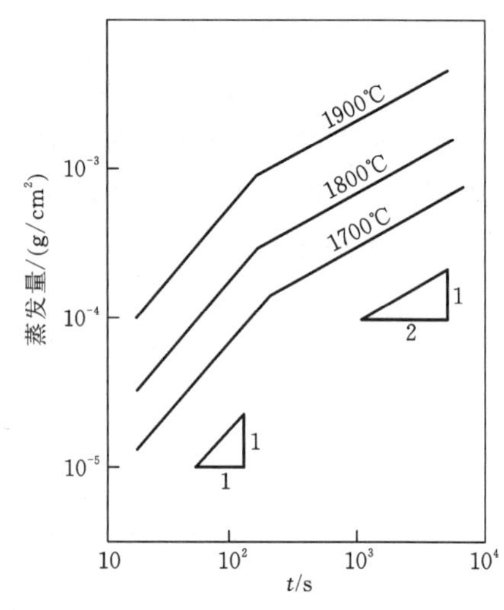

图 7-14　MgO 和 Al_2O_3 反应示意

7.4.4 氧化反应

最常见的氧化反应是金属的氧化反应。例如：

$$Zn+\frac{1}{2}O_2 \longrightarrow ZnO \tag{7-39}$$

金属 Zn 被氧化的过程是 ZnO 膜形成的过程，因此又称造膜反应。研究表明，ZnO 是金属过量型的非化学计量氧化物，ZnO 膜的增厚过程是 Zn 先越过 Zn-ZnO 界面进入 ZnO，然后发生如下离解：

$$Zn \longrightarrow Zn_i^{\cdot}+e' \tag{7-40}$$

离解 $Zn_i^{\cdot}$ 和 e' 存在于晶格间隙中，在浓度梯度的推动下向 O_2 一侧扩散，并在 $ZnO-O_2$ 界面发生如下反应：

$$Zn_i^{\cdot}+\frac{1}{2}O_2+e' \longrightarrow ZnO \tag{7-41}$$

这样，新的 ZnO 晶格不断在 $ZnO-O_2$ 界面形成，膜不断增厚，如图 7-15 所示。

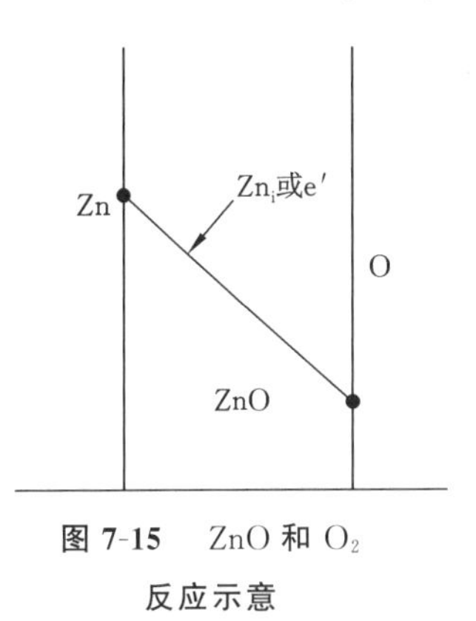

图 7-15 ZnO 和 O_2 反应示意

除金属的氧化外，非氧化物陶瓷（比如碳化物和氮化物陶瓷）的氧化反应也是重要的反应。以 Si_3N_4 的高温氧化为例，在不同的氧分压下，会发生两种反应：

（Ⅰ）在低氧分压下，

$$2Si_3N_4+3O_2 \longrightarrow 6SiO(g)\uparrow+4N_2(g)\uparrow \tag{7-42}$$

（Ⅱ）在高氧分压下，

$$Si_3N_4+3O_2 \longrightarrow 3SiO_2(s)+2N_2(g)\uparrow \tag{7-43}$$

（Ⅰ）被称为主动性氧化，（Ⅱ）被称为被动性氧化。在（Ⅰ）中只产生气体，氧化反应进行激烈；在（Ⅱ）中由于表面生成 SiO_2 的氧化膜，降低了氧化反应的速率，反应机理较复杂。

7.4.5 固溶反应和离溶析出反应

由相图可知，NiO-MgO 系统中可形成连续固溶体。因此，NiO 和 MgO 在一定高温下接触后，会相互摄取对方的组元而形成固溶体，这就称为固溶反应。

$MgO \cdot Al_2O_3$ 与 Al_2O_3 在一定温度下接触时，通过与 Al_2O_3 的交换反应，产生 $MgO \cdot nAl_2O_3$ 型（$n>1$，由温度决定）的固溶体。然而当系统温度降至低温保持时，由相图可知，余下的 Al_2O_3 会析出至固溶体外。这通常称为离溶析出反应。

7.4.6 侵蚀反应

侵蚀反应一般是固-液反应或固-气反应。在高温过程中，陶瓷、耐火材料在熔渣、熔融玻璃或金属、腐蚀性气体等的作用下而被侵蚀、破坏的反应称为侵蚀反应。

比如氧化铝耐火材料在高温下，会被熔融氧化铁侵蚀。先是氧化铁由熔体内部向熔体-氧化铝界面扩散，然后在界面上发生反应，生成铁铝尖晶石（$FeO \cdot Al_2O_3$）低熔点产物层；当产物层增加到一定厚度时，溶解进入熔体。如此反复进行，氧化铝耐火材料被逐渐侵蚀、破坏。

又如多晶钇稳定氧化锆（YSZ）可以喷涂在金属燃烧室内表面作为热障涂层使用，但如果燃烧的燃料中含有 V，则在相对较低的温度下 YSZ 也可能被腐蚀。因为 YSZ 中的 Y 会与 V_2O_5 蒸气反应形成 YVO_4，这样 ZrO_2 缺少 Y 稳定，就可能发生相变并开裂。

7.4.7　化学气相沉积

化学气相沉积是应用气态物质在固体上发生化学反应和传输反应并产生固态沉积物的一种工艺，是近几十年发展起来的制备无机材料的新技术，已经广泛用于提纯物质，研制新晶体，淀积各种单晶、多晶或玻璃态无机薄膜材料。

化学气相沉积过程一般包含三步：(1)形成挥发性物质；(2)把上述物质转移至沉积区域；(3)在固体上发生化学反应并产生固态物质。其中，最基本的化学气相沉积反应包括热分解反应、化学合成反应以及化学传输反应等。

通常，控制反应气体的化学势(浓度)就可以控制沉积速率。沉积速率和沉积温度决定了反应动力学和分解产物在反应表面上“结晶”的速率。如果过饱和度很大，就会发生均匀的气相成核，也就是说不需要多相表面。随着过饱和度的降低，表面附近发生气相反应，形成多晶淀积物。淀积物的完整性、气孔率、晶粒的择优取向等取决于具体的材料和沉积速率。较慢的沉积和较高的温度通常产生完整的反应产物。最后，当用单晶基底作为多相反应表面时会发生外延沉积。这种情况下形成由基底定向的单晶。

7.4.8　低温固相反应

固相反应一般是指高温固相反应，但由于其操作困难、成本高、能耗高等缺陷，越来越不适应社会可持续发展的要求。而低温或中低温的固相反应由于其产率高、选择性好、能耗低、环境较友好等一系列优势，近年来发展十分迅速。实现材料低温或中低温合成的途径主要有两个：一种是采用特殊的合成工艺，如高能研磨、行星球磨以及部分微波反应的方法。如有人以 BaO 和 TiO_2 为原料，在氮气保护下高能球磨 15 h，合成纳米 $BaTiO_3$ 粉体。另一种是采用合适的高活性反应前驱体。比如，利用 $SnCl_4 \cdot 5H_2O$ 和 $NaOH$ 反应合成纳米 SnO_2，将原料称量好放在研钵中研磨即可发生如下反应：

$$SnCl_4 \cdot 5H_2O(s) + 4NaOH(s) \Longrightarrow SnO_2 + 4NaCl(s) + 7H_2O(g)\uparrow \qquad (7\text{-}44)$$

该反应是一个放热过程，水会以水蒸气形式排出。反应完成后经水洗涤除却 $NaCl$ 和其他杂质即得到纯度较高的 SnO_2 粉体。需要指出的是，中低温固相反应合成的产物往往晶格较不完整、缺陷较多。

7.5　固相反应的影响因素

固相反应是多相反应，过程一般涉及相界面上的化学反应和相内部的物质迁移等多个环节。因此，凡是可能对其中某一环节产生影响的因素，都有可能对整个反应产生影响。这些因素包括内部因素和外部因素等。

7.5.1　内部因素的影响

7.5.1.1　*反应物的化学组成和结构*

反应物化学组成是决定反应方向和反应速率的重要因素。从热力学角度看，在一定温度、压强条件下，反应可能进行的方向是自由能减少($\Delta G<0$)的方向，ΔG 的负值越大，反应的热力学推动力也越大。另外，在同一反应系统中，固相反应速率还与各反应物组成的比例有关。例如颗粒尺寸相同的 A 和 B 反应形成产物 AB，若改变 A 和 B 的比例，就会影响反应物接触面积和反应截面面积的大小，从而影响反应速率。

从结构的观点看，晶体结构越完整，质点间的作用力越大，反应活性越小。而结构缺陷较多的粉料，其能量和活性较高，则容易发生固相反应。例如，在用氧化铝和氧化钴生成钴铝尖晶石（$Al_2O_3+CoO \longrightarrow CoAlO_3$）的反应中，若采用活性高的“轻烧”$Al_2O_3$为原料，与较高温度下“死烧”$Al_2O_3$相比，其反应速率可快近10倍。因此，为了提高反应的效率，需要采用活性高的原料粉体。在生产实践中，往往可以设计反应工艺条件，利用多晶转变、热分解和脱水反应等过程来活化晶格、增加缺陷，提高反应和扩散的速度。另一种常用的提高原料活性的方法是加入少量矿化剂。例如，在Na_2CO_3和Fe_2O_3反应中加入少量NaCl，就会起到明显的促进作用，反应转化率可提高0.5～6倍，对于转化率较低的粗颗粒原料的作用更加明显（表7-2）。矿化剂的作用机理很复杂，可能包括以下两个方面：①与反应物形成固溶体或低共溶物，使反应物晶格活化或加速溶解、扩散；②影响新相的晶核生成和晶体生长速率，促进产物的生成。由于反应体系的不同，矿化剂的作用可能相差较大，但可以认为矿化剂总是以某种方式参与到固相反应的过程中。

表7-2 NaCl对$Na_2CO_3+Fe_2O_3$反应的作用

NaCl添加量（相对于Na_2CO_3的质量分数）	不同颗粒尺寸Na_2CO_3的转化百分率（%）		
	0.06～0.088 mm	0.27～0.35 mm	0.6～2 mm
0	53.2	18.9	9.2
0.8	88.6	36.8	22.9
2.2	88.6	73.8	60.1

7.5.1.2 *反应物的颗粒尺寸及粒度分布*

反应物颗粒尺寸对反应速率会有强烈的影响。通常情况下，颗粒尺寸越小，反应速率会越快。如图7-16所示。颗粒尺寸对反应速率的影响主要来自以下几个方面：一是反应界面和扩散截面。颗粒尺寸越小，反应体系比表面积越大，反应界面和扩散截面也相应增大，因此反应速率增大。二是颗粒表面结构。按照威尔表面学说，随着颗粒尺寸减小，键强分布曲线变平，弱键比例增加，故而使反应和扩散能力增强。

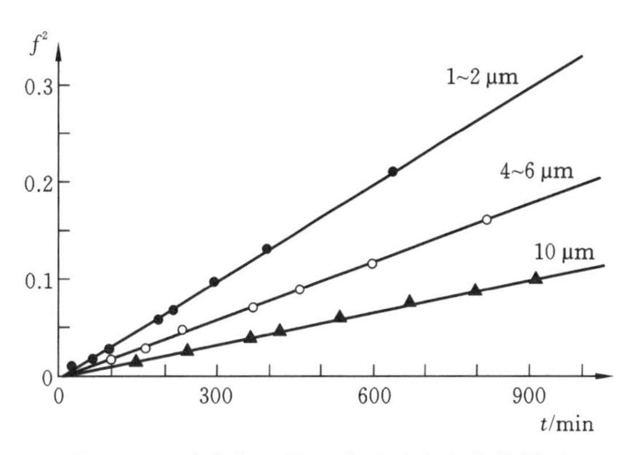

图7-16 反应物颗粒尺寸对反应速率的影响

颗粒尺寸的另一种影响是改变反应机理。同一反应体系由于物料颗粒尺寸D不同，可能属于不同的动力学范围。例如$CaCO_3$和MoO_2反应，当取等摩尔比并在较高温度（600 ℃）下反应时，若$D(CaCO_3)>D(MoO_2)$，则反应由扩散控制，反应速率随$CaCO_3$颗粒度减小而加速；若$D(CaCO_3)<D(MoO_2)$且体系中$CaCO_3$过量，则由于产物层变薄，扩散阻力减小，反应由MoO_2的升华所控制，并随着$D(MoO_2)$减小而加速。

实际生产中，原料粉末几乎不可能是相同大小的单一尺寸，而是总存在一定的粒径分布范围。当平均粒径相同时，如果原料粒径分布范围较窄，则从反应开始到反应结束的时间越短；反之，则时间越长。特别是有少量较大尺寸的颗粒存在时，会显著延缓反应进程。因此在生产上，应该尽可能将原料粒径分布控制在较窄的范围内。

7.5.2 外部因素的影响

影响固相反应的常见外在因素主要包括反应温度、压强和气氛等。

温度是影响固相反应速率的重要外部条件之一。一般情况下，温度升高，固体中质点热运动动能增大、活性提高，反应能力和扩散能力都会得到增强，因此有利于固相反应的进行。

化学反应的速率常数为：

$$K=A\exp\left(-\frac{\Delta G_R}{RT}\right) \tag{7-45}$$

式中，ΔG_R 为化学反应活化能，A 为碰撞系数，等于概率因子 P 和反应物质点碰撞数目 Z_0 的乘积。

扩散的扩散系数为：

$$D=D_0\exp\left(-\frac{Q}{RT}\right) \tag{7-46}$$

通常情况下，反应活化能 ΔG_R 比扩散活化能 Q 大，因此温度的变化对化学反应速率的影响远大于对扩散速率的影响，升高温度对化学反应的加速更明显。

在某些时候下，温度可以影响固相反应的方向。如：

$$\begin{aligned}&\text{高温下：}FeO(s)+HCl \Longrightarrow FeCl_2(g)+H_2O\\&\text{低温下：}FeO(s)+HCl \Longleftarrow FeCl_2(g)+H_2O\end{aligned} \tag{7-47}$$

压强是影响固相反应的另一个常见的外部因素。不同类型的固相反应，压强的影响也不一样。对于纯固相反应，压强的提高可以缩短颗粒的中心距、增大颗粒接触面积、加速物质的传递，从而提高反应速率。但当固相反应过程中有液相、气相参与时，扩散和反应过程主要不是通过固相粒子直接接触进行的，提高压强有时并不能起到加速作用，反而起抑制作用。例如，黏土矿物脱水反应中，增加压强会使反应速率下降。由表 7-3 所列数据可见，随着水蒸气压的增大，高岭土的脱水温度和活化能明显提高，脱水反应速率降低。类似的反应还有伴有气相产物的热分解反应以及某些由升华控制的固相反应等。

表 7-3　不同水蒸气压强下高岭土的脱水活化能

水蒸气压/mmHg	温度范围/℃	活化能/(kJ/mol)
$<10^{-3}$	390～450	213
4.6	435～475	351
14	450～480	376
47	470～495	468

气氛是对固相反应有重要影响的另一种常见因素。在不同气氛下，固相反应的机制、过程和产物可能不同，比如式(7-42)和式(7-43)所示的非氧化物陶瓷的氧化反应。

此外，对于一系列能形成非化学计量化合物的 ZnO、CuO 等，气氛还可直接影响晶体表面缺陷的浓度和扩散机构与速率。

除了以上这些传统的影响因素，近年来随着新材料研究的发展，其他一些影响因素也日益受到关注，如电场、磁场等。有研究表明，在固相反应时施加外加电场，可以促进反应的进行。

在实际生产科研过程中，固相反应还常常受各种工程因素的影响。例如在相同温度下，碳酸钙在窑外分解炉的分解率要高于在普通旋转窑中的，这是因为碳酸钙颗粒在分解炉中处于悬浮状态，其传质换热条件要远远优于普通旋转窑中的。又如现在很多固相法生产新材料时，采用微波加热技术往往可以大幅度缩短反应的时间。这是因为微波辐射不同于热量在温度梯度的推动下从外到内的传导机制，而是使物质分子在辐射场中内外均匀且有效地吸收能量产生热效应，从而在低热条件下即可使反应物分子获得反应和加速扩散所需的能量，极大地提高反应速率。

习　　题

1.名词解释：

固相反应；泰曼温度；海得华定律；范特荷夫规则；加成反应；氧化反应；侵蚀反应

2.固相反应有什么特点？固相反应一般由哪两个过程构成？

3.试比较杨德尔方程、金斯特林格方程和卡特尔方程的优缺点及适用条件。

4.试分析 MgO 和 Al_2O_3间的加成反应生成 $MgAl_2O_4$的过程。为什么采用细的原料粉体有利于该反应的进行?

5.在合成镁铝尖晶石时,有以下几种原料可以选择:$MgCO_3$、MgO、α-Al_2O_3、γ-Al_2O_3。从提高反应速率的角度出发,选择哪两种原料较好?为什么?

6.试述温度对固相反应的影响。提高压强一定能促进固相反应的进行吗?为什么?

7.反应物颗粒大小和分布宽窄对固相反应有什么影响?

8.试分析影响固相反应的主要因素。

9.为什么在微波炉中加热时,固相反应往往比在普通电炉中进行得更快?

8 相变过程

8.1 相变的基本类型

相变过程是指物质从一个相转变为另一个相的过程。一个相受环境(外界条件)的影响,如在热场、应变能、表面能、外力、电磁场等的作用下,转变为另一个相,称为相变。相变在无机非金属材料工业中十分重要,材料制备的每一阶段几乎都会涉及相变。例如,有些陶瓷材料在烧成时需要引入矿化剂控制或防止其晶型转变,有些陶瓷材料需要通过适当的相变过程获得不同的釉面层,而玻璃则可通过控制结晶来制造各种微晶玻璃。又如,无机介电材料中顺电相和铁电相之间的过渡以及相邻铁电相之间的转变都是相变问题,而采用液相或气相外延生长可制备单晶、多晶和晶须等,也均涉及相变过程。因此,相变是控制材料性质、结构的基本手段之一。

相变的类型很多,根据热力学特征、相变方式、原子迁移方式等可作出不同的分类。

8.1.1 按热力学分类

根据热力学,当系统由一个相转变为另一个相时,如两相的化学势相等,但化学势的一级偏微熵不相等,此相变称为一级相变,即:

$$\begin{gathered}\mu_1=\mu_2\\ \left(\frac{\partial\mu_1}{\partial T}\right)_P\neq\left(\frac{\partial\mu_2}{\partial T}\right)_P\\ \left(\frac{\partial\mu_1}{\partial P}\right)_T\neq\left(\frac{\partial\mu_2}{\partial P}\right)_T\end{gathered}\tag{8-1}$$

由于:

$$\left(\frac{\partial\mu}{\partial T}\right)_P=-S$$

$$\left(\frac{\partial\mu}{\partial P}\right)_T=V$$

因此,一级相变的特点是

$$S_1\neq S_2\quad V_1\neq V_2\tag{8-2}$$

上式表示在一级相变时,系统的化学势有连续变化,而熵(S)和体积(V)却有不连续变化,即发生突变。如图 8-1 所示。这种突变表示伴随着相变有体积的变化及相变潜热的吸收或释放。

属于一级相变的有晶体的熔融、升华;液体的蒸发、析晶;气相的凝聚及晶型的转变等。一级相变是最普遍的相变类型。

二级相变的特点是相变过程中两相的化学势相等,化学势的一级偏微熵也相等,但化学势的二级偏微熵不相等,即:

$$
\begin{gathered}
\mu_1=\mu_2\\
\left(\frac{\partial\mu_1}{\partial T}\right)_P=\left(\frac{\partial\mu_2}{\partial T}\right)_P,\left(\frac{\partial\mu_1}{\partial P}\right)_T=\left(\frac{\partial\mu_2}{\partial P}\right)_T\\
\left(\frac{\partial^2\mu_1}{\partial T^2}\right)_P\neq\left(\frac{\partial^2\mu_2}{\partial T^2}\right)_P,\left(\frac{\partial^2\mu_1}{\partial P^2}\right)_T\neq\left(\frac{\partial^2\mu_2}{\partial P^2}\right)_T\\
\left(\frac{\partial^2\mu_1}{\partial T\partial P}\right)\neq\left(\frac{\partial^2\mu_2}{\partial T\partial P}\right)
\end{gathered}
\tag{8-3}
$$

由于

$$
\left(\frac{\partial^2\mu}{\partial T^2}\right)_P=-\frac{C_P}{T}
$$

$$
\left(\frac{\partial^2\mu}{\partial P^2}\right)_T=-V\beta
$$

$$
\left(\frac{\partial^2\mu}{\partial T\partial P}\right)=V\alpha
$$

式中，C_P 为等压热容，β 为等温压缩系数，α 为等压膨胀系数。

因此，二级相变的特点是：

$$
\begin{gathered}
S_1=S_2 \qquad V_1=V_2\\
C_{P1}\neq C_{P2} \qquad \beta_1\neq\beta_2 \qquad \alpha_1\neq\alpha_2
\end{gathered}
\tag{8-4}
$$

以上结果表明，发生二级相变时，系统两相的化学势、熵和体积均有连续变化，而热容、热膨胀系数和压缩系数均不连续变化而发生突变，如图 8-2 所示。这表示二级相变没有伴随体积的变化及相变潜热的吸收和释放。超导态相变、磁性相变及合金中部分无序-有序相变都属于二级相变。

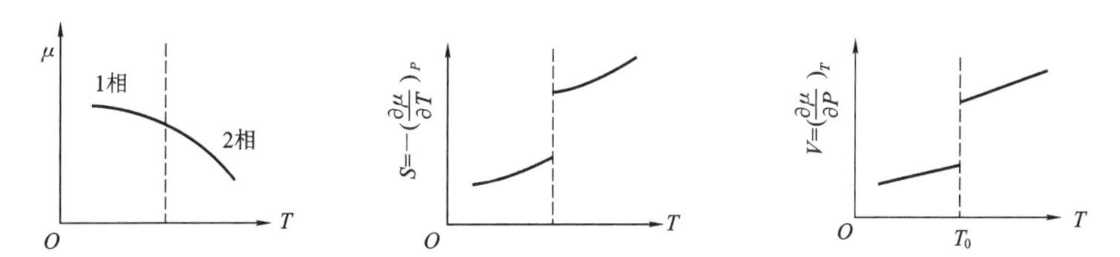

图 8-1　一级相变时两相的自由焓、熵及体积的变化

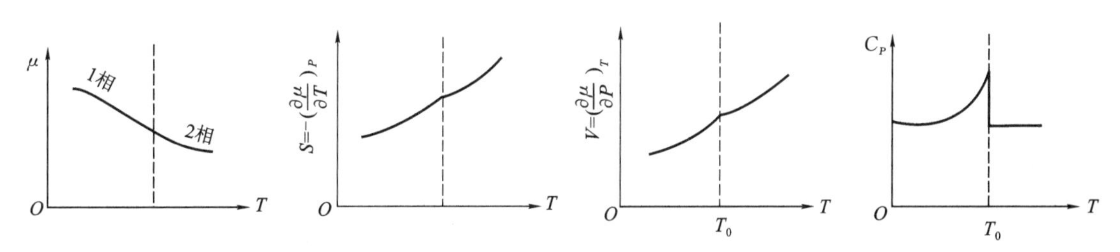

图 8-2　二级相变时的自由焓、熵、体积及热容的改变

化学势的一级偏微熵、二级偏微熵都相等，而三级偏微熵不等的称为三级相变。以此类推，化学位及其前 $n-1$ 阶偏导数相等、n 阶偏导数不相等的相变称为 n 级相变。二级以上的相变均称为高级相变。高级相变并不常见。

需要指出的是，并非所有相变形式都能严格地按热力学分类方法区分，例如 KH_2PO_4 的铁电体相变在理论上是一级相变，但却又符合二级相变某些特征。这种混合型的特征在许多一级相变中都存在。

8.1.2 按相变发生的机理分类

按照相变发生的方式可以将相变分为成核-生长相变、Spinodal 分解、马氏体相变和有序-无序相变等。

成核-生长相变是由程度大而范围小的浓度起伏开始形成新相核心并不断长大成新相，新相和母相之间由清晰的界面隔开，是最重要、最普遍的一种相变形式。

Spinodal 分解是由程度小、范围广的浓度起伏连续地长大形成新相，两相之间没有清晰的相界面。

马氏体相变属于无扩散的切变共格型转变，原子以切变方式从母相转移到新相。

有序-无序相变是指物体内部结构中质点在空间排列的两种不同状态之间的转变。其中，排列呈现某种规律性的为有序(态)，无规律性的为无序(态)。

8.1.3 按原子迁移特征分类

根据相变过程中质点的迁移状况，可以将相变分为扩散型和无扩散型两类。

在相变过程中，相变依靠原子或离子的扩散来进行，称为扩散型相变。扩散型相变主要是在较高温度下通过原子的热激活扩散进行的，可分为形核-长大型和连续型(包括 Spinodal 分解和连续有序化)的扩散型相变。

相变过程不存在原子或离子的扩散，或虽存在扩散，但不是相变所必需的或不是主要过程，称为无扩散型相变。无扩散型相变分为点阵畸变位移(相变时原子保持相邻关系进行有组织的位移)相变和原子位置调整位移(原子只在晶胞内部改变位置)相变。

8.1.4 按结构变化分类

M.J.Buerger 在概括大量晶体在相变中结构变化实验结果的基础上，提出了结构相变可分为两种类型，即重构型相变和位移型相变。

重构型相变是指将原有的母相分解成许多小单元，然后这些单元重新组合，形成新的结构，如图 8-3 中的(b)转变为(a)，这个过程速度很慢，大量化学键被破坏和重建，原子近邻的拓扑结构关系发生显著变化，新相和母相之间在晶体学上不存在明确的位向关系。位移型相变是指相变过程不涉及化学键的打开和重构，通常仅为原子的微小位移或键角的微小转动，相变速度较快，相变前后原子近邻的拓扑关系保持不变，新相和母相之间存在明确的晶体学位向关系，如图 8-3 中的(b)转变为(c)。

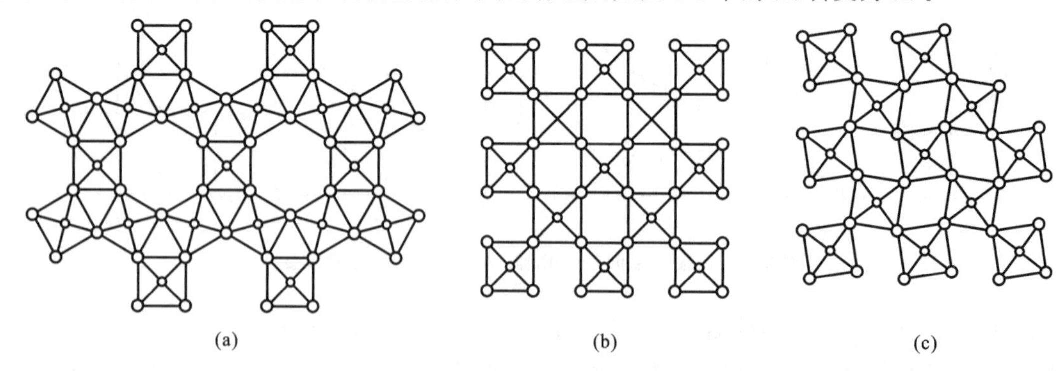

图 8-3 重构型与位移型相变结构变化示意

(a) 重构型相变；(b) 高温母相结构；(c) 位移型相变

位移型相变可进一步分为以晶胞中各原子之间发生少量相对位移为主的第一类位移型相变和以晶格畸变为主的第二类位移型相变两种。前者如 $BaTiO_3$ 从立方相转变为四方相的相变，后者如

ZrO_2从四方相转变为单斜相的马氏体相变。

图 8-4 是常见的一级固态相变的简明分类。

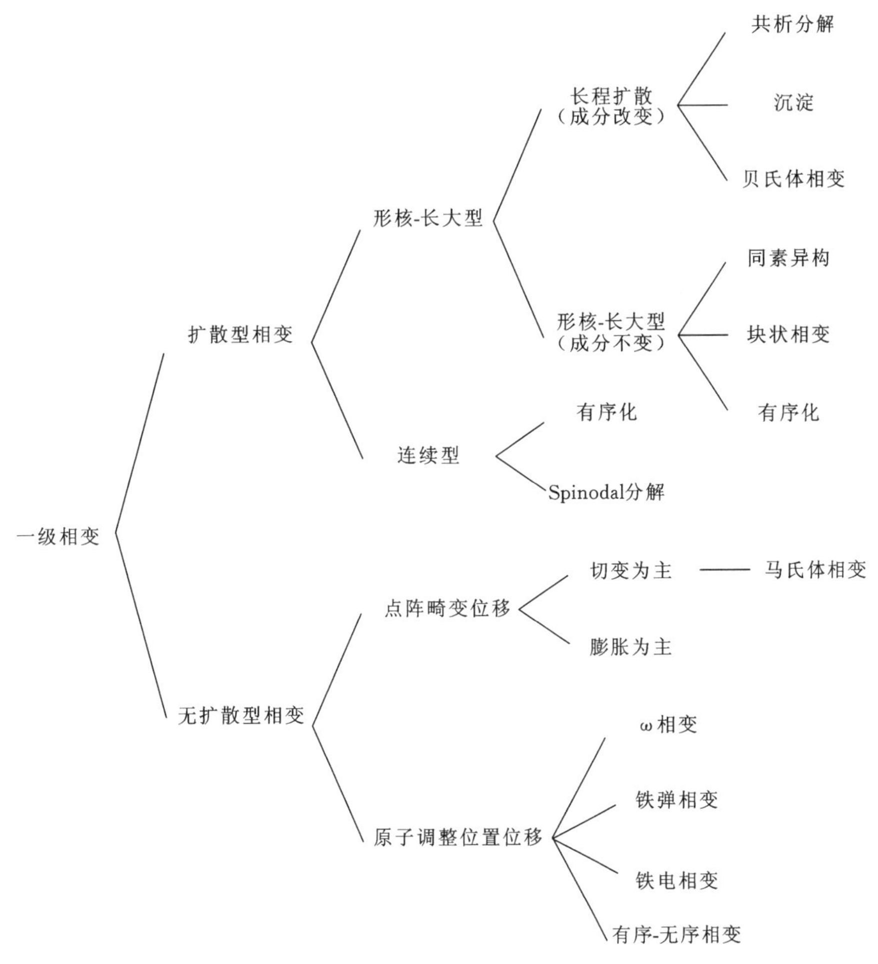

图 8-4 常见的一级固态相变的简明分类

8.2 相变过程的热力学条件

8.2.1 相变推动力

相变过程的推动力是过程前后自由焓的差值，这个差值愈大，相转变的趋势就愈大。

$$\Delta G_{T,P}<0，相变自发进行$$

$$\Delta G_{T,P}=0，相变达到平衡$$

$$\Delta G_{T,P}>0，相变不能自发进行$$

相变过程推动力受温度、压力及浓度等外界条件的影响。

1）相变过程的温度条件

在等温等压下，

$$\Delta G=\Delta H-T\Delta S$$

当达到平衡时，

$$\Delta G=\Delta H-T_0\Delta S=0$$

$$\Delta S=\frac{\Delta H}{T_0} \tag{8-5}$$

式中，T_0为相变平衡温度；ΔH 为相变热。

当处于不平衡状态任一温度 T 时，则有：

$$\Delta G=\Delta H-T\Delta S\neq 0$$

如果 ΔS 和 ΔH 不随温度变化，将式(8-5)代入上式得：

$$\Delta G=\Delta H\left(1-\frac{T}{T_0}\right)=\Delta H\ \frac{\Delta T}{T_0} \tag{8-6}$$

式中，ΔT 为过冷度(T_0-T)。

如前所述，相变过程要自发进行，必有 $\Delta G<0$。由式(8-6)可见，若相变过程放热(如凝聚过程、结晶过程等)，即 $\Delta H<0$，则必须 $\Delta T>0$，即 $T_0>T$，才能满足 $\Delta G<0$。换言之，就是在该过程中必须"过冷却"，或者说系统实际温度比理论相变温度还要低，才能使相变过程自发进行。若相变过程吸热(如蒸发过程、熔融过程等)，$\Delta H>0$，则必须 $\Delta T<0$，即 $T_0<T$，才能满足 $\Delta G<0$。即，实际温度比相平衡温度高才能使过程自发进行，这就需要"过热"。由此可知，相平衡温度与实际温度之差为该相变过程的推动力。

2）相变过程的压力和浓度条件

在恒温可逆不做有用功条件下，根据热力学可知：

$$\mathrm{d}G=V\mathrm{d}P$$

对于理想气体，

$$\Delta G=\int V\mathrm{d}P=\int\frac{RT}{P}\mathrm{d}P=RT\ln\frac{P_2}{P_1}$$

当过饱和蒸气压为 P 的气相凝聚成液相或固相(其平衡蒸气压力为 P_0)时，有

$$\Delta G=RT\ln\frac{P_0}{P} \tag{8-7}$$

根据式(8-7)，要使相变自发进行($\Delta G<0$)，必须 $P>P_0$，也就是说气相要有过饱和蒸气压，凝聚相变才能自发进行。P 与 P_0的差值就是相变过程的推动力。

对于溶液，可以用浓度 c 代替式(8-7)中的压力 P：

$$\Delta G=RT\ln\frac{c_0}{c} \tag{8-8}$$

式中，c_0为饱和溶液浓度；c 为过饱和溶液浓度。

根据式(8-8)，要使相变自发进行($\Delta G<0$)，必须 $c>c_0$，这说明溶液要有过饱和浓度，也就是说溶液的实际浓度要大于饱和溶液的浓度，这一相变才会自发进行。

8.2.2　相变过程的不平衡状态及亚稳区

如前所述，在一定热力学条件下只有具有最小自由能的相才可能是稳定的。将物体冷却(或者加热)，使系统热力学条件改变，达到相变温度时，就会发生相变而形成新相。但事实上，当冷却到相变温度时，并不会自发相转产生新相，而要冷却到比相变温度更低的某一温度才会发生相转变。图 8-5 是单元系统 T-P 相图，OX、OY、OZ 分别为气-液相平衡线、液-固相平衡线和气-固相平衡线。在理想的平衡条件下，当处于 A 状态的气相在恒压(P')下冷却到 OX 线上的 B 点时，开始出现液相，此时气-液二相共存，温度不变。当气相完全转变为液相后，温度继续下降，离开 B 点进入 BD 段的液相区。冷却到 OY 线上 D 点时，开始出现固相，温度保持不变。直到液相全部转变为固相后，温度才继续下降，离开 D 点进入 DP'的固相区。但在实际上，A 状态点的气相冷却到 B 或 D 的相变温度点时，系统并不会发生相变，凝出液相或析出固相，而要冷却到比 B 或 D 的温度低的 C 或 E 点时，才会

发生相变生成液相或固相。BC 和 DE 之间都属于理论上应发生相转变而实际上不能发生相转变的区域。这种区域(如图 8-5 所示的阴影区)称为亚稳区。在亚稳区内,新相还不能生成,旧相能以亚稳状态存在。亚稳区存在的原因是:新相生成时颗粒很小,其饱和蒸气压和溶解度都高于其平面状态的蒸气压和溶解度,不可避免地会重新蒸发和溶解。只有在低于相平衡温度的过冷条件下,这些新相的核才能达到一定尺寸而稳定长大,从而发生相变化。

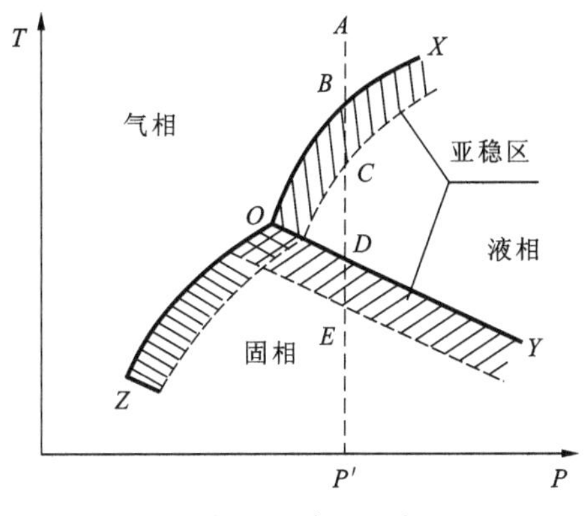

图 8-5 单元系统 T-P 相图

显然,如果改变外部条件,比如引入晶种或存在外来杂质时,原先不能自发生成新相的亚稳区内也可能形成新相,此时亚稳区的范围就会缩小。

8.3 液-固相变

从相变机理上看,液-固相变是按成核-生长机理进行的,整个过程包含晶核形成和晶体长大两个过程。事实上,除了液-固相变,常见的大多数的相变,包括常见的固-固、液-液、气-固相变过程均属于成核-生长型相变。

8.3.1 晶核形成

熔体过冷却到析晶温度时,由于粒子动能的减小,液体中粒子的"近程有序"排列得到了延伸,为进一步形成稳定的晶核准备了条件,这就是"核胚",也称之为"核前群"。在一定温度下,核胚数量一定,一些核胚消失,另一些核胚又会出现。温度回升,核胚解体。如果继续冷却,可以形成稳定的晶核。成核过程分为均匀成核和不均匀成核。

8.3.1.1 均匀成核

1.临界晶核的形成

均匀成核是在均匀基质(溶液或熔体)内部进行,在整体基质中的核化概率处处相同,而与相界、结构缺陷等无关。

从液相形成晶核的状态变化过程中,系统在能量上出现两个变化:一是系统中一部分粒子从高自由能的液态转变成低自由能的晶态,这就使系统的自由能减少(ΔG_1);另一是形成新的固-液界面所需做的功,从而使系统的自由能增加(ΔG_2)。因此,系统在整个相变过程中自由能的变化(ΔG)应为此两项的代数和:

$$\Delta G=\Delta G_1+\Delta G_2=V\Delta G_V+A\sigma \tag{8-9}$$

式中,V 为新相的体积;ΔG_V 为固液相之间单位体积自由能之差(即 $G_{液}-G_{固}$);A 为新相的表面积;σ 为新相界面能。

设形成的晶核为圆球形,其半径为 r,总的粒子数为 n,则:

$$\Delta G=\frac{4}{3}\pi r^3\cdot n\cdot\Delta G_V+4\pi r^2\cdot n\sigma \tag{8-10}$$

将式(8-6)代入式(8-10)中,得:

$$\Delta G=\frac{4}{3}\pi r^3\cdot n\cdot\frac{\Delta H\Delta T}{T_0}+4\pi r^2\cdot n\sigma \tag{8-11}$$

由式(8-11)可见,ΔG 是核胚半径 r 和过冷度 ΔT 的函数。图 8-6 所示为不同温度下 ΔG 与 r 的

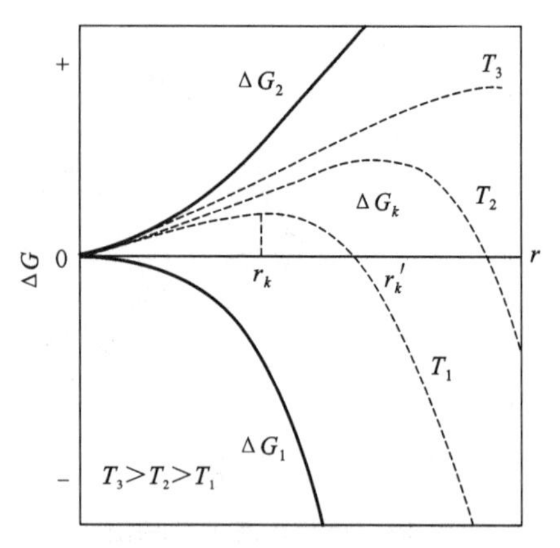

图 8-6　不同温度下系统自由能与晶核半径的关系($T_3>T_2>T_1$)

关系。系统自由能 ΔG 是由 ΔG_1 和 ΔG_2 两项之和决定的。图中曲线 ΔG_1 为负值，它表示由液态转变为晶态时自由能是降低的，晶核越大，自由能减少得越多，其下降的速率正比于 r^3。而曲线 ΔG_2 为正值，表示新相形成的界面自由能是增加的，核胚越大，形成表面积越大，自由能增大也越多，其上升的速率正比于 r^2。当晶核很小时，其比表面积很大，第二项占优势，总的自由能变化是正值；当晶核较大时，第一项占优势，总的自由能变化是负的，这反映在图 8-6 中的 ΔG 曲线出现峰值。峰值的左侧，系统自由能随新相半径的增加而增加，即 $\Delta G>0$，此时新相是不稳定的，只能溶解消失，亚稳态的液相能够长时间保持；而在峰值右侧，系统自由能随晶核的长大而减小，即 $\Delta G<0$，此时晶核能稳定存在并继续长大。显然，在给定的过冷度下，存在一个确定的临界半径 r_k，即新相可以长大而不消失的最小晶核的半径，r_k 值愈小，表示新相愈易形成。

r_k 可由图 8-6 中 ΔG 曲线的极值来确定：

$$\left.\frac{\mathrm{d}(\Delta G)}{\mathrm{d}r}\right|_{r=r_k}=4\pi r_k^2\cdot n\cdot\Delta G_V+8\pi r_k\cdot n\sigma=0$$

$$r_k=-\frac{2\sigma}{\Delta G_V}\tag{8-12}$$

相应地，存在一个临界形核功或临界形核势垒 ΔG_k：

$$\Delta G_k=-\frac{16\pi\sigma^3}{3(\Delta G_V)^2}\tag{8-13}$$

将式(8-6)代入，可得：

$$r_k=-\frac{2\sigma T_0}{\Delta H}\cdot\frac{1}{\Delta T}\tag{8-14}$$

$$\Delta G^*=\frac{16\pi\sigma^3}{3(\Delta H)^2}\cdot\frac{T_0}{(\Delta T)^2}\tag{8-15}$$

由于析晶过程为放热过程，即 $\Delta H<0$，故要使 r_k 为正值，需 $\Delta T>0$，这表明为形成稳定晶核系统必须过冷。过冷度 ΔT 愈大，则 r_k 和 ΔG_k 愈小，相变愈易进行。另一方面，晶核的界面能 σ 降低和相变热 ΔH 增加均可使 r_k 变小，有利于新相的形成。

2.成核过程

成核的过程就是母相熔体中的原子或分子不断地加到临界核胚上，使其成长为稳定的晶核。因此，形核的生成速率取决于临界核胚的密度(即单位体积母相熔体中临界核胚的数目)和母相中的原子或分子加到核胚上的速率，可以表示为：

$$I_v=\nu n_i\cdot n^*\tag{8-16}$$

式中，I_v 为形核速率，指单位时间、单位体积中所生成的稳定的晶核数目，其单位通常是晶核个数/(s·cm^3)；ν 为单个原子或分子同临界核胚碰撞的频率；n_i 为临界核胚周界上的原子或分子数；n^* 为系统内能形成 r_k 大小的粒子数。

其中：

$$\nu=\nu_0\exp\left(-\frac{\Delta G_m}{RT}\right)\tag{8-17}$$

$$n^*=n\exp\left(-\frac{\Delta G_k}{RT}\right)\tag{8-18}$$

式中，ν_0 为原子或分子向固相的跃迁频率；ΔG_m 为原子或分子跃迁新旧界面的迁移活化能。

因此，成核速率可写成：

$$\begin{aligned} I_v &= \nu_0 n_i n \exp\left(-\frac{\Delta G_k}{RT}\right)\exp\left(-\frac{\Delta G_m}{RT}\right) \\ &= B\exp\left(-\frac{\Delta G_k}{RT}\right)\exp\left(-\frac{\Delta G_m}{RT}\right) \\ &= P \cdot D \end{aligned} \tag{8-19}$$

式中，P 为受核化能垒影响的成核率因子，D 为受原子扩散影响的成核率因子，B 为常数。

从式(8-19)中可以看出过冷度对均匀形核速率的影响。当温度降低、过冷度增大时，一方面液相的黏度增加，质点移动阻力增加，扩散速率减小，ΔG_m 增大，使得质点从液相中迁移到核胚表面的概率降低，不利于形成稳定晶核，使得 D 因子值随温度的降低而减小；另一方面，液相中质点的动能降低，质点之间吸引力相对增大，故容易聚结在一起形成稳定晶核。成核速率增大，P 因子值随温度的降低而增加。根据 P-T 曲线与 D-T 曲线的综合效应，在温度过低时，D 项因子抑制了 I_v 的增长；温度过高时，P 项因子抑制了 I_v 的增长。只有在合适的过冷度下，I_v 才能达到最大值，如图 8-7 所示。

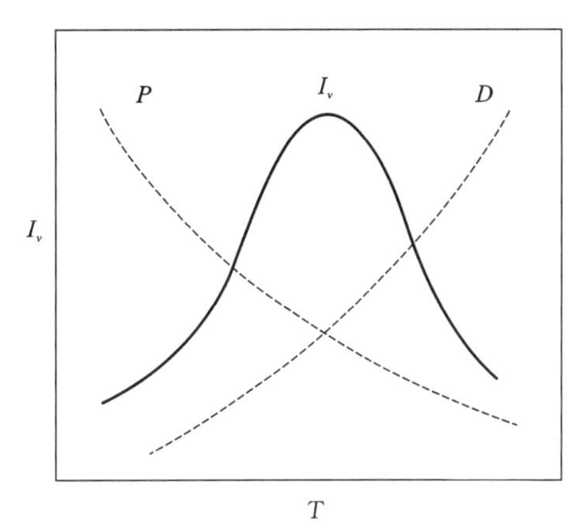

图 8-7 成核速率与温度的关系

8.3.1.2 非均匀成核

在实际过程中，均匀成核是很难实现的。就液-固相变而言，由于液相需要与容器接触，同时液相中存在杂质，大多数相变是非均匀形核，即形核并不是在母液各处均匀地发生，而是发生在异相界面上，如容器壁、气泡界面、结构缺陷或附于外加物(杂质或晶核剂)处。其原因是：均匀成核时液-固界面的形成需要能量，如果晶核依附于已有的基体上形成，则高能量的晶核-液体的界面被低能量的晶核-成核基体的界面所取代，这样就可降低成核势垒，使非均匀成核能在较小的过冷度下进行。

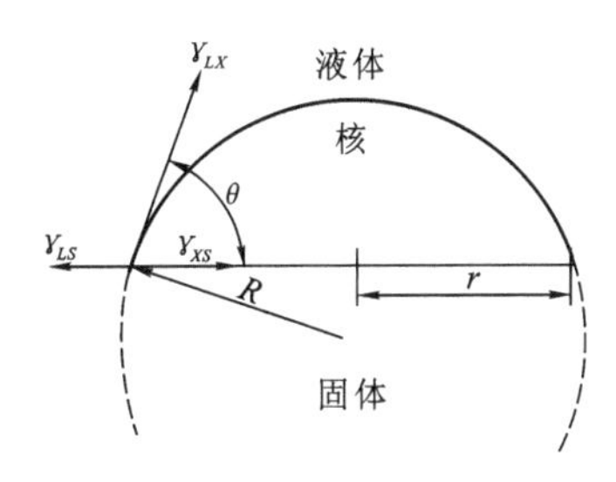

图 8-8 非均态形核的示意

图 8-8 为非均匀形核的示意图。假设在基体表面形成一个曲率半径为 R 的晶核，晶核与基体形成的接触角为 θ，则此时系统自由能的变化为：

$$\Delta G = -V\Delta G_V + A_{LX} \cdot \gamma_{LX} + \pi r^2 (\gamma_{XS} - \gamma_{LS}) \tag{8-20}$$

式中，γ_{LX}、γ_{XL}、γ_{LS} 分别为液体-晶核、晶核-固体和液体-固体的界面张力，A_{LX} 为液体-晶核界面的面积。

通过推证可得非均匀成核时，形成临界晶核所需克服的能垒为：

$$\Delta G_k^* = \Delta G_k \cdot f(\theta) = \Delta G_k \cdot \frac{(2+\cos\theta)(1-\cos\theta)^2}{4} \tag{8-21}$$

式中，ΔG_k^* 为非均匀成核的临界成核能垒，ΔG_k 为均匀成核的临界成核能垒，θ 为新相的晶核与成核基体形成的接触角。

由上式可见，由于 $f(\theta) \leqslant 1$，所以非均匀成核比均匀成核的位垒低，成核比较容易。接触角 θ 愈小，愈有利于成核。因此，在实际生产中常在配合料里加入合适的晶核剂，以促进晶化。如在铸石生产中，常用铬铁砂作为成核基体；在陶瓷结晶釉中，常加入硅酸锌和氧化铁作为核化剂；在制备微晶玻璃时，常引入氧化钛和氧化锆作为晶核剂。

与均匀成核速率相似，非均匀成核速率可写成：

$$I_v^* = B^* \exp\left(-\frac{\Delta G_k^*}{RT}\right) \cdot \exp\left(-\frac{\Delta G_m}{RT}\right) \tag{8-22}$$

式中，I_v^* 为非均匀成核速率，B^* 为比例常数，ΔG_k^* 为非均匀成核的临界成核能垒。

8.3.2 晶体生长

液相的结晶过程不仅依赖于晶核的产生，也依赖于晶核的长大。当一个稳定的晶核(其尺寸大于临界半径 r_k)形成以后，就会进入长大阶段。晶核的长大过程就是母相中的质点不断扩散到晶核表面再转变成晶相的过程。如果新相与母相的化学成分相同，则新相的长大速率受原子由母相穿越界面到达新相这一热激活的短程扩散过程控制，称为界面过程控制长大。如果新相与母相的化学成分不同，则新相的长大不仅要受到原子穿越界面这一短程扩散过程的影响，还可能要受到母相中不同组元原子的长程扩散过程的影响。换言之，此时新相的长大过程可能受界面过程或扩散过程的控制，或是两个过程的共同控制。

这里我们仅考虑界面过程控制的情况。这一过程既适用于新相与母相化学成分相同的情况，也适用于新相与母相化学成分不同的情况。

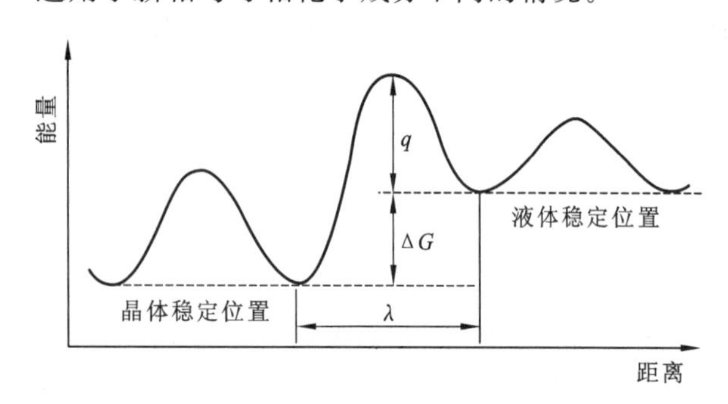

图 8-9　液-固相界面的能垒图

析晶时液-固相界面的能垒图如图 8-9 表示。图中 ΔG 为液体与固体自由能之差，即析晶过程自由能的变化；q 为液相质点通过相界面迁移到固相的扩散活化能；$\Delta G+q$ 为质点从固相迁移到液相所需的活化能；λ 为界面层厚度，约为分子直径大小。质点由液相向固相迁移的速率 $Q_{L\to S}$ 应等于界面的质点数目 N 乘以跃迁频率，且应符合波尔兹曼能量分布定律，即：

$$Q_{L\to} = N\nu_0 \exp\left(-\frac{q}{RT}\right) \tag{8-23}$$

从固相到液相的迁移率应为：

$$Q_{S\to L} = N\nu_0 \exp\left(-\frac{q+\Delta G}{RT}\right) \tag{8-24}$$

因此，粒子从液相到固相的净速率为：

$$Q = Q_{L\to} - Q_{S\to L} = N\nu_0 \exp\left(-\frac{q}{RT}\right)\left[1-\exp\left(-\frac{\Delta G}{RT}\right)\right] \tag{8-25}$$

晶体生长速率是以单位时间内晶体生长的线性长度来表示的，因此也称为线性生长速率。线性生长速率 u 等于单位时间迁移原子数乘以新相表面层的原子间距 λ：

$$u = Q \cdot \lambda = N\nu_0\lambda \exp\left(-\frac{q}{RT}\right)\left[1-\exp\left(-\frac{\Delta G}{RT}\right)\right] \tag{8-26}$$

如果 $\Delta G \ll RT$，也就是在偏离平衡态较小的情况下，上式可简化为：

$$u = N\nu_0\lambda \frac{\Delta G}{RT} \exp\left(-\frac{q}{RT}\right) \tag{8-27}$$

上式称为 Wilson-Frenkel 公式，表示新相的长大速率与相变驱动力成正比。随着温度下降，过冷度增大，晶体生长速率 u 提高。

当相变过程远离平衡态时，即 $\Delta G \gg RT$，新相生长速度可写为：

$$u = N\nu_0\lambda \exp\left(-\frac{q}{RT}\right) = \frac{ND}{\lambda} \tag{8-28}$$

式中，D 为通过界面的扩散系数，$D = \nu_0\lambda^2 \exp\left(-\frac{q}{RT}\right)$。

这是新相长大的一种极限情况，此时晶体生成受原子通过界面扩散速率所控制，温度越低，u 值越小。比较式(8-27)和式(8-28)可知，u 值会在一定温度下出现极大值。

乌尔曼(D.R.Uhlmann)曾研究过 GeO_2 晶体生长速率与过冷度关系，其结果如图 8-10 所示。这是典型的晶体生长速率和温度的关系曲线。晶体生长速率在熔点时为零。随着温度下降、过冷度增大，晶体生长速率也迅速增大；继续冷却，晶体生长速率达到最大峰值，然后随着过冷度的增大而下降。u-ΔT 曲线的这种变化的原因是：在过冷度较小时，扩散速度较快，晶体长大主要由液相转变成晶相的速率控制，过冷度增大对该过程有利，故生长速率增大；在过冷度较大时，过程主要由相界面扩散控制，温度降低对扩散不利，故生长速率随过冷度增大而减慢。

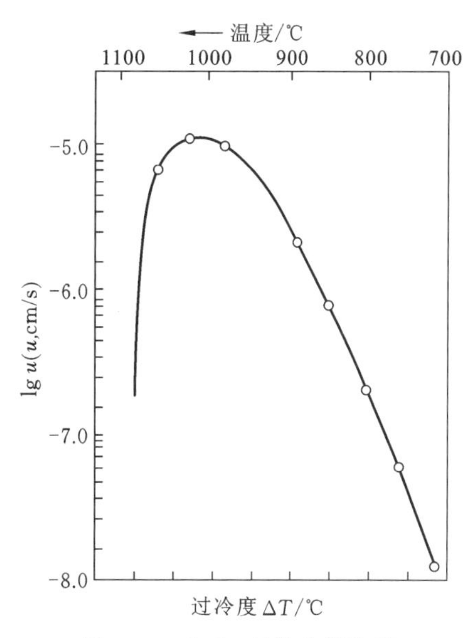

图 8-10 GeO_2 **晶体生长速率与过冷度关系**

从上面分析可以看出，晶体生长速率、晶核形成速率二者与过冷度的关系相似，只是其最大值对应的过冷度较晶核形成速率的最大值对应的过冷度更小而已。

8.3.3 总的结晶速率

总的结晶速率一般用已经析出晶体体积占原来液体体积的分数(x)和析晶时间(t)的关系定量表示。如上所述，整个液-固相变由成核和晶体生长两个过程构成，因此总的结晶速率也是由这两个过程决定。

设一个体积为 V 的液体 α 快速冷却到出现新相 β 的温度，并在此温度下保持时间到 τ。在 $\mathrm{d}t$ 时间内形成新相结晶颗粒的数目为

$$N_\tau = I_v V_l \mathrm{d}t \tag{8-29}$$

式中，I_v 为成核速率，即单位时间单位体积中形成新相的颗粒数；V_l 为残留未析晶出的液体体积。

假定形成新相为球状，其生长速率 u 为常数，即单位时间内球形半径的增长速率不随时间 t 而变化，从 τ 时刻后开始晶体生长，则在总的时间 t 内单晶粒生长出的晶体体积 V_β 为：

$$V_\beta = \frac{4\pi}{3}[u(t-\tau)]^3 \tag{8-30}$$

在结晶初期，晶粒很小且分布在整个母相内，故 $V_l \approx V$。因此，在 τ 和 $\tau+\mathrm{d}t$ 之间结晶出体积 $\mathrm{d}V_\beta$ 等于在 $\mathrm{d}t$ 内形成新相的颗粒数与单个新相颗粒体积 V_β 的乘积，结合式(8-29)和式(8-30)式有：

$$\mathrm{d}V_\beta = N_\tau \cdot V_\beta = \frac{4\pi}{3} I_v V [u(t-\tau)]^3 \mathrm{d}t \tag{8-31}$$

由此，结晶体积分数是

$$x = \frac{V_\beta}{V} = \frac{4\pi}{3}\int_0^t I_v \ [u(t-\tau)]^3 \mathrm{d}t \tag{8-32}$$

对上式微分，得

$$\mathrm{d}x = \frac{4\pi}{3} I_v u^3 \ (t-\tau)^3 \mathrm{d}t \tag{8-33}$$

上式就是析晶相变初期的近似速度方程。

但在实际相变过程中，I_v 和 u 都可能随时间变化，且 V_β 也不等于 V，所以该方程在应用时会产生偏差。

阿弗拉米(M.Avrami)于 1939 年对相变动力学方程作了适当校正，导出公式：

$$x=\frac{V_\beta}{V}=1-\exp\left(-\frac{1}{3}\pi I_v u^3 t^4\right) \tag{8-34}$$

上式就是著名的 JMA(Johnson-Mehl-Avrami)方程。

克里斯汀(I.W.Christian)在 1965 年对相变动力学方程作了进一步修正,考虑到时间对新相的形核速率及生长速度的影响,得出一个通用公式

$$x=1-\exp(-Kt^n) \tag{8-35}$$

式中,x 为相转变的转变率;n 称为阿弗拉米(Avrami)指数,不同析晶条件下可取不同的值;K 是关于新相核形成速率及生长速度的系数。

各种析晶机构的 n 值见表 8-1。

表 8-1 各种析晶机构的 n 值

非扩散控制的转变(蜂窝状转变)	n	扩散控制的转变	n
仅结晶开始时成核:			
恒速成核	3	结晶开始时,就在成核粒子上开始晶体长大	1.5
加速成核	4	成核粒子开始晶体长大就以恒速进行	2.5
	>4	有限大小孤立板片状或针状晶体的长大	1
结晶开始时成核及在晶粒棱上继续成核	2	板片状晶体在晶棱接触后板片厚度增加	0.5
结晶开始时成核及在晶粒界面继续成核	1		

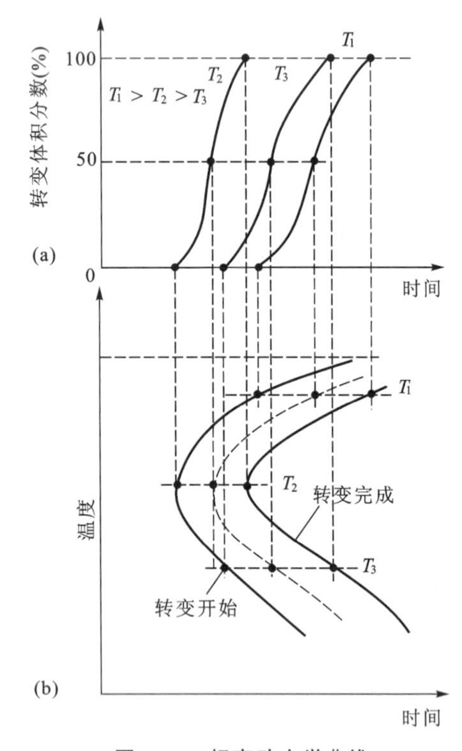

图 8-11 相变动力学曲线

(a) 相变动力学曲线;
(b) 等温转变曲线(T-T-T 图)

根据式(8-34)JMA 方程计算的转变动力学曲线见图 8-11(a)。从图中可以看到,所有转变曲线均呈 S 状。开始阶段主要为进一步相变创造条件,相变转变率 x 受新相的形核速率 I_v 的影响较明显,曲线平缓;中间阶段,此时已有大量新相的形核生成,这些形核可以同时长大,所以转化率迅速增长,曲线变陡。相变的后期,新相大量形成,过饱和度减小,故转化率减慢,曲线趋于平缓并接近于 100%转化率。将不同温度的 S 状曲线整理、换算,可得到如图 8-11(b)所示的相变量与转变温度和转变时间的关系图,即等温转变动力学图,也称 TTT 图。该图由两条形状呈字母 C 形的曲线构成,又称 C 曲线。左侧为开始转变线,一般取转变量 x 为 0.5%为转变开始,在各过冷度下从开始等温到开始转变这一段时间称为孕育期;右侧为转变完成线,发生了 99.5%的转变即为转变完成。当温度较高时,扩散速率较高但相变动力较小,随温度下降和过冷度增大,相变驱动力增大,相变速率不断加快,表现出转变开始时间(孕育期)与终了时间随温度下降而缩短的现象。但当转变温度过低时,虽然相变的驱动力相当大,但扩散速率急速下降,又使孕育期变长,转变速率变慢。

8.3.4 析晶过程

现在,我们已经知道,析晶过程是由晶核形成和晶粒长大两个过程共同构成的,而这两个过程都各自需要适当的过冷度 ΔT。

同时考虑这两个过程,以 ΔT 对成核速率 I 和生长速率 u 作图,如图 8-12 所示。可以看出:

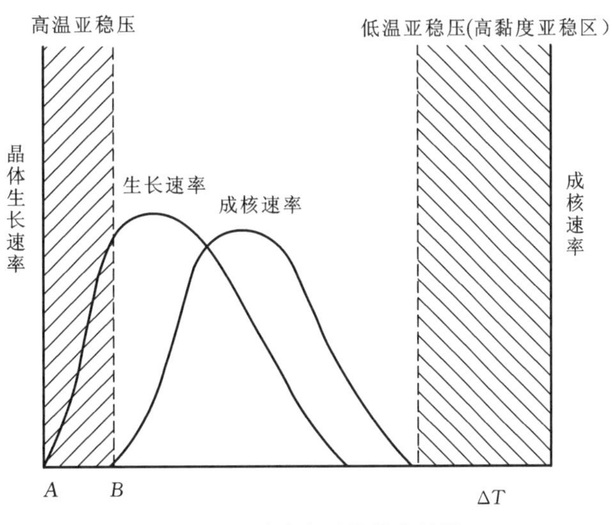

图 8-12 过冷度对晶核生长及晶体生长速率的影响

1) 过冷度过大或过小对成核与生长速率均不利,只有在一定过冷度下才有最大成核和生长速率,因此图中 I 和 u 都会出现峰值。但二者出现峰值的温度往往不重叠,成核曲线的峰值一般位于较低温度处。

2) I 和 u 两曲线重叠的区域,成核与晶体生长速率都比较大,最有利于析晶,称为“析晶区”。析晶区面积越大,析晶越容易进行。如果 I、u 曲线完全分开不重叠,则无析晶区,该熔体易形成玻璃而不易析晶。当析晶区面积比较大时,可通过控制过冷度 ΔT 来控制析晶过程。若 ΔT 大,析晶在成核速率较大处进行,则容易获得晶粒多而尺寸小的细晶,如搪瓷中 TiO_2 析晶;若 ΔT 小,析晶在生长速率较大处进行,则容易获得晶粒少而尺寸大的析晶,如陶瓷结晶釉中的大晶花。

3) 图中两侧阴影区是亚稳区,表示理论上应该析出晶体、而实际上不能析晶的区域。左侧为高温亚稳区,在 A 点(相当于熔融温度 T_m),$\Delta T \rightarrow 0$,而 $r_k \rightarrow \infty$,此时无晶核产生,直至温度下降至 B 点时,晶核才能产生,析晶开始。B 点对应的温度为初始析晶温度。右侧为低温亚稳区。在此区域,由于黏度过大,质点扩散速率太低,难以移动,无法成核与生长。在此区域不能析晶,只能形成过冷液体,即玻璃体。

4) I、u 曲线是由系统本身性质决定,但可以加入适当的成核剂来改变析晶过程。比如在高温亚稳区,原本由于无晶核形成、相变不能进行的,加入成核剂后,非均匀成核代替均匀成核,成核位垒降低,晶体就有可能成核、长大。又如当 I、u 曲线完全分开、无析晶区时,可以通过加入适当的核化剂,使成核曲线向生长曲线靠拢、重叠而容易析晶。

8.3.5 影响析晶能力的因素

无机非金属材料系统的熔体结构一般比较复杂,存在多种原子、不同化学键共存的情况,因此和简单的单原子晶体(如金属系统)相比,析晶时的成长速率小几个数量级。另外,对于定量表示一种已知晶体的生长速率和温度的函数关系,目前尚存在一些困难。下面是对影响析晶的因素的一些分析。

8.3.5.1 熔体组成

不同组成的熔体其析晶能力有很大不同。从相平衡观点出发,熔体系统中组成越简单,则冷却时化合物各组成部分相互碰撞排列成一定晶格的概率越大,熔体越容易析晶。同理,相应相图中单一化合物组成的玻璃也较易析晶。在热力学上,常利用平衡相图来分析熔体或玻璃析晶的倾向。一般地,熔体析晶能力由大到小排列为:初晶区熔体＞界线上熔体＞共熔点处熔体。这是因为,组成位于相界、特别是低共熔点处时，由于要同时析出两种以上的晶体，在初期形成晶核结构时相互产生干扰，从而降低了玻璃的析晶能力。

8.3.5.2　熔体结构

当晶体和熔体的结构相似时，则从熔体到晶体所需重排的结构单元较少，析晶比较容易。如有研究表明，$BaO \cdot 2B_2O_3$和$PbO \cdot 2B_2O_3$的熔体均为链状结构，但在熔点处前者晶体生长最大速率约为后者的35倍，原因是$BaO \cdot 2B_2O_3$晶体是按照链叠机理成长，熔体中的链状结构相互折叠附析在晶体表面上，而$PbO \cdot 2B_2O_3$晶体中则没有类似的链状结构，熔体析晶前必须部分解构后再重新组合，这样，析晶速度就比前者慢得多。

分析熔体结构，还需要考虑熔体中不同质点间的排列状态及其相互作用的化学键强度和性质。熔体的析晶能力主要决定于两方面因素：一是熔体结构网络的断裂程度。碱金属含量越高，网络断裂越多，熔体越易析晶。当碱金属氧化物含量相同时，则熔体析晶能力随着阳离子半径增大而增大，如$Na^+ < K^+ < Cs^+$。二是熔体中所含网络改变体及中间体氧化物。电场强度较大的网络改变体离子(如Li^+、Mg^{2+}、La^{3+}、Zr^{4+}等)会使近程有序范围增加，产生局部积聚，熔体容易析晶。而添加中间体氧化物如Al_2O_3时，会吸引部分网络改变离子，使积聚程度下降，熔体析晶能力减弱。另外，加入易极化的阳离子(如Pd^{2+}、Bi^{3+}等)也使熔体析晶能力降低。例如，在钡硼酸盐玻璃$60B_2O_3 \cdot 10R_mO_n \cdot 20BaO$中，添加$K_2O$、CaO等会促使熔体析晶能力增强，而添加$Al_2O_3$、BeO等则使析晶能力减弱。

8.3.5.3　界面及外加剂情况

一般而言，界面或表面(如微分相液滴、坩埚壁、玻璃-空气界面等)比内部更易析晶，这是因为各相的界面有利于晶核的形成；与此相似，微量外加剂或杂质会促进晶体的生长。熔体中的杂质还会增强界面处的流动性，使晶格更快地定向，还可能会引起晶化速率的变化。

8.3.5.4　非化学计量

当熔体和析出的晶体组成不同时，熔体-晶体界面附近的熔体组成和主熔体的组成会出现偏差。这种组成的不同会降低这些成分构成晶体的有效性，导致晶体生长速率减小。不过有时候非化学计量熔体中晶体的生长速率反而会增大。比如$PbO \cdot 2B_2O_3$熔体在PbO过量1%～2%时，析晶的速率最大，这是因为富PbO熔体有较强的流动性，可以抵消结晶推动力减小的作用，使总的析晶速率增大。

8.4　液-液相变

大量的研究和实践表明，无机非金属材料形成的一个均匀熔体(或玻璃)，有可能在一定温度和组成范围内分成两个共存的互不溶解或部分溶解的液相(或玻璃相)。这是一种液-液相变，称为液相不混溶或玻璃的分相，玻璃分相分为两种类型。一类是在液相线以上的稳定分相，如$MgO-SiO_2$、$CaO-SiO_2$等系统，当温度下降至在液相线之上的某一温度时，就会从单一均匀熔体分为两个稳定存在的不混溶区。这是人们主要研究最早的一类分相。另一类如Na_2O-SiO_2、Li_2O-SiO_2、$Na_2O-CaO-SiO_2$等玻璃系统中，不混溶区出现在S形液相线以下，称为亚稳分相。近年来大量研究工作表明，这类分相现象在硅酸盐、硼酸盐、硫系化合物、氟化物多种玻璃系统中广泛存在，并对玻璃结构和性质有重大影响。图8-13是一种玻璃分相后的显微结构照片。

图8-13　一种玻璃分相后的显微结构照片

分相的机理有两种，一种是成核-生长，另一种是调幅分解。

8.4.1 分相的热力学条件、机理和产物结构

图 8-14 表示在含有液-液不混溶区的相图中，不同温度下的自由能-组成的关系曲线。当温度为 T_1 时，曲线呈 U 形，系统在整个组成范围内只有一个相。当温度下降至临界温度 T_c 时，U 形曲线中部区域变为平坦状，这是系统能够维持均匀单相的最低温度，继续降温则可能出现分相现象。当温度降为 T_2 时，曲线中部上升呈现驼峰状。此时通过曲线的双底可作一公切线，两个切点对应的两个组分 C_α、C_β 的化学势相等，而 C_α-C_β 之间的任何组成 C 的自由能都高于分解为 C_α、C_β 两相共存的自由能，即 T_2 温度下的组成 C 会发生分相，最终分解为 C_α、C_β 两个相。

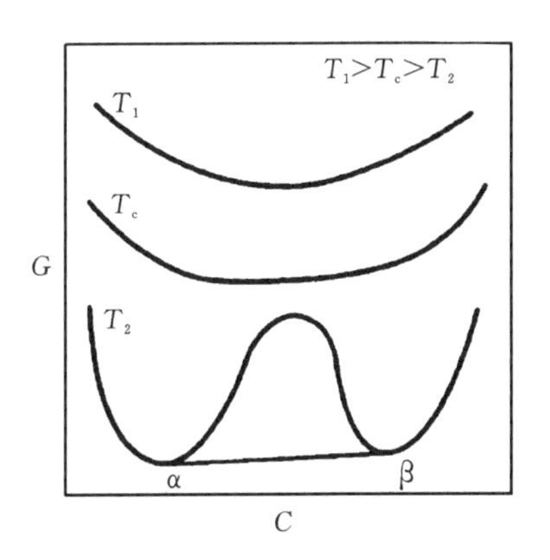

图 8-14 不同温度下自由能-组成的关系曲线

当 C_α-C_β 之间的某一组成 C_0 由 T_1 快速冷却至 T_2，系统的组成就会出现起伏，并引起系统自由能的变化。对于组成的一个微小变化 ΔC，相应的自由能变化 ΔG 可以写成：

$$\Delta G=\frac{G(C_0+\Delta C)+G(C_0-\Delta C)}{2}-G(C_0) \tag{8-36}$$

将 $G(C_0+\Delta C)$ 和 $G(C_0-\Delta C)$ 按 Taylor 级数展开，并忽略 3 次以上高次项，得：

$$\Delta G=\frac{1}{2}(\Delta C)^2G''(C_0) \tag{8-37}$$

当 $G''(C_0)>0$ 时，组成的微小起伏将使 $\Delta G>0$，系统自由能增加，这意味着相变存在势垒，只有形成成分和母相差异较大的晶核才能使系统的自由能进一步降低。此时分相对应的是成核-生长机制。

当 $G''(C_0)<0$ 时，组成的微小起伏将使 $\Delta G<0$，系统自由能降低，相变不存在势垒，系统中成分涨落幅度会不断增大，自发地分解成两个新相。此时分相对应的是调幅分解机制，又称失稳分解或 Spinodal 分解，是一种扩散型相变。

二元系统相图和对应的自由能组成-曲线见图 8-15。从图 8-15(下)中可以看到，C_α-C_E 和 C_F-C_β 之间的区域内，曲线向下凹，$G''(C_0)>0$，受成核-生长机制控制，称为亚稳区；C_E-C_F 之间的区域内，曲线向上凸，$G''(C_0)>0$，受调幅分解机制控制，称为不稳区。将不同温度下所对应的 C_α、C_E、C_F、C_β 点在图 8-15(上)的相图中连成线，可得出内、外两条弧形曲线。其中外曲线就是单相区和二相区的分界线，曲线外为单一均匀相，曲线内为两相不混溶区。外曲线和内曲线之间为亚稳区，内曲线之内为不稳区。内曲线为亚稳区和不稳区的分界线，又称 Spinodal 线。在 Spinodal 线上，$G''(C_0)=0$。需要说明的是，液相线以下的不混溶区，一般在相图中用虚线画出，表示此时析出的产物并不是处于相平衡状态。

成核-生长机制和调幅分解机制都是扩散型相变。图 8-16 是二元系统中的局部区域发生两种分相时沿 x 轴方向在不同时期浓度变化的示意图，图中母液平均浓度为 C_0。亚稳区内以成核-生长机制分相时的浓度变化见图 8-16(左)。分相时，母液中出现一个浓度为 C_α 的“核胚”，由于核胚的形成，邻近区域母液的平均浓度由 C_0 降至 C_β，于是母液中形成了 (C_0-C_β) 的浓度差。这个浓度差会引起母相中由高浓度 C_0 向低浓度 C_β 的正扩散，使核胚与母液界面处的 C_α 升高，物质会越过相界向核胚表面扩散，导致核胚粗化直至最后“晶体”长大。这种分相的特点是起始时涉及的空间范围小，但浓度变化程度大，分相析出的第二相与母液有显著的界面，且其成分自始至终不产生明显变化。图 8-16 右侧为不稳分解时系统中浓度变化过程。相变没有成核的过程，而是在一个很大的空间范围中产生

浓度的波形起伏。一开始变化程度很小，随着时间的推移，系统中原子（或离子）会持续出现浓度低处 C_0 向浓度高处 C_α 的负扩散，使得浓度起伏不断加强，最后达到 C_α 和 C_β 两相平衡状态。在不稳分解时，第二相的成分在不断变化，两相之间的界面一开始是模糊、弥散的，直到最后才变得清晰起来。两种分相机制所得产物的显微结构比较见图 8-17，亚稳分解和不稳分解的特点见表 8-2。

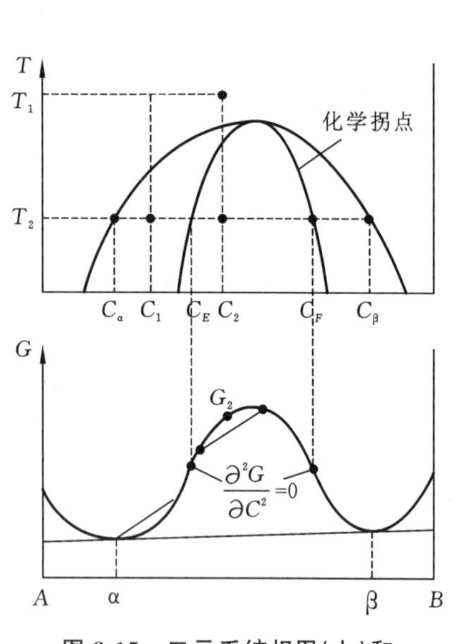

图 8-15　二元系统相图（上）和对应的自由能组成-曲线（下）

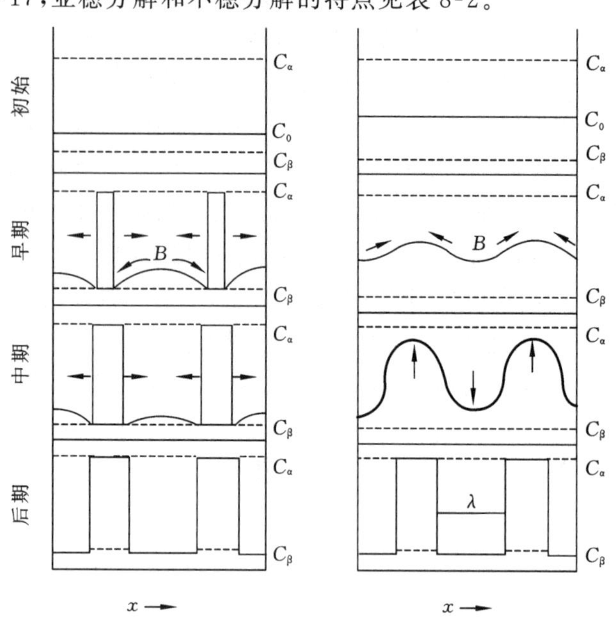

图 8-16　二元系统中两种分相时沿 x 轴方向在不同时期浓度变化的示意

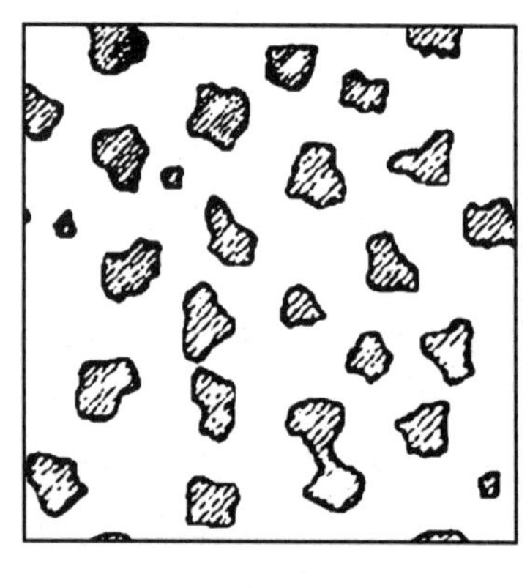

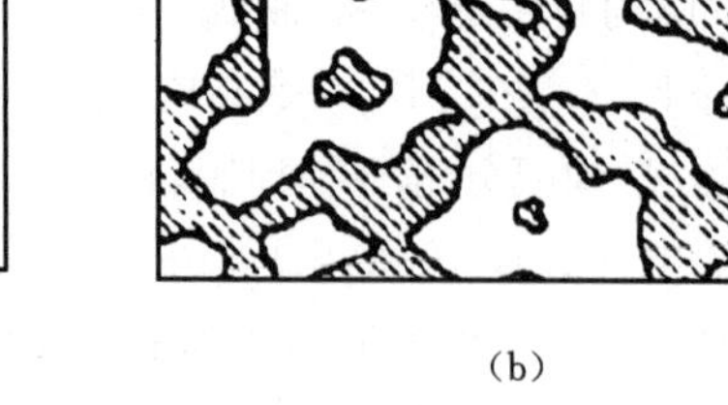

(a)　　(b)

图 8-17　两种分相机制所得产物的显微结构比较

(a)成核-生长；(b)调幅分解

表 8-2　亚稳分解和不稳分解的比较

项目	亚稳分解（成核-生长）	不稳分解（调幅分解）
热力学条件	$\left(\frac{\partial^2 G}{\partial C^2}\right)_{T,P}>0$	$\left(\frac{\partial^2 G}{\partial C^2}\right)_{T,P}<0$
成分	第二相组成不随时间变化	第二相组成连续向两个极端组成变化，直至达到平衡状态
形貌	第二相分离成孤立的球形颗粒	第二相分离成有高度连续性的非球形颗粒

续表8-2

项目	亚稳分解(成核-生长)	不稳分解(调幅分解)
有序性	颗粒尺寸和位置在母相中是无序的	第二相分布在尺寸和间距上均有规则
界面	在分相开始界面有突变	分相开始界面是弥散的,逐渐清晰
能量	存在位垒	不存在位垒
扩散	正(顺、下坡)扩散	负(逆、上坡)扩散
时间	分相所需时间长,动力学障碍大	分相所需时间短,动力学障碍小

8.4.2 分相的结晶学观点

结晶化学试图从玻璃结构中不同质点的排列状态以及相互作用的化学键强度和性质去深入了解、解释玻璃分相的原因。相关的理论包括能量观点、静电键观点、离子势观点等。在玻璃熔体中,可以用静电键 E 来表征离子间相互作用的大小程度:

$$E=\frac{Z_1 Z_2 e^2}{r_{12}^2} \tag{8-38}$$

式中,Z_1、Z_2 为离子 1 和 2 的电价,e 为电荷,r_{12}为两个离子的间距。

在玻璃熔体中,Si—O 间键能较强,而 Na—O 间键能相对较弱;如果熔体中除 Si—O 键外还有另一种阳离子 R,R—O 间键能也较强,氧很难被硅夺走,就会形成独立的离子聚集体。这样在熔体中就出现了两个共存的液相,一种是含少量 Si 的富 R—O 相,另一种是含少量 R 的富 Si—O 相,造成熔体的不混溶。这表明分相结构取决于这两者间键力的竞争。对于氧化物系统,键能公式可以简化为离子电势 Z/r,其中 r 是阳离子半径。离子势差别越小,越趋于分相。

液-液混溶区的三种可能的位置(图 8-18)为:与液相线相交[图 8-18(a),形成一个稳定的二液区],与液相线相切[图 8-18(b)],在液相线之下[图 8-18(c),完全是亚稳的]。可以看到,当不混溶区接近液相线时[图 8-18(a)、图 8-18(b)],液相线将有部分呈倒 S 形或趋向水平。因此,根据相图中液相线的形状可以推知液相不混溶区的存在及可能的位置。一些碱金属、碱土金属氧化物与二氧化硅组成的二元系统当其组成为 $x(SiO_2)=55\%\sim100\%$时的液相线见图 8-19。从图中可以看到,MgO-SiO_2、CaO-SiO_2 及 SrO-SiO_2 系统都有稳定的不混溶的二液区存在;BaO-SiO_2、Li_2O-SiO_2、Na_2O-SiO_2 及 K_2O-SiO_2 系统的液相线则呈倒 S 状,说明这几个系统在连续降温时,会出现一个亚稳不混溶区。值得注意的是,这几个 S 状曲线从 Ba 到 K 平台越来越窄,有依次减弱的趋势,表明亚稳分相区组成范围也越来越窄。可以预计在形成玻璃时,BaO-SiO_2 系统发生分相的范围最大,而 K_2O-SiO_2 系统为最小。比如,将组成为 5%~10%(摩尔分数)BaO 的 BaO-SiO_2 系统急冷后也不易得到澄清玻璃而呈乳白色,然而在 K_2O-SiO_2 系统中还未发现乳光现象。

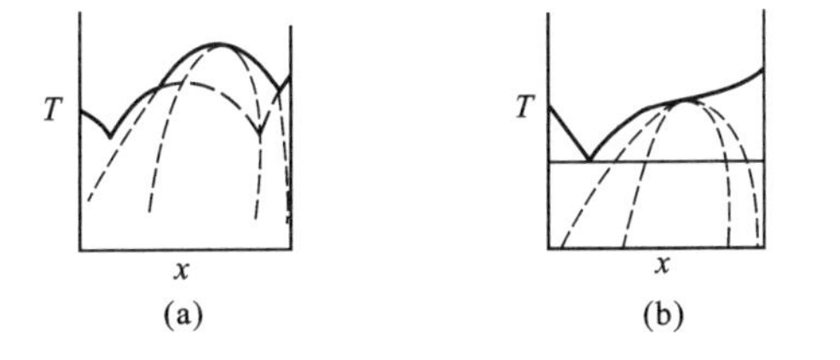

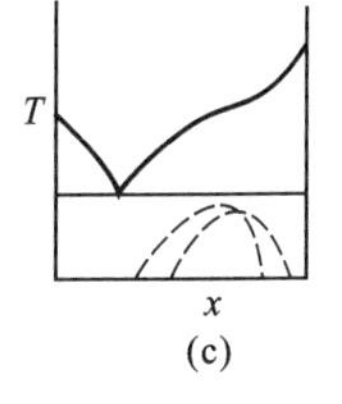

图 8-18 液相不混溶区的三种可能位置

(a)与液相线相交;(b)与液相线相切;(c)在液相线之下

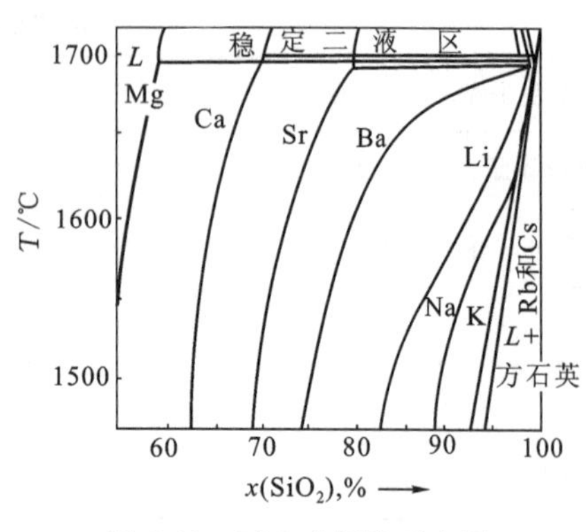

图 8-19　碱土金属和碱金属硅酸盐系统的液相线

图 8-19 中的现象可以用离子势来解释。表 8-3 列出不同阳离子的 Z/r 值及它们和 SiO_2 一起熔融时的液相曲线类型。可以看到，随着 Z/r 的增大，不混溶趋势也在增大。如 Sr^{3+}、Ca^{2+}、Mg^{2+} 的 Z/r 较大，故熔体出现分相；而 K^+、Cs^+、Rb^+ 的 Z/r 小，故熔体不易分相。表 8-3 的结果还说明，含有不同离子系统的液相线形状与分相有很大关系，液相线的倒 S 形状可以用作液-液亚稳分相的一个标志。

随着实验数据的不断积累，目前多种重要的二元系统中的微分相区边界线都可以大致确定(图 8-19 中的 R_2O/RO-SiO_2 系统)。从已发表的大量的显微结构研究结果看：在大多数普通玻璃系统中，分相现象非常普遍地存在的。利用这些玻璃组成和结构的变化，人们可以制造出越来越多的新型特殊功能的材料。例如，人们发现，TiO_2-SiO_2 系统有个很宽的分相区，在其中加入碱金属氧化物，会增强系统的不混溶性。因此，TiO_2 能有效地作为许多釉、搪瓷和玻璃-陶瓷的成核剂。

目前，有关玻璃的不混溶性和分相理论的研究还在深入进行之中。

表 8-3　离子势与液相线的类型

阳离子	电荷数 Z	Z/r	曲线类型
Cs^+	1	0.61	近似直线
Rb^+	1	0.67	
K^+	1	0.75	
Na^+	1	1.02	S 形线
Li^+	1	1.28	
Ba^{2+}	2	1.40	
Sr^{2+}	2	1.57	不混溶
Ca^{2+}	2	1.89	
Mg^{2+}	2	2.56	

8.5　固-固相变

大多数固-固相变都是形核-长大型相变，Christian 根据新相和母相间相界面的变化情况将形核-长大型相变分为界面滑动型和界面非滑动型两类。前者如马氏体相变，原子按规则迁动，其界面具有滑动性，形成新相的长大过程；后者界面原子要经过较高吉布斯自由能位置，需经热激活帮助迁移，因此高温时相变容易进行，而低温时相变将停滞不前。前者可称为无扩散型相变，后者称为扩散型相变。

固-固相变是当前材料研究中最为重要的相变。固相材料中的相变可以改变和决定材料的结构、组织和性能，是调整、控制材料组织形态和宏观性能的重要方法和手段。

8.5.1　固-固相变的一般特点

从热力学角度看，固-固相变与其他相变过程一样，也符合最小自由能原理，相变驱动力主要来自新相与母相之间的吉布斯自由能差。不过，晶体材料中原子呈现周期性的排列，且键合力较强，同时往往存在空位、位错、层错及晶界等缺陷，因此固-固相变呈现出一些与其他相变不同的特点。

1）阻力大

固-固相变的阻力来自两个方面：一是新相与母相之间形成界面时所增加的界面能。由于固-固界面的界面能比液-固、液-液或气-固界面的界面能大很多，所以需要克服的阻力也大得多。二是由母相和新相比容不同所造成的体积应变能，当母相为液相或气相时，这部分能量可以忽略不计。

2）原子迁移率低

和气相或液相相比，固态晶体中原子扩散速率非常低。即使在熔点附近，固态原子的扩散系数大约也只有液态下的十万分之一。

3）非均匀形核

固-固相变一般都是非均相形核。这是因为固态晶体中总会存在晶界、位错、空位、杂质等各种缺陷，在这些缺陷周围点阵发生畸变，质点活性较大；同时，如果新相核胚的产生使得这些缺陷消失，点阵畸变储存的弹性能就会被释放，从而减小相变的激活能势垒。因此，新相形核总是优先在这些缺陷处形成。

4）相界面

固-固相变，两相之间的相界面远比液-固界面复杂。根据界面两边原子排列的匹配程度，固态相变时界面结构可分为共格、半共格和非共格三种类型，如图 8-20 所示。三种界面的界面能依次增加。

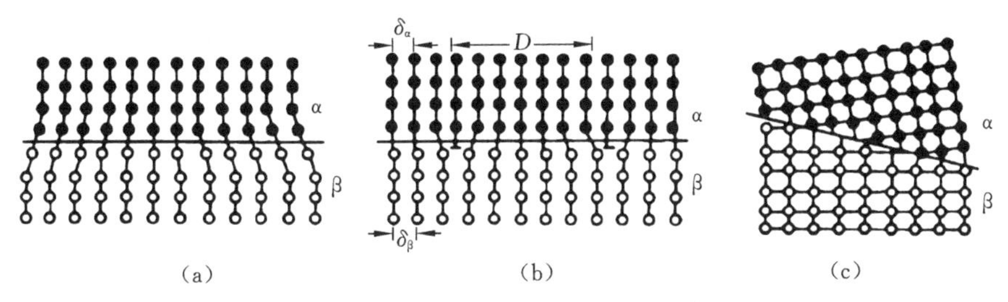

图 8-20　固态相变时界面结构示意

(a)共格界面；(b)半共格界面；(c)非共格界面

5）新相与母相之间存在一定的位向关系

固-固相变时，新相往往在母相的一定相面上开始形成，这个晶面被称为惯习面。通常新相和母相之间以低指数的、原子密排的、匹配较好的晶面彼此平行，构成确定位向关系的界面。新相和母相之间存在的这种位向关系，其原因在于可以降低它们之间的界面能。通常，当相界面为共格或半共格时，新相与母相一定存在位向关系。

6）新相具有特定的形状

非固态相变不存在体积应变能，只受界面能的影响，形核通常为球形。固态相变中，界面能和体积应变能共同作用。新相的形状要满足界面能和体积应变能总和最小。当新相与母相保持弹性联系时，相同体积的新相呈盘片状时体积应变能最小，针状次之，球形最大，而界面能的顺序则按上述次序递减。固态相变时新相的形状取决于具体条件。共格和半共格新相晶核形成时的相变阻力主要是应变能，而非共格新相晶核形成时的相变阻力主要是表面能。

7）形成亚稳的过渡相

虽然从热力学上看，平衡相是能量最低的稳定相，但固态相变过程往往受到动力学因素（如克服能垒的能力、原子运动的方式、原子自身的活动能力或者原子可动性的大小等）的影响。特别是低温下发生的固态相变，相变的阻力大，原子迁移能力差，因此难以直接形成稳定的平衡相，而往往先形成晶体结构或者成分与母相相近、自由能不是最低的亚稳定的过渡相并保留下来。

8.5.2 典型固-固相变简介

8.5.2.1 马氏体相变

马氏体相变是固-固相变的基本形式之一。1895 年，为纪念德国冶金学家马滕斯(A.Martens)，人们将高碳钢淬火后的显微组织命名为马氏体(Martensite)，将这类组织的形成过程及其晶体结构的变化过程称为马氏体相变。20 世纪以来，人们又相继发现在钢以外的某些纯金属和合金中也具有马氏体相变，如 Co、Hf、La、Li、Ti、V、Zr 和 Ag-Zn、Au-Mn、Cu-Al、Ti-Ni 等。目前广泛地把基本特征属马氏体相变型的相变产物统称为马氏体。马氏体的定义也经历了较长时间的讨论，1995 年，国际马氏体相变会议上，徐祖耀将马氏体相变定义为“替换原子经无扩散位移(均匀和不均匀形变)、由此产生形变和表面浮凸、呈现不变平面应变特征的一级、形核-长大型的相变”。该定义着重强调了马氏体相变的两个主要特征：无扩散性和不变平面应变特征(切变共格)。马氏体相变也可简单称为替换原子无扩散切变(原子沿着相界面协作运动或使其形状改变的相变)。

按照不同的分类方法，马氏体相变可以分成很多类型。比如按形成方式，可将马氏体相变分为变温形成、等温形成、爆发型形成及热弹性等类型。

马氏体相变在结晶学上有明显的特点，图 8-21 为马氏体形成的示意图。图 8-21(a)为一四方形的母相(奥氏体块)，图 8-21(b)是从母相中形成的马氏体。其中 $A_1B_1C_1D_1$ - $A_2B_2C_2D_2$ 由母相奥氏体通过切变转变为 $A'_1B'_1C'_1D'_1$-$A_2B_2C_2D_2$ 马氏体。在母相内 $PQRS$ 为直线，相变时被扭曲成为 PQ、QR'、$R'S'$ 三条直线。$A'_1B'_1C'_1D'_1$ 和 $A_2B_2C_2D_2$ 两个平面在相变前后保持既无畸变又无旋转的状态，这两个把母相奥氏体和转变相马氏体之间连接起来的平面为习性平面(惯习面)。$A'_1B'_1$ 和 A_2B_2 两条棱的直线性表明了马氏体相变宏观上剪切的均匀整齐性。由于新相和母相始终保持切变共格性，因此马氏体转变后新相和母相之间存在确定的位向关系。

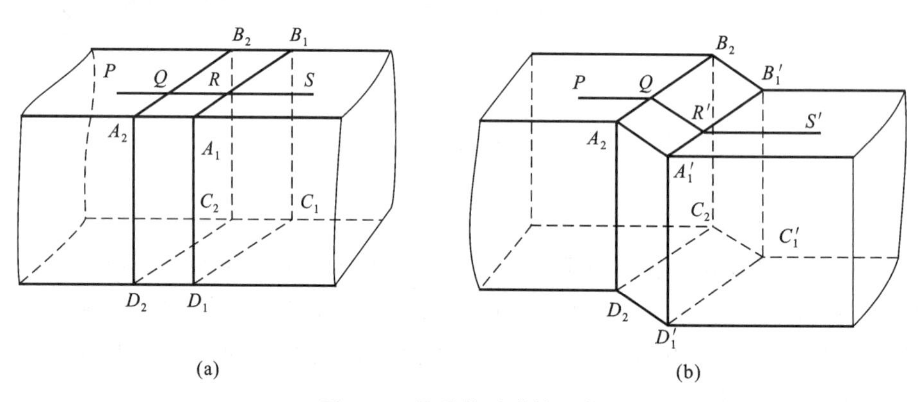

图 8-21 马氏体形成的示意

(a)奥氏体；(b)马氏体

除了结晶学上的特征，马氏体相变还存在其他一些特征，如：

1) 无扩散性。马氏体相变的温度通常都比较低，而速度则往往很快(如 Fe-Ni 合金中马氏体的形成速度约为 10^3 m/s 数量级)，因此原子的扩散被抑制，新相保留了与母相完全相同的化学成分。无扩散性是马氏体相变的基本特性之一。

2) 表面浮凸和形状改变。大量的实验表明，抛光的样品形成马氏体后，表面会出现浮凸，图8-22所示为 Fe-Ni-C 合金马氏体表面浮凸的照片。如果在试样表面预先刻有直线划痕，在形成马氏体后刻痕保持连续但会产生转折。马氏体内部通常具有亚结构。

3) 马氏体相变具有可逆性。当冷却时发生母体到马氏体的相变，称为马氏体正相变；当加热时发生马氏体向母体的相变，称为马氏体逆相变。马氏体逆相变时通常也会产生浮凸，其方向与正相变时的相反。

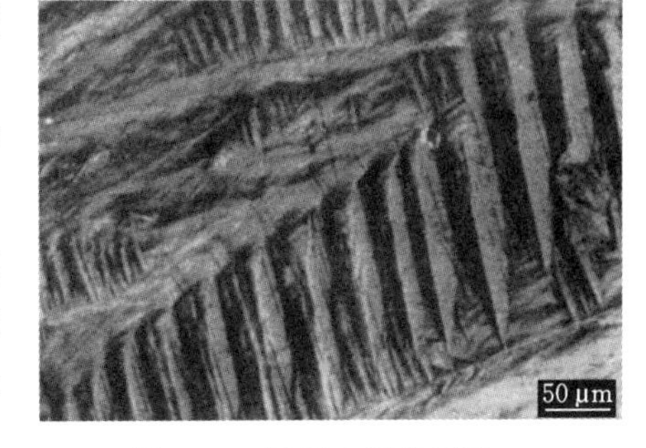

图 8-22 马氏体相变示意

4）马氏体相变具有一级相变特征。马氏体相变时，晶体结构和点阵常数通常有突变，存在体积突变和相变潜热的释放。

5）无特定的相变温度。马氏体相变一般是在一个温度范围内进行。母相冷却时，开始转变为马氏体的温度称为马氏体开始形成温度，以 M_s 表示；马氏体转变完成的温度称为马氏体转变终了温度，以 M_f 表示。

6）马氏体内部结构中往往存在很多缺陷，如位错、层错或者孪晶等，这些在马氏体内部出现的组织结构称为亚结构。一般认为，亚结构是马氏体相变时局部（不均匀）切变的产物。

无机非金属材料中也有不少相变属于马氏体相变。比如 ZrO_2 冷却时发生的 t→m 相变，Y_2O_3-ZrO_2 快速冷却时立方-四方相变，具有钙钛矿型结构的 $BaTiO_3$、K(Ta，Nb)O_3、$PbTiO_3$ 以及高温超导体 $YBa_2Cu_2O_7$ 中高温顺电立方相→低温铁电四方相相变被认为是马氏体相变。RbI 在高压下由 NaCl 立方结构→CsCl 立方结构、Ca_2SiO_4 及 Sr_2SiO_4 经研磨所诱发 α′→β 相变可能为马氏体相变，NiS 中高温 α→低温 β 相变呈现不变平面型表面浮凸等符合马氏体相变特征。

无机非金属材料中马氏体相变研究最多的是 ZrO_2。纯 ZrO_2 的熔点为 2680 ℃，从熔点到室温的冷却过程中会发生两次相变，立方结构（c 相）→四方结构（t 相）→单斜结构（m 相）。其中，t→m 相变时，伴随产生约 7%的体积膨胀（参见图 5-7），并具有无扩散、变温、热滞、表面浮凸等典型的马氏体相变特征。纯 ZrO_2 的 t→m 相变温度 M_s 约为 1100 ℃，但会受多种因素影响，比如存在明显的尺寸效应。很早就有人发现，如果 ZrO_2 的晶粒足够小（数十纳米），即使很纯的 ZrO_2 也可以在室温下保持四方结构。另外，添加稳定剂会使 ZrO_2 的相变出现一些新的变化，如转变温度大幅度降低。有实验表明，2%（摩尔分数）Y_2O_3 的加入可使 t→m 相变 M_s 温度低于液氦温度（4.2 K）；又如，含 Y_2O_3-ZrO_2 陶瓷经熔体快速冷却时，能抑制 c→t 的扩散型相变，而呈现马氏体相变。

ZrO_2 的马氏体相变有很高的应用价值，最典型的就是利用相变时体积变化达到增韧的效果（参见第 5 章相关内容）。有人发现某些配方的 ZrO_2 的马氏体相变呈现形状记忆效应，可能会更进一步拓宽其应用领域。

8.5.2.2 *有序-无序相变*

在理想晶体中，原子在三维空间做周期性的有规则排列，它们之间的相对位置和方向是一定的，这样的晶体排列称为“完全有序”。当受外界因素的影响，某些位置上的原子发生交换而发生“错位”，原先的有序结构变得不太完整，此时晶体排列就处于“部分有序”的状态；当原子热运动很激烈，其在晶格中的位置完全随机分布时，就是处于完全“无序”状态。这种由“错位”原子在整体晶体结构中占有率的不确定导致的晶体结构整体在“有序化”和“无序化”之间的变化，被称为有序-无序相变。有序-无序相变是可逆相变，包括位置有序-无序、方向有序-无序、电子和核自旋状态有序-无序等多种。比较常见的有序-无序相变就是低温有序和高温无序的转变。

有序-无序相变在金属中普遍存在。在离子晶体材料中，由于阳离子、阴离子位置的互换在能量上不利，这种相变相对较少，但在某些结构（如尖晶石结构）的材料中会经常发生。例如在几乎所有具有尖晶石结构的铁氧体中已经发现，高温时阳离子是无序的，低温时稳定的平衡态是有序的。有序度随温度的变化如图 8-23 所示。随着结构上的有序-无序转变，铁氧体由有磁性转变为无磁性。

材料中有序与无序的程度一般用有序参数 ξ 来表示：

$$\xi=\frac{R-\omega}{R+\omega} \tag{8-39}$$

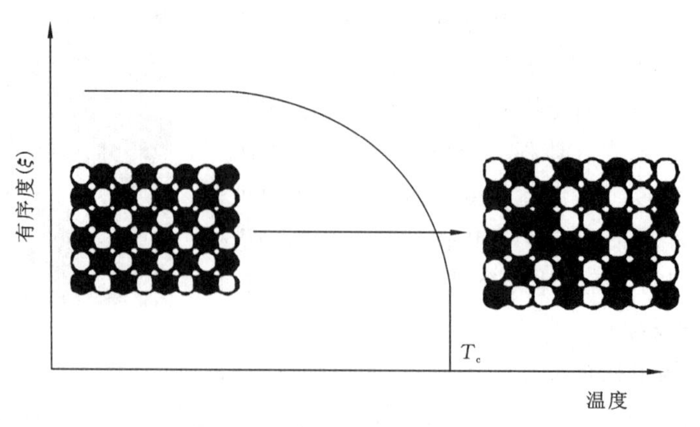

图 8-23　有序度随温度的变化

式中，R 为原子占据应该占据的位置数，ω 为原子占据不应占据的位置数，$R+\omega$ 为该原子的总数。有序参数包括远程有序参数与近程有序参数，如为后者，将 ω 理解为原子 A 最近邻近原子 B 的位置被错占的数量即可。完全有序时 $\xi=1$，完全无序时 $\xi=0$。利用 ξ 可以衡量低对称相与高对称相的原子位置与方向间的偏离程度，有序参数可用于检查磁性体(铁磁-顺磁体)、介电体(铁电体-顺电体)的相变。如 Mulle 等应用电子自旋共振谱研究 $SrTiO_3$ 和 $LaAlO_3$ 的相变，发现在居里温度时，有序参数为 1/3，当温度降为 1/10 居里温度时，有序参数为 1/2。

习　题

1.名词解释：

一级相变；二级相变；扩散型相变；非扩散型相变；均匀成核；非均匀成核；马氏体相变；有序-无序相变；亚稳分解；不稳分解；亚稳区；分相

2.什么叫相变？按照相变机理划分，可分为哪些相变？

3.马氏体相变有什么特征？试举出无机非金属材料中发生马氏体相变的例子。

4.为什么成核-生长机理的相变需要在一定的过冷或过热条件下才能发生？在什么情况下需要过冷，什么情况下需要过热？

5.如果液态中形成一个边长为 a 的立方体晶核，其自由能 ΔG 将写成什么形式？求出此时晶核的临界立方体边长 a_k 和临界核化自由能 ΔG_k。与形成球形晶核相比较，哪一种形状的 ΔG_k 更大？为什么？

6.何谓均匀成核？何谓不均匀成核？晶核剂对熔体结晶过程的临界晶核半径 r_k 有何影响？

7.试述过冷度对成核和晶体生长的关系，画出示意图，并说明影响析晶能力的因素有哪些。

8.试从过冷度对成核和晶体生长的不同影响出发，分析在生产过程中如何获得晶粒多而尺寸小的细晶和晶粒少而尺寸大的大晶花。

9.什么是玻璃的分相？玻璃分相为什么会产生？

10.试比较亚稳分解和不稳分解在热力学、成分、形貌、界面、扩散形式、时间、有序性等方面的差异。

11.试用离子势观点解释分相现象。

12.固-固相变有什么特点？

9 烧结过程

9.1 概论

粉末冶金，陶瓷、耐火材料等的生产过程，一般都包括粉料制备与处理、成型和烧成等工序，其中烧成是将成型好的具有一定形状的素坯进行高温热处理的全过程。这一过程可能发生多种物理和化学变化，如脱水、气体分解、多相反应、熔融、溶解等，而在这些可能的变化中，有一个过程是必不可少的，那就是烧结。

烧结是指粉料成型后，在低于熔点温度下加热收缩变成致密的块状材料的过程。一方面，坯体中颗粒间接触界面扩大、中心距靠近，形成晶界后，晶粒逐渐长大；另一方面，气孔不断排出，同时形状变化，并逐渐由连通变成孤立。最后，在大部分甚至全部气体排出后，获得具有一定的晶粒尺寸、高致密度的多晶块体材料，如图 9-1 所示。与此同时，坯体的性质也不断发生变化，如强度增大、介电常数提高等。

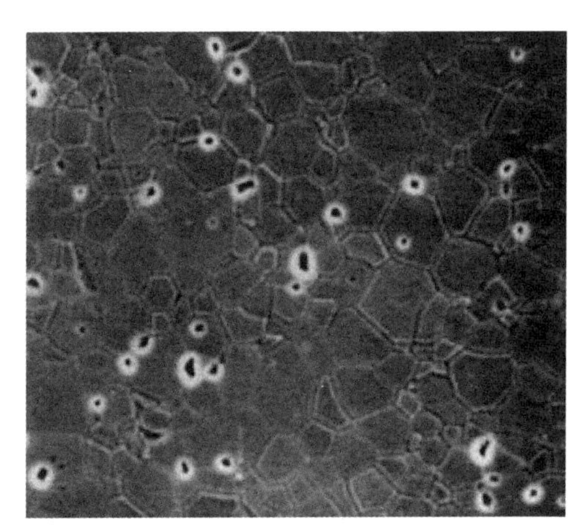

图 9-1　陶瓷显微结构

烧结和固相反应很相似，二者都是在材料熔点以下或熔融温度下进行的，且在过程中都至少存在一种固相。但这两个过程存在一个明显不同之处，就是固相反应必须至少有两个组元参加，且会发生化学反应生成新的化合物；而烧结则可以是单组元，也可以是多组元，但各组元间并不发生化学反应，仅仅是将粉体颗粒间的气孔排出，变成致密的块体。在宏观上，烧结程度可以用坯体收缩率、气孔率、吸水率或烧结体密度与理论密度之比（相对密度）等指标来衡量。

烧结是人类掌握的最古老的技术之一，起源于陶器烧制，但长期以来，烧结技术进步十分缓慢，直到 20 世纪之后，随着现代科技的大量应用以及先进陶瓷材料的需求日益增长，烧结技术才得到飞速的发展，各种新的烧结工艺不断涌现。现在，人们通常将这些烧结方法分为两类。一类是常规烧结方法，是指在常压下，通过将发热体发出的热量由辐射、对流等方式作用于制品，使其升温并烧结的一种方法。常规烧结方法是当前最常用，也是最简单的烧结方法。根据不同的加热方式，常规烧结方法又可分为使用燃料（如柴、煤、油、天然气等）的窑烧法和电加热烧结法，后者也称为无压烧结法（pressureless sintering）。另一类是特种烧结方法，包括热压烧结、热等静压烧结、反应烧结、放电等离子烧结、爆炸烧结等多种。这类烧结通过特殊的工艺条件，增大了常规烧结以外的烧结驱动力，从而可以大大提高烧结的速度及致密化程度。特种烧结方法设备复杂、使用成本高，一般只用于军事、航天等高精尖领域所需特种材料的研制和生产。一些常见的烧结方法见表 9-1。

表 9-1　常见烧结方法

烧结方法		工艺	特点	应用
常规烧结方法	固相烧结	无需特殊气氛，在常压下进行，常加添加剂	工艺简单、成本低，但容易残留气孔	Al_2O_3、MgO、ZrO_2 等制品
	液相烧结	生坯在高温下产生液相，烧结助剂起作用	能在较低温度下烧结高密度制品，但制品的高温强度低	Si_3N_4 制品
特种烧结方法	热压烧结	较难烧结的粉料装入特制包套内，在升温的同时施加压力	可降低成型压力、烧结温度，无须加烧结促进剂，但设备复杂	Al_2O_3、MgO、PZT 陶瓷
	热等静压烧结	将粉料装入包套内，移进高压容器中，在高温和均衡的压力下进行的烧结	能制造结构均匀的高强度陶瓷，但需要产生高温高压气体的装置和复杂的模具	Al_2O_3、MgO、Si_3N_4、SiC 等
	反应烧结	利用固-液、固-气反应，在合成陶瓷粉末的同时进行烧结	能制造形状复杂、尺寸精确的产品，烧结后产品尺寸不变，有气孔残留，制品强度低	SiC、Si_2ON_2 等制品
	气氛烧结	在烧结中通入某种气体，形成气氛	可使烧结体具有优异的透光性，但影响因素多，工艺要求高	透明 Al_2O_3 陶瓷，透明 MgO、Y_2O_3、BeO、ZrO_2 等制品
	化学气相沉积烧结	形成化学气相沉积膜而成烧结体	能获得高纯度制品，但易残留气孔，不能制造大型或厚壁产品	TiB_2 制品
	超高压烧结	利用超高压、高温装置进行，装置昂贵	可合成高密度制品，但不能制造大型产品	合成金刚石、立方 BN、Si_3N_4
	水热烧结	用水等流体代替高温高压气体	可烧结含挥发成分的材料，可进行低温烧结，但需要水热装置	云母制品
	电火花烧结	利用粉末间火花放电产生高温的同时施加压力，进行烧结	烧结时间短，几分钟即可	碳化物、氮化物陶瓷

人们对烧结理论开展系统的科学研究的时间始于 20 世纪 40 年代。1945 年，苏联科学家 Frenkel 发表了两篇重要的学术论文——《晶体中的黏性流动》和《关于晶体颗粒表面蠕变与晶体表面天然粗糙度》，标志着对烧结过程进入了严肃的理论研究时期。之后的数十年间，烧结理论得到飞速的发展，出现了包括扩散理论、流动理论、拓扑理论、统计理论等在内的多种理论。总的看来，这些理论可分为两类：一类是一般性理论，针对常规烧结过程，试图揭示烧结过程的普遍规律，特别是由粉末颗粒及其堆积特性所决定的物理过程的普遍规律。在一般性烧结理论中，最有代表性的是 Coble 的致密化理论。另一类是针对特种烧结过程，分析其特殊规律的更具体的理论。

本章主要叙述一般性烧结理论基础，并对特种烧结作简单介绍。

9.2　烧结过程及推动力

烧结是一个非常复杂的过程。为了便于从理论上分析，人们通常将烧结过程分为烧结初期、中期和末期三个阶段，如图 9-2 所示。

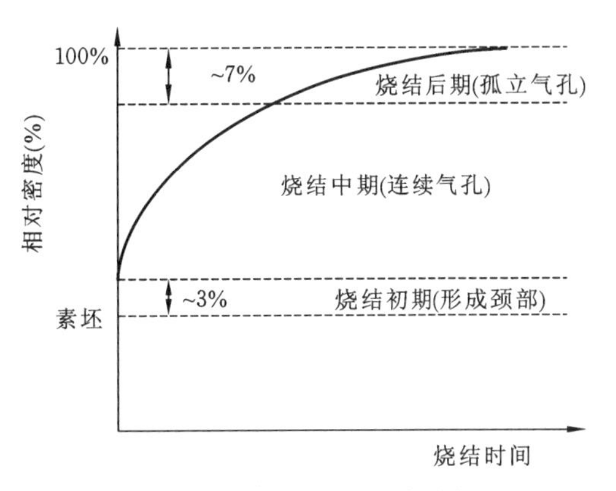

图 9-2　陶瓷烧结的三个阶段

在烧结初期阶段，颗粒由点接触逐渐扩大为面接触，颗粒相互靠拢，其中心距缩小，颗粒接触面积增大。这种变化称为颈部生长(neck growth)。在这个阶段中，坯体的相对密度为 50%～60%，收缩率一般不高于 4%～5%。

在烧结中期，随着温度的升高和烧结的进行，连通状的空隙逐渐变圆变窄，颗粒间颈部变粗并逐渐形成晶界，晶界开始移动，颗粒长大。此阶段致密化速度很快，相对密度可增至 90%以上，收缩率为 5%～20%。到烧结中期结束时，气孔由连接的隧道状开口气孔变成各个孤立的闭口气孔。

在烧结后期，随着传质的继续，晶界容易移动，晶粒进一步发育扩大，孤立气孔缩小和变形并逐渐迁移到晶界上消失、排出，致密化过程继续缓慢进行，并最终使坯体的相对密度达到 95%以上。在此阶段，个别晶粒有可能会出现异常生长，将未及时排出的气孔包裹于晶粒内部，阻碍材料密度的进一步提高。

总的来看，陶瓷的烧结过程主要是由致密化和晶粒长大两个过程构成，这两个过程都是通过物质传递和迁移来完成的。

烧结是一个自发的不可逆过程。这个过程中颗粒表面转变为晶粒的晶界，表面消失所释放的能量($\gamma_{表} \cdot A_{表}$)高于晶界形成所需的能量($\gamma_{晶} \cdot A_{晶}$)，整个过程总的能量降低，这就是烧结过程的基本驱动力。

粉体颗粒细，比表面积很大，缺陷很多，具有较高的表面能，烧结成块状陶瓷之后，粉体颗粒长大成晶粒，一方面表面积减小($A_{表} > A_{晶}$)，另一方面较高的颗粒表面能变为较低的晶粒界面能($\gamma_{表} > \gamma_{晶}$，如一般 Al_2O_3 粉末的表面能约为 1 J/m^2，而晶界能为 0.4 J/m^2，二者差值较明显)，系统总的表(界)面能量减少，这就是烧结的基本动力。

成型后素坯的总表(界)面能表示为 $\gamma \cdot A$，其中 γ 为比表面能，A 为素坯的总表面积。在烧结过程中，系统总的界面能降低可表示为：

$$\Delta(\gamma A) = \Delta\gamma \cdot A + \gamma \cdot \Delta A < 0 \tag{9-1}$$

其中，$\Delta\gamma \cdot A$ 和 $\gamma \cdot \Delta A$ 分别表示由比表面能变化和总表面积变化所导致的界面能下降，如图 9-3 所示。

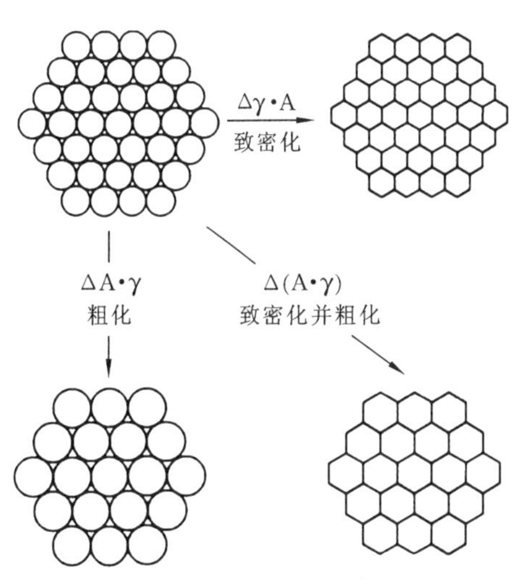

图 9-3　陶瓷烧结的推动力

通常，用于烧结的粉末的尺寸为 0.1～100 μm。粒度为 1 μm 的粉末烧结时所发生的自由能降低约 8.3 J/g。相比之下，α-石英转变为 β-石英时能量变化为 1.7 kJ/mol，一般化学反应前后能量变化超过 200 kJ/mol。可见烧结推动力与一般的相变和化学反应的能量相比还是很小的。因此，烧结在常温下不能自发进行，必须提高粉体的温度，在高温下进行以促进物质的迁移，才能促使粉末体转变为烧结体。

从微观的角度看，烧结是一个在表面张力作用下的一系列物质的传递过程。在不同的条件下，传质过程有很大的不同。在固相烧结条件下，主要是以蒸发-凝聚传质和扩散传质为主；而在液相烧结时，则以流动传质和溶解-沉淀传质为主。

9.3　固相烧结

固相烧结是指过程中各组分均为固相、没有液相出现的烧结。在实际的固相烧结中，由于粉体颗粒形状和大小不同，颗粒的堆积及颗粒间的接触状况非常复杂，很难对其进行分析。为了理论研究方便，人们一般针对不同的烧结阶段，建立一些简化模型来展开分析。

9.3.1　烧结初期

烧结初期，通常采用的是 Kuczynski（库津斯基）提出的三种模型：一种是一个平面和一个球体组成的平板-球体模型[图 9-4(a)]；另外两种是两个等径球体组成的双球模型。双球模型又可分两种，中心距不变[图 9-4(b)]和中心距缩短[图 9-4(c)]，用于分析不同条件下的烧结。

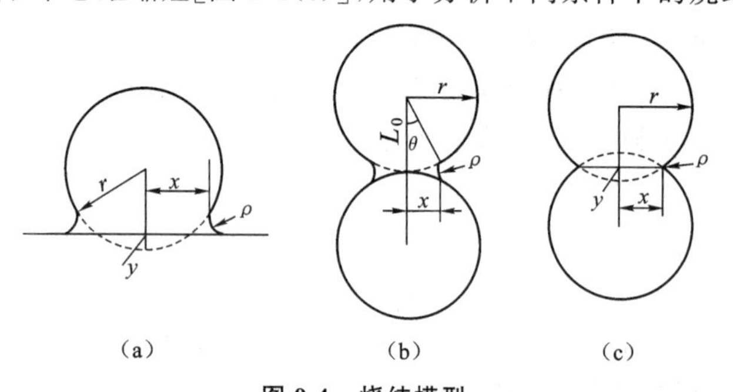

图 9-4　烧结模型

ρ —颈部曲率半径；r —球粒的初始半径；x —颈部半径

下面是三种模型的颈部曲率半径 ρ、颈部体积 V、颈部表面积 A 与颗粒半径 r、接触颈部半径 x 之间的简单几何关系。

如果二面角为 180°，对于平板-球模型和中心距不变的双球模型，有：

$$\begin{aligned} \rho &\approx \frac{x^2}{2r} \\ A &\approx 2\pi x\, 2\rho = \frac{\pi x^3}{r} \\ V &\approx \int A\,\mathrm{d}x = \frac{\pi x^4}{2r} \end{aligned} \tag{9-2}$$

对于中心距缩短的模型，有：

$$\begin{aligned} \rho &\approx \frac{x^2}{4r} \\ A &\approx \frac{\pi x^3}{r} \\ V &\approx \frac{\pi x^2 2\rho}{2} = \frac{\pi x^4}{4r} \end{aligned} \tag{9-3}$$

对于实际系统，二面角小于 180°，r 值比上式的要大。如在中心距不变的情况下，有：

$$\rho \approx \frac{x^2}{2r\left(1-\cos\dfrac{\varphi}{2}\right)} \tag{9-4}$$

由于表面曲率和表面张力的不同，球形颗粒不同部位处于不平衡状态，在一定条件下可以产生物质的定向迁移，这就是烧结过程中物质的传输。烧结的过程可以看作球-平板之间或双球之间的接触点由于物质的传输而形成颈部并逐渐扩大的过程。因此，确定颈部的成长速率就基本得出烧结初期的动力学关系，故烧结速度多以颈部半径相对变化 x/r 与烧结时间 t 的关系来表达，即：

$$\left(\frac{x}{r}\right)^n \propto t \tag{9-5}$$

或

$$\frac{x}{r} \propto t^{\frac{1}{n}} \tag{9-6}$$

其中 n 的值取决于不同的烧结机理。

在固相烧结中，可能存在的物质传输机制有以下几种：(1)从颗粒表面向颈部的表面扩散；(2) 从晶界向颈部的晶界扩散；(3) 从颗粒表面向颈部的体积扩散；(4)从晶界向颈部的体积扩散；(5)颗粒内部的迁移向颈部的体积扩散；(6)颗粒表面向颈部的蒸发-凝聚；(7)颗粒表面向颈部的塑性流动。如图 9-5 所示。

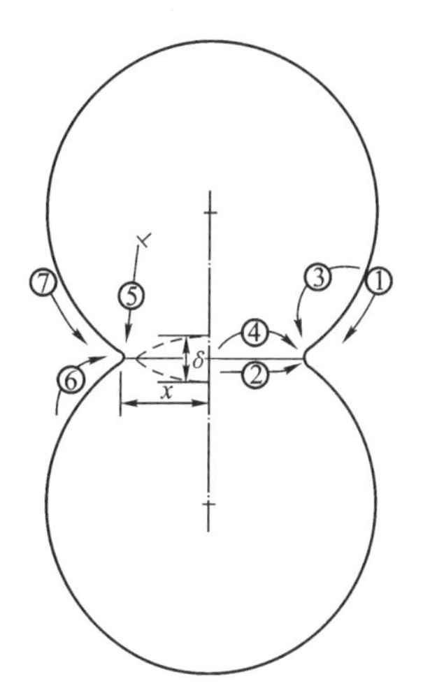

图 9-5 物质传质机制

9.3.1.1 蒸发-凝聚传质

蒸发-凝聚传质的推动力来自颗粒表面不同部位蒸气压的不同。根据开尔文公式，图 9-4(b)中球形颗粒表面和颈部处的蒸气压关系为：

$$\ln\frac{P}{P_0}=\frac{M\gamma}{dRT}\left(\frac{1}{r}+\frac{1}{\rho}\right) \tag{9-7}$$

不同曲率的表面其蒸气压是不同的，凹、凸面的蒸气压分别低于和高于平面处的蒸气压。在颗粒连接的小负曲率半径颈部，蒸气压比颗粒本身要低一个数量级。在这种蒸气压差的推动下，物质将从颗粒表面蒸发，通过气相传递到颈部区域凝聚，从而使颈部逐渐被填充。

蒸发-冷凝传质时，相应的烧结模型为中心距不变的双球模型[图 9-4(b)]，其颈部长大速率表达式为：

$$\frac{x}{r}=\left(\frac{\sqrt{\pi}\,\gamma M^{\frac{3}{2}}P_0}{\sqrt{2}R^{\frac{3}{2}}T^{\frac{3}{2}}d^2}\right)^{\frac{1}{3}} r^{-\frac{2}{3}} t^{\frac{1}{3}} \tag{9-8}$$

式中，x 为颈部半径，r 为颗粒半径，γ 为表面张力，M 为分子的相对分子质量，P_0 为饱和蒸气压，R 为气体常数，T 为烧结温度，d 为密度，t 为烧结时间。

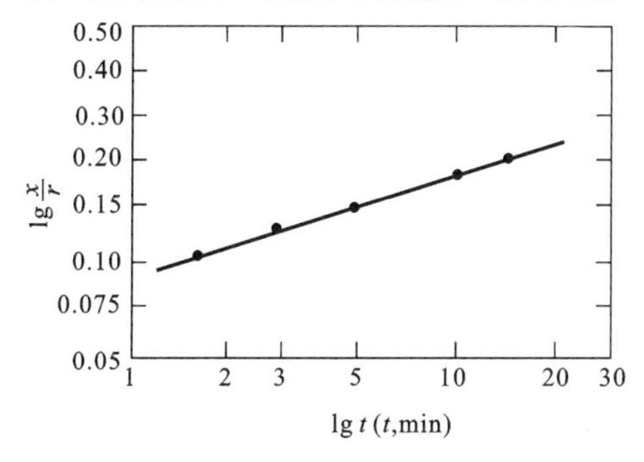

图 9-6 NaCl 烧结时球形颗粒颈部生长

由上式可以看到，接触颈部的生长 x/r 随时间 t 的 1/3 次方而变化。如以 $\lg(x/r)$ 对 $\lg t$ 作图，可得一条斜率为 1/3 的斜线。金格瑞(Kingery)等曾选择 NaCl 球进行烧结实验。实验结果如图 9-6 所示，图中直线的斜率为 1/3，表明 NaCl 球的烧结符合蒸发-凝聚机理。

由于接触颈部的生长 x/r 随时间 t 的 1/3 次方而变化，因此随着时间的延长，颈部的生长速率会迅速降低，这表明对该类传质过程不能通过延长烧结时间来促进烧结。从上式也可看到，颈部的生长 x/r 正比于 $1/r^{2/3}$ 和 $P_0^{1/3}$，因此减小原料粉体粒度和提高烧结温度(温度越高蒸气压越大)是促进烧结的有效途径。

蒸发-凝聚传质的烧结过程中，随着颗粒间颈部区域扩大，颗粒的形状和颗粒间气孔形状都会发生改变，但两个颗粒之间的中心距不变，也意味着在传质过程中坯体不发生收缩，坯体密度不会改变。

当然，由于气孔形状和颗粒间接触面积的改变，坯体的性质可能会出现明显的变化。

一般而言，气相传质要求物质有足够高的蒸气压。对于微米级颗粒尺寸来说，所需蒸气压的数量级为 $10^{-4} \sim 10^{-5}$ atm。像 NaCl、KCl 等蒸气压较高的物质的烧结，都会以蒸发-凝聚机理进行。而像 Al_2O_3 这类蒸气压很低的氧化物或其他材料，在烧结中以这种机制传质的则不多见。不过，近年有一些研究表明，像 ZnO、TiO_2 及 Cr_2O_3 等在高温烧结时也符合上式的烧结速率方程。

9.3.1.2 扩散传质

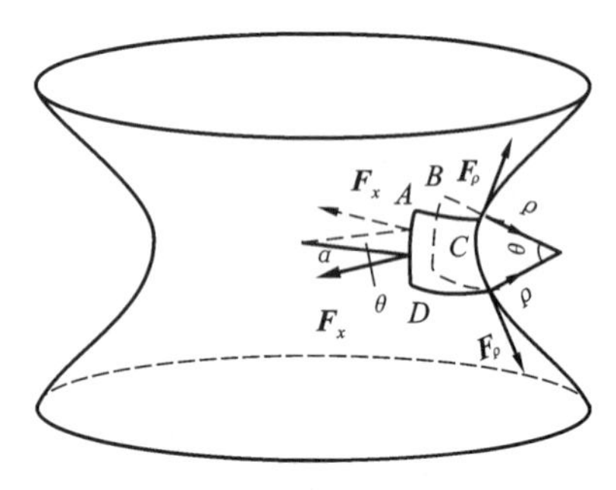

图 9-7 作用在颈部表面的力

扩散传质是指质点（或空位）借由浓度梯度的推动而迁移的传质过程。库津斯基提出一个颈部应力模型，如图 9-7 所示。假设晶体为各向同性，在两颗粒接触颈部，取一个曲面基元 $ABCD$，其主曲率半径为 ρ（为负值，指向接触面颈部外面）和 x（为正值，指向接触面颈部中心），两个曲面的中心角均为 θ。该曲面基元上存在两组力 F_ρ 和 F_x，其大小分别为：

$$F_\rho = -\gamma \overline{AB} = -\gamma \overline{DC}, F_x = \gamma \overline{AD} = \gamma \overline{BC} \tag{9-9}$$

由于

$$\overline{AB} = \overline{DC} = x \cdot \theta, \overline{AD} = \overline{BC} = 2\left(\rho \sin \frac{\theta}{2}\right) \tag{9-10}$$

垂直于曲面 $ABCD$ 的合力 F 为：

$$F = 2\left(F_\rho \sin \frac{\theta}{2} + F_x \sin \frac{\theta}{2}\right) \tag{9-11}$$

由于 θ 很小时，$\sin\theta \approx \theta$，于是有：

$$F_\rho = -\gamma x\theta, F_x = \gamma\rho\theta \tag{9-12}$$

$$F = 2(F_\rho\theta + F_x\theta) = \gamma\theta^2(\rho - x) \tag{9-13}$$

由于曲面 $ABCD$ 的面积为：

$$A_{ABCD} = \overline{AB} \times \overline{BC} = \rho\theta \cdot x\theta = \rho x\theta^2 \tag{9-14}$$

所以，作用在面积元上的应力 σ 为：

$$\sigma = \frac{F}{A_{ABCD}} = \frac{\gamma\theta^2(\rho - x)}{\rho x\theta^2} = \gamma\left(\frac{1}{x} - \frac{1}{\rho}\right) \tag{9-15}$$

由于 $x \gg \rho$，所以

$$\sigma \approx -\frac{\gamma}{\rho} \tag{9-16}$$

这表明作用在颈部的应力为张应力，主要由 F_ρ 产生，F_x 可以忽略。

在无应力的晶体内，空位浓度是温度的函数，并符合波尔兹曼分布，可写为：

$$C_0 = \frac{n_0}{N} = \exp\left(-\frac{\Delta G_f}{kT}\right) \tag{9-17}$$

式中，N 为晶体内原子总数，n_0 为晶体内空位数；ΔG_f 为空位形成自由焓，k 为波尔兹曼常数，T 为热力学温度。

假设原子或离子的直径为 δ，空位的体积约为 δ^3，则在颗粒颈部表面每形成一个空位时，表面张力所做的功可表示为：

$$\Delta W = \sigma \cdot \delta^2 \cdot \delta = -\frac{\gamma}{\rho} \cdot \delta^3 \tag{9-18}$$

颈部的空位浓度 C_s 为

$$C_s=\frac{n_s}{N}=\exp\left(-\frac{\Delta G_f+\frac{\gamma}{\rho}\cdot\delta^3}{KT}\right)$$
$$=\exp\left(-\frac{\Delta G_f}{KT}+\frac{\gamma\cdot\delta^3}{\rho KT}\right)=C_0\exp\left(-\frac{\gamma\cdot\delta^3}{\rho KT}\right) \tag{9-19}$$

因此，颗粒颈部区域的空位浓度比其他无应力区高，这个空位浓度差为：

$$\Delta C=C_s-C_0=C_0\exp\left(-\frac{\gamma\cdot\delta^3}{\rho KT}\right)-C_0$$
$$=C_0\left[\exp\left(-\frac{\gamma\cdot\delta^3}{\rho KT}\right)-1\right]\cong C_0\cdot\frac{\gamma\cdot\delta^3}{\rho KT}=C_0\cdot\frac{\sigma\cdot\delta^3}{KT} \tag{9-20}$$

由于 ΔC 的推动，空位由颈部表面向颗粒其他区域不断地扩散，原子或离子则由其他区域向颈部反向扩散。在这个过程中，颈部区域可称为空位源，而空位消失的区域为空位阱(sink)。空位阱包括自由表面、内界面(晶界)和位错。烧结中的扩散可根据扩散的路径不同分为表面扩散、界面扩散和体积扩散(图 9-5)。值得注意的是，不同区域之间的浓度差 ΔC 并不相同，颗粒颈部区域和无应力区的浓度差见式(9-20)；如果是颗粒颈部区域和压应力区的浓度差，ΔC 的值会更大。

Kuczynski(库津斯基)采用平板-球体模型[图 9-4(a)]推导了基于体积扩散的烧结初期动力学方程。在单位时间通过颈部表面积 A 的空位扩散速度等于颈部体积增长速度，并可由菲克定律给出：

$$\frac{\mathrm{d}V}{\mathrm{d}t}=A\ \frac{\Delta C}{\rho}D' \tag{9-21}$$

上式中，D' 为空位扩散系数。根据式(9-2)，$\rho=x^2/(2r)$，$A=\pi x^3/r$，$V=\pi x^4/(2r)$，考虑到 D' 和 D_V 为原子自扩散系数(体积扩散系数)存在以下关系：

$$D_V=C_0\cdot D' \tag{9-22}$$

可得

$$\frac{\mathrm{d}[\pi x^4/(2r)]}{\mathrm{d}t}=\frac{\pi x^3}{r}\times\frac{D_V}{C_0}\times\frac{\sigma\delta^3C_0}{\rho kT} \tag{9-23}$$

积分，整理得：

$$x^5=\frac{40\gamma\delta^3}{kT}D_Vr^2t \tag{9-24}$$

$$\frac{x}{r}=\left(\frac{40\gamma\delta^3D_V}{kT}\right)^{\frac{1}{5}}r^{-\frac{3}{5}}t^{\frac{1}{5}} \tag{9-25}$$

上式即为体积扩散颈部增长动力学方程。随着扩散的进行，颈部半径长大的同时，颗粒中心至平板的距离缩短，考虑到烧结初期颈部很小，可近似认为图 9-4(a)中平板下面的球冠高度 $y\approx\rho$，则：

$$\frac{\Delta L}{L_0}=\frac{y}{r}\approx\frac{\rho}{r}=\frac{x^2}{2r^2} \tag{9-26}$$

$$\frac{\Delta L}{L_0}=\left(\frac{20\gamma\delta^3D_V}{\sqrt{2}kT}\right)^{\frac{2}{5}}r^{-\frac{6}{5}}t^{\frac{2}{5}} \tag{9-27}$$

从这些结果可以看到，对于扩散传质的烧结，其颈部半径增长率 x/r 与时间的 1/5 次方成正比，而坯体的致密化线收缩率分别与时间的 2/5 次方和颗粒半径的 −6/5 次方成正比。

NaF 和 Al_2O_3 坯体烧结过程中的收缩曲线见图 9-8。其中图 9-8(左)表示对数关系曲线 $\lg(\Delta L/L_0)$-$\lg t$ 为一斜率约为 2/5 的直线，与式(9-27)预期结果相吻合，说明这两种材料的烧结过程为扩散传质；图 9-8(右)为$(\Delta L/L_0)$-t 曲线。该曲线显示，随着时间的延长，$\Delta L/L_0$的增加逐渐减缓，致密化速率不断下降。这是因为随着颈部长大，曲率半径增大，空位浓度差变小。这也表明，对于以扩散为主要传质途径的烧结，不宜采用过分延长烧结时间来实现致密化。

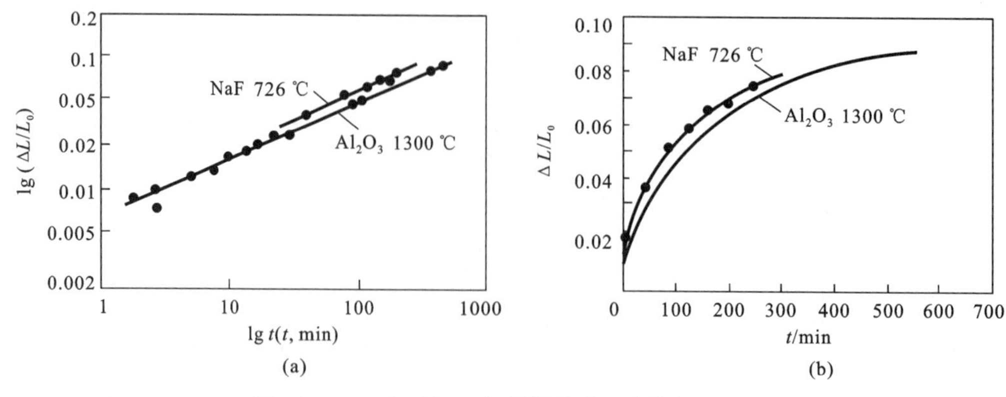

图 9-8 NaF 和 Al_2O_3 坯体烧结过程中的收缩曲线

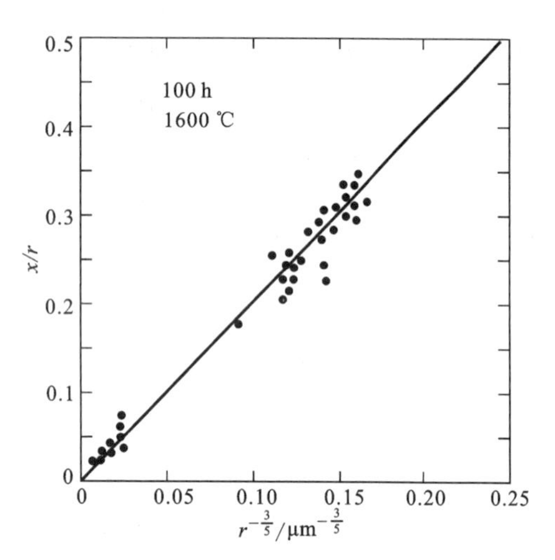

图 9-9 Al_2O_3 烧结过程中颗粒尺寸与接触颈部增长的关系曲线

从式(9-25)和式(9-27)也可看到,x/r 与颗粒半径 r 的 3/5 次方成反比,$\Delta L/L_0$ 和颗粒半径 r 的 6/5 次方成反比,说明颈部的增长及坯体的收缩都受原料粉体的颗粒尺寸的影响。原料粉体越细,越有利于致密化,而原料粉体越粗,则越不利于致密化。图 9-9 是 Al_2O_3 在 1600 ℃烧结 100 h 颗粒尺寸 r 与接触颈部增长的关系曲线。从图中可以看到,大颗粒原料经 100 h 的长时间烧结,颈部增长很有限($x/r<0.1$),而小颗粒原料在相同时间内,颈部增长十分明显($x/r\to 0.4$)。因此,在扩散传质的烧结过程中,控制粉体的粒度十分重要。

式(9-25)和式(9-27)中出现的另一变量是扩散系数 D_V,扩散系数 D_V 受组成和温度的影响。由于随着温度的上升,扩散系数 D_V 会明显增大,因此虽然在上面两式中温度 T 出现在分母上,但总体结果却是随着温度的上升,烧结速率加快。另外需注意:在烧结初期,最重要的是表面扩散 D_s,随着温度的升高,晶界扩散 D_G 和体积扩散 D_V 才会变得比较重要。

一般地,烧结初期的动力学关系可表示为:

$$x^n=\frac{K_1\gamma\Omega D}{kT}r^m t \qquad (9\text{-}28)$$
$$\left(\frac{\Delta L}{L_0}\right)^q=\frac{K_2\gamma\Omega D}{kT}r^s t$$

式中,指数 n、m、q、s 分别为与烧结机理及模型有关的指数,Ω 为空位体积,K_1、K_2 分别为与烧结机理及模型有关的系数,其值分别列于表 9-2 中。

表 9-2 不同烧结机理及模型下的指数 n、m、q、s 及系数 K_1、K_2

烧结机理	n	m	q	s	K_1	K_2
表面扩散	7	3	—	56×a	—	—
体积扩散	4	1	3	−3	32	3
体积扩散	5	2	2.5	−3	14	10
体积扩散	4.5	1.7	2.18	−3	43	17.5
界面扩散	6	2	3	−4	96	3

续表9-2

烧结机理	n	m	q	s	K_1	K_2
界面扩散	7	3	3.22	−4	$115\times b$	$2.27\times b$
从晶体内位错等缺陷开始的扩散	3	0	1.5	−3	—	—

注：a、b 为边界层参数，属于一种传质机制出现不同的参数，参数不同是由于采用的模型不同。

对于给定系统和烧结条件，式(9-28)中的 γ、T、r、D 等项几乎是不变的，故有：

$$\left(\frac{\Delta L}{L_0}\right)^q \approx Kt \tag{9-29}$$

式中，K 为烧结速度常数。

对式(9-29)两边取对数，得：

$$\lg\frac{\Delta L}{L_0}=\frac{1}{q}\lg t+K' \tag{9-30}$$

根据 $\lg(\Delta L/L_0)$-$\lg t$ 直线的斜率可以估计和判断烧结机理，直线的截距 K'反映了烧结速度常数 K 的大小。速度常数 K 和温度的关系服从阿伦尼乌斯方程：

$$K=K_0\exp\left(-\frac{Q}{RT}\right) \tag{9-31}$$

式中，Q 为烧结活化能。

9.3.2 烧结中期

烧结中期是坯体变化最快最大的阶段。从真实的烧结情况看，烧结中期非常复杂，严格地定量描述比较困难。为了合理地降低烧结的复杂性并有效评估各种烧结变量对烧结的影响，人们提出了不少烧结模型。其中最常用的模型是 Coble 提出的十四面体模型，如图 9-10 所示。他假设烧结体是由大量正八面体沿其顶点在边长 1/3 处截去一段后形成的十四面体堆积而成的，这个十四面体有六个四边形和八个六边形的面，按体心立方的方式可以完全紧密堆积在一起。十四面体顶点是晶粒交汇点，每条边是三个颗粒（十四面体）的交界线，这些边都具有圆柱形空隙，相当于圆柱形气孔通道。烧结时，空位从圆柱形空隙向晶粒接触面扩散，而原子则反向扩散使坯体致密。

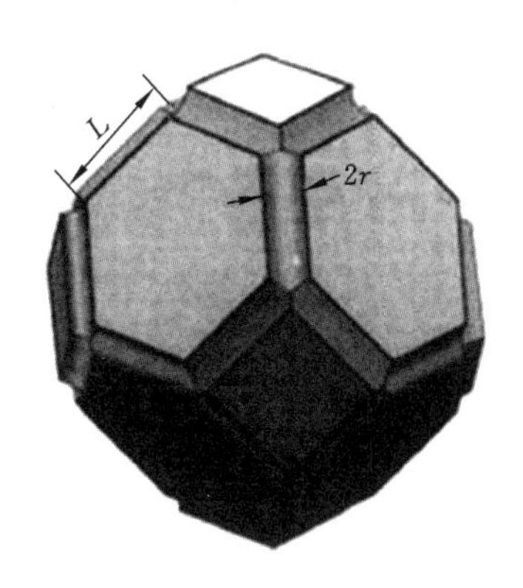

图 9-10 Coble 烧结中期模型

根据十四面体模型，Coble 推导出烧结中期坯体气孔率（P_c）随烧结时间（t）变化的关系式，对于体积扩散：

$$P_c=\frac{10\pi D_V\Omega\gamma}{KTl^3}(t_f-t) \tag{9-32}$$

对于界面扩散：

$$P_c=\left(\frac{2D_bW\gamma\Omega}{KTl^3}\right)^{\frac{3}{2}}(t_f-t)^{\frac{2}{3}} \tag{9-33}$$

上两式中，l 为圆柱形空隙的长度，t 为烧结时间，t_f 为烧结进入中期的时间，D_V、D_b 分别为体扩散系数和界面扩散系数，W 为界面宽度。

从上式可看到，体积扩散时，坯体气孔率与烧结时间呈线性关系，而沿界面扩散的烧结中，$\lg P_c$ 与 $\lg t$ 呈线性关系。

9.3.3 烧结后期

在此阶段，坯体相对密度一般可达 95%以上，多数空隙已变成孤立的闭气孔。这个阶段最常用的模型依然是 Coble 的十四面体模型(图 9-11)。该模型可看作烧结中期的 Coble 的十四面体模型中的圆柱形孔道收缩成位于十四面体的 24 个顶点处的孤立气孔。根据此模型，Coble 导出后期孔隙率为：

$$P_c=\frac{6\pi D_V\Omega\gamma}{\sqrt{2}KTl^3}(t_f-t) \tag{9-34}$$

式中，t_f是气孔完全消失的时间。

上式与式(9-32)相似，表明当温度和晶粒尺寸不变时，气孔率随烧结时间线性地减小，烧结中期和后期并无显著差异。图 9-12 表示 Al_2O_3烧结至理论密度的 95%之前，坯体密度与时间近似呈直线关系。

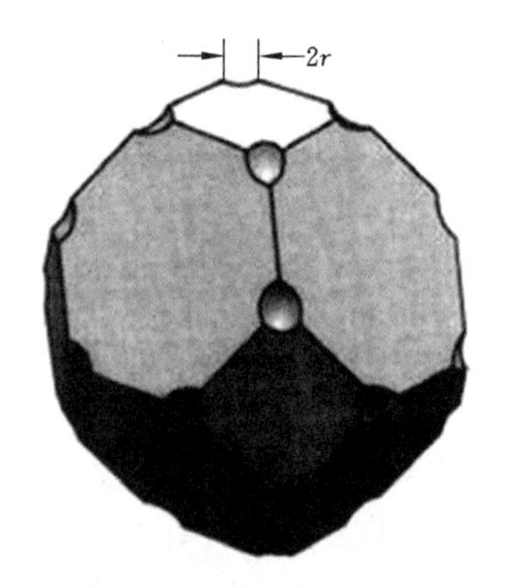

图 9-11 Coble 烧结后期模型

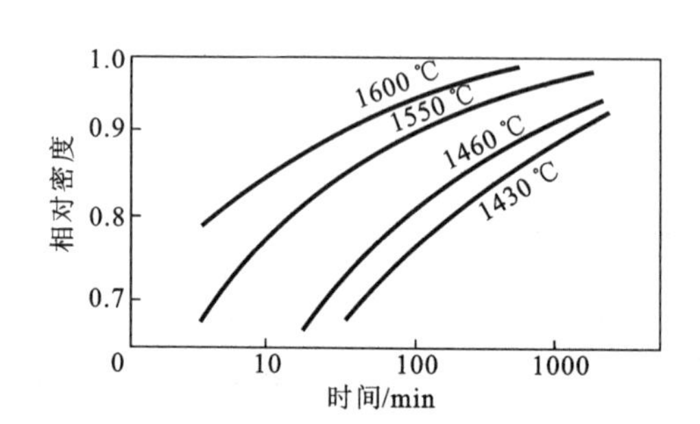

图 9-12 Al_2O_3 烧结中后期坯体的致密化曲线

9.3.4 烧结理论的新进展

需要指出的是，把上述各方程应用于实际烧结过程中常会有偏差。其原因有二，一是实际烧结过程中，物质迁移方式是很复杂的，会有多种机理共同起作用；二是上述关于烧结三个阶段的模型及理论分析并不十分完善。如有学者认为，在烧结初期的双球模型的推导过程中用与两球相切的圆弧代表烧结颈部的几何轮廓是不合适的，因为这将导致颗粒表面曲率的突变，使化学势沿表面突变。又如烧结中、后期的 Coble 模型虽被大多数人所接受，但模型过于简单，很多重要的烧结现象如团聚体对烧结的影响都不能解释。此外，有人指出，Coble 的理论推导还存在不容忽视的疏漏，导致其气孔率与时间对数的线性关系实际上并不成立。因此，新的烧结模型和理论还在不断发展当中，如 Lange 等人提出的颗粒阵列分析和施剑林提出的球形气孔模型等，这些模型和理论从不同角度加深了人们对烧结过程的理解和认识。

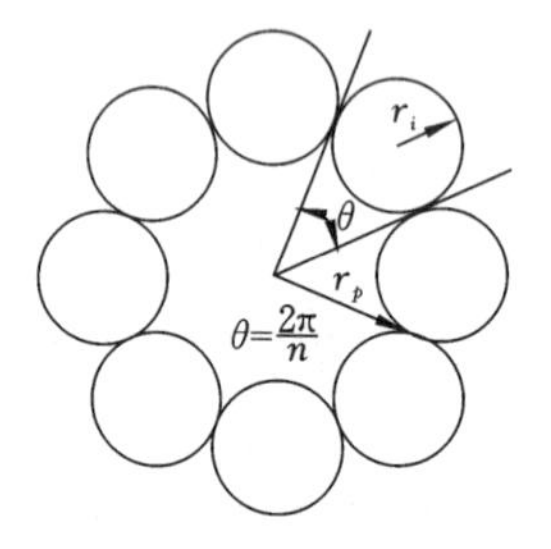

图 9-13 被 n 个圆形颗粒包围的二维气孔

下面我们简要介绍一下施剑林的有关烧结中、后期的球形气孔模型及相关理论。

与 Coble 以晶粒模型为逻辑推导的出发点不同，球形气孔模型是以烧结过程中气孔的变化为逻辑起点，从二面角的角度分析界面能对致密化的推动作用。

考虑一个由 n 个圆形颗粒堆积成的颗粒间气孔，如图 9-13 所示，则颗粒数 n、颗粒间的二面角 ψ 和颗粒-气孔表面曲率 ρ_r 之间的关系可表示为：

$$\rho_r=\frac{\sin\dfrac{\pi}{n}}{\sin\left(\dfrac{\psi}{2}-\dfrac{\pi}{2}+\dfrac{\pi}{n}\right)}\cdot r \tag{9-35}$$

式中,r 为气孔外接圆半径。

当气孔的尺寸发生变化时,体系自由能的变化为:

$$\begin{aligned}dG&=n\gamma_s\cdot 2\alpha\,d\rho_r-n\gamma_i\,dr\\&=2n\gamma_s\frac{\dfrac{1}{2}\left(\psi-\pi+\dfrac{2\pi}{n}\right)}{\sin\left(\psi-\pi+\dfrac{2\pi}{n}\right)}\cdot\sin\frac{\pi}{n}dr-n\gamma_i\,dr\end{aligned} \tag{9-36}$$

式中,γ_s 为包围气孔的颗粒的表面能,γ_i 为颗粒间的界面能,α 为每个颗粒对应的中心角。

由上式可知,当 $n=2\pi/(\pi-\psi)$时,$dG/dr=0$,体系处于平衡状态。此时的气孔配位数称为临界配位数 n_c。当 $n<n_c$时,气孔收缩会导致 dG 减小;而当 $n>n_c$时,气孔增大会导致 dG 减小。这就意味着在以上两种条件下,气孔都会趋向发生变化,烧结能够进行。另外,研究表明,在上述环型颗粒列阵模型中,即使达到平衡状态,晶粒的生长或粗化也可以不断地重新启动烧结过程。

将图 9-13 的二维空间模型扩展到三维状态,并作一定的简化处理,可得到球形气孔模型。当将该模型用于烧结中期时,由于此时气孔是处于连通状态,因此可将该模型设计成带有若干开口的球形,如图 9-14 所示。当该模型用于烧结后期时,则为孤立的闭气孔。

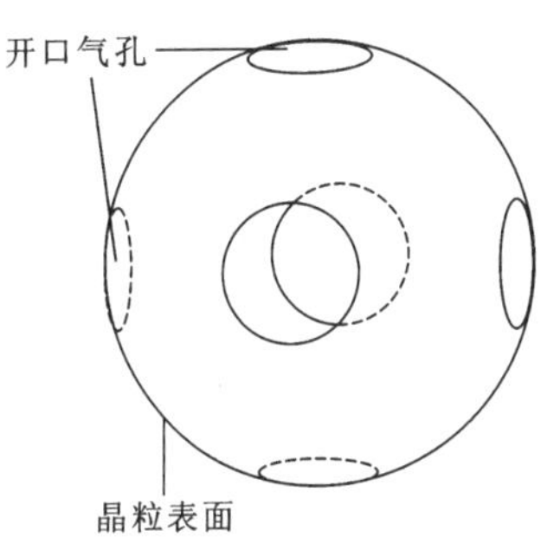

图 9-14 具有六个开口的气孔显微结构模型示意

根据球形气孔模型,施剑林推导出了一系列不同条件下的陶瓷致密化方程。其中,当气孔为单一尺寸(分布很窄)时,烧结中期的致密化方程为:

$$\frac{d\rho}{\rho dt}=\frac{48K\rho^2\ (1-\rho)^{\frac{1}{3}}\Omega_a\cdot D_{\rm eff}\cdot\gamma_s}{D^3\left[(K\rho)^{\frac{1}{3}}+(1-\rho)^{\frac{1}{3}}\right]\cdot kT}\cdot\left\{1-\left[(K\rho)^{-\frac{1}{3}}(1-\rho)^{\frac{1}{3}}+1\right]\cdot\left(\cos\frac{\psi}{2}+\frac{PD}{4\gamma_s}\right)\right\} \tag{9-37}$$

当气孔分布较宽时,烧结中期的致密化方程为:

$$\frac{d\rho}{\rho\,dt}=\frac{48\Omega_a\rho\cdot D_{\rm eff}\cdot\gamma_s}{D^3R^2(R+1)\cdot kT}\cdot\left[1-\int_{R_{\min}}^{R_{\max}}(R+1)f(R)\cos\frac{\psi}{2}\cdot dR\right] \tag{9-38}$$

上两式中,ρ 是烧结体的相对密度,Ω_a 是扩散物质粒子的体积,$D_{\rm eff}$为粒子的有效扩散(包括表面、界面、体积扩散等)系数,T 为温度,R 为气孔直径与颗粒直径之比。

根据上两式,可以较好地解释一些 Coble 公式无法解释的烧结现象,比如:(1)在烧结的升温过程中,致密化速度会出现一个极大值,之后不断减小,最后趋于零;(2)团聚体的存在及不同孔径分布对致密化过程的影响等。

9.4 晶粒生长与二次再结晶

在烧结的中、后期,伴随着陶瓷的致密化,坯体的显微结构也会经历一个明显的变化过程,其中最重要的就是再结晶和晶粒长大。再结晶包括初次再结晶和二次再结晶两种。

初次再结晶是指在已经发生塑性形变的基质中出现无应变晶粒的成核和长大的过程。该过程的驱动力是储存在形变基质中的能量,为 2～4 J/g,相当于熔融热的 1/1000 或更低,但足以使晶界移动和晶粒尺寸发生变化。初次再结晶的过程与上一章讨论过的成核-生长的相变过程很相似,最终晶粒大小也取决于成核和晶粒长大的相对速率。由于这二者都与温度紧密相关，因此初次再结晶的总速率会随温度急剧变化。

初次再结晶在金属材料中很常见，但陶瓷材料加工过程中很少产生塑性形变，所以初次再结晶并不常见。不过，在较软的材料如 NaCl、CaF_2 中确定有形变和初次再结晶发生，在 MgO 中也直接观察到这种现象。

相比之下，晶粒长大和二次再结晶在陶瓷材料中是普遍存在的。

9.4.1　晶粒长大

晶粒长大是指无应变或近于无应变的材料在热处理时晶粒的尺寸分布保持不变而平均晶粒尺寸连续增大的过程。不论初次再结晶是否发生，陶瓷材料中晶粒的平均粒径在烧结的中、后期一般都会增大。在这一过程中，某些细晶粒会收缩或消失，因此，晶粒的消失速率也可以作为衡量晶粒长大的因素。

晶粒长大的驱动力是陶瓷材料烧结前后晶粒之间的能量差，这一能量差是由小晶粒生长为大晶粒、界面面积和界面能降低所引起的。晶粒尺寸由 1 μm 变化到 1 cm，对应的能量变化为 0.42～21 J/g。

根据经典的晶粒生长动力学理论，晶粒长大是晶界移动的结果。弯曲晶界两边的自由能之差是使界面向曲率中心移动的驱动力。

图 9-15 为晶界结构示意图。弯曲晶界两边各为一晶粒，小圆代表各个晶粒中的原子或离子。凸面晶粒 A 表面曲率为正，凹面晶粒 B 表面曲率为负，在表面张力作用下，两晶粒之间因曲率不同而产生的压差为：

$$\Delta P=\gamma\left(\frac{1}{r_1}+\frac{1}{r_2}\right) \tag{9-39}$$

式中，γ 为表面张力，r_1、r_2 为曲面的主曲率半径。当温度不变时，弯曲晶界两面自由能差为：

$$\Delta G=V\Delta P=\gamma\overline{V}\left(\frac{1}{r_1}+\frac{1}{r_2}\right) \tag{9-40}$$

式中，ΔG 为跃过一个弯曲界面的自由能差，$\overline{V}$ 为摩尔体积。

晶粒生长的速率可以利用绝对反应速率理论分析。图 9-16 是原子在 A、B 晶界两边移动时能量变化示意图。原子从 A 向 B 跃迁的频率 f 为：

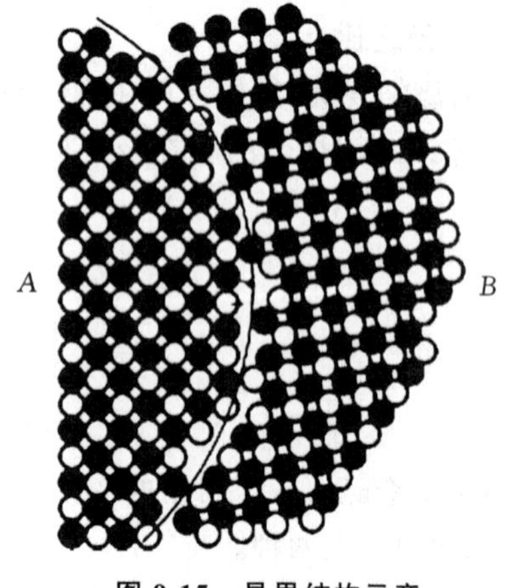

图 9-15　晶界结构示意

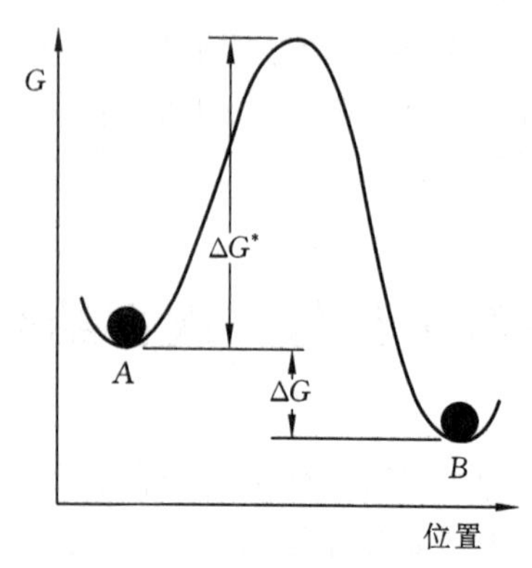

图 9-16　原子在 A、B 晶界两边移动时能量变化示意

$$f_{A\to B}=\frac{n_s RT}{N_A h}\exp\left(-\frac{\Delta G^*}{RT}\right) \tag{9-41}$$

反向跃迁频率为：

$$f_{B\to A}=\frac{n_s RT}{N_A h}\exp\left(-\frac{\Delta G^*+\Delta G}{RT}\right) \tag{9-42}$$

式中，R 为气体常数，N_A 为阿伏伽德罗常数，h 为普朗克常数，n_s 为界面上原子的面密度。

假定原子每次跃迁的距离为 λ，则晶面移动速率 U 为：

$$U=\lambda f=\lambda(f_{A\to B}-f_{B\to A})=\lambda\frac{n_s RT}{Nh}\exp\left(-\frac{\Delta G^*}{RT}\right)\left[1-\exp\left(-\frac{\Delta G}{RT}\right)\right] \tag{9-43}$$

由于 $\Delta G \ll RT$，所以

$$1-\exp\left(-\frac{\Delta G}{RT}\right)\cong\frac{\Delta G}{RT}$$

$$U=\lambda\frac{n_s\gamma\overline{V}}{Nh}\exp\left(-\frac{\Delta G^*}{RT}\right)\left(\frac{1}{r_1}+\frac{1}{r_2}\right) \tag{9-44}$$

考虑到 $\Delta G^*=\Delta H^*-T\Delta S^*$，上式也可写成：

$$U=\lambda\frac{n_s\gamma\overline{V}}{Nh}\left(\frac{1}{r_1}+\frac{1}{r_2}\right)\exp\left(\frac{\Delta S^*}{R}\right)\exp\left(-\frac{\Delta H^*}{RT}\right) \tag{9-45}$$

式中，ΔH^* 为原子跃过界面的激活能，近似于相应界面的扩散激活能。

上式表明，晶粒长大速率随温度按指数规律增加，且与晶界曲率相关。温度越高，晶界曲率半径越小，晶界移动速率越快。

图 9-17 是多晶体界面二维示意图。从图上可以看到，如果晶界能量相等，则界面交角为 120°，晶粒呈六边形。实际上，多数晶粒间的界面能并不相等，因此大多数晶界都是弯曲的。以各晶粒中心为视点，大于六条边时晶界向内凹，小于六条边时晶界向外凸。由于凸面界面能大于凹面的，因此晶界向凸面曲率中心移动。结果是小于六条边的晶粒缩小甚至消失，而大于六条边的晶粒长大。最终结果是平均晶粒增长，如图 9-18 所示。

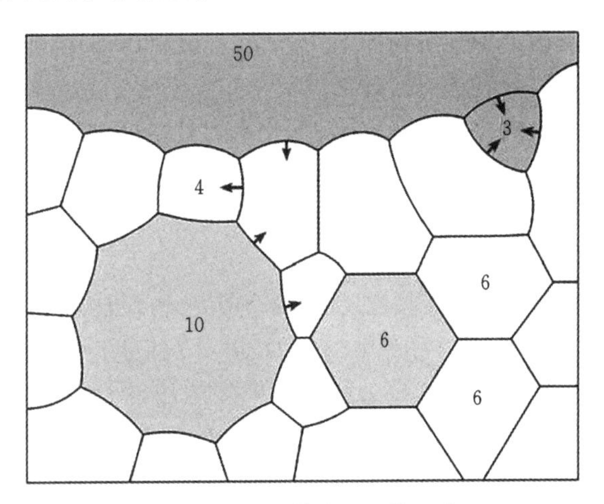

图 9-17　多晶体界面二维示意

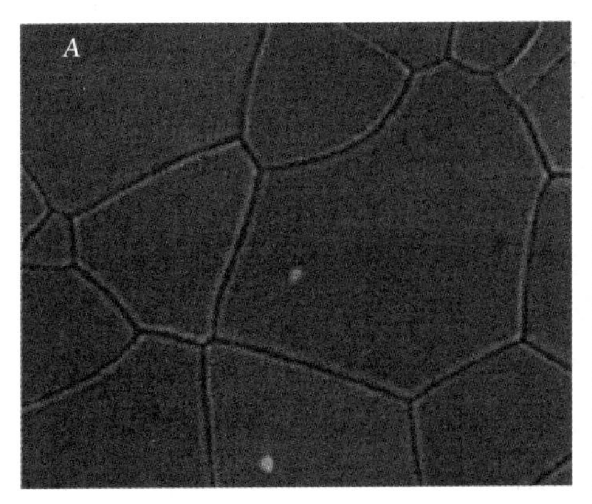

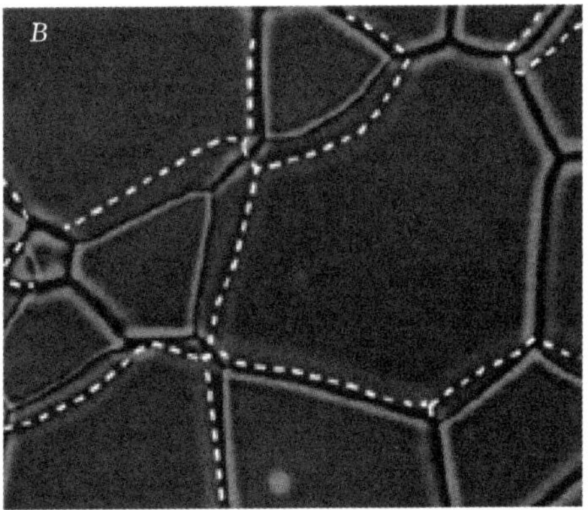

图 9-18　大小晶粒变化过程（$A\to B$）

晶粒长大速度(一般以晶粒直径 D 的变化表示)取决于晶界移动速度。由式(9-45)可知,晶界移动速度与弯曲晶界的半径成反比,因而晶粒长大的速度可表示为:

$$\frac{\mathrm{d}D}{\mathrm{d}t}=\frac{K}{D} \tag{9-46}$$

式中,D 为时间 t 时的晶粒直径,K 为常数。

积分,得:

$$D^2-D_0^2=Kt \tag{9-47}$$

式中,D_0为时间 $t=0$ 时的晶粒平均尺寸。

当 $D \gg D_0$,上式可写成:

$$D=K't^{1/2} \tag{9-48}$$

根据式(9-48),用 lg$D$ 对 lg$t$ 作图得到直线,其斜率为 1/2。但是,实际的晶粒生长实验中,用 lg$D$ 对 lg$t$ 作图所得直线的斜率常常小于 1/2,一般为 0.1～0.5。出现这种现象,可能是由于 D_0不比 D 小很多。还有一个常见原因,就是晶界在移动时遇到溶质偏析、杂质、气孔、液相或样品尺寸等的限制。

在大多数情况下,陶瓷晶界的实际情况并不像推导式(9-44)和式(9-45)时所设想的那么简单。即使对完全纯的物质来说,也存在一个与界面及溶质偏析有关的晶格缺陷空间电荷环境,这种环境会在低驱动力水平下显著降低晶界迁移速度。而当晶粒尺寸增大、溶质偏析浓度增大以及平均晶界曲率减小时,这种影响更大。

第二相夹杂物如杂质、气孔等的阻碍作用,是阻止晶粒长大的另一重要因素。晶界移动遇到夹杂物时,界面能降低,降低的大小正比于夹杂物的横截面积,结果使界面继续前进能力减弱。因此,当晶界上出现许多夹杂物时,晶粒达到某一极限尺寸后,生长就会停止。根据 Zener 的研究,这一极限尺寸和第二相夹杂物之间的关系可由下式给出:

$$D_c \approx \frac{D_i}{V_{D_i}} \tag{9-49}$$

式中,D_c是极限晶粒尺寸,D_i为夹杂物颗粒尺寸,V_{Di}为夹杂物体积分数。

D_c在烧结过程中随着 D_i和 V_{Di}的变化而变化。在烧结初期,晶界上小气孔数目很多,V_{Di}很大,此时初始晶粒粒径 $D_0>D_c$,晶粒不能长大;随着烧结的进行,一部分小气孔会聚集,D_i 变大,而另一部分气孔被排出,V_{Di}变小,D_c变大。当 D_c比晶粒的粒径 D 大时,晶粒也随之长大,直至其粒径 $D=D_c$为止。

当晶界上有第二相夹杂物存在时,晶界的移动需要通过夹杂物颗粒进行传质,包括界面扩散、表面扩散、体积扩散、黏性流动、溶解-沉淀、蒸发-沉积等过程。而此时晶界的移动可能会出现以下三种情况:(1)晶界能量较小,其移动被夹杂物阻挡,晶粒长大停止。(2)晶界有一定的能量,带着夹杂物继续移动。此时晶界可成为气孔快速排出的通道,有利于坯体致密化。气孔随着晶界移动而在三叉晶界聚集的情况见图 9-19,从图中可以看到,在这种条件下,伴随着晶粒生长,气孔尺寸也在长大。之后,气孔中的气体会以晶界为扩散通道排出烧结体,气孔会收缩甚至消失。(3)晶界能量大,越过夹杂物,使后者被包裹在晶粒内部。气孔脱离晶界后,无法快速排出,坯体致密化进程会极大地减缓或停止。如果是在烧结后期,很容易出现二次再结晶现象。

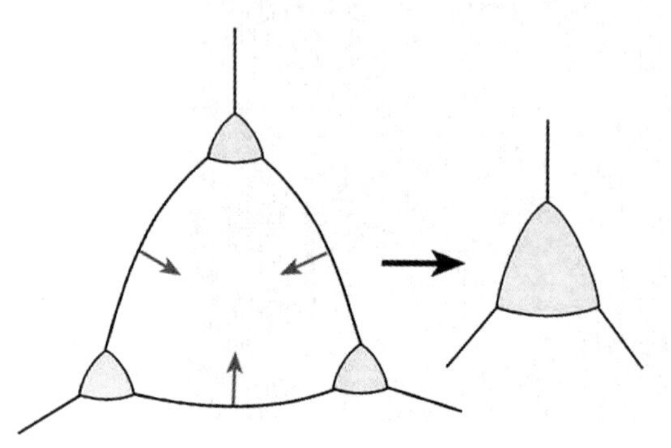

图 9-19　气孔在三叉晶界处聚集示意

影响晶粒生长的另一个因素是液相的存在。当有少量液相出现在晶界上时,会形成两个新的固-液界面,从而减小界面移动的推动力，同时增加扩散的路程，因此少量液相可以起到抑制晶粒长大的作用。例如在95%Al_2O_3中加入少量石英、黏土，使之产生少量硅酸盐液相时的情况。但在烧结过程中出现活性液相时，则有可能促进晶粒的长大。某些情况下，会出现二次再结晶。

值得注意的是，由于烧结中期气孔是连续相而晶界是非连续的，在烧结中期晶粒生长主要依靠的可能不是晶界迁移而是表面扩散，因此，上述对晶粒生长的分析应用于烧结后期更为准确。

一般在烧结后期，针对不同情况，晶体生长规律可以统一用下式表示：

$$D^n - D_0^n = Kt \tag{9-50}$$

不同情况下的 n 值见表 9-3。

表 9-3　不同烧结条件下 n 值

机制	物质迁移途径	n
气孔控制	表面控制	4
	晶格控制	3
	气相传输	2 或 3
晶界控制	纯系统	2
	第二相钉扎	3 或 4
	通过连续第二相扩散*	3
	杂质阻碍	3

注：* 即液相烧结中晶粒生长。

9.4.2　二次再结晶

二次再结晶（也称异常晶粒生长或过度晶粒生长）是指在生长速度非常慢的细晶粒基质中一些（或少数）大晶粒生长异常迅速的现象或过程。从微观结构方面，与正常晶粒生长时晶粒尺寸分布呈单峰不同，二次再结晶的晶粒尺寸分布呈现明显的大小晶粒共存的二重结构，如图 9-20 所示。

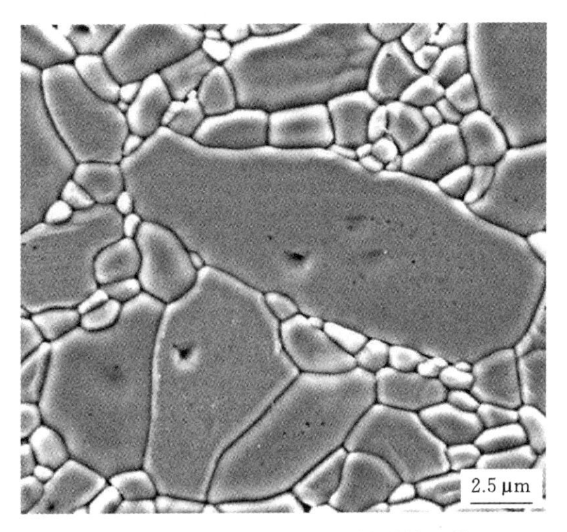

图 9-20　二次再结晶的显微结构照片

根据经典的烧结理论，二次再结晶的推动力仍然是晶界过剩界面能。在均匀基体中，有时会存在某些大晶粒（如图 9-17 所示 50 条边的晶粒），这些大晶粒和邻近高表面能和小曲率半径的晶粒相比，其表面能低得多。在表面能驱动下，它们会成为二次再结晶的晶核，周围的小晶粒中的原子或离子不断跃过晶界进入大晶粒，使大晶粒界面向曲率半径小的晶粒中心推进，以致大晶粒进一步长大与小晶粒消失。

当正常晶粒生长因杂质或气孔的存在而受到抑制时，很容易发生二次再结晶。在这些情况下，只有那些曲率比平均曲率大得多的界面才能移动，即界面高度平坦的超大晶粒才能长大，而基质材料仍保持均匀的晶粒尺寸。大晶粒的生长速率开始时取决于边数；当长大到某一点之后，过大晶粒的直径 D_g 远大于基质晶粒直径 D_m，曲率由基质晶粒尺寸决定并正比于 $1/D_m$（此时大晶粒边缘相对于周围小晶粒而言可近似地视为平面），因此，二次再结晶的推动力由基质晶粒的曲率半径决定。此时，二次再结晶的晶界迁移速度 U_g 可表示为：

$$U_g=\frac{D_b}{kT}\cdot\frac{\gamma\Omega_a}{Sw}\cdot\frac{1}{D_m} \tag{9-51}$$

式中，D_b 为晶界扩散系数，γ 为表面张力，S 为界面面积，w 为晶界宽度，Ω_a 为引起晶界迁移的粒子体积。由于二次再结晶晶粒长大速率远高于正常晶粒生长速率，故 D_m 的变化可忽略不计，因此 U_g 可看成不随时间变化的定值。这样，二次再结晶的晶粒生长速度规律是：

$$D_g-D_0=Kt \tag{9-52}$$

式中，D_g、D_0 分别为时间为 t 和 0 时的二次再结晶晶粒尺寸，K 为与晶界的界面张力、晶界扩散系数、正常晶粒尺寸等相关的常数。

产生异常晶粒生长的原因很复杂。从制备工艺角度分析，造成二次再结晶的原因主要是原始粒度不均匀、烧结温度偏高和烧结速率太快，其他还有坯体成型压力不均匀、局部有不均液相等。近年来的研究认为，无论是固相烧结还是液相烧结中，异常晶粒生长与晶粒的界面结构有更直接的关系。对 $SrTiO_3$、SiC 及 $BaTiO_3$ 等材料的实验结果显示，只有当晶粒的界面呈刻面状(faceted boundary)而不是粗糙状(rough boundary)时，异常晶粒生长才会发生，如图 9-21 所示。而当改变烧结的条件(如提高烧结温度、改变烧结气氛或引入适当的掺杂)，使晶粒界面粗糙化后，晶粒生长行为也会正常化。刻面状界面上发生异常晶粒长大可以用边界台阶的横向移动(也称阶梯生长机制)来解释。在这种机制下，刻面状界面的移动能力并非保持不变，驱动力超过临界值的边界时的移动速度将远快于驱动力小于临界值的边界时的，并导致晶粒异常长大。

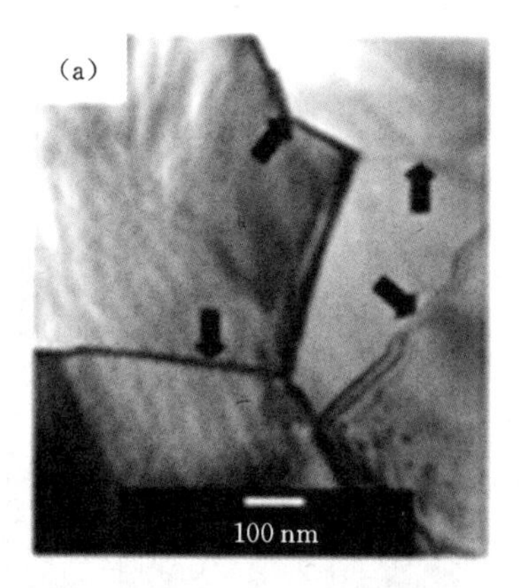

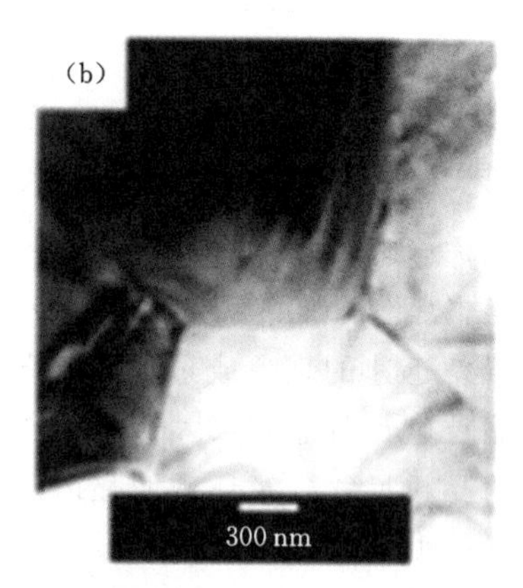

图 9-21 不同晶界对异常晶粒生长的影响

0.1%(摩尔分数)TiO_2 过量的 $BaTiO_3$ 陶瓷：

(a) 刻面边界；(b)粗糙边界

二次再结晶发生后，个别晶粒异常长大，使气孔封闭在晶粒内难以排出，坯体致密化进程受阻，同时晶界应力存在易导致隐裂纹出现，使烧结体机电性能下降。因此，在制备工艺上需采用一些措施防止二次再结晶现象出现，包括改善粉体粒度分布结构、避免过高烧结温度等。其中最简单有效的就是引入适当的添加剂来抑制晶界迁移，有效地加速气孔的排除，如将 MgO 加入 Al_2O_3 中可制成达理论密度的制品。

当采用晶界迁移抑制剂时，晶粒生长公式应写成以下形式：

$$D^3-D_0^3=Kt \tag{9-53}$$

由上式可见，此时晶粒生长速度不仅远低于二次再结晶的晶粒生长速率，也比正常晶粒生长速度要慢。

当然，在某些情况下，二次再结晶是可以加以利用的。比如在硬磁铁氧体 $BaFe_{12}O_4$ 的烧结中，可以利用二次再结晶形成择优取向。

9.5 液相烧结

凡是烧结过程中有液相参与的称为液相烧结。在实际的陶瓷制备中,纯粹的固相烧结并不多见,由于原料粉体中杂质的存在,大多数烧结过程中都会或多或少出现液相。而对于某些非氧化物(如氮化物),由于其为共价键结构,原子扩散运动非常有限,在无压条件下,不通过液相烧结,很难实现致密化。

液相烧结的过程一般包括颗粒重排、气孔充填和晶粒长大等阶段。与固相烧结一样,液相烧结的推动力也是颗粒的表面能,但液相烧结致密化速度高,可在远低于固相烧结所需温度下获得致密的坯体。这是因为液相烧结的主要传质机理不是扩散,而是流动和溶解-沉淀。

9.5.1 流动传质

流动传质是指在高温下依靠液体的流动而完成传质、实现致密化的过程,可分为两类:黏性流动传质和塑性流动传质。

由于高温下黏性液体(熔体)出现牛顿型流动(受到剪切应力即开始流动,剪切速度与剪切应力成正比,当应力消除后,变形不复原的流动)而产生的传质称为黏性流动传质(参见第 4 章)。在烧结过程中,如果出现的液相量较大且黏度较低,主要是以黏性流动传质为主。在高温下依靠黏性流动而致密化是大多数硅酸盐材料烧结的主要传质过程。

1945 年弗伦克尔根据黏性流动原理和烧结双球模型,研究颗粒间的烧结,推导出黏性流动烧结速率公式。当大小相等的两个球形颗粒开始互相以点接触,在表面张力作用下,引起黏滞流动,填充颈部,使颗粒接触面扩大,颗粒表面积减小,系统能量降低,降低值等于系统产生黏滞流动所消耗的能量。颈部增长和坯体线收缩的公式分别为:

$$\frac{x}{r}=\left(\frac{3\gamma}{2\eta}\right)^{\frac{1}{2}}r^{-\frac{1}{2}}t^{\frac{1}{2}} \tag{9-54}$$

$$\frac{\Delta L}{L_0}=\frac{3\gamma}{4r\eta} \tag{9-55}$$

式中,r 为颗粒半径,x 为颈部半径,η 为液体黏度,γ 为液-气表面张力,t 为烧结时间。以上公式说明,当烧结按黏性流动机理进行时,以 $\ln(x/r)$ 对 $\ln t$ 作图得一斜率为 1/2 的直线。收缩率正比于表面张力,反比于黏度和颗粒尺寸。

上两式仅适用于黏性流动初期的情况。随着烧结的进行,很快就会形成孤立的闭气孔,如图 9-22 所示。假设每个气孔的半径为 r,则气孔内的负压为 $2\gamma/r$,这相当于作用在压块外面使其密实的一个相等的正压。J.K.Mackenzie 等人推导出带有相等尺寸孤立气孔的黏性流动坯体的收缩率关系式,利用近似法得出的方程式为:

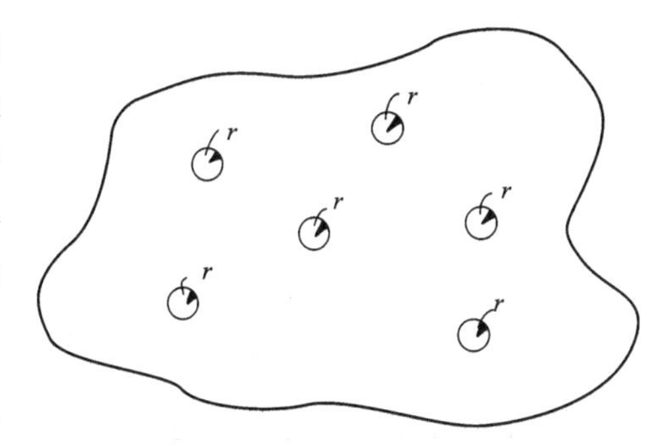

图 9-22 烧结过程中形成的闭气孔

$$\frac{\mathrm{d}\theta}{\mathrm{d}t}=\frac{2}{3}\left(\frac{4\pi}{3}\right)^{\frac{1}{3}}n^{\frac{1}{3}}\frac{\gamma}{\eta}(1-\theta)^{\frac{2}{3}}\theta^{\frac{1}{3}} \tag{9-56}$$

式中,θ 为相对密度,即体积密度 ρ 除以理论密度 ρ_0;n 为实际物质单位体积中的气孔数,并由下式给出:

$$n\frac{4\pi}{3}r^3=\frac{\text{气孔体积}}{\text{固体体积}}=\frac{1-\theta}{\theta}$$

$$n^{\frac{1}{3}}=\left(\frac{1-\theta}{\theta}\right)^{\frac{1}{3}}\left(\frac{3}{4\pi}\right)^{\frac{1}{3}}\frac{1}{r} \tag{9-57}$$

和式(9-56)合并，得：

$$\frac{d\theta}{dt}=\frac{3\gamma}{2r_0\eta}(1-\theta) \tag{9-58}$$

式中，r_0为颗粒的起始半径。

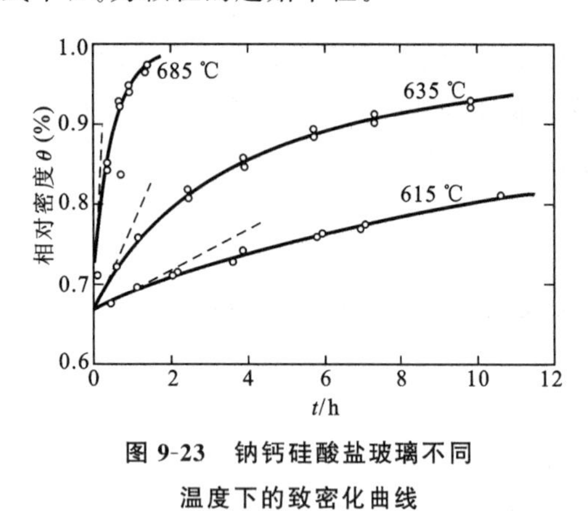

图 9-23　钠钙硅酸盐玻璃不同温度下的致密化曲线

钠钙硅酸盐玻璃不同温度下的致密化曲线见图9-23。图中的实线和虚线分别是按式(9-56)和式(9-58)计算出来的，圆点是实验结果，可以看到计算结果与实验结果能很好地吻合。

从式(9-56)和式(9-58)可以看到，决定烧结速率的三个主要参数是颗粒起始粒径、黏度和表面张力。表面张力对组成改变不敏感，在组成或工艺设计时较容易控制。颗粒尺寸对烧结速率有强烈的影响，10 μm 的颗粒变为 1 μm，烧结速率会增大 10 倍。黏度及黏度随温度的迅速变化是需要控制的最重要因素。典型的钠钙硅酸盐玻璃，当温度发生 100 ℃ 的改变时，黏度变化可达 1000 倍，致密化速率也会以同样的倍数变化。另外，黏度还会因组成的改变发生很大变化。因此，通过改变组分或控制温度，可以提高致密化速率。

当坯体中液相量很少或液相黏度较高时，高温下将发生塑性流动传质。此时的流体不能看成是纯牛顿型，而应看成宾汉型，即只有作用力超过屈服值 f 时，流动速率才与作用的剪切力成正比。此时相对密度变化速率方程可表示为：

$$\frac{d\theta}{dt}=\frac{3\gamma}{2\eta}\times\frac{1}{r}(1-\theta)\left[1-\frac{fr}{\sqrt{2}\gamma}\left(\frac{1}{1-\theta}\right)\right] \tag{9-59}$$

式中，η 为作用力超过 f 时的液体黏度。

值得说明的是，流动传质不仅在液相烧结中存在，在固相烧结中也可能存在。比如，在烧结早期，表面张力较大，晶粒可以通过位错的运动来实现塑性传质；而在烧结后期，晶粒在低应力作用下，也能通过空位自扩散而形成黏性蠕变。

固相烧结的塑性流动传质机理对热压烧结有重要意义。

9.5.2　溶解-沉淀传质

在烧结过程中，如果液相能润湿和溶解固相，则可以通过溶解-沉淀传质机理导致致密化和晶粒长大。这种过程会发生在金属陶瓷系统及一些氧化物系统的烧结中，例如含少量易流动液相的 MgO、添加少量 TiO_2 的 UO_2 和含有碱土金属硅酸盐的高铝瓷的烧结等。对大量系统的研究表明，发生溶解-沉淀传质的条件有三：①显著数量的液相；②固相在液相内有显著的可溶性；③液相润湿固相。

溶解-沉淀传质的推动力仍然是表面张力。通常固体表面能(γ_{SV})比液体表面能(γ_{LV})大，当满足($\gamma_{SV}-\gamma_{SL}$)>γ_{LV}条件时，固相颗粒将被液相润湿，并在颗粒间形成毛细管，如图 9-24 所示。在表面张力的作用下，毛细管内形成较高的负压，即毛细管压力。毛细管数值为 $\Delta P=2\gamma_{LV}/r$（r 是毛细管半径），对于亚微米（0.1～1 μm）直径的毛细管，如果其中充满硅酸盐液相，毛细管压力可达 1.23～

12.3 MPa。在毛细管压力的作用下，会发生以下几种不同的过程：①颗粒间发生滑移和重新排列，以达到更有效的密堆；②在颗粒的接触点形成高的局部应力 F，导致塑性形变和蠕变，使颗粒进一步重排；③通过液相进行传质，较小的颗粒溶解而较大的颗粒长大，由于毛细管力的持续作用，在晶粒长大和形状变化的同时，颗粒的重排也会不断进行并产生进一步的致密化；④颗粒的接触点化学位或活度提高，溶解度增大，使物质从接触区传出，颗粒中心互相靠近并产生收缩；⑤如果不出现完全润湿，足以形成固体骨架的再结晶和晶粒长大，致密化过程就减慢或停止。

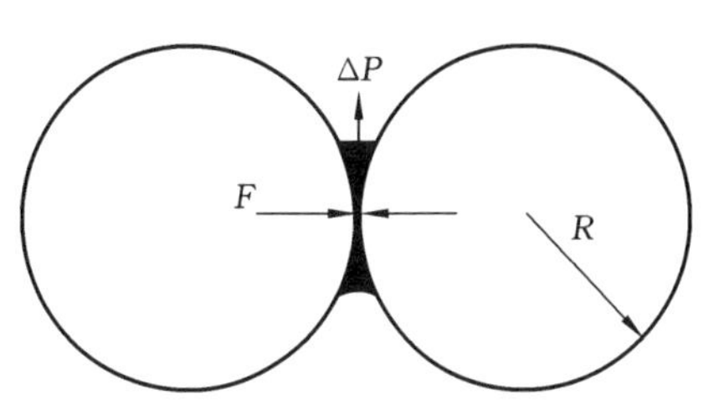

图 9-24 颗粒间毛细管的形成

9.5.2.1 颗粒重排

这阶段可粗略认为，致密化速度与黏性流动机制作用下的速度相似，线收缩与时间约呈线性关系，即：

$$\frac{\Delta L}{L_0}=\frac{1}{3}\frac{\Delta V}{V_0}\propto t^{1+y} \tag{9-60}$$

式中，指数 $y<1$，这是由于随着烧结的进行，被包裹的小气孔尺寸减小，作为烧结推动力的毛细孔压力增大，故 $1+y$ 应稍大于 1。

通过重排所能达到的致密度取决于液相量。当液相量较多时，可以通过液相填充空隙达到很高的致密化；当液相量较少时，则需要通过溶解-沉淀过程才能使致密化进一步继续。

9.5.2.2 溶解-沉淀

溶解-沉淀传质根据液相量的不同可分为两种。一种是 Kingery 模型：在液相量较少时，物质在晶粒接触界面溶解，通过液相传输到球形晶粒自由表面上沉积；另一种是 LSW 模型：当坯体内有大量液相且晶粒大小不相等时，由于晶粒间曲率差而导致小晶粒溶解，小晶粒通过液相传输到大晶粒上沉积。

在 Kingery 模型下，Kingery 利用双球模型，运用与固相烧结动力学公式类似的方式作了合理的分析，并导出溶解-沉淀过程收缩率为

$$\frac{\Delta L}{L_0}=\frac{\Delta\rho}{r}=\left(\frac{K\gamma_{LV}\delta DC_0V_0}{RT}\right)^{\frac{1}{3}}r^{-\frac{4}{3}}t^{\frac{1}{3}} \tag{9-61}$$

式中，$\Delta\rho$ 为中心距收缩的距离，K 为常数，γ_{LV} 为液-气表面张力，D 为被溶解物质在液相中的扩散系数，δ 为颗粒间液膜厚度，C_0 为固相在液相中的溶解度，V_0 为液相体积，r 为颗粒起始粒度，t 为烧结时间。

上式中 γ_{LV}、D、δ、C_0、V_0 都是与温度相关的物理量，因此，当烧结温度和起始粒度固定时，上式可表示为：

$$\frac{\Delta L}{L_0}=K_1t^{\frac{1}{3}} \tag{9-62}$$

式中，K_1 为常数。

可以看到，溶解-沉淀致密化速率与时间的 1/3 次方成比例。

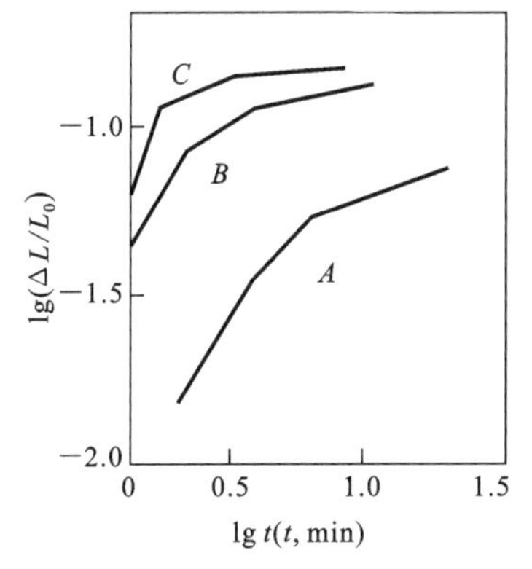

图 9-25 添加 MgO[w(MgO)=2%]的高岭土在1750 ℃下烧结时的 $\lg\left(\frac{\Delta L}{L_0}\right)$-$\lg t$ 曲线

（烧结前 MgO 粒度为：G—3 μm；M—1 μm；F—0.5 μm）

图 9-25 列出 MgO+2%（质量分数）高岭土在 1730 ℃时测得的 $\lg(\Delta L/L_0)$-$\lg t$ 关系图。由图可以明显看出液相烧结三个不同的传质阶段。开始阶段直线斜率约为 1，符合颗粒重排阶段的特征；第二阶段直线斜率约为 1/3，符合式(9-62)，即为溶解-沉淀传质过程；最后阶段曲线趋于

水平，说明致密化速率更缓慢，坯体已接近终点密度。从图中还可见，粒度对烧结有显著影响，当粒度 $A>B>C$ 时，$\Delta L/L_0$ 是 $C<B<A$。

溶解-沉淀传质中，Kingery 模型与 LSW 模型两种机制在烧结速率上的差异可用下式表示：

$$\left(\frac{dV}{dt}\right)_K : \left(\frac{dV}{dt}\right)_{LSW} = \frac{\delta}{h} : 1 \tag{9-63}$$

式中，δ 是颗粒间液膜厚度，一般为 10～3 μm；h 为两颗粒的中心距。

随着烧结进行，h 很快就能达到和超过 1 μm，因此 LSW 机制烧结速率往往比 Kingery 机制大几个数量级。

最后需要说明的是，我们将烧结简单地分为固相烧结和液相烧结，主要是为了理论上分析时较为方便。在实际的生产制造中，大多数情况下并不是纯固态烧结或纯液态烧结，而要复杂得多。同一物质在不同烧结条件下和烧结过程中不同时间段，可能有数种烧结机理在交替起作用。因此，对于实际的烧结过程，要具体问题具体分析。不同传质机理的比较见表 9-4。

表 9-4　不同传质机理的比较

传质方式	蒸发-凝聚	扩散	流动	溶解-沉淀
原因	压力差 ΔP	空位浓度差 ΔC	应力-应变	溶解度 ΔC
条件	$\Delta P>1\sim10$ Pa，$r<10$ μm	$\Delta C>n_0/N$，$r<5$ μm	黏性流动 η 小，塑性流动 $\tau>f$	液相量足够大，固相的溶解度大，液相能润湿固相
特点	(1)凸面蒸发，凹面凝聚；(2)中心距不变	(1)空位从颈部扩散出去，质点反向扩散到颈部；(2)中心距缩短	(1)流动的同时发生颗粒重排；(2)致密化速度最高	(1)凸出点溶解，平面或凹处沉积；小晶粒溶解后在大晶粒表面沉积。(2)传质过程又是晶粒长大过程
工艺控制	温度(蒸气压)，粒度	温度(扩散系数)，粒度	黏度，粒度	温度(溶解度)，粒度，黏度，液相量

9.6　影响烧结的因素

影响烧结的因素很多，大致可分为两类：材料变量和过程变量。前者包括粉末的化学成分、形状、尺寸和粒度分布、干燥程度、团聚度等。后者主要有温度、时间、大气、压力、加热和冷却速率等。

9.6.1　粉料的影响

粉料对烧结的影响主要由其化学组成、均匀性、颗粒粒度、团聚体、活性等方面决定。

粉体颗粒度是影响烧结速度的重要因素。一般而言，颗粒越细，其表面能越高，烧结的推动力越大，越有利于烧结的进行。根据 Herring 规则，在同样的烧结温度下烧结至相同的密度，具有不同尺寸的粉体与各自所需的烧结时间之间的关系是：

$$\frac{t_1}{t_2} = \left(\frac{r_1}{r_2}\right)^n \tag{9-64}$$

式中，r_1、r_2 为颗粒尺寸，t_1、t_2 为烧结时间，$n=3\sim4$。

从上式可以计算出，当粉料粒度从 2 μm 缩小到 0.5 μm 时，烧结速率至少增大 64 倍，相当于烧结温度降低 150～300 ℃。这表明采用细颗粒的粉体，可以有效地促进烧结的进行。

但是，在实际生产中，如果颗粒过细，也往往会导致其他问题，比如容易吸附杂质、堆积密度过低等。特别值得注意的是，颗粒过细，往往会产生团聚体。所谓团聚体，是指粉体中的初始颗粒（也称一次颗粒），由于各种力的相互作用所形成的具有一定强度的聚集体（也称二次颗粒）。团聚体可分为两种，一种是由如静电力、范德瓦耳斯力等引起的软团聚体（agglomerate），另一种是由颗粒间形成的毛细管力作用（液相桥）或在煅烧时通过扩散在颗粒之间形成颈部（固相桥）强烈结合而成的硬团聚体（aggregate）。前者强度较低，可在成型过程中破碎；后者强度较高，不容易破碎。团聚体（特别是硬团聚体）的存在对粉体的烧结性能会产生严重影响。当其含量低时，由于团聚体与基体密度不同，会产生差分烧结，在烧结体内产生应力，形成球壳状空洞裂纹，降低烧结密度；当其含量较高时，由于团聚体内率先致密，粉体的烧结变成团聚体颗粒的烧结，使烧结极难进行。因此，要获得良好的烧结性能，在采用细颗粒粉料时，必须确保粉料中不含有团聚体。

颗粒的粒度分布是影响粉料烧结性能的另一个因素。如上所述，不同的颗粒尺寸，具有不同的烧结性能，即在同一温度下它们的烧结速度不一样，坯体中大颗粒较多的区域往往不容易致密，而且这些大颗粒还有可能成为二次再结晶的核，导致个别晶粒异常长大，严重影响陶瓷的显微结构和性能。因此，在生产上，应尽量将粉体颗粒分布控制在较窄的范围。

研究表明，粉体的烧结性能还会受其化学活性的影响。研究表明，热分解条件对所得氧化物活性有着重要的影响。一般而言，前驱体母盐煅烧温度过高、时间过长，则粉料结晶度升高、粒径变大、比表面面积减小、活化能升高，导致烧结性较低；而煅烧温度过低、时间过短，则可能因残留有未分解的母盐，会妨碍颗粒的紧密充填和烧结。因此，选择适当的煅烧温度十分重要。此外，母盐形式对活性也有重要影响。不同的镁盐分解所制得的 MgO 的性质和烧结性能见表 9-5。从表 9-5 可见，用碱式碳酸镁、醋酸镁、草酸镁、氢氧化镁等原料盐来制备 MgO，其烧结性较好，能够生成粒度小、晶格常数较大、结构松弛的 MgO。

表 9-5 不同形式镁盐分解所得 MgO 的性质

镁盐	最佳分解温度/℃	颗粒尺寸/nm	1400 ℃烧结 3 h 后的试样		
			晶格常数/nm	微晶尺寸/nm	体积密度/(g/cm^3)
碱式碳酸镁	900	50～60	0.4212	50	3.33
醋酸镁	900	50～60	0.4212	60	3.09
草酸镁	700	20～30	0.4216	25	3.03
氢氧化镁	900	50～60	0.4213	60	2.92
氯化镁	900	200	0.4211	80	2.36
硝酸镁	700	600	0.4211	90	2.03
硫酸镁	1200～1500	106	0.4211	30	1.76

9.6.2 成型压力的影响

成型是陶瓷材料制备过程中的一道重要工序。成型压力对后续的烧结有显著的影响，主要表现在以下三个方面：

(1) 对素坯密度的影响。成型压力越高，素坯密度越大，颗粒间的接触点也越多，这意味着在相同的烧结条件下，物质迁移的通道也越多，致密化速度会越快。

(2) 对坯体气孔孔径及分布的影响。成型压力越大，素坯中的气孔孔径越小。在无压烧结时，材料的致密化主要靠扩散来实现，而扩散的推动力则与气孔的曲率半径成反比，即：

$$\sigma = K\frac{\gamma}{r} \tag{9-65}$$

式中，σ 为推动力，K 为比例常数，γ 为表面张力，r 为气孔曲率半径。

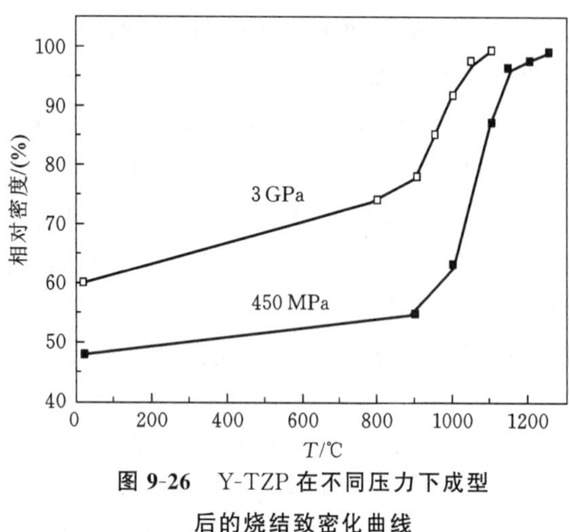

图 9-26 Y-TZP 在不同压力下成型后的烧结致密化曲线

由上式可知，当其他条件不变时，r 越小，σ 越大。

(3) 对团聚体的影响。如前所述，团聚体的存在会严重影响到粉体的烧结性能。成型压力越大，就越能彻底破碎粉体中可能存在的团聚体，避免差分烧结的出现。

因此，一般条件下，成型压力越高，越有利于烧结。Y-TZP 在不同压力下成型后的烧结致密化曲线见图 9-26，从图中可以看到，成型压力为 3 GPa 时所获素坯密度远高于成型压力为 450 MPa 时，而达到致密化的温度也明显降低。但是当成型压力过高时，坯体有可能因为受压不均匀而被破坏或因为残存应力而在后期烧结时发生变形。

9.6.3 烧结温度的影响

烧结温度是影响烧结最重要的因素之一。一般地，随着烧结温度的上升，材料的蒸气压增大，扩散系数增大，黏度降低，各种传质过程都会不同程度地加强，从而促进致密化的进程和晶粒的长大。

保温时间是影响烧结的另一种重要因素。一般而言，延长烧结时间可以促使材料致密化和晶粒长大，但不同的传质过程对烧结时间的敏感性也不一样。

在制备工艺上，对烧结温度(有时也包括升、降温速度)、保温时间进行调控，是控制陶瓷制品显微结构的有效方法。同一种陶瓷材料，可以在较高温度下保温较短的时间实现致密化，也可以在较低温度下保温较长时间实现致密化，但最终二者的晶粒尺寸会有明显的区别。一般而言，在较低温度下长时间保温时晶粒生长缓慢，较容易获得高密度细晶的陶瓷材料。在 1000 ℃下保温 100 h 获得的纳米 Y-TZP 陶瓷见图 9-27。

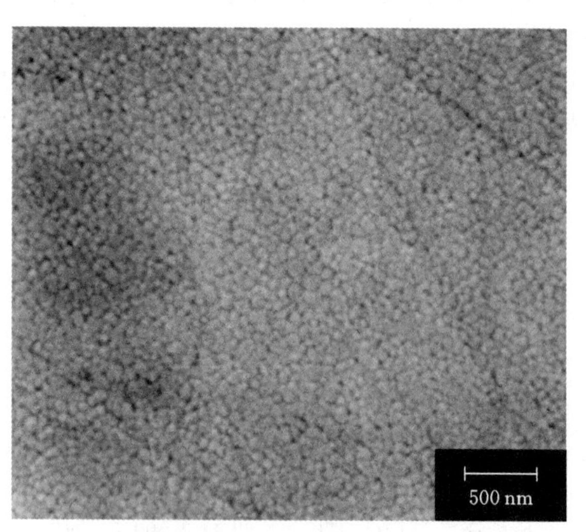

图 9-27 1000 ℃下保温 100 h 获得的纳米 Y-TZP 陶瓷

9.6.4 添加物的影响

在烧结过程中，引入少量添加物可明显地改善原料的烧结性能。添加物对烧结的促进作用可分为以下几个方面：

1) 与烧结物形成固溶体

当添加物可以固溶在烧结物中时，后者会因为晶格畸变而活化，从而有利于扩散传质和烧结的进行。比如在 Al_2O_3 烧结时，可以加入少量 Cr_2O_3 以促进烧结，就是因为 Cr_2O_3 与 Al_2O_3 中正离子的半径相近，能形成连续固溶体。如果外加剂离子半径与烧结物离子半径相差较大，或者二者因电价不同形成的固溶体为空位型或填隙型，晶格畸变程度会增大，促进烧结的效果更为显著。例如在 Al_2O_3 烧结时，加入一定量的 TiO_2，烧结温度往往比添加 Cr_2O_3 时更低，这是因为除了 Ti^{4+} 离子与 Cr^{3+} 大小相同，能与 Al_2O_3 固溶外，还由于 Ti^{4+} 与 Al^{3+} 电价不同，固溶体中会产生正离子空位。此外，高温下

Ti^{4+}可能转变成半径较大的Ti^{3+}，也会加剧晶格畸变，使活性更高，能更有效地促进烧结。

2）产生液相

如果加入添加剂后，烧结时产生适宜的液相，可大大促进颗粒重排和传质过程，从而降低烧结温度，提高坯体的致密度。如在烧结 MgO 时可加入少量低熔点的V_2O_5和 CuO，促进液相形成。也可将少量的 CaO 和SiO_2引入到Al_2O_3陶瓷中，通过形成 CaO-Al_2O_3-SiO_2玻璃使烧结温度降低。需要指出的是，不是能促进液相产生的添加物都能促进烧结，这与液相本身的黏度、表面张力和对固相的溶解作用有关。此外，合理的添加量也是很重要的。

另外，液相的产生虽然可能有利于烧结，但却可能损害材料的性能。例如，在制备 LTCC 介质材料时，如果选择低温玻璃不当，可能会导致介电损耗急剧增大。所以，实践生产中要合理地选择添加剂。

3）阻止晶型转变

有些材料在升、降温过程中会发生晶型转变并伴随有较大体积效应，这会导致坯体在烧结过程中开裂，无法得到所需的制品。选用适宜的添加物可以抑制这种相变。如纯ZrO_2在常温下为单斜相，在升温至 1200 ℃左右会转变成四方ZrO_2并伴有约 10%的体积收缩，这个相变速度很快且可逆，极易导致制品被破坏。因此，在制备ZrO_2陶瓷时，会先在煅烧ZrO_2粉体时引入适当的添加剂如Ca^{2+}、Y^{3+}、Ce^{4+}等，使其转变为稳定的高温四方相或立方相，就可避免在烧结过程中（包括其后的冷却过程中）坯体开裂。

4）抑制晶粒长大

在烧结中、后期的晶粒长大，对烧结致密化有重要作用。但若发生晶粒异常长大，则会使气孔进入晶粒内部而难以被排除，致密化速度下降甚至停止。加入适当的添加物，可以抑制晶粒的异常长大，促进烧结。如在烧结透明Al_2O_3陶瓷时，可加入少量 MgO，高温下可形成镁铝尖晶石（$MgAl_3O_4$），分布于Al_2O_3颗粒表面，抑制晶界的迁移速度，促使晶界气孔的排除，从而使坯体高度致密化。

5）扩大烧结温度范围

加入适当的外加剂扩大烧结温度范围，给工艺控制带来方便。例如在第 5 章中介绍过的滑石瓷、堇青石瓷等的烧结范围只有 30 ℃甚至更窄，但添加了一定量的长石后，烧结范围就能明显扩大。

值得说明的是，烧结助剂的作用随着其用量的不同会发生变化。比如在 MgO 烧结时，添加少量Al_2O_3（质量分数约 1%），会因固溶体的形成而使空位浓度提高，有利于烧结的进行；但当Al_2O_3添加量过多时，则可能由于生成镁铝尖晶石，反而阻碍 MgO 的致密化。因此，在添加烧结助剂时，选择适当的添加量非常重要。

9.6.5 气氛的影响

气氛对烧结的影响很复杂，一般可分为物理作用和化学作用两个方面。

物理作用：陶瓷致密化过程就是气孔排出的过程。在烧结中期，气孔是相互连通的，因而气氛会影响到所有气孔-颗粒面，并由此改变表面扩散系数及表面能的大小，最终影响到致密化速率。到了烧结后期，坯体中孤立闭气孔逐渐缩小，气孔内的气压不断增大，会逐步抵消作为烧结推动力的表面张力的作用，使致密化过程趋于缓慢甚至停止。在不同的烧结气氛下，闭气孔内气体的物理化学性质不同，它们在固体中的扩散、溶解能力也不相同。例如，氢气原子半径很小，扩散系数大，而氮气原子半径大，扩散系数小。在氢气气氛中烧结，气孔较容易消除，而在氮气气氛中烧结，气孔则较难排出。所以在工业生产中制备透明Al_2O_3陶瓷时，为了完全排出坯体中的气孔，获得接近理论密度的烧结体，一般需要在氢气气氛中烧结，而不能在氮气或空气中烧结。

真空在某种意义上也可算是一种特别的气氛。在真空烧结条件下，所有气体在坯体尚未完全烧结前就会从气孔中逸出，气孔进一步收缩过程中无气体需要排出，有利于在更低温度下获得高致密度的陶瓷制品。

化学作用:主要表现在气体介质与烧结物之间的化学反应。

烧结气氛一般分为氧化、还原和中性三种,在烧结中不同的气氛对物料的影响不同,作用机理较为复杂。一般由正离子扩散控制的氧化物烧结以氧气分压较高的氧化气氛为宜。当氧气分压高时,氧化物表面氧的吸附量增加,结果使表面上阳离子空位增加,扩散和烧结被加速,例如 ZnO 的烧结等。以负离子扩散控制的氧化物烧结以氧气分压较低或还原气氛为宜,会因 O^{2-} 缺位增多而加快烧结,如 TiO_2 等。而某些氧化物陶瓷(如 Al_2O_3 陶瓷),正、负离子扩散速度差别不大,无论哪一类缺陷出现,都会对烧结起到促进作用。需要指出的是,某些电子陶瓷虽然可以利用还原气氛促进烧结,但却必须考虑其对性能的影响。如含钛的陶瓷在还原气氛下,Ti^{4+} 被还原成 Ti^{3+},会导致电阻率大幅降低。因此在烧结工艺上,为了兼顾烧结性和制品性能,可以先在还原气氛下实现致密化后再改为氧化气氛下保温,消除氧缺位,以保证良好的介电性能。

水蒸气对于强碱性的陶瓷原料如 CaO、MgO、BeO 等的影响很大。CaO 和 MgO 的烧结过程中,通入一定量的水蒸气,瓷件的收缩率显著增大,其机理可能与 CaO、MgO 表面吸附 OH^- 而形成正离子缺位有关。但在 BeO 烧结时如果通入水蒸气则会有明显的阻碍作用,其原因则可能是 BeO 的烧结是按蒸发-凝聚传质进行,而水蒸气的存在会抑制 BeO 的升华。

9.7 特种烧结

前面几节有关烧结过程的讨论,都是基于对常规烧结的分析。常规烧结中,可以控制的工艺参数较少,所获得的烧结坯体往往致密度不够高、显微结构不够理想,因此其机电性能很难满足军事、航天等高精尖领域所需。随着近代科学技术的发展,人们也发展出很多特种烧结方法,通过特殊的工艺条件,增加了常规烧结以外的烧结驱动力,从而可以大大提高烧结的速度及致密化程度,并且可以有效地控制坯体的显微结构。在表 9-1 中列出了一些较常见的特种烧结方法,下面我们简单介绍其中典型的几种。

9.7.1 热压烧结

热压烧结可简单地看成一种高温下的干压成型。其基本原理是将干燥粉料充填入模型内,然后一边加热一边通过上、下冲头对粉体施加一定的压力,使成型和烧结同时完成。热压烧结通常采用的加热方法为电加热法,加压方法为油加压法,模具可根据不同的需求选择石墨模具、氧化铝模具、碳化硅模具等。图 9-28 是热压烧结炉结构的示意图。

热压烧结的优点是:由于加热加压同时进行,不仅能降低成型压力,还能降低烧结温度,缩短烧结时间,抵制晶粒长大,得到晶粒细小、致密度高和机械、电学性能良好的产品。因此可在无须添加烧结助剂或成型助剂条件下,生产超高纯度的陶瓷产品。一些在无压烧结条件下很难致密化的陶瓷材料如碳化物、硼化物、氮化物等,也可利用热压烧结使其致密化。氧化铍进行热压烧结与普通烧结时,其体积密度变化曲线见图 9-29。可以看出,与无压烧结相比,热压烧结可以在较低温度下较短时间内达到最大密度。

热压烧结的优点源于热压过程中多种传质机理共同作用下材料致密化过程的明显加速。多数研究者认为,在热压过程中,颗粒重排、塑性流动、扩散爬移等机制会在不同阶段起主要作用。①颗粒重排:在热压初期,在压力作用下,粉体团聚体破碎,颗粒间相对滑移,坯体密度迅速提高。②塑性流动:在一定温度和压力下,坯体可视为宾汉型流体而发生塑性流动,进一步促进致密化。一般认为,塑性流动的机制在热压前期作用较明显。③扩散爬移:Coble 等将 Nabarro-Herring 扩散爬移的固态扩散机制引入热压致密化机制，认为扩散在应力作用下加速，从而加速了坯体的致密化。研究表明，这一机制在热压中、后期作用比较明显。

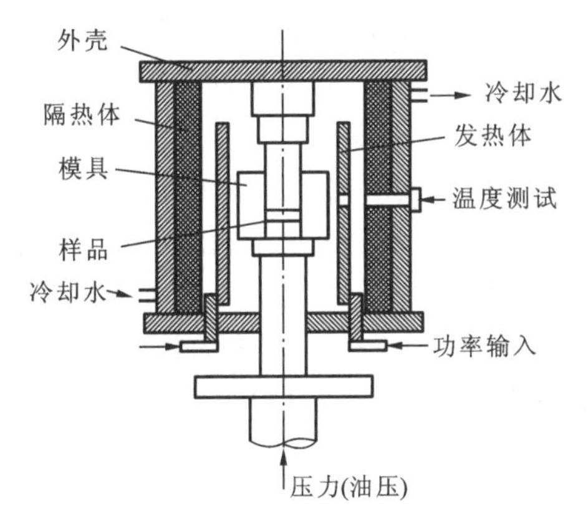

图 9-28　热压烧结炉结构示意

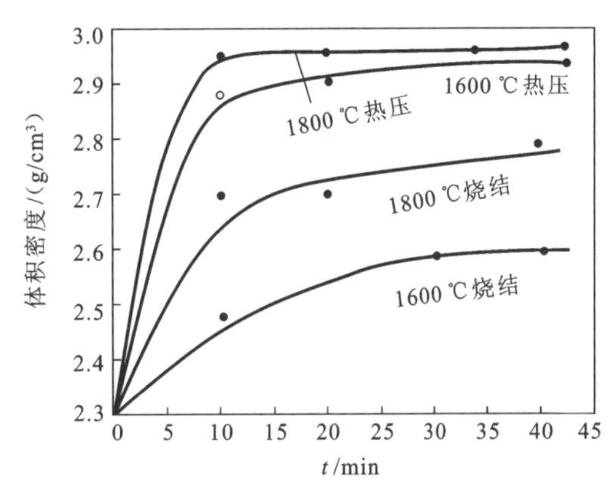

图 9-29　BeO 普通烧结和热压烧结的体积密度比较

不过，热压烧结的缺点也比较明显，如设备复杂、生产控制要求严、模具材料要求高、难以制得形状复杂的制品、生产效率较低、生产成本高等。

热压烧结的发展方向是高压(超高压)及连续热压。

9.7.2　热等静压烧结

热压烧结是高温下轴向垂直施压，存在着施压不均匀、模具选材困难、产品形状简单等问题。解决这些问题可采用热等静压烧结法烧结坯体。此工艺是将粉末压坯放入高压容器中，以氮、氩、氦等惰性气体为传压介质，在高温和均衡压力作用下，将坯体烧结为致密体。图 9-30 是热等静压烧结炉的结构示意图。热等静压烧结压力不受模具的限制，一般比热压烧结高很多，可达 200～300 MPa。因此，热等静压烧结可用于制造一些晶粒细匀、各向同性、气孔率接近零、密度接近理论密度的高质量陶瓷工件。不过，热等静压烧结的设备昂贵、工艺复杂，成本高，因此其应用范围受到一定的限制。

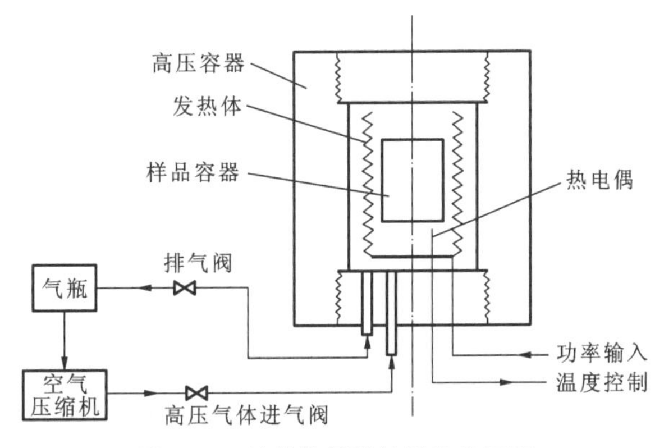

图 9-30　热等静压烧结炉结构示意

9.7.3　放电等离子烧结

放电等离子烧结系统(SPS)设备装置基本结构如图 9-31 所示。该结构与热压烧结炉非常相似，所不同的是这一过程给一个承压导电模具加上可控脉冲电流，通过调节脉冲直流电的大小控制升温速率和烧结温度，整个烧结过程可在真空环境下进行，也可在保护气氛中进行。

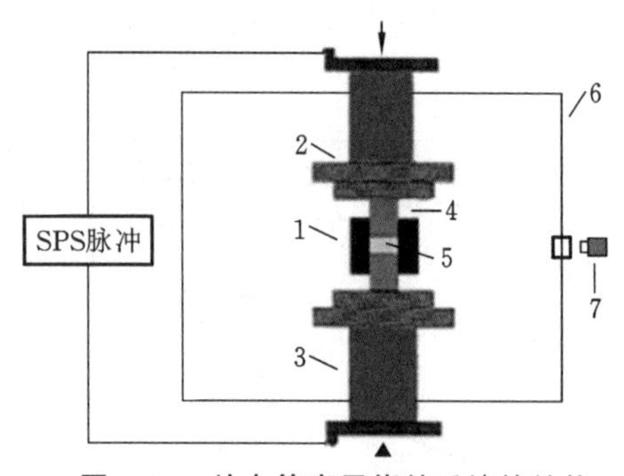

图 9-31　放电等离子烧结系统的结构

1—石墨模具；2—石墨块；3—压头；4—冲头；5—样品；6—真空室；7—光学温度计

作为一种比较新型的特种烧结技术，放电等离子烧结的原理尚不十分清楚。一般认为，传统的热压烧结主要是通过焦耳热（I^2R）和塑性变形来促使烧结进行，而 SPS 过程除上述作用外，最特别的是样品上施加了直流脉冲电压，并有效地利用了在粉体颗粒间放电所产生的自发热作用，因而具有一些新的特点：(1)施加脉冲电压使所加的能量可高精度地加以控制，能使高能脉冲集中在晶粒结合处，这就使样品均匀地发热和节约能源。(2)SPS 过程会在晶粒间的空隙处放电，在晶粒表面引起蒸发和熔化，由此导致蒸发-凝聚的物质传递要比通常的烧结方法强得多。(3)在 SPS 过程中，晶粒表面易活化，表面扩散、体积扩散、晶界扩散都得到加强，晶粒间的滑移也有可能加强，从而加速了烧结致密化的过程。因此，与热压烧结法、热等静压烧结法、常压烧结等烧结方法相比，放电等离子烧结(SPS)技术具有在较低温度下实现快速烧结致密材料的特点，不仅可以节约能源、节省时间、提高设备效率，而且所得的烧结体晶粒均匀、致密度高、力学性能好等。

9.7.4　微波烧结

微波烧结是一种陶瓷材料快速烧结技术，其最大特点是独特的加热机理。传统的加热是利用电阻加热，通过辐射、传导或对流的方式将热量传递给样品，热流方向是从样品表面指向内部，形成样品表面温度高、内部温度低的温度场。而微波烧结是利用微波使材料内部的极性分子、偶极子、离子等产生剧烈振动从而产生介电损耗，电磁能转变为热能，使材料整体加热至烧结温度而实现致密化的方法，如图 9-32 所示。

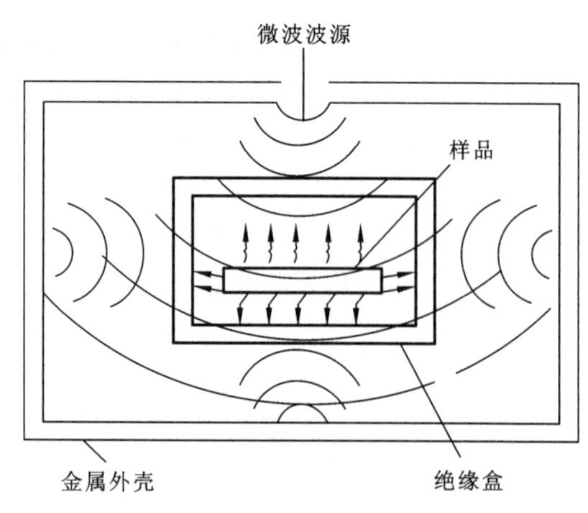

图 9-32　微波烧结示意

微波烧结技术的研究始于 20 世纪 70 年代。材料可内外均匀地整体吸收微波能并被加热，使得处于微波场中的被烧结物内部的热梯度和热流方向与常规烧结时完全不同。微波可以实现快速均匀加热而不会引起试样开裂或在试样内形成热应力，更重要的是，快速烧结可使材料内部形成均匀的细晶结构和较高的致密性，从而改善材料性能。同时，由于材料内部不同组分对微波的吸收程度不同，因此可实现有选择性烧结，从而制备出具有新型微观结构和优良性能的材料。

习　题

1.名词解释：

烧结；烧成；烧结温度范围；固相烧结；液相烧结；晶粒生长；二次再结晶；特种烧结；热压烧结；热等静压烧结

2.烧结一般分几个阶段？每一阶段的特征是什么？

3.陶瓷的显微结构一般是怎么样的？

4.烧结的推动力是什么？

5.试讨论陶瓷坯体中气孔的来源。在烧结过程中气孔是如何排出的？什么情况下气孔的排出会变得困难？为了使气孔彻底排出，可采用哪些措施？

6.下列哪一个传质过程能使烧结体强度增大，而不产生坯体宏观上的收缩？试说明之。

(1)蒸发-冷凝；(2)体积扩散；(3)黏性流动；(4)溶解-沉淀

7.设有粉体粒度为 5 μm，如果经 2 h 烧结后，$x/r=0.1$。如果不考虑晶体生长，试比较烧结至 $x/r=0.2$ 时，蒸发-

凝聚、体积扩散、黏性流动传质分别需要多长时间？

8.固相烧结和液相烧结分别可能存在哪些传质机制？

9.Al_2O_3的理论密度为 3.99 g/cm^3，若烧结后实验测得其体积密度为 3.88 g/cm^3，试问其气孔率是多少？

10.晶粒生长的动力是什么？晶粒生长和二次再结晶有哪些异同点？

11.什么是二次再结晶？造成二次再结晶的因素有哪些？

12.晶界移动时遇到夹杂物会出现哪几种变化？为了尽可能提高陶瓷的致密度，晶界应该如何运动？

13.烧结时，采用高温短时间工艺和低温长时间工艺各有什么优缺点？

14.添加剂对烧结有什么影响？外压对烧结的影响有哪些？

15.在 Al_2O_3烧结时，常会加入少量 Cr_2O_3或 TiO_2助剂。这些助剂是如何起作用的？为什么 TiO_2的促烧作用通常好于 Cr_2O_3？

16.什么是特种烧结？降低陶瓷烧结温度除了采取特种烧结还有哪些方法？

17.纳米陶瓷是指显微结构中所有晶粒平均尺寸小于 100 nm 的陶瓷。根据烧结理论，为了获得纳米陶瓷，可采用哪些措施？

18.（1）固相烧结的扩散方式有哪些？各有何特点？（2）影响烧结的主要因素有哪些？（3）欲获得高质量的 ZrO_2烧结制品，可考虑采取哪些措施？

19.透明 Al_2O_3陶瓷是气孔率接近于零的陶瓷。在烧结透明 Al_2O_3陶瓷时，通常需要将坯体在氢气气氛中烧结，如果在氮气气氛中烧结 Al_2O_3陶瓷就无法透明。试分析其中的原因。

参考文献

[1] 金格瑞 W D,鲍恩 H K,乌尔曼 D R.陶瓷导论[M].2 版.清华大学新型陶瓷与精细工艺国家重点实验室,译.北京:高等教育出版社,2010.

[2] 宋晓岚,黄学辉.无机材料科学基础[M].2 版.北京:化学工业出版社,2019.

[3] 陆佩文.无机材料科学基础[M].武汉:武汉工业大学出版社,1996.

[4] 曾燕伟.无机材料科学基础[M].3 版.武汉:武汉理工大学出版社,2023.

[5] 黄学辉,宋晓岚.材料科学基础[M].3 版.武汉:武汉理工大学出版社,2022.

[6] 周亚栋.无机材料物理化学[M].武汉:武汉工业大学出版社,1994.

[7] 罗绍华.无机非金属材料科学基础[M].北京:北京大学出版社,2013.

[8] 浙江大学,武汉建筑材料工业学院,上海化工学院,等.硅酸盐物理化学[M].北京:中国建筑工业出版社,1980.

[9] 刘剑虹,杨涵崧,张晓红,等.无机非金属材料科学基础[M].北京:中国建筑工业出版社,2008.

[10] 贺蕴秋,王德平,徐振平.无机材料物理化学[M].北京:化学工业出版社,2005.

[11] 马建丽.无机材料科学基础[M].重庆:重庆大学出版社,2008.

[12] 张其土.无机材料科学基础[M].上海:华东理工大学出版社,2007.

[13] 徐祖耀.材料相变[M].北京:高等教育出版社,2013.

[14] 哈森 P.材料的相变[M].刘志国,等译,北京:科学出版社,1998.

[15] 王崇琳.相图理论及其应用[M].北京:高等教育出版社,2008.

[16] 高濂,李蔚.纳米陶瓷[M].北京:化学工业出版社,2002.

[17] 蒂利 R J D.固体缺陷[M].刘培生,田民波,朱永法,译.北京:北京大学出版社,2013.

[18] 忻新泉,周益明,牛云根.低热固相化学反应[M].北京:高等教育出版社,2010.

[19] 陈大明.先进陶瓷材料的注凝技术与应用[M].北京:国防工业出版社,2011.

[20] 施剑林.现代无机非金属材料工艺学[M].长春:吉林科学技术出版社,1993.

[21] 果世驹.粉末烧结理论[M].北京:冶金工业出版社,1998.

[22] 希勒特 M.相平衡、相图和相变:其热力学基础[M].影印版.北京:北京大学出版社,2014.

[23] 梅尔 H.固体中的扩散[M].影印版.北京:世界图书出版公司北京公司,2014.

[24] 莎顿 A P,巴鲁菲 R W.晶体材料中的界面[M].叶飞,顾新福,邱冬,张敏,译.北京:高等教育出版社,2016.

[25] 孟祥龙,高智勇.材料热力学与相变原理[M].哈尔滨:哈尔滨工业大学出版社,2019.

[26] 关振铎,张中太,焦金生.无机材料物理性能[M].2 版.北京:清华大学出版社,2011.

[27] 高瑞平,李晓光,施剑林,等.先进陶瓷物理与化学原理及技术[M].北京:科学出版社,2001.

[28] 江东亮,李龙土,欧阳世翕,等.中国材料工程大典(第 8 卷).无机非金属材料(上)[M].北京:化学工业出版社,2006.

[29] 江东亮,李龙土,欧阳世翕,等.中国材料工程大典(第 9 卷).无机非金属材料(下)[M].北京:化学工业出版社,2006.

[30] CARTER C B,NORTON M G.Ceramic Materials Science and Engineering[M].New York:Springer Berlin Heidelberg,2007.

[31] KANG S J.Sintering[M].Burlington: Elsevier Butterworth-Heinemann,2005.

[32] MITTEMEIJER E J.Fundamentals of Materials Science[M].New York:Springer Berlin Heidelberg,2010.

[33] 徐祖耀.无机非金属材料的马氏体相变(Ⅱ)[J].机械工程材料,1997,2(15):1-9.

[34] COBLE R L.Sintering Crystalline Solids: Ⅰ.Intermediate and Final State Diffusion Models[J].Journal of Applied Physics,1961,32(5): 787-792.